# 数学III
# 上級問題精講

長崎憲一 著

Advanced Exercises in mathematics III

旺文社

# はじめに

　本書は，学習指導要領改訂に伴う『精選問題演習　数学Ⅲ＋C』の改訂版であり，その編集方針は以下の通りで変わりません。

　数学的に内容のある良問を演習することによって，難関大学受験に対応できる数学Ⅲの実力を養成することを目的としています。

　これらの大学の入試では，微分積分については微分計算を正確に処理できて，積分の標準的な計算法をマスターしていること，複素数平面および式と曲線ではそれらの図形的な意味を理解していることなどは当然のこととして，大学において数学およびそれに関連する科目を学ぶのに十分な能力を持った人を選抜するのに適した出題がなされます。簡単に言うと，問題のレベルは高いということです。つまり，どこかで覚えた解法をそのまま適用して単純な計算をすると解けるような問題などは少なくて，逆に，いくつかの分野に関連した事項を適切に組み合わせたり，高校数学に現れる考え方を少しだけ発展させたりして，その場で解法を自分の頭で構成することによってはじめて解決するような問題が主流だということです。同時に，必要とされる計算の質も高校数学としては高度なものです。

　このレベルの問題に対処するには，日頃の問題演習において個々の解法を丸暗記するのではなく，問題解決の基礎となっている考え方は何かを確認して自分のものとするとともに，正確かつ高度な計算力を養うことが大切です。本書では，そのような学習に役立つように，過去の入試問題を中心に目を通した多数の問題のなかから，特に，

**考えるのに適した問題，質の高い計算力が身につく問題**

を精選しましたので，実際に紙と鉛筆を用意して取り組みじっくり考え，計算を最後まで確実に実行してください。問題文からだけではなかなか解法および計算が思いつかないときには，解答の前にある精講をヒントにしてください。また，解答においては，

**高校数学から見て標準的で，自然な考えに基づく解答**

を取り上げて，それぞれの問題で身に付けてほしい考え方と計算法をわかりやすく示すと同時に，論証が必要な部分では，同種の問題に対して自力で論述するときの参考になるように丁寧な記述を心掛けました。

　最後に，受験数学などという特別な数学はありません。本書によって，

**高校数学をまともに学び，そこから考える楽しみを味わう**

ことができる受験生が増えるならば，著者の喜びとするところです。

長崎　憲一

## 本書の特長とアイコン説明

　時間をかけてじっくり考える価値のある問題を精選しています。
　問題編では問題だけを一覧として並べ，扱われている問題を把握しやすくなっています。
　解答編では，よく知られた有名な問題，著者が考えた問題を除き，出題大学名を表示しています。なお，出題された問題を学習効果の面から改題した場合には*の印をつけています。
　また，難易度の参考として，特に難しいと思われる問題には☆をつけました。

**精講**　問題を解くための考え方を示し，必要に応じて基本事項の確認や重要事項の解説などを加えています。

**解答**　標準的で，自然な考え方に基づく解答を取り上げました。読者が自力で解き，解答としてまとめるときの助けになるように丁寧な記述による説明を心掛けています。

**注**　解答における計算上の注意，説明の補足などを行います。

**参考**　解答の途中の別な処理法および別な方針による解答，問題の掘り下げた解説，解答と関連した入試における必須事項などを示しています。

**研究**　問題・解答と関連した，数学的に興味を持てるような発展的な事項を扱っています。

**類題**　主に，分野は関連しているが考え方が異なるような問題を選んでいます。力試しのつもりで取り組んでください。

---

著者紹介

長崎憲一（ながさき・けんいち）　先生は，函館で過ごした高校生時代に数学の問題を解くのが楽しかったという単純な思いのままに，東京大学理学部数学科に進学したそうです。東京大学理学系大学院修士・博士課程を終えられたあと，千葉工業大学に勤められて非線形関数解析の研究（理学博士）と数学基礎教育に携わっていらっしゃいました。また，大学院生時代から長年にわたり駿台予備学校において大学受験生のための数学指導を続けていらっしゃいます。
　著書には，大学受験参考書としては，『数学Ⅰ＋A＋Ⅱ＋B 上級問題精講』，『精選問題演習 数学Ⅰ＋A＋Ⅱ＋B』，『精選問題演習 数学Ⅲ＋C』（旺文社），『大学への数学Ⅰエレメンツ』，『大学への数学ニューアプローチ』シリーズ（研文書院・共著），大学教科書としては，『明解微分方程式』，『明解微分積分』，『明解複素解析』，『明解線形代数』（培風館・共著）があります。また，『全国大学入試問題正解』（旺文社）の解答者の1人で簡潔で明解な解答には定評があります。

# 目　次

はじめに ………………………… 2
本書の特長とアイコン説明 ………… 3
逆引き索引 ………………………… 8

## 問題編

第1章　式と曲線 ………………… 10
第2章　複素数平面 ……………… 15
第3章　数列の極限と関数の極限 … 23
第4章　微分法とその応用 ……… 28
第5章　積分法とその応用 ……… 37
第6章　面積・体積と曲線の長さ … 48

## 解答編

### 第1章　式と曲線

101　楕円の定義 ………………… 58
　　　類題1 ………………………… 59
102　2次曲線の接線 …………… 60
103　楕円，双曲線のパラメタ表示 … 63
104　楕円に外接する長方形 …… 66
105　円を一方向に拡大・縮小した図形としての楕円 ……………… 70
　　　類題2 ………………………… 72
106　円が2次曲線に接する条件 … 73
107　放物線を見込む角が一定である点の軌跡 …………………… 75
108　軌跡が楕円であることの示し方 ……………………………… 78
109　定直線と定円に内接・外接する円の中心の軌跡 ……………… 81
110　円錐面の平面による切り口としての2次曲線 …………………… 83
111　2次曲線における極座標表示の応用 ……………………………… 85
112　2次曲線と離心率 …………… 87
　　　類題3 ………………………… 89
113　両端が座標軸上にある定長線分の通過領域 …………………… 90

### 第2章　複素数平面

201　共役な複素数と複素数の絶対値 ……………………………… 94
202　ド・モアブルの定理 ………… 96
　　　類題4 ………………………… 98
203　高次方程式の複素数解 …… 99
　　　類題5 ………………………… 101
204　1の虚数の3乗根の応用 … 102
205　1の5乗根と相反方程式 … 105
206　1の$n$乗根と因数定理 …… 108
207　実数係数の$n$次方程式の虚数解 ……………………………… 110
208　複素数平面における平行・垂直の条件 ……………………… 112
209　複素数平面における角の向き … 115
210　点の回転移動 ……………… 118
211　複素数平面上の正三角形 … 120
212　四角形が円に内接する条件 … 122
213　直線に下ろした垂線の足 … 124
　　　類題6 ………………………… 126
214　分数変換による円の像 …… 127
215　変換 $w = \dfrac{1}{z}$ による三角形の像 ……………………………… 130

- 216 複素数平面におけるいろいろな変換 ……… 133
  - 類題 7 …………………… 134
- 217 2つの動点から定まる領域 …… 135
  - 類題 8 …………………… 136
- 218 複素数の数列から定まる点列 … 137

### 第3章 数列の極限と関数の極限

- 301 無限等比級数 ……………… 139
  - 類題 9 …………………… 141
- 302 $\lim_{n\to\infty} nr^n = 0 \ (|r|<1)$ と $\lim_{n\to\infty} \sum_{k=1}^{n} kr^k$
  ……………………………… 142
- 303 漸化式で定まる数列の評価と極限
  ……………………………… 146
- 304 数列の極限のグラフによる考察
  ……………………………… 149
  - 類題 10 ………………… 152
- 305 数列の上と下からの評価による極限 ……………………… 153
- 306 座標平面上の点列の極限 …… 155
- 307 確率の極限と $\lim_{n\to\infty}\left(1+\dfrac{1}{n}\right)^n = e$
  ……………………………… 158
- 308 3項間漸化式で定まる確率と無限等比級数 ……………… 160
  - 類題 11 ………………… 163
- 309 $\lim_{n\to\infty} n^{\frac{1}{n}}$ と $\lim_{x\to+0} x^x$ ……… 164
  - 類題 12 ………………… 165
- 310 はさみ打ちの原理を用いる関数の極限 ………………………… 166

### 第4章 微分法とその応用

- 401 微分可能性と微分係数 ……… 168
- 402 三角関数の第 $n$ 次導関数 …… 171
- 403 逆関数の微分 ………………… 173
- 404 曲線 $y=f(x)$ のグラフの概形
  ……………………………… 175
  - 類題 13 ………………… 176
- 405 曲線に引ける接線の本数 …… 177
- 406 放物線に法線を3本引ける点の存在範囲 ……………………… 179
- 407 整数値をとる変数に関する不等式
  ……………………………… 182
- 408 パラメタを含む曲線の通過範囲
  ……………………………… 184
- 409 円上の動点から2定点までの距離の和 ……………………… 186
- 410 三角関数に関する最大値問題 … 188
- 411 3つの円の和集合の面積の最大値
  ……………………………… 190
- 412 対数微分法の応用 …………… 192
- 413 対数関数に関する最小値問題 … 194
- 414 三角関数の方程式の解に関する極限 ……………………… 196
- 415 指数関数の方程式の解の極限 … 198
- 416 関数の増減と数値の大小 …… 200
  - 類題 14 ………………… 202
- 417 $e^x$ と $\left(1+\dfrac{x}{n}\right)^n$ に関する不等式
  ……………………………… 203
  - 類題 15 ………………… 205
- 418 平均値の定理の応用 ………… 206
- 419 チェビシェフの多項式 ……… 208

- 420 速度ベクトルと加速度ベクトル ・・・・・・・・・・・・・・・・・・・・・・・・・・ 210
- 421 上に凸な関数・下に凸な関数の性質 ・・・・・・・・・・・・・・・・・・・・・・・・・・ 214
- 422 $\log x$ の凸性に関連した不等式 ・・・・・・・・・・・・・・・・・・・・・・・・・・ 218
- 423 関数方程式から導かれる関数の性質 ・・・・・・・・・・・・・・・・・・・・・・・・ 222

### 第5章　積分法とその応用

- 501 不定積分の計算 ・・・・・・・・・・・・・・・ 226
- 502 定積分の計算(1) ・・・・・・・・・・・・・・ 229
- 503 定積分の計算(2) ・・・・・・・・・・・・・・ 233
- 504 定積分の計算(3) ・・・・・・・・・・・・・・ 236
- 　類題 16 ・・・・・・・・・・・・・・・・・・・・ 237
- 505 $\int_0^\pi \sin kx \sin lx\,dx\,(k,\,l\text{ は自然数})$ に関する問題 ・・・・・・・・・・・・・・・・ 238
- 506 積分区間と関数が関連する定積分 ・・・・・・・・・・・・・・・・・・・・・・・・・・ 240
- 507 $\sqrt{x^2+1}$ を含む定積分 ・・・・・・・・ 242
- 508 漸化式を利用した定積分の値 ・・ 244
- 509 パラメタを含む絶対値つきの定積分 ・・・・・・・・・・・・・・・・・・・・・・・・・・ 246
- 510 定積分の極限 $\displaystyle\lim_{n\to\infty}\int_0^1 f(x)|\sin n\pi x|\,dx$ ・・・・・・・ 248
- 　類題 17 ・・・・・・・・・・・・・・・・・・・・ 249
- 511 定積分で定まる数列の漸化式と論証 ・・・・・・・・・・・・・・・・・・・・・・・・・・ 250
- 512 定積分で定まる数列の評価 ・・・・ 252
- 　類題 18 ・・・・・・・・・・・・・・・・・・・・ 253
- 513 数列の和の積分による評価 ・・・・ 254
- 514 区分求積法 ・・・・・・・・・・・・・・・・・・ 258
- 515 区分求積法とその誤差の評価 ・・ 260
- 516 $\sin x$, $\cos x$ の凸性に帰着する定積分の評価 ・・・・・・・・・・・・・・・・・・ 262
- 517 凸な関数の定積分と台形の面積の比較(1) ・・・・・・・・・・・・・・・・・・・・ 264
- 518 凸な関数の定積分と台形の面積の比較(2) ・・・・・・・・・・・・・・・・・・・・ 266
- 519 $x$ の関数 $\int_0^x \dfrac{1}{t^2+1}\,dt$ の性質 ・・ 270
- 520 逆関数の定積分 ・・・・・・・・・・・・・・ 274
- 521 定積分で定まる関数(係数決定型) ・・・・・・・・・・・・・・・・・・・・・・・・・・ 276
- 522 定積分で定まる関数と微分積分学の基本定理 ・・・・・・・・・・・・・・・・・・ 278
- 523 曲線上を動く点の速度と位置の関係 ・・・・・・・・・・・・・・・・・・・・・・・・・・ 280
- 524 注水問題における微分積分 ・・・・ 282
- 525 微分方程式(1) ・・・・・・・・・・・・・・ 284
- 526 微分方程式(2) ・・・・・・・・・・・・・・ 286
- 527 定積分を利用した方程式の解の評価 ・・・・・・・・・・・・・・・・・・・・・・・・・・ 288
- 528 $f(x)$ の定積分の性質と $f(x)=0$ の解の関係 ・・・・・・・・・・・・・・・・・・ 291
- 　類題 19 ・・・・・・・・・・・・・・・・・・・・ 293

### 第6章　面積・体積と曲線の長さ

- 601 円周上で接する $n$ 個の放物線と面積 ・・・・・・・・・・・・・・・・・・・・・・・・ 294
- 　類題 20 ・・・・・・・・・・・・・・・・・・・・ 295
- 602 図形的な考察による定積分の計算 ・・・・・・・・・・・・・・・・・・・・・・・・・・ 296

| 603 | 互いに接する2つの曲線と面積 ・・・・・・・・・・・・・・・・・・ 298 |
|---|---|
| 604 | 媒介変数表示された曲線と面積(1) ・・・・・・・・・・・・・・・・・・ 300 |
| 605 | 媒介変数表示された曲線と面積(2) ・・・・・・・・・・・・・・・・・・ 302 |
|  | 類題 21 ・・・・・・・・・・・・・・・・・・ 305 |
| 606 | 大円に内接する小円上の点の軌跡と面積 ・・・・・・・・・・・・・・・・・・ 306 |
| 607 | 極方程式を用いた面積公式 $\frac{1}{2}\int_{\alpha}^{\beta}\{f(\theta)\}^2 d\theta$ ・・・・・・・・・・ 308 |
| 608 | 円柱面上の図形の面積 ・・・・・・・ 311 |
| 609 | 座標軸の周りの回転体の体積・・ 314 |
| 610 | 直線 $y=x$ の周りの回転体の体積 ・・・・・・・・・・・・・・・・・・ 316 |
|  | 類題 22 ・・・・・・・・・・・・・・・・・・ 318 |
| 611 | 回転体の体積公式 $2\pi\int_{a}^{b}xf(x)dx$ ・・・・・・・・・・ 319 |
|  | 類題 23 ・・・・・・・・・・・・・・・・・・ 320 |

| 612 | 座標空間内で動く三角形に関する体積 ・・・・・・・・・・・・・・・・・・ 321 |
|---|---|
|  | 類題 24 ・・・・・・・・・・・・・・・・・・ 323 |
| 613 | 正八面体の正射影とその回転体の体積 ・・・・・・・・・・・・・・・・・・ 324 |
|  | 類題 25 ・・・・・・・・・・・・・・・・・・ 327 |
| 614 | 評価を用いる体積の極限値・・・・ 328 |
| 615 | 円柱の一部の体積と側面積・・・・ 330 |
| 616 | 直円錐を平面で二分したときの体積 ・・・・・・・・・・・・・・・・・・ 332 |
| 617 | 円錐と円柱の共通部分の体積・・ 335 |
| 618 | 四面体の内部で円柱の外部である部分の体積 ・・・・・・・・・・・・・・・・・・ 337 |
| 619 | 曲線の長さ ・・・・・・・・・・・・・・ 341 |
| 620 | 曲線に接しながら滑らずに移動する図形 ・・・・・・・・・・・・・・・・・・ 343 |
| 621 | 曲線上で点が移動した道のりと速さの関係 ・・・・・・・・・・・・・・・・・・ 345 |
|  | 類題の解答 ・・・・・・・・・・・・・・ 348 |

# 逆引き索引

大学入試において頻出する次のような事項をまとめて勉強したいというときに便利なように，それらの事項と関連する問題番号を一覧にして示しておきます。

問題番号

- ■接線・法線　　102, 103, 104, 107, 405, 406

- ■分数関数・無理関数（微分）　　105, 404, 405, 407, 409, 420, 519, 524

- ■分数関数・無理関数（積分）　　502, 503, 507, 508, 519, 602, 604, 610, 616, 619

- ■三角関数（微分）　　105, 402, 410, 411, 414, 421, 509

- ■三角関数（積分）　　501, 502, 504, 505, 506, 508, 509, 510, 521, 526, 605, 606, 609, 617, 618, 619

- ■指数関数・対数関数（微分）　　403, 408, 412, 413, 415, 416, 417, 520, 524

- ■指数関数・対数関数（積分）　　501, 502, 506, 511, 512, 514, 520, 603

- ■積分の評価　　511, 512, 513, 515, 516, 517, 518, 614

- ■はさみうちの原理　　302, 304, 305, 309, 310, 415, 513, 614

- ■平均値の定理　　303, 418, 513, 528

- ■グラフの凸性　　413, 421, 422, 515, 516, 517, 518

- ■極座標・極方程式　　111, 112, 607, 619

- ■数学的帰納法　　303, 304, 419

- ■論証　　209, 211, 212, 213, 309, 411, 422, 423, 511, 513, 518, 527, 528

- ■微分方程式　　423, 522, 523, 525, 526

本文デザイン：大貫としみ　　図版：蔦澤 治

# 問題編

- 第1章　式と曲線 …………………… 10
- 第2章　複素数平面 ………………… 15
- 第3章　数列の極限と関数の極限 …… 23
- 第4章　微分法とその応用 ………… 28
- 第5章　積分法とその応用 ………… 37
- 第6章　面積・体積と曲線の長さ …… 48

## 第1章　式と曲線

### 101 → 解答 p.58

$xy$ 平面上に原点 O を中心とする半径 5 の円 $C_1$ と点 A(3, 0) がある。A を通り $C_1$ に内接する円 $C_2$ を考える。$C_2$ の中心を M とし，点 P を AP が $C_2$ の直径になるようにとる。$C_2$ が A を通り $C_1$ に内接しながら動くとき，次の問いに答えよ。

(1)　M の軌跡を求めよ。
(2)　P の軌跡を求めよ。


### 102 → 解答 p.60

(I)　$p$ を正の定数とし，点 F($p$, 0) を焦点にもち，$x=-p$ を準線とする放物線を $C$ とする。$C$ 上の原点 O 以外の点 P を考え，点 P と F を通る直線を $l_1$，点 P を通り放物線 $C$ の軸に平行な直線を $l_2$ とする。このとき，点 P における $C$ の接線 $l$ は，$l_1$ と $l_2$ のなす角を 2 等分することを示せ。

(II)　楕円 $C_1: \dfrac{x^2}{\alpha^2}+\dfrac{y^2}{\beta^2}=1$ と双曲線 $C_2: \dfrac{x^2}{a^2}-\dfrac{y^2}{b^2}=1$ を考える。$C_1$ と $C_2$ の焦点が一致しているならば，$C_1$ と $C_2$ の交点でそれぞれの接線は直交することを示せ。

## 103 → 解答 p.63

(Ⅰ) 楕円 $\dfrac{x^2}{a^2}+\dfrac{y^2}{b^2}=1$ の2つの焦点をF，F'とし，楕円上の動点をPとする。線分PF，PF'の長さの積PF・PF'の値の範囲を求めよ。ただし，$a>b>0$ である。

(Ⅱ) 双曲線 $C:\dfrac{x^2}{16}-\dfrac{y^2}{9}=1$ 上に点 $A\left(\dfrac{4}{\cos\theta},\ 3\tan\theta\right)$，$B(4,\ 0)$ をとる。ただし，$0<\theta<\dfrac{\pi}{2}$ とする。AにおけるCの接線とBにおけるCの接線との交点をDとし，Cの焦点のうち $x$ 座標が正であるものをFとおく。
　(1) AにおけるCの接線と $x$ 軸との交点をEとするとき，Eの座標を求めよ。
　(2) 直線DFは $\angle$AFB を2等分することを証明せよ。

## 104 → 解答 p.66

$a,\ b$ を異なる正の実数とし，$xy$ 平面上の楕円 $\dfrac{x^2}{a^2}+\dfrac{y^2}{b^2}=1$ に4点で外接する長方形を考える。
(1) このような長方形の対角線の長さ $L$ は，長方形の取り方によらず一定であることを証明せよ。また，$L$ を $a,\ b$ を用いて表せ。
(2) このような長方形の面積 $S$ の最大値，最小値を $a,\ b$ を用いて表せ。

## 105 → 解答 p.70

楕円 $\dfrac{x^2}{a^2}+\dfrac{y^2}{b^2}=1\ (a>0,\ b>0)$ に内接する三角形の面積の最大値を求めよ。

## 106 → 解答 p.73

双曲線 $H: \dfrac{x^2}{a^2} - \dfrac{y^2}{b^2} = 1$ $(a>0, b>0)$ と，$y$ 軸上に中心をもち $H$ とちょうど 2 点を共有する円 $C$ がある．$H$ の漸近線の 1 つを $l$ とするとき，$C$ によって $l$ から切り取られる線分の長さは一定であることを示せ．

## 107 → 解答 p.75

点 P から放物線 $y = x^2$ に 2 本の接線を引くことができ，それらの接点を A，B とするとき，$\angle \text{APB} = \dfrac{\pi}{4}$ を満たしながら動く．このような点 P の軌跡を求めよ．

## 108 → 解答 p.78

平面の原点 O を端点とし，$x$ 軸となす角がそれぞれ $-\alpha$, $\alpha$ $\left(\text{ただし } 0 < \alpha < \dfrac{\pi}{3}\right)$ である半直線を $L_1$, $L_2$ とする．$L_1$ 上に点 P，$L_2$ 上に点 Q を線分 PQ の長さが 1 となるようにとり，点 R を，直線 PQ に対し原点 O の反対側に △PQR が正三角形になるようにとる．
(1) 線分 PQ が $x$ 軸と直交するとき，点 R の座標を求めよ．
(2) 2 点 P，Q が，線分 PQ の長さを 1 に保ったまま $L_1$, $L_2$ 上を動くとき，点 R の軌跡はある楕円の一部であることを示せ．

## 109 → 解答 p.81

直線 $l: x=-2$ に接し，定円 $C: x^2+y^2=1$ に外接する円 $S$ と，直線 $l$ に接し，円 $C$ が内接する円 $T$ を考える。

(1) 円 $S$ の中心の軌跡の方程式を求め，概形を描け。また，円 $T$ の中心の軌跡の方程式を求め，概形を描け。

(2) 円 $C$ 上の点 $(\cos\theta, \sin\theta)$ を，円 $S$ と円 $T$ が通っているとする。そのときの，円 $S$ の中心 P と円 $T$ の中心 Q を求めよ。ただし，$\theta$ は $0<\theta<\pi$ とする。

(3) $0<\theta<\pi$ とするとき，(2)の点 P と点 Q の間の距離の最小値を求めよ。


## 110 → 解答 p.83

点 $A(0, 1, 3)$ を通り，球面 $S: x^2+y^2+(z-1)^2=1$ と接する直線の全体を考える。

(1) 直線と球の接点の全体は円になることを示し，その半径を求めよ。

(2) これらの直線が $xy$ 平面と交わる点 P の全体は，$xy$ 平面上の曲線となる。この曲線を図示せよ。


## 111 → 解答 p.85

平面上で長軸の長さが $2a$，短軸の長さが $2b$ である楕円を $C$ とする。$L_1$, $L_2$ を $C$ の中心で直交する 2 直線とする。$L_1$ と $C$ の 2 つの交点の間の距離を $l_1$ とし，$L_2$ と $C$ の 2 つの交点の間の距離を $l_2$ とするとき，$\dfrac{1}{l_1^2}+\dfrac{1}{l_2^2}$ は $L_1$, $L_2$ の選び方によらずに一定であることを証明せよ。

## 112 → 解答 p.87

$e$ を正の定数とし，F(1, 0) とする。点 F からの距離と $y$ 軸からの距離の比が $e:1$ であるような点 P の軌跡を $C$ とする。

(1) P$(x, y)$ とするとき，$x, y$ の満たすべき式を求めよ。
(2) $e=1$ のとき，$C$ はどのような図形か。
(3) $0<e<1$ のとき，$C$ はどのような図形か。
(4) $e>1$ のとき，$C$ はどのような図形か。
(5) $e=\dfrac{1}{2}$, 1, 2 の 3 つの場合について，$C$ の概形を同一平面上に図示せよ。


## ☆113 → 解答 p.90

$xy$ 平面において，長さが 1 である線分 AB が，A を $x$ 軸上に，B を $y$ 軸上に置いて，動けるところすべてを動くものとする。

(1) $t$ を $0 \leqq t \leqq 1$ なる定数とする。線分 AB を $(1-t):t$ に内分する点 P の軌跡を求めよ。
(2) 線分 AB（両端を含む）が通過する領域を，(1)の結果を利用して求め，図示せよ。
(3) $s$ を $0<s<1$ なる定数とする。線分 AB を $(1-s):s$ に内分する点を Q としたとき，線分 AQ（両端を含む）が通過する領域を求め，図示せよ。

# 第2章 複素数平面

## 201 → 解答 p.94

(I) 絶対値が1である複素数 $\alpha,\ \beta,\ \gamma$ について,
$$S=|\alpha-\beta|^2+|\beta-\gamma|^2+|\gamma-\alpha|^2+\frac{(\alpha+\beta)(\beta+\gamma)(\gamma+\alpha)}{\alpha\beta\gamma}$$
とするとき, $S$ の値を求めよ。

(II) 絶対値が1より小さい複素数 $\alpha,\ \beta$ に対して不等式 $\left|\dfrac{\alpha-\beta}{1-\overline{\alpha}\beta}\right|<1$ が成り立つことを示せ。

## 202 → 解答 p.96

$n$ を自然数, $0<\theta<\pi$, $z=\cos\theta+i\sin\theta$ とする。

(1) $1-z=-2i\sin\dfrac{\theta}{2}\left(\cos\dfrac{\theta}{2}+i\sin\dfrac{\theta}{2}\right)$ を示せ。

(2) 次の各式を証明せよ。

$$1+\cos\theta+\cos2\theta+\cdots\cdots+\cos n\theta=\frac{\sin\dfrac{n+1}{2}\theta\cos\dfrac{n}{2}\theta}{\sin\dfrac{\theta}{2}},$$

$$\sin\theta+\sin2\theta+\cdots\cdots+\sin n\theta=\frac{\sin\dfrac{n+1}{2}\theta\sin\dfrac{n}{2}\theta}{\sin\dfrac{\theta}{2}}$$

## 203 → 解答p.99

次の方程式の解 $z$ を求めよ。
(1) $z^2 = 2i$
(2) $z^4 + 4 = 0$
(3) $z^6 - \sqrt{2}\,z^3 + 1 = 0$


## 204 → 解答p.102

正の整数 $n$ に対し，$f(z) = z^{2n} + z^n + 1$ とする。
(1) $f(z)$ を $z^2 + z + 1$ で割ったときの余りを求めよ。
(2) $f(z)$ を $z^2 - z + 1$ で割ったときの余りを求めよ。


## 205 → 解答p.105

複素数平面上の5点 $A_0$, $A_1$, $A_2$, $A_3$, $A_4$ が，原点を中心とする半径1の円 $C$ の周上に反時計回りにこの順番で並び，正五角形を形成していて，$A_0$ を表す複素数は1である。
(1) 点 $A_k$ を表す複素数を $\alpha_k$ ($k = 0, 1, 2, 3, 4$) とするとき，$\alpha_k$ ($k = 1, 2, 3, 4$) を三角関数を用いない形で求めよ。
(2) 円 $C$ の周上を動く点 P と点 $A_k$ を結ぶ線分の長さを $PA_k$ と表すとき，積 $L = PA_0 \cdot PA_1 \cdot PA_2 \cdot PA_3 \cdot PA_4$ の最大値を求めよ。
(3) $L$ が最大値をとるとき，点 P は円 $C$ の周上のどのような位置にあるか。

## 206 → 解答 p.108

$n$ を 3 以上の自然数とするとき，次を示せ。

ただし，$\alpha = \cos\dfrac{2\pi}{n} + i\sin\dfrac{2\pi}{n}$ とし，$i$ を虚数単位とする。

(1) $\alpha^k + \overline{\alpha}^k = 2\cos\dfrac{2k\pi}{n}$

ただし，$k$ は自然数とし，$\overline{\alpha}$ は $\alpha$ に共役な複素数とする。

(2) $n = (1-\alpha)(1-\alpha^2)\cdots(1-\alpha^{n-1})$

(3) $\dfrac{n}{2^{n-1}} = \sin\dfrac{\pi}{n}\sin\dfrac{2\pi}{n}\cdots\sin\dfrac{(n-1)\pi}{n}$


## 207 → 解答 p.110

実数を係数とする 3 次方程式 $x^3 + px^2 + qx + r = 0$ は，相異なる虚数解 $\alpha$，$\beta$ と実数解 $\gamma$ をもつとする。

(1) $\beta = \overline{\alpha}$ が成り立つことを証明せよ。ここで，$\overline{\alpha}$ は $\alpha$ と共役な複素数を表す。

(2) $\alpha$，$\beta$，$\gamma$ が等式 $\alpha\beta + \beta\gamma + \gamma\alpha = 3$ を満たし，さらに複素数平面上で $\alpha$，$\beta$，$\gamma$ を表す 3 点は 1 辺の長さが $\sqrt{3}$ の正三角形をなすものとする。このとき，実数の組 $(p, q, r)$ をすべて求めよ。

## 208

(I) (1) 複素数平面上の3点 $\alpha$, $\beta$, $\gamma$ が同一直線上にあるための必要十分条件は $\dfrac{\gamma-\alpha}{\beta-\alpha}$ が実数であることを示せ。

(2) 3個の複素数 $-1$, $iz$, $z^2$ が同一直線上にあるための条件を求めよ。

(II) (1) $\alpha$, $\beta$, $\gamma$, $\delta$ を互いに異なる複素数とし,複素数平面上でこれらに対応する点をそれぞれ A, B, C, D とする。このとき AB と CD が垂直となるための必要十分条件は,$\dfrac{\delta-\gamma}{\beta-\alpha}$ が純虚数となることである。これを示せ。

(2) O を複素数平面上の原点とする。3点 O, A, B が三角形をなすとき,△OAB の頂点 A, B よりその対辺 OB および OA に下ろしてできる2つの垂線の交点を P とする。このとき,OP と AB が垂直であることを,(1) を使って示せ。ただし,△OAB は直角三角形ではないとする。

## ☆209

$\alpha$, $\beta$, $\gamma$ は互いに相異なる複素数とする。

(1) 複素数平面上で $\dfrac{z-\beta}{z-\alpha}$ の虚数部分が正となる $z$ の存在する範囲を図示せよ。

(2) 複素数 $z$ が $(z-\alpha)(z-\beta)+(z-\beta)(z-\gamma)+(z-\gamma)(z-\alpha)=0$ を満たしているとき,$z$ は $\alpha$, $\beta$, $\gamma$ を頂点とする三角形の内部に存在することを示せ。ただし $\alpha$, $\beta$, $\gamma$ は同一直線上にはないものとする。

## 210 →解答 p.118

図のように，複素数平面上に四角形 ABCD があり，4 点 A, B, C, D を表す複素数をそれぞれ $z_1$, $z_2$, $z_3$, $z_4$ とする。各辺を 1 辺とする 4 つの正方形 BAPQ, CBRS, DCTU, ADVW を四角形 ABCD の外側に作り，正方形 BAPQ, CBRS, DCTU, ADVW の中心をそれぞれ K, L, M, N とおく。

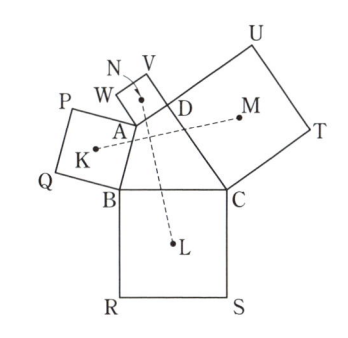

(1) 点 K を表す複素数 $w_1$ を $z_1$ と $z_2$ で表せ。
(2) KM=LN, KM⊥LN を証明せよ。
(3) 線分 KM と線分 LN の中点が一致するのは四角形 ABCD がどのような図形のときか。

## 211 →解答 p.120

複素数平面上で，複素数 $\alpha$, $\beta$, $\gamma$ を表す点をそれぞれ A, B, C とする。
(1) A, B, C が正三角形の 3 頂点であるとき，
$\alpha^2+\beta^2+\gamma^2-\alpha\beta-\beta\gamma-\gamma\alpha=0$ ……(*) が成立することを示せ。
(2) 逆に，この関係式 (*) が成立するとき，A=B=C となるか，または，A, B, C が正三角形の 3 頂点となることを示せ。

## 212 → 解答 p.122

恒等式 $(\beta-\alpha)(\delta-\gamma)+(\delta-\alpha)(\gamma-\beta)=(\gamma-\alpha)(\delta-\beta)$ を用いて，次の問いに答えよ．

(1) 四角形 ABCD において，次の不等式が成り立つことを証明せよ．
$$AB \cdot CD + AD \cdot BC \geqq AC \cdot BD$$

☆(2) (1)において等号が成立するための必要十分条件は，四角形 ABCD が円に内接することであることを証明せよ．

## ☆213 → 解答 p.124

複素数平面上の原点以外の相異なる 2 点 $P(\alpha)$, $Q(\beta)$ を考える．$P(\alpha)$, $Q(\beta)$ を通る直線を $l$，原点から $l$ に引いた垂線と $l$ の交点を $R(w)$ とする．ただし，複素数 $\gamma$ が表す点 C を $C(\gamma)$ と書く．このとき，次のことを示せ．

「$w = \alpha\beta$ であるための必要十分条件は，$P(\alpha)$, $Q(\beta)$ が中心 $A\left(\dfrac{1}{2}\right)$，半径 $\dfrac{1}{2}$ の円周上にあることである．」

## 214 → 解答 p.127

次の問いに答えよ．

(1) 複素数平面上で方程式 $|z-3i|=2|z|$ が表す図形を求め，図示せよ．

(2) 複素数 $z$ が(1)で求めた図形の上を動くとき，複素数 $w=(-1+i)z$ が表す点の軌跡を求め，図示せよ．

(3) 複素数 $z$ が(1)で求めた図形から $z=i$ を除いた部分を動くとき，複素数 $w = \dfrac{z+i}{z-i}$ で表される点の軌跡を求め，図示せよ．

## ☆215 → 解答 p.130

3つの複素数 $z_1 = \dfrac{1}{2} + \dfrac{\sqrt{3}}{2}i$, $z_2 = \dfrac{1}{2} - \dfrac{\sqrt{3}}{2}i$, $z_3 = -1$ の表す複素数平面上の点をそれぞれ $A(z_1)$, $B(z_2)$, $C(z_3)$ とする。0 でない複素数 $z$ に対し, $w = \dfrac{1}{z}$ によって $w$ を定める。$z$, $w$ が表す複素数平面上の点をそれぞれ $P(z)$, $Q(w)$ とする。

(1) P が線分 AB 上を動くとき,Q の描く曲線を複素数平面上に図示せよ。
(2) P が三角形 ABC の 3 辺上を動くとき,Q の描く曲線を複素数平面上に図示せよ。

## 216 → 解答 p.133

複素数平面上で中心が 1,半径 1 の円を $C$ とする。

(1) $C$ 上の点 $z = 1 + \cos t + i \sin t$ $(-\pi < t < \pi)$ について,$z$ の絶対値および偏角を $t$ を用いて表せ。また,$\dfrac{1}{z^2}$ を極形式で表せ。

(2) $z$ が円 $C$ 上の 0 でない点を動くとき,$w = \dfrac{2i}{z^2}$ は複素数平面上で放物線を描くことを示し,この放物線を図示せよ。

## 217 → 解答 p.135

複素数 $\alpha$, $\beta$ は $|\alpha-1|=1$, $|\beta-i|=1$ を満たす。
(1) $\alpha+\beta$ が存在する範囲を複素数平面上に図示せよ。
(2) $(\alpha-1)(\beta-1)$ が存在する範囲を複素数平面上に図示せよ。

## 218 → 解答 p.137

$i$ を虚数単位とする。$z_1=3$ および,漸化式 $z_{n+1}=(1+i)z_n+i$ $(n\geqq 1)$ によって定まる複素数からなる数列 $\{z_n\}$ について,以下の問いに答えよ。
(1) $z_n$ を求めよ。
(2) すべての正の整数 $m$ について,$z_{8m-7}=2^{4m-2}-1$ となることを示せ。
(3) 複素数 $z_n$ が表す複素数平面の点を $P_n$ とする。$P_n$,$P_{n+1}$,$P_{n+2}$ を3頂点とする三角形の面積を求めよ。

# 第3章 数列の極限と関数の極限

## 301 → 解答 p.139

(1) 半径 1 の円に内接する 6 個の半径の等しい円を図 1 のように描く。さらに図 2 のように 6 個の小さな半径の等しい円を描く。この操作を無限に繰り返したとき，6 個ずつ次々に描かれる円の面積の総和 $S_2$ と，それらの円の円周の長さの総和 $C_2$ を求めよ。

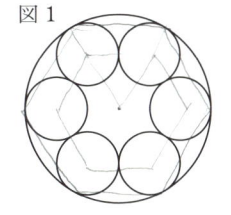

(2) (1)で 6 個の円を次々に描いていった。一般に，自然数 $n \geqq 2$ に対して $3n$ 個の円を用いて同様の操作を行うとき，描かれる円の面積の総和 $S_n$ と，それらの円の円周の長さの総和 $C_n$ を求めよ。

(3) 数列 $S_2, S_3, S_4, \cdots\cdots$ の極限値を求めよ。

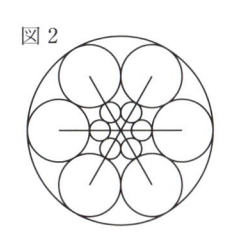

図 1

図 2

## 302 → 解答 p.142

数列 $\{a_m\}$ （ただし $a_m = m$ とする）に対し $b_n = \sum_{m=1}^{n} a_m$ とおく。

(1) $0 < r < 1$ とするとき，$\lim_{n \to \infty} nr^n = 0$ および $\lim_{n \to \infty} n^2 r^n = 0$ となることを証明せよ。

(2) $S_m = a_1 r + a_2 r^2 + \cdots\cdots + a_m r^m$，$T_n = b_1 r + b_2 r^2 + \cdots\cdots + b_n r^n$ とおくとき，$\lim_{m \to \infty} S_m$ および $\lim_{n \to \infty} T_n$ を求めよ。

## 303  → 解答 p.146

数列 $\{a_n\}$ を $a_1=1$, $a_{n+1}=\sqrt{\dfrac{3a_n+4}{2a_n+3}}$ ($n=1, 2, 3, \cdots\cdots$) で定める。

(1) $n\geqq 2$ のとき，$a_n>1$ となることを示せ。

(2) $\alpha^2=\dfrac{3\alpha+4}{2\alpha+3}$ を満たす正の実数 $\alpha$ を求めよ。

(3) すべての自然数 $n$ に対して $a_n<\alpha$ となることを示せ。

(4) $0<r<1$ を満たすある実数 $r$ に対して，不等式 $\dfrac{\alpha-a_{n+1}}{\alpha-a_n}\leqq r$ ($n=1, 2, 3, \cdots\cdots$) が成り立つことを示せ。さらに，極限 $\lim\limits_{n\to\infty}a_n$ を求めよ。


## ☆304  → 解答 p.149

関数 $f(x)$ を $f(x)=\dfrac{3x^2}{2x^2+1}$ とする。

(1) $0<x<1$ ならば，$0<f(x)<1$ となることを示せ。

(2) $f(x)-x=0$ となる $x$ をすべて求めよ。

(3) $0<\alpha<1$ とし，数列 $\{a_n\}$ を $a_1=\alpha$, $a_{n+1}=f(a_n)$ ($n=1, 2, \cdots\cdots$) とする。$\alpha$ の値に応じて，$\lim\limits_{n\to\infty}a_n$ を求めよ。

## 305 → 解答 p.153

実数 $x$ に対して,$l \leq x < l+1$ を満たす整数 $l$ を $[x]$ と表す。数列 $\{a_n\}$ を $a_n = \dfrac{n}{[\sqrt{n}]}$ $(n=1, 2, 3, \cdots\cdots)$ で定め,$S_n = \displaystyle\sum_{k=1}^{n} a_k$ とおく。

(1) $S_3$,$S_8$ を求めよ。
(2) $S_{m^2-1}$ $(m=2, 3, 4, \cdots\cdots)$ を $m$ の式で表せ。
(3) 数列 $\left\{\dfrac{S_n}{n^{\frac{3}{2}}}\right\}$ が収束することを示し,その極限値を求めよ。

## 306 → 解答 p.155

$0 < a < 1$ とする。座標平面上で原点 $A_0$ から出発して $x$ 軸の正の方向に $a$ だけ進んだ点を $A_1$ とする。次に,$A_1$ で進行方向を反時計回りに 120° 回転し $a^2$ だけ進んだ点を $A_2$ とする。以後同様に $A_{n-1}$ で反時計回りに 120° 回転して $a^n$ だけ進んだ点を $A_n$ とする。このとき,点列 $A_0, A_1, A_2, \cdots\cdots$ の極限の座標を求めよ。

## 307 → 解答 p.158

$n$ を自然数とする。つぼの中に，1 の数字を書いた玉が1個，2 の数字を書いた玉が1個，3 の数字を書いた玉が1個，……，$n$ の数字を書いた玉が1個，合計 $n$ 個の玉が入っている。つぼから無作為に玉を1個とり出し，書かれた数字を見て，もとに戻す試行を $n$ 回行う。

(1) 試行を $n$ 回行ったとき，$k$ の数字が書かれた玉をちょうど $k$ 回とり出す確率を $p_k$ とする。$p_k$ を $k$ の式で表せ。ただし，$k=1$, 2, 3, ……, $n$ とする。

(2) (1)で求めた $p_1$, $p_2$, $p_3$, ……, $p_n$ について，
$$q_n = 2p_1 + 2^2 p_2 + 2^3 p_3 + \cdots + 2^n p_n$$
とおく。この $q_n$ について，極限 $\lim_{n \to \infty} q_n$ の値を求めよ。


## 308 → 解答 p.160

さいころを投げるという試行を繰り返し行う。ただし，2回連続して5以上の目が出た場合は，それ以降の試行は行わないものとする。

$n$ 回目の試行が行われ，かつ $n$ 回目に出た目が4以下になる確率を $p_n$ とする。また，$n$ 回目の試行が行われ，かつ $n$ 回目に出た目が5以上になる確率を $q_n$ とする。

(1) $p_{n+2}$ を $p_{n+1}$, $p_n$ を用いて表せ。それを利用して，$p_n$ を求めよ。

(2) $q_{n+2}$ を $p_{n+1}$, $p_n$ を用いて表せ。

(3) $\sum_{n=1}^{\infty} q_n$ を求めよ。

## ☆309 → 解答 p.164

$a$ を正の実数，$n$ を自然数とするとき，$x^n = a$ となる正の数 $x$ がただ１つ定まる。これを $a^{\frac{1}{n}}$ と書く。さらに，任意の実数 $p$ に対して $a^p$ が定義できて，$a > b > 0$，$p > 0$ ならば，$a^p > b^p$ が成立する。また，$a^{-p} = \left(\dfrac{1}{a}\right)^p = \dfrac{1}{a^p}$ である。これらのことを知って，次の問いに答えよ。

(1) $a > 1$ のとき，$a^{\frac{1}{n}} = 1 + h_n$，$h_n > 0$ とおける。このとき，$h_n < \dfrac{a}{n}$ を示せ。

(2) $\displaystyle\lim_{n \to \infty} n^{\frac{1}{n}} = 1$ を証明せよ。

(3) $\displaystyle\lim_{x \to +0} x^x = 1$ であることを証明せよ。ただし，必要なら，$0 < x < 1$ のとき $\dfrac{1}{n+1} < x \leqq \dfrac{1}{n}$ となる自然数 $n$ が存在することを用いてよい。（注：$x \to +0$ は $x$ が $0$ に正の方向から近づくことを示す）

## 310 → 解答 p.166

実数 $x$ に対し，$x$ 以上の最小の整数を $f(x)$ とする。$a$，$b$ を正の実数とするとき，極限 $\displaystyle\lim_{x \to \infty} x^c \left\{ \dfrac{1}{f(ax-7)} - \dfrac{1}{f(bx+3)} \right\}$ が収束するような実数 $c$ の最大値と，そのときの極限値を求めよ。

# 第4章 微分法とその応用

## 401 → 解答 p.168

(I) $a$ を実数とする。すべての実数 $x$ で定義された関数 $f(x)=|x|(e^{2x}+a)$ は $x=0$ で微分可能であるとする。

(1) $a$ および $f'(0)$ の値を求めよ。

(2) 導関数 $f'(x)$ は $x=0$ で連続であることを示せ。

(3) 右側極限 $\lim_{x\to +0} \dfrac{f'(x)}{x}$ を求めよ。さらに，$f'(x)$ は $x=0$ で微分可能でないことを示せ。

(II) $f(x)$ はすべての実数 $x$ において微分可能な関数で，関係式 $f(2x)=(e^x+1)f(x)$ を満たしているとする。

(1) $f(0)=0$ を示せ。

(2) $x \neq 0$ に対して $\dfrac{f(x)}{e^x-1}=\dfrac{f\left(\frac{x}{2}\right)}{e^{\frac{x}{2}}-1}$ が成り立つことを示せ。

(3) 微分係数の定義を用いて $f'(0)=\lim_{h\to 0}\dfrac{f(h)}{e^h-1}$ を示せ。

(4) $f(x)=(e^x-1)f'(0)$ が成り立つことを示せ。


## 402 → 解答 p.171

$f(x)=\sin x+\cos x$ とする。各自然数 $n$ に対して関数 $g_n(x)$ は $x$ の $n$ 次式で表され，
$$g_n(0)=f(0),\ g_n{'}(0)=f'(0),\ g_n{''}(0)=f''(0),\ \cdots\cdots,\ g_n{}^{(n)}(0)=f^{(n)}(0)$$
を満たすものとする。このとき，$|g_{n+1}(1)-g_n(1)|<\dfrac{1}{2013}$ となる最小の自然数 $n$ を求めよ。

## 403 → 解答 p.173

$x \geq 0$ で定義される関数 $f(x) = xe^{\frac{x}{2}}$ について，次の問いに答えよ。ただし，$e$ は自然対数の底とする。

(1) $f(x)$ の第1次導関数を $f'(x)$，第2次導関数を $f''(x)$ とする。$f'(2)$，$f''(2)$ を求めよ。

(2) $f(x)$ の逆関数を $g(x)$，$g(x)$ の第1次導関数を $g'(x)$，第2次導関数を $g''(x)$ とする。$g'(2e)$，$g''(2e)$ を求めよ。

## 404 → 解答 p.175

$f(x) = \dfrac{x^3 - x^2}{x^2 - 2}$ とする。

(1) $f(x)$ の増減を調べ，極値を求めよ。
(2) 曲線 $y = f(x)$ の漸近線を求めよ。
(3) 曲線 $y = f(x)$ の概形を描け。

## 405 → 解答 p.177

$x$ 軸上の点 $A(a, 0)$ から，関数 $y = f(x) = \dfrac{x+3}{\sqrt{x+1}}$ のグラフに異なる2本の接線が引けるとき，定数 $a$ の範囲を求めよ。

## 406 → 解答 p.179

$xy$ 平面上に曲線 $C: y = x^2$ がある。$C$ 上にない点 A と $C$ 上の点 P に対し，P における $C$ の接線と 2 点 A, P を通る直線が垂直であるとき，線分 AP を A から $C$ に下ろした垂線という。次の問いに答えよ。

(1) $C$ に異なる 3 本の垂線を下ろすことができる点 A の範囲を図示せよ。
(2) A が (1) の範囲にあるとする。少なくとも 2 本の垂線の長さが等しくなる A の範囲を図示せよ。

## 407 → 解答 p.182

$n$ を正の整数，$a$ を実数とする。すべての整数 $m$ に対して
$$m^2 - (a-1)m + \frac{n^2}{2n+1}a > 0$$
が成り立つような $a$ の範囲を $n$ を用いて表せ。

## 408 → 解答 p.184

定数 $a$ に対して，次の式で定義される $xy$ 平面の曲線を $C_a$ とする。
$$C_a : y = (a-x)\{\log(x-a) - 2\}$$

(1) $a = 0$ のときの曲線 $C_a$ のグラフをかけ。ただし，$\lim_{x \to \infty} xe^{-x} = 0$ を用いてもよい。
(2) $a$ を $a \geq 0$ の範囲で動かすとき，曲線 $C_a$ が通る部分を図示せよ。

## 409 → 解答 p.186

$xy$ 平面上に，原点を中心とする半径 1 の円 $C$，点 A$(a, 0)$ $(0<a<1)$，点 B$(-1, 0)$ が与えられている．点 P が円 $C$ 上を動くとき，距離 AP と距離 BP の和の最大値を $a$ を用いて表せ．

## 410 → 解答 p.188

次の連立不等式で定まる座標平面上の領域 $D$ を考える．
$$x^2+(y-1)^2 \leq 1, \quad x \geq \frac{\sqrt{2}}{3}$$

直線 $l$ は原点を通り，$D$ との共通部分が線分となるものとする．その線分の長さ $L$ の最大値を求めよ．また，$L$ が最大値をとるとき，$x$ 軸と $l$ のなす角 $\theta \left(0<\theta<\frac{\pi}{2}\right)$ の余弦 $\cos\theta$ を求めよ．

## ☆411 → 解答 p.190

平面上を半径 1 の 3 個の円板が下記の条件(a)と(b)を満たしながら動くとき，これら 3 個の円板の和集合の面積 $S$ の最大値を求めよ．
(a) 3 個の円板の中心はいずれも定点 P を中心とする半径 1 の円周上にある．
(b) 3 個の円板すべてが共有する点は P のみである．

## 412 → 解答 p.192

関数 $f(x)=x^x$ $(x>0)$ と正の実数 $a$ について，以下の問いに答えよ。

(1) $\dfrac{1}{4} \leqq x \leqq \dfrac{3}{4}$ における $f(x)f(1-x)$ の最大値および最小値を求めよ。

(2) $\dfrac{1}{4} \leqq x \leqq \dfrac{3}{4}$ における $\dfrac{f(x)f(1-x)f(a)}{f(ax)f(a(1-x))}$ の最小値を求めよ。


## 413 → 解答 p.194

$x,\ y,\ z$ が $x>0,\ y>0,\ z>0,\ x+y+z=1$ を満たしながら動くとき，関数 $x\log x+y\log y+z\log z$ の最小値を求めよ。


## ☆414 → 解答 p.196

$a$ は $0<a<\pi$ を満たす定数とする。$n=0,\ 1,\ 2,\ \cdots\cdots$ に対し，$n\pi<x<(n+1)\pi$ の範囲に $\sin(x+a)=x\sin x$ を満たす $x$ がただ1つ存在するので，この $x$ の値を $x_n$ とする。

(1) 極限値 $\displaystyle\lim_{n\to\infty}(x_n-n\pi)$ を求めよ。

(2) 極限値 $\displaystyle\lim_{n\to\infty}n(x_n-n\pi)$ を求めよ。

## 415 → 解答 p.198

$a>1$ に対して,方程式 $2xe^{ax}=e^{ax}-e^{-ax}$ を考える。
(1) この方程式は正の解をただ1つもつことを示せ。
(2) その解を $m(a)$ とかくとき,$1<a_1<a_2$ ならば $m(a_1)<m(a_2)$ であることを示せ。
(3) $\lim_{a\to\infty} m(a)$ を求めよ。

## 416 → 解答 p.200

(1) $0<a<1$ とする。このとき $x>0$ で定義された関数 $f(x)=(1+a^x)^{\frac{1}{x}}$ は単調な関数(増加関数または減少関数)であることを示せ。
(2) 次の4つの数の中から最小の数を選べ。
$$(2005^{17}+2006^{17})^{\frac{1}{17}},\ (2005^{18}+2006^{18})^{\frac{1}{18}}$$
$$(2005^{\frac{1}{17}}+2006^{\frac{1}{17}})^{17},\ (2005^{\frac{1}{18}}+2006^{\frac{1}{18}})^{18}$$
(3) $n$ は1より大きい整数,$p_1,\ p_2,\ \cdots\cdots,\ p_n$ はすべて正の数とし,$0<\alpha<\beta$ とする。
　このとき,$(p_1{}^\alpha+p_2{}^\alpha+\cdots\cdots+p_n{}^\alpha)^{\frac{1}{\alpha}}$ と $(p_1{}^\beta+p_2{}^\beta+\cdots\cdots+p_n{}^\beta)^{\frac{1}{\beta}}$ の大小を判定せよ。

## 417 → 解答 p.203

$n$ は自然数とする。$x\geqq 0$ のとき,次の不等式を示せ。
(1) $0\leqq e^x-(1+x)\leqq \dfrac{1}{2}x^2e^x$
(2) $0\leqq e^x-\left(1+\dfrac{x}{n}\right)^n\leqq \dfrac{1}{2n}x^2e^x$

## 418 → 解答 p.206

実数 $a$ に対して $k \leq a < k+1$ を満たす整数 $k$ を $[a]$ で表す。$n$ を正の整数として，
$$f(x) = \frac{x^2(2 \cdot 3^3 \cdot n - x)}{2^5 \cdot 3^3 \cdot n^2}$$
とおく。$36n+1$ 個の整数
$$[f(0)],\ [f(1)],\ [f(2)],\ \cdots,\ [f(36n)]$$
のうち相異なるものの個数を $n$ を用いて表せ。

## ☆419 → 解答 p.208

$n$ は自然数とする。
(1) すべての実数 $\theta$ に対し $\cos n\theta = f_n(\cos\theta)$, $\sin n\theta = g_n(\cos\theta)\sin\theta$ を満たし，係数がともにすべて整数である $n$ 次式 $f_n(x)$ と $n-1$ 次式 $g_n(x)$ が存在することを示せ。
(2) $f_n'(x) = n g_n(x)$ であることを示せ。
(3) $p$ を 3 以上の素数とするとき，$f_p(x)$ の $p-1$ 次以下の係数はすべて $p$ で割り切れることを示せ。

## 420 → 解答 p.210

曲線 $y=x^2$ の上を動く点 $P(x, y)$ がある。この動点の速度ベクトルの大きさが一定 $C$ のとき，次の問いに答えよ。ただし，動点 $P(x, y)$ は時刻 $t$ に対して $x$ が増加するように動くとする。

(1) $P(x, y)$ の速度ベクトル $\vec{v} = \left( \dfrac{dx}{dt}, \dfrac{dy}{dt} \right)$ を $x$ で表せ。

(2) $P(x, y)$ の加速度ベクトル $\vec{\alpha} = \left( \dfrac{d^2x}{dt^2}, \dfrac{d^2y}{dt^2} \right)$ を $x$ で表せ。

(3) 半径 $r$ の円 $x^2 + (y-r)^2 = r^2$ 上を，速度ベクトルの大きさが一定 $C$ で動く点 Q があるとき，この加速度ベクトルの大きさを求めよ。

(4) 動点 P と Q の原点 $(0, 0)$ での加速度ベクトルの大きさが等しくなるときの，半径 $r$ を求めよ。


## 421 → 解答 p.214

実数 $a$, $b$ $\left( 0 \leqq a < \dfrac{\pi}{4},\ 0 \leqq b < \dfrac{\pi}{4} \right)$ に対し次の不等式が成り立つことを示せ。

$$\sqrt{\tan a \tan b} \leqq \tan \dfrac{a+b}{2} \leqq \dfrac{1}{2}(\tan a + \tan b)$$

## ☆422  → 解答 p.218

$\log x$ を自然対数，$n$ を自然数として，次の各不等式を証明せよ。ただし，等号成立条件には言及しなくてよい。

(1) $0<a<b$, $a \leqq x \leqq b$ のとき，$\log x \geqq \log a + \dfrac{x-a}{b-a}(\log b - \log a)$

(2) $a_1$, $a_2 > 0$ とし，$p_1$, $p_2 \geqq 0$, $p_1 + p_2 = 1$ のとき，
$$\log(p_1 a_1 + p_2 a_2) \geqq p_1 \log a_1 + p_2 \log a_2$$

(3) $a_1$, $a_2$, ……, $a_n > 0$ とし，$p_1$, $p_2$, ……, $p_n \geqq 0$, $p_1 + p_2 + …… + p_n = 1$ のとき，$\log\left(\sum\limits_{i=1}^{n} p_i a_i\right) \geqq \sum\limits_{i=1}^{n} p_i \log a_i$

(4) $a_1$, $a_2$, ……, $a_n > 0$ のとき，$\dfrac{a_1 + a_2 + …… + a_n}{n} \geqq \sqrt[n]{a_1 a_2 …… a_n}$

## 423  → 解答 p.222

すべての実数で定義され何回でも微分できる関数 $f(x)$ が $f(0)=0$, $f'(0)=1$ を満たし，さらに任意の実数 $a$, $b$ に対して $1+f(a)f(b) \neq 0$ であって
$$f(a+b) = \dfrac{f(a)+f(b)}{1+f(a)f(b)}$$
を満たしている。

(1) 任意の実数 $a$ に対して，$-1 < f(a) < 1$ であることを証明せよ。
(2) $y=f(x)$ のグラフは $x>0$ で上に凸であることを証明せよ。

# 第5章 積分法とその応用

## 501 → 解答 p.226

(Ⅰ) 次の不定積分を求めよ。

(1) $I = \displaystyle\int e^{2x+e^x} dx$

(2) $J = \displaystyle\int \log(1+\sqrt{x})\, dx$

(3) $K = \displaystyle\int \dfrac{1}{\sin^4 x}\, dx$

(Ⅱ) (1) $\tan \dfrac{x}{2} = t$ とするとき，$\sin x$, $\cos x$ を $t$ で表せ。

(2) 不定積分 $L = \displaystyle\int \dfrac{5}{3\sin x + 4\cos x}\, dx$ を求めよ。

## 502 → 解答 p.229

次の定積分の値を求めよ。

(1) $I = \displaystyle\int_1^{\sqrt{3}} \dfrac{1}{x^2} \log\sqrt{1+x^2}\, dx$

(2) $J = \displaystyle\int_0^1 \{x(1-x)\}^{\frac{3}{2}}\, dx$

(3) $K = \displaystyle\int_0^{\pi} e^x \sin x\, dx$ および $L = \displaystyle\int_0^{\pi} e^x \cos x\, dx$

(4) $M = \displaystyle\int_0^{\pi} x e^x \sin x\, dx$ および $N = \displaystyle\int_0^{\pi} x e^x \cos x\, dx$

## 503

(1) 次の式が成り立つように，定数 $A$, $B$, $C$, $D$ を定めよ．
$$\frac{8}{x^4+4} = \frac{Ax+B}{x^2+2x+2} + \frac{Cx+D}{x^2-2x+2}$$

(2) $\tan\dfrac{\pi}{8}$, $\tan\dfrac{3}{8}\pi$ の値を求めよ．

(3) 次の定積分の値を求めよ．
$$\int_{-\sqrt{2}}^{\sqrt{2}} \frac{8}{x^4+4}\,dx$$

## 504

(1) $-\pi \leq x \leq \pi$ のとき，$\sqrt{3}\cos x - \sin x > 0$ を満たす $x$ の範囲を求めよ．

(2) $\displaystyle\int_{-\frac{\pi}{3}}^{\frac{\pi}{6}} \left|\frac{4\sin x}{\sqrt{3}\cos x - \sin x}\right|dx$ を求めよ．

## 505

$a_k\,(k=1, 2, \cdots, n)$ を実数とし，関数 $f(x)$ を
$$f(x) = \sum_{k=1}^{n} a_k \sin kx \quad (0 \leq x \leq \pi)$$
で定義する．

(1) 自然数 $k$, $l$ に対して，$\displaystyle\int_0^{\pi} \sin kx \sin lx\,dx = \begin{cases} \dfrac{\pi}{2} & (k=l) \\ 0 & (k \neq l) \end{cases}$

が成り立つことを示せ．

(2) 等式 $\displaystyle\int_0^{\pi} \{f(x)\}^2 dx = \frac{\pi}{2}\sum_{k=1}^{n} a_k^2$ が成り立つことを示せ．

(3) $n=3$ とする．定積分 $\displaystyle\int_0^{\pi}\left\{f(x)-\frac{\pi}{2}\right\}^2 dx$ の値が最小となるように，$a_1$, $a_2$, $a_3$ の値を定めよ．

## 506 → 解答 p.240

(I) 区間 $\left[0, \dfrac{\pi}{2}\right]$ で連続な関数 $f(x)$ に対し，等式 $\displaystyle\int_0^{\frac{\pi}{2}} f(x)\,dx = \int_0^{\frac{\pi}{2}} f\left(\dfrac{\pi}{2} - x\right) dx$
が成り立つことを証明せよ．さらに，それを利用して定積分
$\displaystyle\int_0^{\frac{\pi}{2}} \dfrac{\sin 3x}{\sin x + \cos x}\,dx$ の値を求めよ．

(II) 定積分 $\displaystyle\int_{-1}^{1} \dfrac{x^2}{1+e^x}\,dx$ の値を求めよ．

## 507 → 解答 p.242

定積分 $I = \displaystyle\int_0^1 \sqrt{x^2+1}\,dx$，$J = \displaystyle\int_0^1 \dfrac{1}{\sqrt{x^2+1}}\,dx$ の値を，置換積分 $x = \dfrac{1}{2}(e^t - e^{-t})$ によって求めよ．

## 508 → 解答 p.244

定積分 $I_n = \displaystyle\int_0^{\frac{\pi}{4}} \dfrac{dx}{(\cos x)^n}$ $(n = 0, \pm 1, \pm 2, \cdots\cdots)$ について次の問いに答えよ．

(1) $I_0$，$I_{-1}$，$I_2$ を求めよ．
(2) $I_1$ を求めよ．
(3) 整数 $n$ に対して，$nI_n - (n+1)I_{n+2} + (\sqrt{2})^n = 0$ が成り立つことを示せ．
(4) 定積分 $\displaystyle\int_0^1 \sqrt{x^2+1}\,dx$ および $\displaystyle\int_0^1 \dfrac{dx}{(x^2+1)^3}$ を求めよ．

## 509 → 解答 p.246

実数 $a$ に対し,積分
$$f(a)=\int_0^{\frac{\pi}{4}}|\sin x-a\cos x|\,dx$$
を考える。$f(a)$ の最小値を求めよ。


## 510 → 解答 p.248

自然数 $n$ に対して
$$I_n=\int_0^1 x^2|\sin n\pi x|\,dx$$
とおく。極限値 $\lim_{n\to\infty}I_n$ を求めよ。


## 511 → 解答 p.250

自然数 $n$ に対して,関数 $f_n(x)=x^n e^{1-x}$ と,その定積分 $a_n=\int_0^1 f_n(x)\,dx$ を考える。ただし,$e$ は自然対数の底である。次の問いに答えよ。

(1) 区間 $0\leqq x\leqq 1$ 上で $0\leqq f_n(x)\leqq 1$ であることを示し,さらに $0<a_n<1$ が成り立つことを示せ。

(2) $a_1$ を求めよ。$n>1$ に対して $a_n$ と $a_{n-1}$ の間の漸化式を求めよ。

(3) 自然数 $n$ に対して,等式 $\dfrac{a_n}{n!}=e-\left(1+\dfrac{1}{1!}+\dfrac{1}{2!}+\cdots\cdots+\dfrac{1}{n!}\right)$ が成り立つことを証明せよ。

(4) いかなる自然数 $n$ に対しても,$n!e$ は整数とならないことを示せ。

## 512 → 解答 p.252

$e$ を自然対数の底とし，数列 $\{a_n\}$ を次式で定義する。
$$a_n = \int_1^e (\log x)^n \, dx \quad (n=1,\ 2,\ \cdots\cdots)$$

(1) $n \geqq 3$ のとき，次の漸化式を示せ。
$$a_n = (n-1)(a_{n-2} - a_{n-1})$$

(2) $n \geqq 1$ に対し $a_n > a_{n+1} > 0$ となることを示せ。

(3) $n \geqq 2$ のとき，以下の不等式が成立することを示せ。
$$a_{2n} < \frac{3 \cdot 5 \cdots\cdots (2n-1)}{4 \cdot 6 \cdots\cdots (2n)}(e-2)$$

## ☆513 → 解答 p.254

$n$ を自然数とする。

(1) 次の極限を求めよ。
$$\lim_{n \to \infty} \frac{1}{\log n}\left(1 + \frac{1}{2} + \frac{1}{3} + \cdots\cdots + \frac{1}{n}\right)$$

(2) 関数 $y = x(x-1)(x-2)\cdots\cdots(x-n)$ の極値を与える $x$ の最小値を $x_n$ とする。このとき
$$\frac{1}{x_n} = \frac{1}{1-x_n} + \frac{1}{2-x_n} + \cdots\cdots + \frac{1}{n-x_n}$$
および $0 < x_n \leqq \dfrac{1}{2}$ を示せ。

(3) (2)の $x_n$ に対して，極限 $\lim\limits_{n \to \infty} x_n \log n$ を求めよ。

## 514 → 解答 p.258

次の極限値を求めよ。

(1) $L_1 = \lim\limits_{n \to \infty} \dfrac{(n+1)^a + (n+2)^a + \cdots\cdots + (n+n)^a}{1^a + 2^a + \cdots\cdots + n^a} \quad (a > 0)$

(2) $L_2 = \lim\limits_{n \to \infty} \dfrac{1}{n^2} \sqrt[n]{{}_{4n}\mathrm{P}_{2n}}$

第5章　積分法とその応用

## ☆515 → 解答 p.260

(1) $S_n = \dfrac{1}{n+1} + \dfrac{1}{n+2} + \cdots\cdots + \dfrac{1}{n+n}$ とおくとき，$\displaystyle\lim_{n\to\infty} S_n$ を求めよ．

(2) $T_n = \dfrac{n}{(n+1)^2} + \dfrac{n}{(n+2)^2} + \cdots\cdots + \dfrac{n}{(n+n)^2}$ とおくとき，$\displaystyle\lim_{n\to\infty} T_n$ を求めよ．

(3) $\displaystyle\lim_{n\to\infty} n(\log 2 - S_n) = \dfrac{1}{4}$ を示せ．


## 516 → 解答 p.262

不等式
$$\pi(e-1) < \int_0^\pi e^{|\cos 4x|}\,dx < 2(e^{\frac{\pi}{2}} - 1)$$
が成り立つことを示せ．


## 517 → 解答 p.264

$f(x) = \dfrac{1}{1+x^2}$ とし，曲線 $y = f(x)$ $(x>0)$ の変曲点を $(a, f(a))$ とする．

(1) $a$ の値を求めよ．

(2) $I = \displaystyle\int_a^1 f(x)\,dx$ の値と，4点 $(a, f(a))$, $(a, 0)$, $(1, 0)$, $(1, f(1))$ を頂点とする台形の面積 $S$ を求めよ．

(3) 円周率 $\pi$ は 3.17 より小さいことを証明せよ．必要ならば，$\sqrt{3} = 1.732\cdots\cdots$ を用いてよい．

(4) $b = \tan\dfrac{\pi}{8}$ の値を求めよ．

(5) $J = \displaystyle\int_0^b f(x)\,dx$ の値と，4点 $(0, f(0))$, $(0, 0)$, $(b, 0)$, $(b, f(b))$ を頂点とする台形の面積 $T$ を求めよ．

(6) 円周率 $\pi$ は 3.07 より大きいことを証明せよ．必要ならば，$\sqrt{2} = 1.414\cdots\cdots$ を用いてよい．

## 518 → 解答 p.266

(1) $0 < x < a$ を満たす実数 $x$, $a$ に対し，次を示せ．
$$\frac{2x}{a} < \int_{a-x}^{a+x} \frac{1}{t} dt < x\left(\frac{1}{a+x} + \frac{1}{a-x}\right)$$

(2) (1)を利用して，$0.68 < \log 2 < 0.71$ を示せ．ただし，$\log 2$ は $2$ の自然対数を表す．

## 519 → 解答 p.270

実数 $x$ に対して，$f(x) = \int_0^x \frac{1}{t^2+1} dt$ とおく．

(1) $|x| < 1$, $|y| < 1$ のとき，$f\left(\dfrac{x+y}{1-xy}\right) = f(x) + f(y)$ が成り立つことを示せ．

(2) $x > 0$ のとき，$f(x) + f\left(\dfrac{1}{x}\right)$ の値を求めよ．

(3) 極限 $\displaystyle\lim_{x \to \infty} f(x)$ を求めよ．

(4) (3)の極限値を $c$ とするとき，極限 $\displaystyle\lim_{x \to \infty} x\{c - f(x)\}$ を求めよ．

## 520

$x > 0$ を定義域とする関数 $f(x) = \dfrac{12(e^{3x} - 3e^x)}{e^{2x} - 1}$ について，以下の問いに答えよ。

(1) 関数 $y = f(x)$ $(x > 0)$ は，実数全体を定義域とする逆関数を持つことを示せ。すなわち，任意の実数 $a$ に対して，$f(x) = a$ となる $x > 0$ がただ 1 つ存在することを示せ。

(2) 前問(1)で定められた逆関数を $y = g(x)$ $(-\infty < x < \infty)$ とする。このとき，定積分 $\displaystyle\int_8^{27} g(x)\,dx$ を求めよ。

## 521

閉区間 $\left[-\dfrac{\pi}{2}, \dfrac{\pi}{2}\right]$ で定義された関数 $f(x)$ が

$$f(x) + \int_{-\frac{\pi}{2}}^{\frac{\pi}{2}} \sin(x-y) f(y)\,dy = x + 1 \quad \left(-\dfrac{\pi}{2} \le x \le \dfrac{\pi}{2}\right)$$

を満たしている。$f(x)$ を求めよ。

(注意) $\sin(x-y) f(y)$ は $\sin(x-y)$ と $f(y)$ の積の意味である。

## 522

連続な関数 $y = y(x)$ が $y(x) = \sin x - 2\displaystyle\int_0^x y(t) \cos(x-t)\,dt$ $(-\infty < x < \infty)$ を満たすとする。

(1) $y''$ を $y, y'$ を用いて表せ。

(2) $z(x) = e^x y(x)$ とおくとき，$z''$ を求めよ。

(3) $y$ を求めよ。

## 523

$xy$ 平面において，曲線 $y=\dfrac{x^3}{6}+\dfrac{1}{2x}$ 上の点 $\left(1,\ \dfrac{2}{3}\right)$ を出発し，この曲線上を進む点Pがある。出発してから $t$ 秒後のPの速度 $\vec{v}$ の大きさは $\dfrac{t}{2}$ に等しく，$\vec{v}$ の $x$ 成分はつねに正または 0 であるとする。

(1) 出発してから $t$ 秒後のPの位置を $(x,\ y)$ として，$x$ と $t$ の間の関係式を求めよ。

(2) $\vec{v}$ がベクトル $(8,\ 15)$ と平行になるのは出発してから何秒後か。

## 524

図のような容器を考える。空の状態から始めて，単位時間あたり一定の割合で水を注入し，底から測った水面の高さ $h$ が 10 になるまで続ける。水面の上昇する速さ $v$ は，水面の高さ $h$ の関数として
$$v=\dfrac{\sqrt{2+h}}{\log(2+h)}\quad(0\leqq h\leqq 10)$$
で与えられるものとする。水面の上昇が始まってから水面の面積が最大となるまでの時間を求めよ。

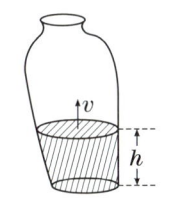

## 525 → 解答 p.284

$H>0$, $R>0$ とする。座標空間内において,原点Oと点P$(R, 0, H)$を結ぶ線分を,$z$軸の周りに回転させてできる容器がある。この容器に水を満たし,原点から水面までの高さが$h$のとき単位時間あたりの排水量が,$\sqrt{h}$ となるように水を排出する。すなわち,時刻 $t$ までに排出された水の総量を $V(t)$ とおくとき,$\dfrac{dV}{dt}=\sqrt{h}$ が成り立つ。このとき,すべての水を排出するのに要する時間を求めよ。

## 526 → 解答 p.286

(1) $a$ を実数の定数,$f(x)$ をすべての点で微分可能な関数とする。このとき次の等式を示せ。
$$f'(x)+af(x)=e^{-ax}\{e^{ax}f(x)\}'$$

(2) (1)の等式を利用して,次の式を満たす関数 $f(x)$ で,$f(0)=0$ となるものを求めよ。
$$f'(x)+2f(x)=\cos x$$

(3) (2)で求めた関数 $f(x)$ に対して,数列 $\{|f(n\pi)|\}$ ($n=1, 2, 3, \cdots\cdots$) の極限値 $\lim_{n\to\infty}|f(n\pi)|$ を求めよ。

## ☆ 527  → 解答 p.288

$e$ は自然対数の底であり，$\displaystyle\lim_{x \to \infty} \frac{e^x}{x} = \infty$ は証明なしに使ってよい。

(1) $x$ の方程式 $e^x - cx = 0$ が異なる 2 つの実数解をもつような $c$ の範囲を求めよ。

(2) $c$ が (1) で求めた範囲にあるとして，$e^x - cx = 0$ の 2 つの実数解を $\alpha$, $\beta$ ($\alpha < \beta$) とするとき，不等式 $0 < \alpha < 1 < \beta$, $\alpha\beta < 1$ を示せ。

## ☆ 528  → 解答 p.291

実数を係数とする多項式 $f(x)$ に対して次の問いに答えよ。

(1) $f(x)$ が $\displaystyle\int_{-1}^{1} f(x)\,dx = 0$ を満たせば，$f(x) = 0$ となる $x$ が区間 $(-1,\ 1)$ に存在することを示せ。

(2) $f(x)$ が $\displaystyle\int_{-1}^{1} f(x)\,dx = 0$, $\displaystyle\int_{-1}^{1} xf(x)\,dx = 0$ を満たせば，$f(x) = 0$ となる $x$ が区間 $(-1,\ 1)$ に 2 個以上存在することを示せ。

# 第6章 面積・体積と曲線の長さ

## 601 → 解答 p.294

$n$ を3以上の自然数とする。点Oを中心とする半径1の円において，円周を $n$ 等分する点 $P_0$, $P_1$, ……, $P_{n-1}$ を時計回りにとる。各 $i=1, 2, ……, n$ に対して，直線 $OP_{i-1}$, $OP_i$ とそれぞれ点 $P_{i-1}$, $P_i$ で接するような放物線を $C_i$ とする。ただし，$P_n = P_0$ とする。放物線 $C_1$, $C_2$, ……, $C_n$ によって囲まれる部分の面積を $S_n$ とするとき，$\lim_{n \to \infty} S_n$ を求めよ。

## 602 → 解答 p.296

$0 \leq t \leq 2$ の範囲にある $t$ に対し，方程式 $x^4 - 2x^2 - 1 + t = 0$ の実数解のうち最大のものを $g_1(t)$，最小のものを $g_2(t)$ とおく。$\int_0^2 \{g_1(t) - g_2(t)\} dt$ を求めよ。

## 603 → 解答 p.298

$f(x) = \log \dfrac{x^2+1}{2}$ とおく。$xy$ 平面上の円 $C$ と曲線 $D : y = f(x)$ は $D$ のすべての変曲点で接しているとする。ただし，2つの曲線がある点で接するとはその点で共通の接線をもつことをいう。
(1) $C$ の方程式を求めよ。
(2) $C$ と $D$ の共有点は $D$ の変曲点のみであることを証明せよ。
(3) $C$ と $D$ で囲まれた部分の面積を求めよ。

## 604 → 解答 p.300

$x, y$ は $t$ を媒介変数として,次のように表示されているものとする。
$$x=\frac{3t-t^2}{t+1}, \quad y=\frac{3t^2-t^3}{t+1}$$

変数 $t$ が $0 \leqq t \leqq 3$ を動くとき,$x$ と $y$ の動く範囲をそれぞれ求めよ。さらに,この $(x, y)$ が描くグラフが囲む図形と領域 $y \geqq x$ の共通部分の面積を求めよ。

## ☆605 → 解答 p.302

座標平面において,媒介変数 $t$ を用いて $\begin{cases} x=\cos 2t \\ y=t\sin t \end{cases}$ ($0 \leqq t \leqq 2\pi$) と表される曲線が囲む領域の面積を求めよ。

## 606 → 解答 p.306

半径 10 の円 $C$ がある。半径 3 の円板 $D$ を,円 $C$ に内接させながら,円 $C$ の円周に沿って滑ることなく転がす。円板 $D$ の周上の一点を P とする。点 P が,円 $C$ の円周に接してから再び円 $C$ の円周に接するまでに描く曲線は,円 $C$ を 2 つの部分に分ける。それぞれの面積を求めよ。

## 607 → 解答 p.308

(1) 極方程式 $r=f(\theta)$ $(\alpha \leq \theta \leq \beta)$ で表される曲線を $C$ とし，極座標 $(f(\alpha), \alpha)$, $(f(\beta), \beta)$ で表される点を A, B とするとき，曲線 $C$ と2つの線分 OA, OB によって囲まれる部分の面積 $S$ は
$$S = \frac{1}{2}\int_\alpha^\beta \{f(\theta)\}^2 d\theta$$
であることを示せ。

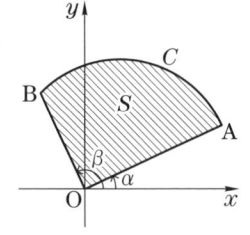

(2) $xy$ 平面の第1象限内の動点 P は次の条件(C)を満たす。

(C) 原点 O と P を結ぶ線分 OP の垂直二等分線と $x$ 軸，$y$ 軸によって囲まれる部分の面積が $2\sqrt{3}$ である。

このとき，P の描く曲線によって囲まれる図形の面積 $T$ を求めよ。

## ☆608 → 解答 p.311

$xyz$ 空間において，$z$ 軸までの距離が2以下である点の全体を $T$ とする。すなわち，$T$ は $z$ 軸を中心軸とし，半径が2である（無限に長い）円柱の側面および内部である。また，原点 $(0, 0, 0)$ を中心とする半径1の球面を $S$ とし，点 $(1, 0, 0)$ を中心とする半径1の球面を $S'$ とする。

(1) 半径1の球面 $K$ が，2条件
 (A) $K$ と $S$ は共有点をもたない
 (B) $K$ は $T$ に含まれ，$T$ の側面に接する
を満たして動くとき，$T$ の側面の「$K$ が接することができない部分」の面積を求めよ。

(2) 半径1の球面 $K$ が，条件
 (A)' $K$ と $S'$ は共有点をもたない
および，(1)の条件(B)を満たして動くとする。
 (ア) $K$ の中心の座標を $(t\cos\theta, t\sin\theta, s)$（ただし，$t \geq 0$, $-\pi < \theta \leq \pi$）とおくとき，$t, s, \theta$ が満たすべき条件を求めよ。
 (イ) (ア)において，$K$ が $T$ の側面に接する点の座標を $s, \theta$ を用いて表せ。
 (ウ) $T$ の側面の「$K$ が接することができない部分」の面積を求めよ。

## 609 → 解答 p.314

$a$ を $0 \leq a < \dfrac{\pi}{2}$ の範囲にある実数とする。2つの直線 $x=0$, $x=\dfrac{\pi}{2}$ および 2つの曲線 $y=\cos(x-a)$, $y=-\cos x$ によって囲まれる図形を $G$ とする。

(1) 図形 $G$ の面積を $S$ とする。$S$ を最大にするような $a$ の値と，そのときの $S$ の値を求めよ。

(2) 図形 $G$ を $x$ 軸の周りに1回転させてできる立体の体積を $V$ とする。$V$ を最大とするような $a$ の値と，そのときの $V$ の値を求めよ。

## 610 → 解答 p.316

$xy$ 平面において，放物線 $y=x^2$ と直線 $y=x$ によって囲まれた図形を直線 $y=x$ の周りに回転させてできる回転体の体積を求めよ。

## 611 → 解答 p.319

線分 $l: y=\dfrac{2}{\pi}x$ $\left(0 \leq x \leq \dfrac{\pi}{2}\right)$ と曲線 $C: y=\sin x$ $\left(0 \leq x \leq \dfrac{\pi}{2}\right)$ とで囲まれた図形を，$y$ 軸を中心に1回転してできる立体の体積 $V$ の値を求めよ。

## 612 → 解答 p.321

(I) $xyz$ 空間に 3 点 P(1, 1, 0), Q($-1$, 1, 0), R($-1$, 1, 2) をとる．次の問いに答えよ．

(1) $t$ を $0 < t < 2$ を満たす実数とするとき，平面 $z = t$ と，△PQR の交わりに現れる線分の 2 つの端点の座標を求めよ．

(2) △PQR を $z$ 軸の周りに回転して得られる回転体の体積を求めよ．

(II) $a$ は与えられた実数で，$0 < a \leq 1$ を満たすものとする．$xyz$ 空間内に 1 辺の長さ $2a$ の正三角形 △PQR を考える．辺 PQ は $xy$ 平面上にあり，△PQR を含む平面は $xy$ 平面と垂直で，さらに点 R の $z$ 座標は正であるとする．

(1) 辺 PQ が $xy$ 平面の単位円の内部（周を含む）を自由に動くとき，△PQR（内部を含む）が動いてできる立体の体積 $V$ を求めよ．

(2) $a$ が $0 < a \leq 1$ の範囲を動くとき，体積 $V$ の最大値を求めよ．


## 613 → 解答 p.324

(1) 正八面体の 1 つの面を下にして水平な台の上に置く．この八面体を真上から見た図（平面図）を描け．

(2) 正八面体の互いに平行な 2 つの面をとり，それぞれの面の重心を $G_1$, $G_2$ とする．$G_1$, $G_2$ を通る直線を軸としてこの八面体を 1 回転させてできる立体の体積を求めよ．ただし八面体は内部も含むものとし，各辺の長さは 1 とする．

## ☆614 → 解答 p.328

$a$ を正の実数とし,空間内の 2 つの円板
$$D_1=\{(x,\ y,\ z)|x^2+y^2\leqq 1,\ z=a\},$$
$$D_2=\{(x,\ y,\ z)|x^2+y^2\leqq 1,\ z=-a\}$$
を考える。$D_1$ を $y$ 軸の周りに $180°$ 回転して $D_2$ に重ねる。ただし回転は $z$ 軸の正の部分を $x$ 軸の正の方向に傾ける向きとする。この回転の間に $D_1$ が通る部分を $E$ とする。$E$ の体積を $V(a)$ とし,$E$ と $\{(x, y, z)|x\geqq 0\}$ との共通部分の体積を $W(a)$ とする。

(1) $W(a)$ を求めよ。
(2) $\displaystyle\lim_{a\to\infty} V(a)$ を求めよ。

## 615 → 解答 p.330

次の式で与えられる底面の半径が 2,高さが 1 の円柱 $C$ を考える。
$$C=\{(x,\ y,\ z)|x^2+y^2\leqq 4,\ 0\leqq z\leqq 1\}$$
$xy$ 平面上の直線 $y=1$ を含み,$xy$ 平面と $45°$ の角をなす平面のうち,点 A$(0,\ 2,\ 1)$ を通るものを $H$ とする。円柱 $C$ を平面 $H$ で 2 つに分けるとき,点 B$(0,\ 2,\ 0)$ を含む方を $D$ とする。

(1) $D$ の体積 $V$ を求めよ。
(2) $D$ の側面 (円柱面の一部) の面積 $S$ を求めよ。

## ☆616 → 解答 p.332

中心O，半径$a$の円を底面とし，高さが$a$の直円錐がある。点Oを通り，底面と45°の角度で交わる平面を$P$とする。

(1) この円錐を$P$で切るとき，その切り口の面積を求めよ。
(2) $P$はこの円錐を2つの部分に分けるが，そのうちの小さい方の体積を求めよ。

## 617 → 解答 p.335

$xyz$空間において，平面$z=0$上の原点を中心とする半径2の円を底面とし，点$(0, 0, 1)$を頂点とする円錐を$A$とする。

次に，平面$z=0$上の点$(1, 0, 0)$を中心とする半径1の円を$H$，平面$z=1$上の点$(1, 0, 1)$を中心とする半径1の円を$K$とする。$H$と$K$を2つの底面とする円柱を$B$とする。

円錐$A$と円柱$B$の共通部分を$C$とする。

$0 \leq t \leq 1$を満たす実数$t$に対し，平面$z=t$による$C$の切り口の面積を$S(t)$とおく。

(1) $0 \leq \theta \leq \dfrac{\pi}{2}$とする。$t=1-\cos\theta$のとき，$S(t)$を$\theta$で表せ。

(2) $C$の体積$\displaystyle\int_0^1 S(t)\,dt$を求めよ。

☆**618** → 解答 p.337

 $xyz$ 空間に 4 点 P(0, 0, 2), A(0, 2, 0), B($\sqrt{3}$, $-1$, 0), C($-\sqrt{3}$, $-1$, 0) をとる。四面体 PABC の $x^2+y^2 \geqq 1$ を満たす部分の体積を求めよ。

**619** → 解答 p.341

(I) (1) $x \geqq 0$ で定義された関数 $f(x)=\log(x+\sqrt{1+x^2})$ について，導関数 $f'(x)$ を求めよ。

(2) 極方程式 $r=\theta$ ($\theta \geqq 0$) で定義される曲線の，$0 \leqq \theta \leqq \pi$ の部分の長さを求めよ。

(II) 曲線 $C : y=\log(2\sin x)$ ($0<x<\pi$) の $y \geqq 0$ の部分の長さ $L$ を求めよ。

## 620 → 解答 p.343

$f(x) = -\dfrac{e^x + e^{-x}}{2}$ とおき，曲線 $C: y = f(x)$ を考える。1辺の長さ $a$ の正三角形 PQR は最初，辺 QR の中点 M が曲線 $C$ 上の点 $(0,\ f(0))$ に一致し，QR が $C$ に接し，さらに P が $y > f(x)$ の範囲にあるようにおかれている。ついで，△PQR が曲線 $C$ に接しながら滑ることなく右に傾いてゆく。最初の状態から，点 R が初めて曲線 $C$ 上にくるまでの間，点 P の $y$ 座標が一定であるように，$a$ を定めよ。

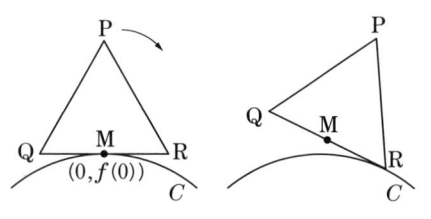

## 621 → 解答 p.345

$0 \leqq x < \dfrac{\pi}{2}$ において定義された微分可能な関数 $f(x)$ は，$f'(x) \geqq 0$ を満たし，$f(0) = 0$ である。また，曲線 $C: y = f(x)$ 上で点 $O(0,\ 0)$ から点 $(x,\ f(x))$ までの長さは $\log \dfrac{1 + \sin x}{\cos x}$ である。

(1) $f(x)$ を求めよ。

(2) $C$ 上を動く点 $P(x(t),\ y(t))$ の速度ベクトル $\vec{v}(t) = (x'(t),\ y'(t))$ は，$x'(t) \geqq 0$，$|\vec{v}(t)| = \dfrac{t}{t^2 + 1}$ を満たすとする。$(x(0),\ y(0)) = (0,\ 0)$ であるとき，$t = \sqrt{2}$ における速度ベクトル $\vec{v}(\sqrt{2})$ を求めよ。

# 解 答 編

第1章　式と曲線 …………………………… 58

第2章　複素数平面 …………………………… 94

第3章　数列の極限と関数の極限 ……… 139

第4章　微分法とその応用 …………… 168

第5章　積分法とその応用 …………… 226

第6章　面積・体積と曲線の長さ ……… 294

類題の解答 ……………………………… 348

第 1 章　式と曲線

## 101　楕円の定義

$xy$ 平面上に原点Oを中心とする半径 5 の円 $C_1$ と点 A(3, 0) がある。A を通り $C_1$ に内接する円 $C_2$ を考える。$C_2$ の中心を M とし，点 P を AP が $C_2$ の直径になるようにとる。$C_2$ が A を通り $C_1$ に内接しながら動くとき，次の問いに答えよ。

(1)　M の軌跡を求めよ。
(2)　P の軌跡を求めよ。

(横浜国大*)

**精講**　OM+MA は $C_1$ の半径に等しくて，値は一定ですから，M の軌跡は楕円になるはずです。そこで，次の基本事項を思い出して，この問題でいかに応用するかを考えることになります。

> 楕円 $\dfrac{x^2}{a^2}+\dfrac{y^2}{b^2}=1\ (a>b>0)$ 上の点 P$(x,\ y)$ から 2 つの焦点 F$(\sqrt{a^2-b^2},\ 0)$, F$'(-\sqrt{a^2-b^2},\ 0)$ までの距離の和 PF+PF$'$ の値は $2a$ である。

**解答**　(1)　$C_1$ と $C_2$ の接点を Q とするとき，
　　　　　O, M, Q は一直線上にあり，
　　OM+MQ=OQ=5
であるから，MQ=AM=($C_2$ の半径) より
　　OM+AM=5　　　……①
が成り立つ。①より，M の軌跡は 2 点 O, A を焦点とする楕円であるから，この楕円を $E$ とする。

$E$ を $x$ 軸の負の方向に $\dfrac{1}{2}$OA=$\dfrac{3}{2}$ だけ平行移動して得られる楕円を
$$\dfrac{x^2}{a^2}+\dfrac{y^2}{b^2}=1\ (a>b>0)\quad ……②$$
とすると，
$$2a=5,\ \sqrt{a^2-b^2}=\dfrac{3}{2}$$

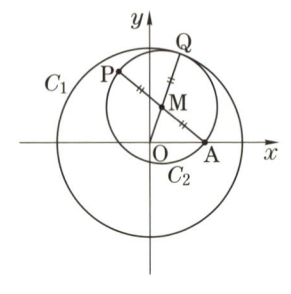

←この楕円の焦点は
$\left(-\dfrac{3}{2},\ 0\right)$, $\left(\dfrac{3}{2},\ 0\right)$ であり，①より，(長軸の長さ)=5 である。

58

∴ $a = \dfrac{5}{2}$, $b = 2$

となる。$E$ は，②を $x$ 軸の正の方向に $\dfrac{3}{2}$ だけ平行移動した楕円であるから

$$\dfrac{\left(x-\dfrac{3}{2}\right)^2}{\left(\dfrac{5}{2}\right)^2} + \dfrac{y^2}{2^2} = 1 \qquad \cdots\cdots ③$$

←②は $\dfrac{x^2}{\left(\dfrac{5}{2}\right)^2} + \dfrac{y^2}{2^2} = 1$ となる。

である。

(2) $P(x, y)$ とするとき，AP の中点 $M\left(\dfrac{x+3}{2}, \dfrac{y}{2}\right)$ が③上にあるから，P の軌跡は楕円

$$\dfrac{\left(\dfrac{x+3}{2}-\dfrac{3}{2}\right)^2}{\left(\dfrac{5}{2}\right)^2} + \dfrac{\left(\dfrac{y}{2}\right)^2}{2^2} = 1$$

∴ $\dfrac{x^2}{5^2} + \dfrac{y^2}{4^2} = 1$

である。

### 参考

(2)でPの軌跡を直接求めることもできる。

$B(-3, 0)$ をとると，M，O はそれぞれ AP，AB の中点であるから，

$AP = 2AM$, $BP = 2OM$

である。したがって，①より

$AP + BP = 2(AM + OM) = 10$

となるので，P は A，B を焦点とし，長軸の長さが 10 の楕円，すなわち，

$$\dfrac{x^2}{5^2} + \dfrac{y^2}{4^2} = 1$$

を描くことがわかる。

### 類題 1 → 解答 p.348

座標平面の 2 点 $A(1, 2)$, $B(3, 0)$ に対して，$BP - AP > 2$ を満たす点Pの存在する範囲を座標平面上に図示せよ。

(弘前大)

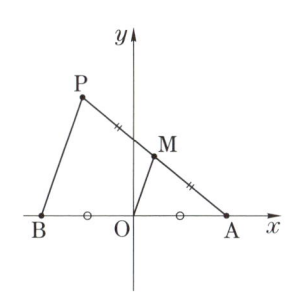

## 102 2次曲線の接線

(I) $p$ を正の定数とし,点 $F(p, 0)$ を焦点にもち,$x=-p$ を準線とする放物線を $C$ とする。$C$ 上の原点 O 以外の点 P を考え,点 P と F を通る直線を $l_1$,点 P を通り放物線 $C$ の軸に平行な直線を $l_2$ とする。このとき,点 P における $C$ の接線 $l$ は,$l_1$ と $l_2$ のなす角を 2 等分することを示せ。　　　　(北海道大)

(II) 楕円 $C_1 : \dfrac{x^2}{a^2} + \dfrac{y^2}{b^2} = 1$ と双曲線 $C_2 : \dfrac{x^2}{\alpha^2} - \dfrac{y^2}{\beta^2} = 1$ を考える。$C_1$ と $C_2$ の焦点が一致しているならば,$C_1$ と $C_2$ の交点でそれぞれの接線は直交することを示せ。　　　　(北海道大)

**精講**　2次曲線の接線について復習しておきます。

---

楕円: $\dfrac{x^2}{a^2} + \dfrac{y^2}{b^2} = 1$ ……㋐, 双曲線: $\dfrac{x^2}{a^2} - \dfrac{y^2}{b^2} = 1$, 放物線: $y^2 = 4px$

上の点 $P(x_1, y_1)$ における接線の方程式は,それぞれ

$$\dfrac{x_1 x}{a^2} + \dfrac{y_1 y}{b^2} = 1 \quad \cdots\cdots ㋑, \quad \dfrac{x_1 x}{a^2} - \dfrac{y_1 y}{b^2} = 1, \quad y_1 y = 2p(x + x_1)$$

である。

---

楕円の場合について考えてみましょう。他の場合も同様です。

㋐の両辺を $x$ で微分すると,$\dfrac{2x}{a^2} + \dfrac{2yy'}{b^2} = 0$ となるから,

$P(x_1, y_1) \neq (\pm a, 0)$ においては,$y' = -\dfrac{b^2 x_1}{a^2 y_1}$ である。したがって,P における接線は

$$y - y_1 = -\dfrac{b^2 x_1}{a^2 y_1}(x - x_1)$$

$$\therefore \quad \dfrac{x_1 x}{a^2} + \dfrac{y_1 y}{b^2} = \dfrac{x_1^2}{a^2} + \dfrac{y_1^2}{b^2}$$

となる。ここで,P が㋐上にあるので,$\dfrac{x_1^2}{a^2} + \dfrac{y_1^2}{b^2} = 1$ であるから,P における接線は㋑で表される。

また,$P(x_1, y_1) = (\pm a, 0)$ のとき,㋑は $x = \pm a$(複号同順)となるので,やはり P における接線を表す。

**解答**

(I) 焦点 $F(p, 0)$，準線 $x = -p$ の
放物線 $C$ の方程式は $y^2 = 4px$ で
ある。

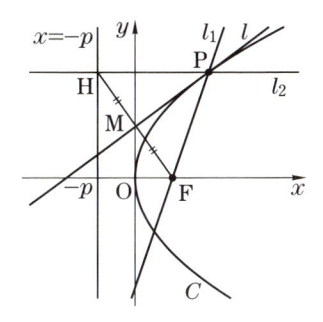

$C$ 上の原点 O 以外の点 $P(x_0, y_0)$ $(x_0 \neq 0)$ を
とると

$$y_0{}^2 = 4px_0 \quad \cdots\cdots ①$$

であり，P における接線 $l$ の方程式は

$$y_0 y = 2p(x + x_0) \quad \cdots\cdots ②$$

である。

$l_2$ と準線 $x = -p$ との交点を $H(-p, y_0)$ とおく
と，放物線の性質から

$$PF = PH \quad \cdots\cdots ③$$

である。また，"FH の中点 $M\left(0, \dfrac{y_0}{2}\right)$ は①のもとで
②を満たすから，②，つまり，$l$ 上にある"……(*)

ここで，△FPM，△HPM において，

　③，FM = HM かつ PM は共通

であるから，2 つの三角形は合同であり，

$$\angle FPM = \angle HPM$$

が成り立つ。したがって，(*)より，$l$ は $\angle FPH$，
すなわち，$l_1$ と $l_2$ のなす角を 2 等分する。(証明おわり)

←③以下の別の説明に関して
は ⇒ 参考 参照。

←M の座標を②に代入する
と，$y_0 \cdot \dfrac{y_0}{2} = 2p(0 + x_0)$
であり，分母を払うと①と
なる。

←FH が $l$ と垂直であること
から導いてもよい。

(II) 双曲線 $C_2 : \dfrac{x^2}{a^2} - \dfrac{y^2}{b^2} = 1$

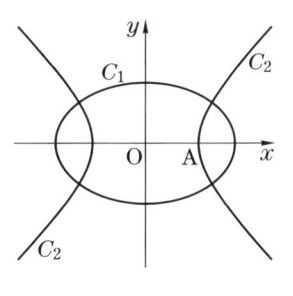

の焦点は $(\pm\sqrt{a^2 + b^2}, 0)$ である。また，

楕円 $C_1 : \dfrac{x^2}{\alpha^2} + \dfrac{y^2}{\beta^2} = 1$

の焦点が $x$ 軸上にあるのは $\alpha^2 > \beta^2$ のときであ
り，焦点は $(\pm\sqrt{\alpha^2 - \beta^2}, 0)$ である。したがって，
$C_1$ と $C_2$ の焦点が一致する条件は

$$\alpha^2 - \beta^2 = a^2 + b^2 \quad \cdots\cdots ①$$

である。

①のもとで，$C_2$ 上の点 $A(a, 0)$ は

$$\dfrac{a^2}{\alpha^2} + \dfrac{0}{\beta^2} = \dfrac{a^2}{a^2 + b^2 + \beta^2} < 1$$

を満たすので，A は $C_1$ の内部にあり，$C_1$ と $C_2$ は

←このとき，$\alpha^2 > \beta^2$ は成り
立つ。

←①のもとで $C_1$, $C_2$ が交わ
ることを確認している。

交わっている。交点の 1 つを $P(p, q)$ とすると,
$$\frac{p^2}{\alpha^2}+\frac{q^2}{\beta^2}=1 \quad \cdots\cdots ②, \quad \frac{p^2}{a^2}-\frac{q^2}{b^2}=1 \quad \cdots\cdots ③$$
であり, P における $C_1, C_2$ の接線はそれぞれ
$$\frac{px}{\alpha^2}+\frac{qy}{\beta^2}=1 \quad \cdots\cdots ④, \quad \frac{px}{a^2}-\frac{qy}{b^2}=1 \quad \cdots\cdots ⑤$$
である。

接線④, ⑤の法線ベクトルはそれぞれ
$$\vec{n_1}=\left(\frac{p}{\alpha^2}, \frac{q}{\beta^2}\right), \quad \vec{n_2}=\left(\frac{p}{a^2}, -\frac{q}{b^2}\right)$$
であり,
$$\vec{n_1}\cdot\vec{n_2}=\frac{p^2}{\alpha^2 a^2}-\frac{q^2}{\beta^2 b^2} \quad \cdots\cdots ⑥$$

◀ 直線 $l : ax+by+c=0$ の法線ベクトルの 1 つは $(a, b)$ であり, $l$ と平行なベクトルの 1 つは $(-b, a)$ である。

である。ここで, ②−③ より
$$\frac{(a^2-\alpha^2)p^2}{\alpha^2 a^2}+\frac{(b^2+\beta^2)q^2}{\beta^2 b^2}=0$$
であり, ①, すなわち,
$$a^2-\alpha^2=-(b^2+\beta^2)$$
を代入すると
$$-(b^2+\beta^2)\left(\frac{p^2}{\alpha^2 a^2}-\frac{q^2}{\beta^2 b^2}\right)=0$$
$$\therefore \quad \frac{p^2}{\alpha^2 a^2}-\frac{q^2}{\beta^2 b^2}=0$$
が導かれる。したがって, ⑥において
$$\vec{n_1}\cdot\vec{n_2}=0$$
となるので, 接線④, ⑤は直交する。(証明おわり)

◀ 2 直線が直交する ⟺ それらの法線ベクトルが垂直である

### 📎 参考

(I)において, $l$ と $x$ 軸との交点を Q とすると, $Q(-x_0, 0)$ であり,
$$\vec{PQ}=(-2x_0, -y_0), \quad \vec{PF}=(p-x_0, -y_0), \quad \vec{PH}=(-p-x_0, 0)$$
となるので, ①のもとでは
$$\vec{PQ}\cdot\vec{PF}=-2x_0(p-x_0)+(-y_0)^2=-2px_0+2x_0^2+4px_0=2px_0+2x_0^2$$
$$\vec{PQ}\cdot\vec{PH}=-2x_0(-p-x_0)=2px_0+2x_0^2$$
は一致する。したがって, ③に注意すると, $\dfrac{\vec{PQ}\cdot\vec{PF}}{|\vec{PQ}||\vec{PF}|}=\dfrac{\vec{PQ}\cdot\vec{PH}}{|\vec{PQ}||\vec{PH}|}$ が成り立つので, PQ は ∠FPH を 2 等分することがわかる。

## 103 楕円，双曲線のパラメタ表示

(I) 楕円 $\dfrac{x^2}{a^2}+\dfrac{y^2}{b^2}=1$ の2つの焦点をF，F′とし，楕円上の動点をPとする。線分PF，PF′の長さの積 PF・PF′ の値の範囲を求めよ。ただし，$a>b>0$ である。　　　　　　　　　　　　　　　　　　　　　　　　　(一橋大*)

(II) 双曲線 $C:\dfrac{x^2}{16}-\dfrac{y^2}{9}=1$ 上に点 $A\left(\dfrac{4}{\cos\theta},\ 3\tan\theta\right)$，$B(4,\ 0)$ をとる。ただし，$0<\theta<\dfrac{\pi}{2}$ とする。Aにおける$C$の接線とBにおける$C$の接線との交点をDとし，$C$の焦点のうち$x$座標が正であるものをFとおく。

(1) Aにおける$C$の接線と$x$軸との交点をEとするとき，Eの座標を求めよ。
(2) 直線DFは∠AFBを2等分することを証明せよ。　　　　　　　　(福井大*)

**精講**　(I) 楕円のパラメタ表示を用いると解決します。

> 楕円 $\dfrac{x^2}{a^2}+\dfrac{y^2}{b^2}=1\ (a>0,\ b>0)$ 上の点Pは $P(a\cos\theta,\ b\sin\theta)$ $(0\leqq\theta<2\pi)$ と表される。

(II) この問題からわかるように，双曲線もパラメタ表示されます。

> 双曲線 $\dfrac{x^2}{a^2}-\dfrac{y^2}{b^2}=1\ (a>0,\ b>0)$ 上の点Pは $P\left(\dfrac{a}{\cos\theta},\ b\tan\theta\right)$ $\left(-\dfrac{\pi}{2}<\theta<\dfrac{\pi}{2},\ \dfrac{\pi}{2}<\theta<\dfrac{3}{2}\pi\right)$ と表される。

(2)では，三角形の内角の2等分線は対辺を隣辺の長さの比に内分することに帰着できます。

**解答**　(I) 楕円 $\dfrac{x^2}{a^2}+\dfrac{y^2}{b^2}=1$ ……①　$(a>b>0$ ……②$)$ の焦点F，F′を

$F(c,\ 0),\ F'(-c,\ 0)$ (ここで，$c=\sqrt{a^2-b^2}$ ……③)

とする。また，①上の点Pは

$P(a\cos\theta,\ b\sin\theta)\ (0\leqq\theta<2\pi\ \cdots\cdots④)$

第1章　式と曲線

と表されるので，
$$PF^2 = (c - a\cos\theta)^2 + (-b\sin\theta)^2$$
$$= c^2 - 2ac\cos\theta + a^2\cos^2\theta + b^2\sin^2\theta$$
$$= (a^2 - b^2) - 2ac\cos\theta + a^2\cos^2\theta$$
$$\qquad\qquad + b^2(1 - \cos^2\theta)$$
$$= a^2 - 2ac\cos\theta + (a^2 - b^2)\cos^2\theta$$
$$= a^2 - 2ac\cos\theta + c^2\cos^2\theta$$
$$= (a - c\cos\theta)^2$$

となる。②，③より，$a > c > 0$ であるから
$$PF = a - c\cos\theta$$
である。同様の計算より
$$PF' = a + c\cos\theta \qquad\qquad \Leftarrow PF'^2 = (c + a\cos\theta)^2$$
$$\qquad\qquad\qquad\qquad\qquad\qquad\qquad\qquad + (-b\sin\theta)^2$$
であるから，
$$PF \cdot PF' = (a - c\cos\theta)(a + c\cos\theta)$$
$$= a^2 - c^2\cos^2\theta$$
$$= a^2 - (a^2 - b^2)\cos^2\theta \qquad \cdots\cdots ⑤$$
である。ここで，④において
$$0 \leq \cos^2\theta \leq 1$$
であるから，⑤は $\cos^2\theta = 0$ で最大となり，$\cos^2\theta = 1$ で最小となるので，
$$a^2 - (a^2 - b^2) \leq PF \cdot PF' \leq a^2$$
$$\therefore\ \boldsymbol{b^2 \leq PF \cdot PF' \leq a^2}$$
である。

(Ⅱ) (1) $C : \dfrac{x^2}{16} - \dfrac{y^2}{9} = 1$ 上の点 $A\left(\dfrac{4}{\cos\theta},\ 3\tan\theta\right)$ $\left(0 < \theta < \dfrac{\pi}{2}\right)$ における接線は
$$\frac{1}{16} \cdot \frac{4}{\cos\theta} \cdot x - \frac{1}{9}(3\tan\theta)y = 1$$
$$\therefore\ \frac{x}{4\cos\theta} - \frac{\tan\theta}{3}y = 1 \qquad \cdots\cdots ①$$
であり，①と $x$ 軸との交点Eは，
$$E(4\cos\theta,\ 0)$$
である。

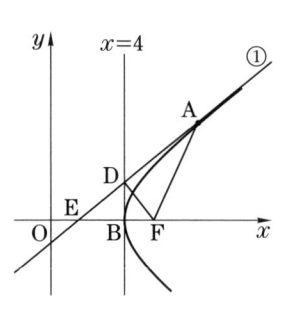

(2) B(4, 0) における接線は
$$x = 4$$
であるから，①より
$$D\left(4, \frac{3(1-\cos\theta)}{\sin\theta}\right)$$
である。　　　　　　　　　　　　　←実は，Dの$y$座標は求めなくてもよい。

△FEA において，E，D，A の $x$ 座標を $x_E$，$x_D$，$x_A$ とおくと
$$ED : DA = |x_D - x_E| : |x_A - x_D|$$
$$= |4 - 4\cos\theta| : \left|\frac{4}{\cos\theta} - 4\right|$$
$$= 4(1-\cos\theta) : \frac{4(1-\cos\theta)}{\cos\theta}$$
　　　　　　　　　　　　　　　　　←$0 < \theta < \frac{\pi}{2}$ に注意する。
$$= \cos\theta : 1 \quad\cdots\cdots ②$$

である。また，F(5, 0) であるから，　←$F(\sqrt{16+9},\ 0) = (5,\ 0)$
$$FA^2 = \left(\frac{4}{\cos\theta} - 5\right)^2 + (3\tan\theta)^2$$
$$= \frac{16}{\cos^2\theta} - \frac{40}{\cos\theta} + 25 + 9\left(\frac{1}{\cos^2\theta} - 1\right)$$
　　　　　　　　　　　　　　　　　←$1 + \tan^2\theta = \frac{1}{\cos^2\theta}$ より。
$$= \frac{25}{\cos^2\theta} - \frac{40}{\cos\theta} + 16$$
$$= \left(\frac{5}{\cos\theta} - 4\right)^2$$

より，
$$FE : FA = (5 - 4\cos\theta) : \left(\frac{5}{\cos\theta} - 4\right)$$
$$= (5 - 4\cos\theta) : \frac{5 - 4\cos\theta}{\cos\theta}$$
$$= \cos\theta : 1 \quad\cdots\cdots ③$$

である。

②，③より，△FEA において，
$$ED : DA = FE : FA$$
であるから，DF は ∠AFE，すなわち，∠AFB を 2 等分する。

(証明おわり)

第 1 章　式と曲線　65

## 104 楕円に外接する長方形

$a, b$ を異なる正の実数とし，$xy$ 平面上の楕円 $\dfrac{x^2}{a^2}+\dfrac{y^2}{b^2}=1$ に 4 点で外接する長方形を考える。

(1) このような長方形の対角線の長さ $L$ は，長方形の取り方によらず一定であることを証明せよ。また，$L$ を $a, b$ を用いて表せ。

(2) このような長方形の面積 $S$ の最大値，最小値を $a, b$ を用いて表せ。

（慶応大*，横浜国大*，筑波大*）

**精講** 長方形の辺となる直線，すなわち，楕円の接線は，座標軸と平行な場合を除くと，$y=mx+n$ とおくことができ，$n$ は $m, a, b$ を用いて表せます。また，これらと直交する辺となる直線も $m, a, b$ で表せます。このあと，(1), (2)いずれにおいても長方形の頂点の座標などを求める必要はありません。その理由は，図を描いてみるとわかるはずです。

**解答** (1) 楕円：$\dfrac{x^2}{a^2}+\dfrac{y^2}{b^2}=1$ ……①

に外接する長方形を $Q$ とする。

(i) $Q$ の辺が座標軸と平行なとき，4 頂点は
$(a, \pm b), (-a, \pm b)$ であるから，$L=2\sqrt{a^2+b^2}$ である。

(ii) $Q$ の辺が座標軸と平行でないとき，$Q$ の辺を含み傾きが正である直線は
$$y=mx+n \ (m>0) \quad \cdots\cdots ②$$
とおける。②が①と接するとき，
$$\dfrac{x^2}{a^2}+\dfrac{(mx+n)^2}{b^2}=1$$
$\therefore \ (a^2m^2+b^2)x^2+2mna^2x+a^2(n^2-b^2)=0$
が重解をもつから，(判別式)$=0$ より
$$(mna^2)^2-(a^2m^2+b^2)a^2(n^2-b^2)=0$$
$\therefore \ a^2b^2(n^2-a^2m^2-b^2)=0$
$\therefore \ n=\pm\sqrt{a^2m^2+b^2}$

である。したがって，②は，

←①，②から $y$ を消去した $x$ の 2 次方程式である。

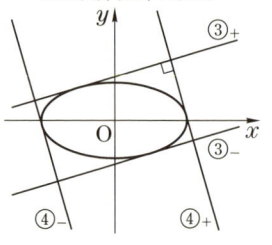

$$y = mx \pm \sqrt{a^2m^2 + b^2} \qquad \cdots\cdots ③_\pm$$

となる。また，直交する辺を含む直線の傾きは $-\dfrac{1}{m}$ であるから，それらの直線は，③$_\pm$ において $m$ を $-\dfrac{1}{m}$ で置き換えたものである。すなわち，

$$y = -\dfrac{1}{m}x \pm \sqrt{\dfrac{a^2}{m^2} + b^2} \qquad \cdots\cdots ④_\pm$$

である。

③$_+$ と ③$_-$，④$_+$ と ④$_-$ はそれぞれ原点対称であるから，長方形 $Q$ も原点対称であり，2 本の対角線はいずれも原点 O を通る。したがって，たとえば，③$_+$ と ④$_+$ の交点を A とすると，

$$L = 2\text{OA}$$

である。さらに，O から ③$_+$，④$_+$ までの距離をそれぞれ $d_3$，$d_4$ とすると，

$$\text{OA}^2 = d_3{}^2 + d_4{}^2$$

である。ここで，

$$d_3 = \dfrac{\sqrt{a^2m^2 + b^2}}{\sqrt{1 + m^2}}$$

$$d_4 = \dfrac{\sqrt{\dfrac{a^2}{m^2} + b^2}}{\sqrt{1 + \dfrac{1}{m^2}}} = \dfrac{\sqrt{a^2 + b^2m^2}}{\sqrt{1 + m^2}}$$

であるから，

$$\text{OA}^2 = \dfrac{(a^2m^2 + b^2) + (a^2 + b^2m^2)}{1 + m^2} = a^2 + b^2$$

となる。したがって，

$$L = 2\text{OA} = 2\sqrt{a^2 + b^2}$$

である。

← 参考 1° 参照。

以上より，(i)，(ii) いずれの場合にも，$L$ は一定で，$L = 2\sqrt{a^2 + b^2}$ である。

(2) (i) のとき，$Q$ の隣り合う 2 辺の長さは $2a$，$2b$ であるから，$S = 4ab$ である。

(ii) のとき，$Q$ の隣り合う 2 辺の長さは $2d_3$，$2d_4$ で

あるから，
$$S = 4d_3 d_4 = 4\sqrt{\frac{(a^2 m^2 + b^2)(a^2 + b^2 m^2)}{(1+m^2)^2}}$$
……⑤

である。ここで，$m=0$ とおくと $S=4ab$ となり，(i)の $S$ と一致する。したがって，$m \geqq 0$ で⑤の最大値，最小値を求めるとよい。　　← 参考 2°参照。

$m^2 = t$ とおき，⑤の根号内を $f(t)$ とすると
$$f(t) = \frac{(a^2 t + b^2)(a^2 + b^2 t)}{(1+t)^2}$$
$$= \frac{a^2 b^2 t^2 + (a^4 + b^4)t + a^2 b^2}{(t+1)^2} \quad \text{……⑥}$$

であり
$$f'(t) = \frac{(2a^2 b^2 t + a^4 + b^4)(t+1)^2 - \{a^2 b^2 t^2 + (a^4+b^4)t + a^2 b^2\} \cdot 2(t+1)}{(t+1)^4}$$
$$= \frac{-(a^2-b^2)^2 (t-1)}{(t+1)^3}$$

である。$m \geqq 0$，すなわち，$t \geqq 0$ における $f(t)$ の増減は右の通りであり，⑥より
$$\lim_{t \to \infty} f(t) = a^2 b^2$$
であるから，$S = 4\sqrt{f(t)}$ の

| $t$ | 0 | $\cdots$ | 1 | $\cdots$ |
|---|---|---|---|---|
| $f'(t)$ | | + | 0 | − |
| $f(t)$ | $a^2 b^2$ | ↗ | | ↘ |

$$\begin{cases} 最大値 & 4\sqrt{f(1)} = 2(a^2+b^2) \\ 最小値 & 4\sqrt{f(0)} = 4ab \end{cases}$$

← 最大となるとき，$Q$ の辺は $y=x$，$y=-x$ と平行で，$d_3 = d_4$ より $Q$ は正方形である。

である。

### 参考

1° (1)で示した通り，楕円①に外接する長方形 $Q$ の頂点Aは $OA^2 = a^2 + b^2$ を満たすが，この関係を別の方法で導くこともできる。

$Q$ の辺が座標軸と平行なとき，Aは $(a, \pm b)$，$(-a, \pm b)$ である。

次に，$Q$ の辺が座標軸と平行でないとき，$A(p, q)$ とおくと $p \neq \pm a$ かつ $q \neq \pm b$ であり，Aから①に引いた接線は
$$y = m(x-p) + q \quad \text{……⑦}$$

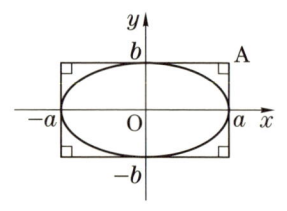

とおける。①と⑦から $y$ を消去した 2 次方程式

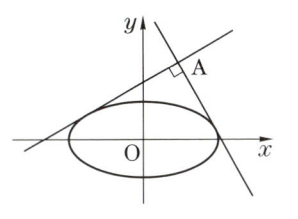

$$\frac{x^2}{a^2}+\frac{\{m(x-p)+q\}^2}{b^2}=1$$

$$\therefore \quad (a^2m^2+b^2)x^2+2a^2m(q-mp)x+a^2\{(q-mp)^2-b^2\}=0$$

が重解をもつことから，

$$a^4m^2(q-mp)^2-(a^2m^2+b^2)\cdot a^2\{(q-mp)^2-b^2\}=0$$

$$\therefore \quad a^2b^2\{(a^2-p^2)m^2+2pqm+b^2-q^2\}=0 \quad \cdots\cdots ⑧$$

である。A$(p, q)$ から引いた 2 本の接線の傾きは $m$ ← $a^2-p^2\neq 0$, $b^2-q^2\neq 0$
の 2 次方程式⑧の 2 解と一致するから，2 本の接線
が直交するのは，2 本の接線の傾きの積が $-1$，つま
り，⑧の 2 解の積が $-1$ のときである。したがって

$$\frac{b^2-q^2}{a^2-p^2}=-1 \quad \therefore \quad p^2+q^2=a^2+b^2 \cdots\cdots ⑨$$

← (2解の積)<0 のとき，2解
は異なる実数である。

← この段階では，
$p\neq\pm a$

である。

$Q$ の辺が座標軸と平行なときを含めて，⑨が成り
立つから，頂点Aの描く図形は

円：$x^2+y^2=a^2+b^2$ ……⑩

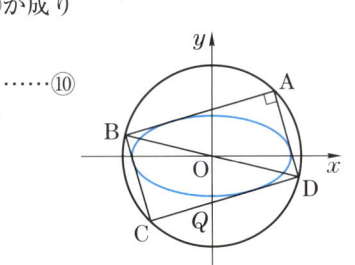

である。これより，$Q$ は円⑩に内接し，右図
で，弦 BD を見込む角 $\angle \mathrm{BAD}=90°$ である
から，BD は⑩の直径である。これから，
$L=\mathrm{BD}=2\sqrt{a^2+b^2}$ がわかる。

2° ⑤の根号内は，$m=\tan\theta$ $\left(0\leq\theta<\dfrac{\pi}{2}\right)$ とおくと，

$$\frac{(a^2\tan^2\theta+b^2)(a^2+b^2\tan^2\theta)}{(1+\tan^2\theta)^2}=\frac{(a^2\sin^2\theta+b^2\cos^2\theta)(a^2\cos^2\theta+b^2\sin^2\theta)}{(\cos^2\theta+\sin^2\theta)^2}$$

$$=(a^4+b^4)\sin^2\theta\cos^2\theta+a^2b^2(\sin^4\theta+\cos^4\theta)$$

$$=(a^4+b^4)\sin^2\theta\cos^2\theta+a^2b^2\{(\sin^2\theta+\cos^2\theta)^2-2\sin^2\theta\cos^2\theta\}$$

$$=\frac{1}{4}(a^2-b^2)^2\sin^2 2\theta+a^2b^2$$

となる。これより，

$$S=2\sqrt{(a^2-b^2)^2\sin^2 2\theta+4a^2b^2}$$

となるので，$S$ は $\sin^2 2\theta=1$，$\sin^2 2\theta=0$ のとき，それぞれ

最大値 $2(a^2+b^2)$，最小値 $4ab$

をとることがわかる。

## 105 円を一方向に拡大・縮小した図形としての楕円

楕円 $\dfrac{x^2}{a^2}+\dfrac{y^2}{b^2}=1$ $(a>0,\ b>0)$ に内接する三角形の面積の最大値を求めよ。

**精講** 楕円は円を一方向に拡大(または縮小)した図形であるという見方もできます。それをどのように利用するかを考えましょう。

**解答** 楕円 $\dfrac{x^2}{a^2}+\dfrac{y^2}{b^2}=1$ ……①

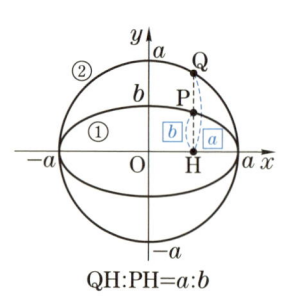

を $y$ 軸方向に $\dfrac{a}{b}$ 倍して得られる円は
$$x^2+y^2=a^2 \quad \cdots\cdots ②$$
である。楕円①に内接する △ABC の頂点 A, B, C を $y$ 軸方向に $\dfrac{a}{b}$ 倍して得られる点を,それぞれ A′, B′, C′ とすると,△A′B′C′ は円②に内接する。また,△ABC,△A′B′C′ の面積をそれぞれ $S$,$S'$ とすると

$$S'=\dfrac{a}{b}S \quad \therefore\quad S=\dfrac{b}{a}S' \quad \cdots\cdots③$$

QH:PH=$a$:$b$

← △ABC を $y$ 軸方向にだけ $\dfrac{a}{b}$ 倍して得られるのが △A′B′C′ であるから。

が成り立つ。そこで,$S'$ の最大値を求める。

辺 B′C′ を固定して,A′ だけを動かしたとき $S'$ が最大となるのは,高さが最大となるとき,すなわち,A′ が長い方の弧 B′C′ の中点と一致するときである。

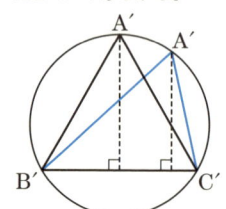

このとき,B′C′ の中点を M とし,A′M=$x$ とおくと
$$a \leqq x < 2a \quad \cdots\cdots④$$
であり,右図より
$$B'M=\sqrt{a^2-(x-a)^2}=\sqrt{2ax-x^2}$$ 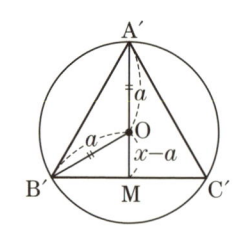
であるから,
$$S'=\dfrac{1}{2}\cdot 2\sqrt{2ax-x^2}\cdot x=\sqrt{x^2(2ax-x^2)}$$
となる。ここで,
$$f(x)=x^2(2ax-x^2)=2ax^3-x^4$$
とおくと

70

$$f'(x) = 4x^2\left(\frac{3}{2}a - x\right)$$

であり，④における増減は右の通りである。

| $x$ | $a$ | $\cdots$ | $\frac{3}{2}a$ | $\cdots$ | $(2a)$ |
|---|---|---|---|---|---|
| $f'(x)$ | | $+$ | $0$ | $-$ | |
| $f(x)$ | | ↗ | | ↘ | |

これより，$S' = \sqrt{f(x)}$ の最大値は

$$\sqrt{f\left(\frac{3}{2}a\right)} = \frac{3\sqrt{3}}{4}a^2$$

である。

③に戻ると，$S = \triangle ABC$ の最大値は

$$\frac{b}{a} \cdot \frac{3\sqrt{3}}{4}a^2 = \frac{3\sqrt{3}}{4}ab$$

である。

📎 **参考**

1° 円②に内接する $\triangle A'B'C'$ の面積 $S'$ の最大値は次のように求めることもできる。

円②に内接する $\triangle A'B'C'$ において，$A'(a, 0)$ とし，$B'$, $C'$ の少なくとも一方は $y \geqq 0$ にあるとしてよい（必要ならば $\triangle A'B'C'$ を，$x$ 軸に関して対称移動して考える）。したがって，

$B'(a\cos\theta, a\sin\theta)$, $C'(a\cos\varphi, a\sin\varphi)$
$0 < \theta \leqq \pi$, $0 < \theta < \varphi < 2\pi$  ……⑤

とおける。このとき，

$\overrightarrow{A'B'} = (a(\cos\theta - 1), a\sin\theta)$
$\overrightarrow{A'C'} = (a(\cos\varphi - 1), a\sin\varphi)$

であるから，

$$\begin{aligned}
S' &= \triangle A'B'C' \\
&= \frac{1}{2}|a(\cos\theta - 1)a\sin\varphi \\
&\qquad - a(\cos\varphi - 1)a\sin\theta| \\
&= \frac{a^2}{2}|\sin(\varphi - \theta) - \sin\varphi + \sin\theta| \\
&= \frac{a^2}{2}\left|-2\sin\frac{\theta}{2}\cos\left(\varphi - \frac{\theta}{2}\right) + \sin\theta\right| \\
&\qquad\qquad\qquad\qquad\qquad\qquad \cdots\cdots ⑥
\end{aligned}$$

← $\overrightarrow{AB} = (x_1, y_1)$, $\overrightarrow{AC} = (x_2, y_2)$ のとき，
$\triangle ABC = \frac{1}{2}|x_1y_2 - x_2y_1|$

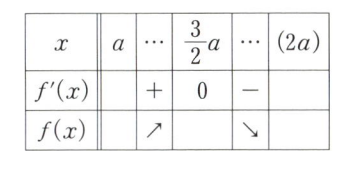

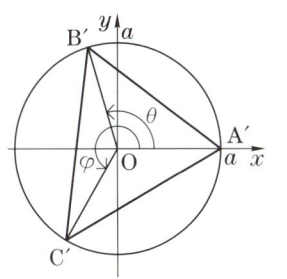

← $\sin\varphi\cos\theta - \cos\varphi\sin\theta = \sin(\varphi - \theta)$

← $\sin A - \sin B = 2\cos\frac{A+B}{2}\sin\frac{A-B}{2}$

である。ここで，$\theta$ を固定して，$\varphi$ だけを変化させたとき，⑤より $\sin\dfrac{\theta}{2}>0$, $\sin\theta\geqq 0$ であるから，$S'$ が最大となるのは
$$\cos\left(\varphi-\dfrac{\theta}{2}\right)=-1$$
$$\therefore \varphi-\dfrac{\theta}{2}=\pi \quad \therefore \varphi=\dfrac{\theta}{2}+\pi \quad \cdots\cdots ⑦$$
のときであり，最大値は⑥より
$$S'=\dfrac{a^2}{2}\left(\sin\theta+2\sin\dfrac{\theta}{2}\right)$$
である。さらに
$$g(\theta)=\sin\theta+2\sin\dfrac{\theta}{2}$$
とおくと
$$g'(\theta)=\cos\theta+\cos\dfrac{\theta}{2}$$
$$=\left(2\cos\dfrac{\theta}{2}-1\right)\left(\cos\dfrac{\theta}{2}+1\right)$$
であるから，⑤において右表より，$S'=\dfrac{a^2}{2}g(\theta)$ の最大値は
$$\dfrac{a^2}{2}g\left(\dfrac{2}{3}\pi\right)=\dfrac{3\sqrt{3}}{4}a^2$$
である。

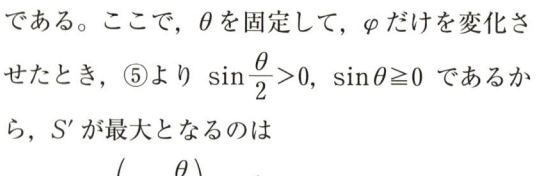

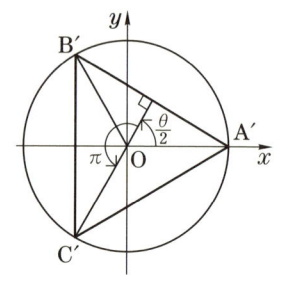

⬅ ⑦のとき，C′ は長い方の弧 A′B′ の中点となっている。
**解答** では，この事実を図形的に導いている分だけ計算が少なくなっている。

⬅ $\cos\theta=2\cos^2\dfrac{\theta}{2}-1$

| $\theta$ | (0) | $\cdots$ | $\dfrac{2}{3}\pi$ | $\cdots$ | $\pi$ |
|---|---|---|---|---|---|
| $g'(\theta)$ | | + | 0 | − | |
| $g(\theta)$ | | ↗ | | ↘ | |

2° 1° において，△A′B′C′ を原点 O の周りに回転しても，やはり円②に内接しているから，A′$(a, 0)$ としてよい。一方，楕円①に内接する △ABC を考える場合には，楕円は原点 O の周りの回転に関して対称でないので，
$$A(a, 0), B(a\cos\beta, b\sin\beta), C(a\cos\gamma, b\sin\gamma)$$
とおくと，一般の場合を扱ったことにはならない。したがって，**105** を楕円のままで考えるのは難しい。

類題 2 → 解答 p.348

円 $x^2+y^2=1$ を $C_0$，楕円 $\dfrac{x^2}{a^2}+\dfrac{y^2}{b^2}=1$ $(a>0, b>0)$ を $C_1$ とする。$C_1$ 上のどんな点 P に対しても，P を頂点にもち $C_0$ に外接して $C_1$ に内接する平行四辺形が存在するための必要十分条件を $a, b$ で表せ。

(東京大)

## 106 円が2次曲線に接する条件

双曲線 $H: \dfrac{x^2}{a^2} - \dfrac{y^2}{b^2} = 1$ $(a>0, b>0)$ と，$y$ 軸上に中心をもち $H$ とちょうど 2 点を共有する円 $C$ がある。$H$ の漸近線の 1 つを $l$ とするとき，$C$ によって $l$ から切り取られる線分の長さは一定であることを示せ。

**精講** $H$ と $C$ はともに $y$ 軸対称ですから，2 つの共有点も $y$ 軸に関して対称な位置にあって，それらは，円 $C$ の中心から最も近い $H$ 上の 2 点です。これを利用して，$C$ の半径を $C$ の中心の $y$ 座標と $a$, $b$ を用いて表します。

**解答** $H$ と $C$ はいずれも $y$ 軸に関して対称であるから，2 つの共有点は $x<0$，$x>0$ に 1 個ずつあり，それらは $C$ の中心 $A(0, p)$ から最も近い $H$ 上の点である。また，$C$ の半径はその最短距離である。

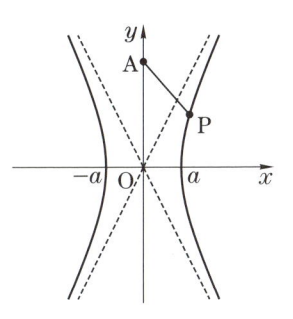

そこで，$A(0, p)$ と
$$H: \dfrac{x^2}{a^2} - \dfrac{y^2}{b^2} = 1 \quad \cdots\cdots ①$$
上の点 $P(x, y)$ との距離の平方を調べる。

$$\begin{aligned}
AP^2 &= x^2 + (y-p)^2 \\
&= \dfrac{a^2}{b^2} y^2 + a^2 + (y-p)^2 \\
&= \dfrac{a^2+b^2}{b^2} y^2 - 2py + a^2 + p^2 \\
&= \dfrac{a^2+b^2}{b^2}\left(y - \dfrac{b^2 p}{a^2+b^2}\right)^2 + \dfrac{a^2(a^2+b^2+p^2)}{a^2+b^2}
\end{aligned}$$

← 注参照。

← ①より
$x^2 = \dfrac{a^2}{b^2} y^2 + a^2$

であり，$H$ 上の点 $P(x, y)$ において，$y$ はすべての実数値をとれるので，$AP^2$ は $y = \dfrac{b^2 p}{a^2+b^2}$ で最小値 $\dfrac{a^2(a^2+b^2+p^2)}{a^2+b^2}$ をとる。したがって，円 $C$ の半径を $r$ とすると，$r^2 = \dfrac{a^2(a^2+b^2+p^2)}{a^2+b^2}$ である。

← グラフから明らかである。$x$ のとり得る値の範囲は $x \leqq -a$, $x \geqq a$ である。

$l$ が $H$ の漸近線：
$$\frac{x}{a}-\frac{y}{b}=0, \quad \frac{x}{a}+\frac{y}{b}=0$$
のいずれであっても，$C$ の中心 $A(0, p)$ から $l$ までの距離 $d$ は
$$d=\frac{\left|\dfrac{p}{b}\right|}{\sqrt{\left(\dfrac{1}{a}\right)^2+\left(\dfrac{1}{b}\right)^2}}=\frac{|ap|}{\sqrt{a^2+b^2}}$$
である。

　以上より，$l$ と $C$ との 2 交点を E, F とすると，
$$\left(\frac{1}{2}\mathrm{EF}\right)^2=r^2-d^2$$
$$\therefore \quad \mathrm{EF}^2=4\left\{\frac{a^2(a^2+b^2+p^2)}{a^2+b^2}-\frac{a^2p^2}{a^2+b^2}\right\}=4a^2$$
となる。したがって，$C$ によって漸近線 $l$ から切り取られる線分の長さ EF はつねに一定で，$2a$ である。

（証明おわり）


**注** 円 $C$ の中心を $A(0, p)$，半径を $r$ とすると，
$$C : x^2+(y-p)^2=r^2 \quad \cdots\cdots ②$$
となる。①，② から $x$ を消去した $y$ の 2 次方程式
$$\frac{a^2}{b^2}y^2+a^2+(y-p)^2=r^2 \quad \therefore \quad (a^2+b^2)y^2-2pb^2y+b^2(a^2+p^2-r^2)=0$$
において，判別式が 0 となると考えて，
$$(pb^2)^2-(a^2+b^2)\cdot b^2(a^2+p^2-r^2)=0 \quad \therefore \quad r^2=\frac{a^2(a^2+b^2+p^2)}{a^2+b^2}$$
を導くことができる。

　しかし，一般には，円と 2 次曲線，また，2 次曲線どうしが接することに関する問題で判別式の議論に持ち込むときには注意が必要である。たとえば，
「双曲線：$x^2-\dfrac{y^2}{4}=1 \quad \cdots\cdots ㋐$ と円：$(x-3)^2+y^2=r^2 \quad \cdots\cdots ㋑$ が共有点をもち，すべての共有点において，㋐と㋑が接するような正の数 $r$ を求めよ」という問題において，㋐，㋑から $y$ を消去した 2 次方程式 $5x^2-6x+5-r^2=0 \quad \cdots\cdots ㋒$ で，(判別式)$=0$ とすると，$r^2=\dfrac{16}{5}$ となる。しかし，このとき，㋒の重解 $x=\dfrac{3}{5}$ に対応する㋐上の点はない。

　この場合の正解は，㋐，㋑の概形を考えると，明らかに $r=2$ に限る。

## 107 放物線を見込む角が一定である点の軌跡

点Pから放物線 $y=x^2$ に2本の接線を引くことができ，それらの接点をA，Bとするとき，$\angle APB = \dfrac{\pi}{4}$ を満たしながら動く。このような点Pの軌跡を求めよ。

(静岡大，山梨大*，筑波大*)

**精講** $P(p, q)$ とおいて，Pから放物線 $y=x^2$ に引いた接線の傾きに着目するか，あるいは，2接点A，Bの$x$座標 $\alpha, \beta$ を用いてPを表して，$\alpha, \beta$ の関係を利用することになります。いずれにしても，2つの接線のなす角ではなく，$\angle APB$ が $\dfrac{\pi}{4}$ である点に注意が必要です。

**解答** $P(p, q)$ を通り，傾き $m$ の直線
$$y = m(x-p) + q \quad \cdots\cdots ①$$
が $y=x^2$ ……② と接するとき，
$$x^2 = m(x-p) + q$$
$$x^2 - mx + mp - q = 0$$
が重解をもつことより，
$$m^2 - 4(mp - q) = 0$$
$$m^2 - 4pm + 4q = 0 \quad \cdots\cdots ③$$
である。Pから②に2本の接線が引けるとき，③が異なる実数解をもつことから
$$\dfrac{1}{4}(判別式) = (2p)^2 - 4q > 0$$
$$\therefore \quad q < p^2 \quad \cdots\cdots ④$$
である。④のもとで，③の2つの解を $m_1, m_2$ ($m_1 < m_2$) とし，②と $m = m_1, m_2$ に対応する直線①の接点をそれぞれA，Bとすると，$\vec{PA}, \vec{PB}$ はそれぞれ
$$\vec{a} = (-1, -m_1), \vec{b} = (1, m_2)$$
と同じ向きである。したがって，$\angle APB = \dfrac{\pi}{4}$ は，$\vec{a}$ と $\vec{b}$ のなす角が $\dfrac{\pi}{4}$ であることと同値である。

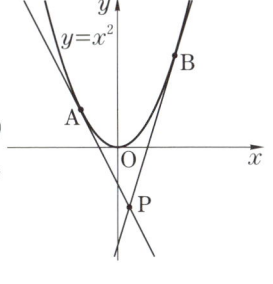

← 直線①はベクトル $(1, m)$ に平行である。

← **別解** ①からわかるように，Pの$x$座標は接点A，Bの$x$座標の中間にあり，$\vec{PA}, \vec{PB}$ の$x$成分が異符号であることに注意する。

← **注** 参照。

よって，$m_1$, $m_2$ の満たすべき条件は

$$\vec{a}\cdot\vec{b}=|\vec{a}||\vec{b}|\cos\frac{\pi}{4}$$

$$-(1+m_1m_2)=\frac{1}{\sqrt{2}}\sqrt{1+m_1{}^2}\sqrt{1+m_2{}^2} \quad \cdots\cdots ⑤$$

であり，さらに⑤は

$$1+m_1m_2 \leq 0 \quad\cdots\cdots ⑥$$

かつ，

$$2(1+m_1m_2)^2=(1+m_1{}^2)(1+m_2{}^2)$$

$$\therefore\ m_1{}^2m_2{}^2+4m_1m_2-(m_1{}^2+m_2{}^2)+1=0 \quad\cdots\cdots ⑦$$

← ⑤で分母を払って，2乗する。

となる。ここで，③の解と係数の関係：

$$m_1+m_2=4p,\ m_1m_2=4q$$

より，⑥は

$$1+4q\leq 0 \quad \therefore\ q\leq-\frac{1}{4} \quad\cdots\cdots ⑧$$

となり，⑦は

$$(4q)^2+4\cdot4q-\{(4p)^2-2\cdot4q\}+1=0$$

$$\left(q+\frac{3}{4}\right)^2-p^2=\frac{1}{2} \quad\cdots\cdots ⑨$$

← $m_1{}^2+m_2{}^2=(m_1+m_2)^2-2m_1m_2$

となる。

④，⑧，⑨より，P の軌跡は

双曲線 $\left(y+\dfrac{3}{4}\right)^2-x^2=\dfrac{1}{2}$ の $y\leq-\dfrac{1}{4}$ の部分

である。

← ⑧のとき，④は成り立つことに注意する。

<u>別解</u> 接点 A, B を

$$A(\alpha,\ \alpha^2),\ B(\beta,\ \beta^2)\quad(\alpha<\beta\ \cdots\cdots ⑩)$$

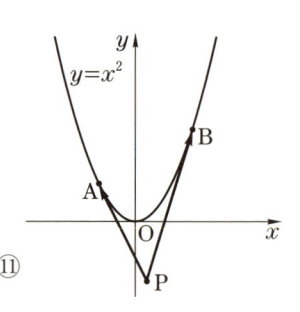

とおく。A, B における接線はそれぞれ

$$y=2\alpha x-\alpha^2,\ y=2\beta x-\beta^2$$

であり，これらの交点 P$(x, y)$ は

$$x=\frac{\alpha+\beta}{2},\ y=\alpha\beta \quad\cdots\cdots ⑪$$

である。このとき

$$\overrightarrow{PA}=\left(\frac{\alpha-\beta}{2},\ \alpha(\alpha-\beta)\right)=(\beta-\alpha)\left(-\frac{1}{2},\ -\alpha\right)$$

$$\vec{PB}=\left(\frac{\beta-\alpha}{2},\ \beta(\beta-\alpha)\right)=(\beta-\alpha)\left(\frac{1}{2},\ \beta\right)$$

となり，⑩より $\beta-\alpha>0$ であるから，$\vec{PA}$，$\vec{PB}$ はそれぞれ

$$\vec{u}=\left(-\frac{1}{2},\ -\alpha\right),\ \vec{v}=\left(\frac{1}{2},\ \beta\right)$$

と同じ向きである。したがって，$\vec{u}$，$\vec{v}$ のなす角が $\dfrac{\pi}{4}$ であるから，

$$\vec{u}\cdot\vec{v}=|\vec{u}\|\vec{v}|\cos\frac{\pi}{4}$$

$$-\left(\frac{1}{4}+\alpha\beta\right)=\frac{1}{\sqrt{2}}\sqrt{\frac{1}{4}+\alpha^2}\sqrt{\frac{1}{4}+\beta^2}$$

より，

$$\frac{1}{4}+\alpha\beta\leqq 0 \qquad\cdots\cdots ⑫$$

← ⑤以下の処理と全く同じである。

かつ

$$2\left(\frac{1}{4}+\alpha\beta\right)^2=\alpha^2\beta^2+\frac{1}{4}(\alpha^2+\beta^2)+\frac{1}{16}\qquad\cdots\cdots ⑬$$

である。⑫，⑬に⑪を代入して

$$\frac{1}{4}+y\leqq 0 \quad\therefore\quad y\leqq -\frac{1}{4} \qquad\cdots\cdots ⑭$$

← 実数 $x$，$y$ が⑭を満たすとき，$\alpha\beta=y<0$ であるから⑪で定まる $\alpha$，$\beta$ は実数である。

かつ

$$2\left(\frac{1}{4}+y\right)^2=y^2+\frac{1}{4}\{(2x)^2-2y\}+\frac{1}{16}$$

$$\therefore\quad -x^2+\left(y+\frac{3}{4}\right)^2=\frac{1}{2}\qquad\cdots\cdots ⑮$$

となるので，P の軌跡は，双曲線⑮の⑭を満たす部分である。

**注** **解答** において，①で $m=m_1$，$m_2$ を代入して得られる2直線
$$y=m_1(x-p)+q,\ y=m_2(x-p)+q$$
のなす角が $\dfrac{\pi}{4}$ と誤解すると，$\angle APB=\dfrac{3}{4}\pi$ となる点Pまで含んでしまうミスをすることになる。

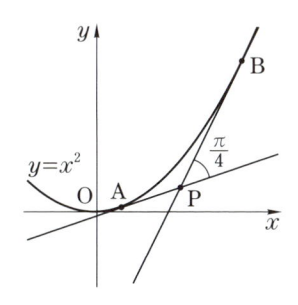

## 108 軌跡が楕円であることの示し方

平面の原点Oを端点とし，$x$軸となす角がそれぞれ $-\alpha$, $\alpha$ $\left(\text{ただし } 0<\alpha<\dfrac{\pi}{3}\right)$ である半直線を $L_1$, $L_2$ とする。$L_1$ 上に点P，$L_2$ 上に点Qを線分PQの長さが1となるようにとり，点Rを，直線PQに対し原点Oの反対側に $\triangle$PQR が正三角形になるようにとる。

(1) 線分PQが $x$ 軸と直交するとき，点Rの座標を求めよ。
(2) 2点P，Qが，線分PQの長さを1に保ったまま $L_1$, $L_2$ 上を動くとき，点Rの軌跡はある楕円の一部であることを示せ。 (東京工大)

**精講** Rの座標をパラメタ表示することを考えます。PQ=1 ですから，PQと $x$ 軸のなす角が決まると，P，Qの位置が一通りに決まりRが定まります。他にも，Pを中心として，Qを $-\dfrac{\pi}{3}$ だけ回転した点がRと考えて，複素数平面上で考えることもできます。

**解答** $x$ 軸の正の向きから $\overrightarrow{PQ}$ までの角を $\theta$ とすると，

$$\alpha < \theta < \pi - \alpha \quad \cdots\cdots ①$$

← P→Oのとき $\theta \to \alpha$,
Q→Oのとき $\theta \to \pi - \alpha$

であり，$x$ 軸の正の向きから $\overrightarrow{PR}$ までの角は $\theta - \dfrac{\pi}{3}$ であるから，

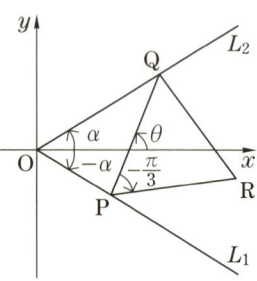

$$\overrightarrow{OR} = \overrightarrow{OP} + \overrightarrow{PR}$$
$$= \overrightarrow{OP} + \left(\cos\left(\theta - \dfrac{\pi}{3}\right),\ \sin\left(\theta - \dfrac{\pi}{3}\right)\right) \quad \cdots\cdots ②$$

である。
$\angle OQP = \theta - \alpha$ であるから，$\triangle OPQ$ において，正弦定理より

$$\dfrac{PQ}{\sin 2\alpha} = \dfrac{OP}{\sin(\theta - \alpha)}$$

$$\therefore \quad OP = \dfrac{\sin(\theta - \alpha)}{\sin 2\alpha}$$

である。これより，

$$\overrightarrow{OP} = OP(\cos(-\alpha),\ \sin(-\alpha))$$

$$= \left(\frac{\sin(\theta-\alpha)\cos\alpha}{\sin 2\alpha},\ \frac{-\sin(\theta-\alpha)\sin\alpha}{\sin 2\alpha}\right)$$

$$= \left(\frac{\sin(\theta-\alpha)}{2\sin\alpha},\ \frac{-\sin(\theta-\alpha)}{2\cos\alpha}\right)$$

であり，$\overrightarrow{\mathrm{OR}}=(x,\ y)$ として，②に戻ると，

$$x=\frac{\sin(\theta-\alpha)}{2\sin\alpha}+\cos\left(\theta-\frac{\pi}{3}\right)$$

$$=\frac{\sin\theta\cos\alpha-\cos\theta\sin\alpha+\sin\alpha(\cos\theta+\sqrt{3}\sin\theta)}{2\sin\alpha}$$

$$=\frac{\cos\left(\alpha-\dfrac{\pi}{3}\right)}{\sin\alpha}\sin\theta \qquad \cdots\cdots ③$$

←分子を整理すると，
$\dfrac{(\cos\alpha+\sqrt{3}\sin\alpha)\sin\theta}{2\sin\alpha}$

同様に

$$y=\frac{-\sin(\theta-\alpha)}{2\cos\alpha}+\sin\left(\theta-\frac{\pi}{3}\right)$$

$$=\frac{-\sin\theta\cos\alpha+\cos\theta\sin\alpha+\cos\alpha(\sin\theta-\sqrt{3}\cos\theta)}{2\cos\alpha}$$

$$=\frac{\sin\left(\alpha-\dfrac{\pi}{3}\right)}{\cos\alpha}\cos\theta \qquad \cdots\cdots ④$$

←分子を整理すると，
$\dfrac{(\sin\alpha-\sqrt{3}\cos\alpha)\cos\theta}{2\cos\alpha}$

となる。

(1) PQ が $x$ 軸と直交するとき，$\theta=\dfrac{\pi}{2}$ であるから，③，④より

←$0<\alpha<\dfrac{\pi}{3}$ より，$\theta=\dfrac{\pi}{2}$ は①に含まれる。

$$\mathrm{R}\left(\frac{\cos\left(\alpha-\dfrac{\pi}{3}\right)}{\sin\alpha},\ 0\right)=\left(\boldsymbol{\frac{1}{2\tan\alpha}+\frac{\sqrt{3}}{2}},\ \boldsymbol{0}\right)$$

である。

(2) $\theta$ が①の範囲で変化するとき，③，④を $\sin\theta$，$\cos\theta$ について解いて，

$$\sin^2\theta+\cos^2\theta=1$$

に代入すると，

$$\frac{\sin^2\alpha}{\cos^2\left(\alpha-\dfrac{\pi}{3}\right)}x^2+\frac{\cos^2\alpha}{\sin^2\left(\alpha-\dfrac{\pi}{3}\right)}y^2=1 \qquad \cdots\cdots ⑤$$

となる。これより，$\mathrm{R}(x,\ y)$ の軌跡は楕円⑤の一部である。　　　　　　　　　　　　　（証明おわり）

### 参考

複素数平面における回転を利用することもできる。

OP=$s$, OQ=$t$ ($s≧0$, $t≧0$) とし, O(0), P($p$), Q($q$), R($r$) とすると,
$$p=s\{\cos(-\alpha)+i\sin(-\alpha)\},\quad q=t(\cos\alpha+i\sin\alpha) \quad \cdots\cdots ㋐$$

であり, P($p$) を中心として Q($q$) を $-\dfrac{\pi}{3}$ だけ回転した点が R($r$) であるから,

$$r-p=(q-p)\left\{\cos\left(-\frac{\pi}{3}\right)+i\sin\left(-\frac{\pi}{3}\right)\right\}$$

∴ $r=q\left\{\cos\left(-\dfrac{\pi}{3}\right)+i\sin\left(-\dfrac{\pi}{3}\right)\right\}+p\left\{1-\cos\left(-\dfrac{\pi}{3}\right)-i\sin\left(-\dfrac{\pi}{3}\right)\right\}$ $\cdots\cdots ㋑$

である。ここで

$$1-\cos\left(-\frac{\pi}{3}\right)-i\sin\left(-\frac{\pi}{3}\right)=\frac{1}{2}+\frac{\sqrt{3}}{2}i=\cos\frac{\pi}{3}+i\sin\frac{\pi}{3}$$

に注意すると, ㋐, ㋑ より

$$r=q\left\{\cos\left(-\frac{\pi}{3}\right)+i\sin\left(-\frac{\pi}{3}\right)\right\}+p\left(\cos\frac{\pi}{3}+i\sin\frac{\pi}{3}\right)$$
$$=t\left\{\cos\left(\alpha-\frac{\pi}{3}\right)+i\sin\left(\alpha-\frac{\pi}{3}\right)\right\}+s\left\{\cos\left(-\alpha+\frac{\pi}{3}\right)+i\sin\left(-\alpha+\frac{\pi}{3}\right)\right\}$$
$$=(t+s)\cos\left(\alpha-\frac{\pi}{3}\right)+(t-s)i\sin\left(\alpha-\frac{\pi}{3}\right)$$

となるので, $r=x+yi$ ($x$, $y$ は実数) とおくと,

$$x=(t+s)\cos\left(\alpha-\frac{\pi}{3}\right),\quad y=(t-s)\sin\left(\alpha-\frac{\pi}{3}\right) \quad \cdots\cdots ㋒$$

と表される。

ここで, PQ=1, つまり, $|q-p|^2=1$ より

$$(t-s)^2\cos^2\alpha+(t+s)^2\sin^2\alpha=1 \quad \cdots\cdots ㋓$$

であるから, ㋒, ㋓より $t+s$, $t-s$ を消去すると,

$$\frac{\sin^2\alpha}{\cos^2\left(\alpha-\dfrac{\pi}{3}\right)}x^2+\frac{\cos^2\alpha}{\sin^2\left(\alpha-\dfrac{\pi}{3}\right)}y^2=1 \quad \cdots\cdots ㋔$$

となる。これより, R の軌跡は楕円㋔の一部である。

## 109 定直線と定円に内接・外接する円の中心の軌跡

直線 $l: x=-2$ に接し，定円 $C: x^2+y^2=1$ に外接する円 $S$ と，直線 $l$ に接し，円 $C$ が内接する円 $T$ を考える。

(1) 円 $S$ の中心の軌跡の方程式を求め，概形を描け。また，円 $T$ の中心の軌跡の方程式を求め，概形を描け。

(2) 円 $C$ 上の点 $(\cos\theta, \sin\theta)$ を，円 $S$ と円 $T$ が通っているとする。そのときの，円 $S$ の中心 P と円 $T$ の中心 Q を求めよ。ただし，$\theta$ は $0<\theta<\pi$ とする。

(3) $0<\theta<\pi$ とするとき，(2)の点 P と点 Q の間の距離の最小値を求めよ。

(三重大*)

**精講** (1) 条件より，円 $S$ の中心は原点 O とある直線からの距離が等しいことが導かれますから，軌跡は放物線となります。円 $T$ の中心についても同様です。

**解答** (1) $S$ の中心を $P(x, y)$，$P$ から $l$ に下ろした垂線の足を H，$C$ と $S$ との接点を R とするとき，O, R, P はこの順に一直線上にあるので，
$$PH = PR = OP - OR$$
となる。したがって，
$$x-(-2) = \sqrt{x^2+y^2}-1 \quad \therefore \quad x+3 = \sqrt{x^2+y^2}$$
$\therefore \quad x+3 \geqq 0$ ……① かつ $(x+3)^2 = x^2+y^2$
$\therefore \quad y^2 = 6x+9$ ……②

← (P から直線 $x=-3$ までの距離)=OP を意味する。

であるから，$S$ の中心 P の軌跡は②である。 ← ②のもとで①は満たされる。

$T$ の中心を $Q(x, y)$，$Q$ から $l$ に下ろした垂線の足を I，$C$ と $T$ の接点を U とするとき，Q, O, U はこの順に一直線上にあるので，
$$QI = QU = OQ + OU$$
となる。したがって，
$$x-(-2) = \sqrt{x^2+y^2}+1 \quad \therefore \quad x+1 = \sqrt{x^2+y^2}$$
より，上と同様に考えて，$T$ の中心 Q の軌跡は
$$y^2 = 2x+1 \quad \cdots\cdots ③$$
である。放物線②，③の概形は右図の通りである。

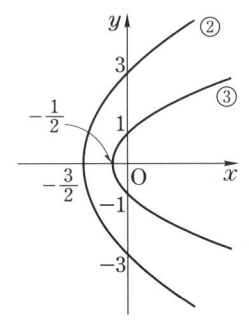

(2) 点 $R(\cos\theta, \sin\theta)$ は $S$ と $C$, $T$ と $C$ の接点であるから，3点 P, R, O と 3 点 R, O, Q はそれぞれこの順に一直線上に並んでいる。したがって，
$$\overrightarrow{OP} = r_1 \overrightarrow{OR} = (r_1 \cos\theta, r_1 \sin\theta)$$
$$\overrightarrow{OQ} = -r_2 \overrightarrow{OR} = (-r_2 \cos\theta, -r_2 \sin\theta)$$
$(r_1 > 0, r_2 > 0 \quad \cdots\cdots ④)$ と表される。

P は②を満たすことより
$$(r_1 \sin\theta)^2 = 6r_1 \cos\theta + 9$$
$$(1-\cos^2\theta)r_1^2 - 6r_1 \cos\theta - 9 = 0$$
$$\{(1-\cos\theta)r_1 - 3\}\{(1+\cos\theta)r_1 + 3\} = 0$$
であるから，④より ← $0 < \theta < \pi$ より $1 - \cos\theta > 0$
$$r_1 = \frac{3}{1-\cos\theta}, \quad P\left(\frac{3\cos\theta}{1-\cos\theta}, \frac{3\sin\theta}{1-\cos\theta}\right)$$
← $P(r_1 \cos\theta, r_1 \sin\theta)$ より。

である。同様に，Q は③を満たすことより，
$$(r_2 \sin\theta)^2 = -2r_2 \cos\theta + 1$$
$$\{(1-\cos\theta)r_2 + 1\}\{(1+\cos\theta)r_2 - 1\} = 0$$
← $(1-\cos^2\theta)r_2^2 + 2r_2 \cos\theta - 1 = 0$

であるから，④より
$$r_2 = \frac{1}{1+\cos\theta}, \quad Q\left(-\frac{\cos\theta}{1+\cos\theta}, -\frac{\sin\theta}{1+\cos\theta}\right)$$

である。

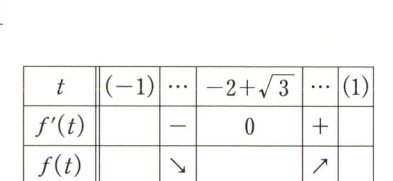

(3) P, O, Q はこの順に一直線上に並んでいるので，
$$PQ = OP + OQ = r_1 + r_2$$
$$= \frac{3}{1-\cos\theta} + \frac{1}{1+\cos\theta} \quad \cdots\cdots ⑤$$

← $|\overrightarrow{OR}| = 1$ より
$|\overrightarrow{OP}| = r_1|\overrightarrow{OR}| = r_1$
$|\overrightarrow{OQ}| = r_2|\overrightarrow{OR}| = r_2$

である。$\cos\theta = t$ とおくと，$0 < \theta < \pi$ より $-1 < t < 1$ であり，⑤の右辺を $f(t)$ とおくと，
← $f(t) = \frac{3}{1-t} + \frac{1}{1+t}$
$$f'(t) = \frac{2(t^2+4t+1)}{(1-t^2)^2}$$
$$= \frac{2(t+2+\sqrt{3})(t+2-\sqrt{3})}{(1-t^2)^2}$$

となる。よって，増減表より，
PQ $= f(t)$ の最小値は
$$f(-2+\sqrt{3}) = 2+\sqrt{3}$$
である。

| $t$ | $(-1)$ | $\cdots$ | $-2+\sqrt{3}$ | $\cdots$ | $(1)$ |
|---|---|---|---|---|---|
| $f'(t)$ | | $-$ | $0$ | $+$ | |
| $f(t)$ | | ↘ | | ↗ | |

# 110 円錐面の平面による切り口としての2次曲線

点 A(0, 1, 3) を通り,球面 $S: x^2+y^2+(z-1)^2=1$ と接する直線の全体を考える。
(1) 直線と球の接点の全体は円になることを示し,その半径を求めよ。
(2) これらの直線が $xy$ 平面と交わる点Pの全体は,$xy$ 平面上の曲線となる。この曲線を図示せよ。  (大阪大*)

**精講**  (1) Aから球面 $S$ に引いた接線の長さは一定です。
(2) これらの直線がAを頂点とする,ある円錐の母線となっていることから,母線と軸のなす角に着目します。

**解答**  (1) 球面 $S: x^2+y^2+(z-1)^2=1$
の中心を B(0, 0, 1) とし,A(0, 1, 3)
を通り $S$ と接する直線との接点をTとすると
$$AT^2=AB^2-BT^2=1^2+2^2-1^2=4$$
← $\angle ATB=90°$ より。
$$\therefore \quad AT=2$$
である。したがって,接点Tの全体は中心がA,半径が2の球面 $D$ と球面 $S$ の交わりの円である。

この円を $E$ とし,$E$ の半径を $r$ とする。平面 ATB による断面において,$\angle BAT=\theta$ とおくと,
$$\sin\theta=\frac{TB}{AB}=\frac{1}{\sqrt{5}}, \quad \cos\theta=\frac{AT}{AB}=\frac{2}{\sqrt{5}}$$
であるから,
$$r=AT\sin\theta=2\cdot\frac{1}{\sqrt{5}}=\frac{2}{\sqrt{5}}$$
である。

(2) P($x$, $y$, 0) とするとき,
$$\overrightarrow{AB}=(0, -1, -2), \quad \overrightarrow{AP}=(x, y-1, -3)$$
のなす角が $\theta$ であるから,
$$\overrightarrow{AB}\cdot\overrightarrow{AP}=|\overrightarrow{AB}||\overrightarrow{AP}|\cos\theta$$
$$-(y-1)+6=\sqrt{5}\sqrt{x^2+(y-1)^2+9}\cdot\frac{2}{\sqrt{5}}$$
$$7-y=2\sqrt{x^2+(y-1)^2+9}$$

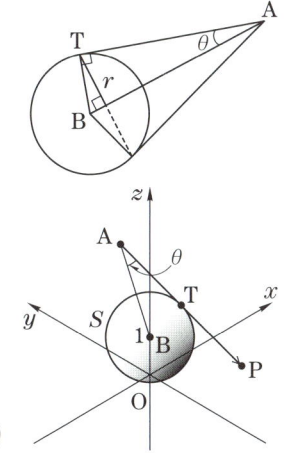

← 円錐において,軸と母線のなす角は一定である。

より，$7-y \geqq 0$ ……①　かつ
$$(7-y)^2 = 4\{x^2+(y-1)^2+9\}$$
∴　$\dfrac{x^2}{3}+\dfrac{(y+1)^2}{4}=1 \quad (z=0)$ ……②

となる。②のもとで，①は満たされているので，P の軌跡は $xy$ 平面上の楕円②（右図）である。

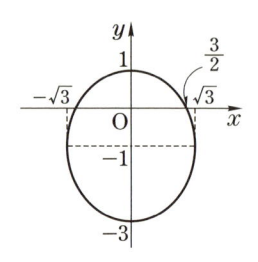

### 参考

(2)で得られた楕円②は，A から球面 $S$ に引いた接線全体がつくる円錐の $xy$ 平面による切り口である。一般に，2次曲線は円錐の平面による断面として得られることが知られている。

実際，円錐の軸と母線のなす角を $\alpha$ とし，円錐の頂点を通らない平面 $H$ と軸のなす角を $\theta(0° \leqq \theta \leqq 90°)$ とすると，断面は次のようになる。（ただし，$\theta=0°$ は $H$ が円錐の軸と平行であるときを表す。）

(ⅰ) $\alpha<\theta\leqq 90°$ のとき　　(ⅱ) $\theta=\alpha$ のとき　　(ⅲ) $0°\leqq\theta<\alpha$ のとき
　　　楕円　　　　　　　　　　　放物線　　　　　　　　　　双曲線

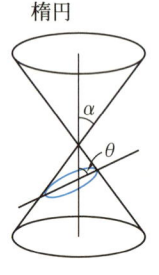

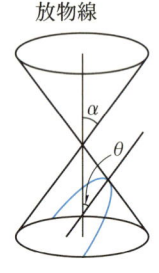

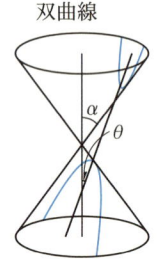

**110** (2)は(ⅰ)の場合に対応する。また，A の代わりに，たとえば，$A_1(0, 2, 2)$，$A_2(0, 2, 1)$ をとると，$A_1$，$A_2$ を通り，球面 $S$ と接する直線と $xy$ 平面との交点全体の曲線はそれぞれ，

放物線　$y=-\dfrac{1}{2}x^2+\dfrac{1}{2} \; (z=0)$

双曲線　$-x^2+\dfrac{(y-2)^2}{3}=1 \; (z=0)$

となり，これらは，それぞれ(ⅱ)，(ⅲ)の場合に対応する。

## 111 ２次曲線における極座標表示の応用

平面上で長軸の長さが $2a$, 短軸の長さが $2b$ である楕円を $C$ とする。$L_1$, $L_2$ を $C$ の中心で直交する２直線とする。$L_1$ と $C$ の２つの交点の間の距離を $l_1$ とし，$L_2$ と $C$ の２つの交点の間の距離を $l_2$ とするとき，$\dfrac{1}{l_1{}^2}+\dfrac{1}{l_2{}^2}$ は $L_1$, $L_2$ の選び方によらず一定であることを証明せよ。

(群馬大)

**精講** まず，$C$ の中心を原点とする適当な座標軸をとり，$C$ を楕円の標準的な方程式で表します。そこで，$L_1$, $L_2$ と $C$ との交点を１つずつとり，P, Q とするとき，OP, OQ が垂直であることを生かせるような座標の表し方は何かと考えます。

**解答** 楕円 $C$ の中心を原点 O とし，長軸を $x$ 軸，短軸を $y$ 軸とする座標軸をとると，$C:\dfrac{x^2}{a^2}+\dfrac{y^2}{b^2}=1$ と表される。そこで，$C$ と $L_1$ との交点を P, P′ とし，$C$ と $L_2$ の交点を Q, Q′ とする。

$L_1$, $L_2$ は $C$ の中心，つまり，原点 O で直交するから，$x$ 軸の正の向きから $\overrightarrow{OP}$, $\overrightarrow{OQ}$ までの角はそれぞれ $\theta$, $\theta+\dfrac{\pi}{2}$ とおける。また，$OP=r_1$, $OQ=r_2$ とおくと，P, Q の座標は

$P(r_1\cos\theta,\ r_1\sin\theta)$

$Q\left(r_2\cos\left(\theta+\dfrac{\pi}{2}\right),\ r_2\sin\left(\theta+\dfrac{\pi}{2}\right)\right)$

$=(-r_2\sin\theta,\ r_2\cos\theta)$

←注 参照。

と表される。

このとき，P が $C$ 上にあるから，

$\dfrac{r_1{}^2\cos^2\theta}{a^2}+\dfrac{r_1{}^2\sin^2\theta}{b^2}=1 \quad \therefore\quad \dfrac{1}{r_1{}^2}=\dfrac{\cos^2\theta}{a^2}+\dfrac{\sin^2\theta}{b^2}$

であり，Q についても同様に，

$\dfrac{r_2{}^2\sin^2\theta}{a^2}+\dfrac{r_2{}^2\cos^2\theta}{b^2}=1 \quad \therefore\quad \dfrac{1}{r_2{}^2}=\dfrac{\sin^2\theta}{a^2}+\dfrac{\cos^2\theta}{b^2}$

である。

また，$C$ が原点に関して対称であるから，
$$l_1 = PP' = 2OP = 2r_1, \quad l_2 = 2r_2$$
← $l_2 = QQ' = 2OQ = 2r_2$

である。したがって，
$$\frac{1}{l_1^2} + \frac{1}{l_2^2} = \frac{1}{4}\left(\frac{1}{r_1^2} + \frac{1}{r_2^2}\right)$$
$$= \frac{1}{4}\left(\frac{\cos^2\theta + \sin^2\theta}{a^2} + \frac{\sin^2\theta + \cos^2\theta}{b^2}\right)$$
$$= \frac{a^2+b^2}{4a^2b^2} \quad \cdots\cdots(*)$$

であり，この値は一定である。　　　（証明おわり）

**注** 楕円 $C : \dfrac{x^2}{a^2} + \dfrac{y^2}{b^2} = 1$ のパラメタ表示
$P(a\cos\varphi, b\sin\varphi)$ において，$\varphi$ は右図における $\angle xOP_1$ であって，$\angle xOP$ ではない。

したがって，解答においてP，Qの座標を，
$$P(a\cos\varphi, b\sin\varphi)$$
$$Q\left(a\cos\left(\varphi+\frac{\pi}{2}\right), b\sin\left(\varphi+\frac{\pi}{2}\right)\right)$$

とするのは誤りである。実際，$\angle POQ = \dfrac{\pi}{2}$ であっても，$\angle P_1OQ_1 = \dfrac{\pi}{2}$ とは限らないからである。

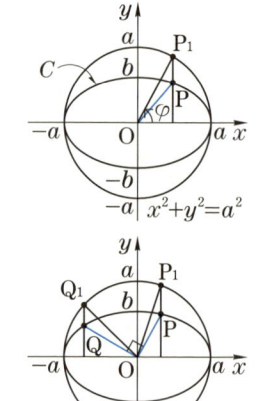

**参考**

次のような証明も考えられる。

$L_1$，$L_2$ が両軸と一致するとき，$(*)$ は明らかに成り立つ。また，直交する2直線 $L_1$，$L_2$ が $L_1 : y = mx$，$L_2 : y = -\dfrac{1}{m}x$ と表されるとき，$P(s, ms)$，$Q\left(t, -\dfrac{1}{m}t\right)$ と表され，P，Q が $C$ 上にあることから，
$$\frac{1}{s^2} = \frac{a^2m^2+b^2}{a^2b^2}, \quad \frac{1}{t^2} = \frac{a^2+b^2m^2}{a^2b^2m^2}$$

である。これより，
$$\frac{1}{l_1^2} + \frac{1}{l_2^2} = \frac{1}{(2OP)^2} + \frac{1}{(2OQ)^2} = \frac{1}{4(1+m^2)}\cdot\frac{1}{s^2} + \frac{m^2}{4(1+m^2)}\cdot\frac{1}{t^2}$$
$$= \frac{a^2m^2+b^2+a^2+b^2m^2}{4(1+m^2)a^2b^2} = \frac{a^2+b^2}{4a^2b^2}$$

が成り立つ。

# 112　2次曲線と離心率

$e$ を正の定数とし，F$(1, 0)$ とする。点Fからの距離と $y$ 軸からの距離の比が $e:1$ であるような点Pの軌跡を $C$ とする。

(1) P$(x, y)$ とするとき，$x, y$ の満たすべき式を求めよ。
(2) $e=1$ のとき，$C$ はどのような図形か。
(3) $0<e<1$ のとき，$C$ はどのような図形か。
(4) $e>1$ のとき，$C$ はどのような図形か。
(5) $e=\dfrac{1}{2}$，1，2 の 3 つの場合について，$C$ の概形を同一平面上に図示せよ。

(北見工大*)

**精講**　一般に，定点Fと F を通らない定直線 $l$ が与えられたとき，F からの距離 PF と $l$ からの距離 PH の比

$$PF : PH = e : 1$$

が一定である点Pの軌跡は

　　$0<e<1$ のとき　楕円
　　$e=1$ のとき　放物線
　　$e>1$ のとき　双曲線

となる。いずれの場合もFは焦点（の1つ）になっている。また，$e$ の値を2次曲線の**離心率**といい，直線 $l$ を**準線**という。

以上のことをここで確認してみましょう。

**解答**　(1) P$(x, y)$ から $y$ 軸に下ろした垂線の足は H$(0, y)$ であるから，

$$PF : PH = e : 1$$
$$PF = e PH$$
$$PF^2 = e^2 PH^2$$

より

$$(x-1)^2 + y^2 = e^2 x^2$$

∴ $(1-e^2)x^2 - 2x + y^2 + 1 = 0$　……①

である。

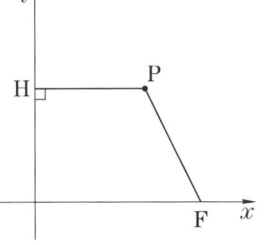

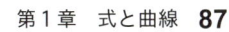

(2) ①で $e=1$ とおくと、
$$-2x+y^2+1=0$$
$$y^2=2\left(x-\frac{1}{2}\right) \quad \cdots\cdots ②$$
となるので、$C$ は**放物線**である。

← $y^2=4px$ の焦点は $(p, 0)$, 準線は $x=-p$ であるから、②の焦点は
$\left(\frac{1}{2}+\frac{1}{2},\ 0\right)=(1,\ 0)$
準線は $x=-\frac{1}{2}+\frac{1}{2}$, つまり、$x=0$ である。

(3) $0<e<1$ のとき、①より
$$(1-e^2)\left(x-\frac{1}{1-e^2}\right)^2+y^2=\frac{e^2}{1-e^2} \quad \cdots\cdots ③$$
$$\therefore\ \frac{\left(x-\frac{1}{1-e^2}\right)^2}{\left(\frac{e}{1-e^2}\right)^2}+\frac{y^2}{\left(\frac{e}{\sqrt{1-e^2}}\right)^2}=1 \quad \cdots\cdots ④$$

← 焦点については 参考 2° 参照。

となるので、$C$ は**楕円**である。

(4) $e>1$ のとき、③より
$$\frac{\left(x-\frac{1}{1-e^2}\right)^2}{\left(\frac{e}{e^2-1}\right)^2}-\frac{y^2}{\left(\frac{e}{\sqrt{e^2-1}}\right)^2}=1 \quad \cdots\cdots ⑤$$

← 焦点については 参考 2° 参照。

となるので、$C$ は**双曲線**である。

(5) $e=1$ のときは②であり、④, ⑤より、

$e=\frac{1}{2}$ のとき $\dfrac{\left(x-\frac{4}{3}\right)^2}{\left(\frac{2}{3}\right)^2}+\dfrac{y^2}{\left(\frac{\sqrt{3}}{3}\right)^2}=1$

$e=2$ のとき $\dfrac{\left(x+\frac{1}{3}\right)^2}{\left(\frac{2}{3}\right)^2}-\dfrac{y^2}{\left(\frac{2\sqrt{3}}{3}\right)^2}=1$

であるから、概形は右図の通りである。

---

🔗 **参考**

1° 離心率と関連した 2 次曲線の極方程式を求めてみよう。

$e$ は正の数とする。原点 O からの距離 PO と直線 $l:x=-a$ $(a>0)$ までの距離 PH の比が
$$\text{PO}:\text{PH}=e:1,\ \text{つまり、}\ \text{PO}=e\text{PH} \quad \cdots\cdots ㋐$$
を満たす点 P の軌跡を $C$ とする。

原点Oを極として，半直線Oxを始線とする極座標でP($r$, $\theta$)と表されるとき，
$$\text{OP}=r, \quad \text{PH}=a+r\cos\theta$$
であるから，㋐より
$$r=e(a+r\cos\theta)$$
∴ $r=\dfrac{ae}{1-e\cos\theta}$ ……㋑

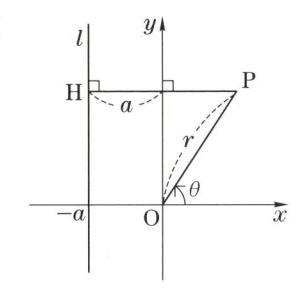

となる。

**◀精講** より，$e$ の値が $0<e<1$，$e=1$，$e>1$ のとき，㋑はそれぞれ楕円，放物線，双曲線を表す。また，2次曲線（ただし，円は除く）は極方程式では㋑で表され，$e$ を 2 次曲線の離心率という。

2° 楕円 $\dfrac{x^2}{a^2}+\dfrac{y^2}{b^2}=1$ $(a>b>0)$ の焦点は $(\pm\sqrt{a^2-b^2},\ 0)$ である。㋑において，$0<e<1$ より $\dfrac{e}{1-e^2}>\dfrac{e}{\sqrt{1-e^2}}$ であり，

$\left(\dfrac{e}{1-e^2}\right)^2-\left(\dfrac{e}{\sqrt{1-e^2}}\right)^2=\dfrac{e^4}{(1-e^2)^2}$ であるから，㋑の焦点は

$\left(\pm\sqrt{\dfrac{e^4}{(1-e^2)^2}}+\dfrac{1}{1-e^2},\ 0\right)=\left(\dfrac{1+e^2}{1-e^2},\ 0\right)$, $(1,\ 0)$ である。また，双曲線 $\dfrac{x^2}{a^2}-\dfrac{y^2}{b^2}=1$ $(a>0,\ b>0)$ の焦点は $(\pm\sqrt{a^2+b^2},\ 0)$ である。⑤において，

$\left(\dfrac{e}{e^2-1}\right)^2+\left(\dfrac{e}{\sqrt{e^2-1}}\right)^2=\dfrac{e^4}{(e^2-1)^2}$ であるから，⑤の焦点は

$\left(\pm\sqrt{\dfrac{e^4}{(e^2-1)^2}}+\dfrac{1}{1-e^2},\ 0\right)=(1,\ 0),\ \left(-\dfrac{e^2+1}{e^2-1},\ 0\right)$ である。㋑，⑤いずれにおいても F(1, 0) は焦点の 1 つである。

**類題 3** → 解答 p.350

(1) 極方程式 $r=\dfrac{\sqrt{6}}{2+\sqrt{6}\cos\theta}$ の表す曲線を，直交座標 $(x, y)$ に関する方程式で表し，その概形を図示せよ。

(2) 原点をOとする。(1)の曲線上の点 P$(x, y)$ から直線 $x=a$ に下ろした垂線を PH とし，$k=\dfrac{\text{OP}}{\text{PH}}$ とおく。点Pが(1)の曲線上を動くとき，$k$ が一定となる $a$ の値を求めよ。また，そのときの $k$ の値を求めよ。

(徳島大)

## 113 両端が座標軸上にある定長線分の通過領域

$xy$平面において，長さが1である線分ABが，Aを$x$軸上に，Bを$y$軸上に置いて，動けるところすべてを動くものとする。

(1) $t$を$0 \leqq t \leqq 1$なる定数とする。線分ABを$(1-t):t$に内分する点Pの軌跡を求めよ。

(2) 線分AB（両端を含む）が通過する領域を，(1)の結果を利用して求め，図示せよ。

(3) $s$を$0<s<1$なる定数とする。線分ABを$(1-s):s$に内分する点をQとしたとき，線分AQ（両端を含む）が通過する領域を求め，図示せよ。

(日本医大)

**精講** (2) パラメタ$t$を含む楕円が通過する部分に帰着しますから，この種の問題の処理法，すなわち"パラメタの方程式と見なしたときに解が存在するための$(x, y)$の条件を求める"ことになります。

**解答** (1) $A(p, 0)$, $B(0, q)$とおくと，
$AB=1$より
$$p^2+q^2=1 \quad \cdots\cdots ①$$
であり，
$$P(x, y)=(tp, (1-t)q)$$
である。
$0<t<1$のとき，
$$p=\frac{x}{t}, \quad q=\frac{y}{1-t}$$
を①に代入すると，Pの軌跡は
$$\text{楕円} \quad \frac{x^2}{t^2}+\frac{y^2}{(1-t)^2}=1 \quad \cdots\cdots ②$$
となる。
$t=0$のとき，$P(x, y)=(0, q)$より，
線分 $x=0$, $-1 \leqq y \leqq 1$ $\cdots\cdots ③$

←①より
$q^2=1-p^2 \leqq 1$
よって，$-1 \leqq q \leqq 1$

である。
$t=1$のとき，$P(x, y)=(p, 0)$より
線分 $y=0$, $-1 \leqq x \leqq 1$ $\cdots\cdots ④$

である。
(2) 点A($t=1$ に対応する点P)は線分④上を動き，点B($t=0$ に対応する点P)は線分③上を動く。

以下，$t$ が $0<t<1$ ……⑤ の範囲で変化するとき，Pが通過する領域，すなわち，楕円②が通過する領域を$D$とする。このとき

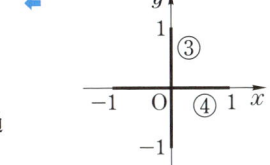

$(x, y) \in D$

$\iff$ ⑤のある $t$ に対して，②が点 $(x, y)$ を通る

$\iff$ $t$ の方程式

$$f(t) = \frac{x^2}{t^2} + \frac{y^2}{(1-t)^2} - 1 = 0 \quad \cdots\cdots ②'$$

が⑤の範囲に解をもつ ……(∗)

が成り立つ。

← $D$ は線分AB(両端A，Bは除く)が通過する領域である。

以下，(∗)の条件を調べる。

(i) $y=0$ のとき，

②'より $x=\pm t$ であるから，

$0<|x|<1$

である。

← ⑤より $0<t<1$，$-1<-t<0$

(ii) $x=0$ のとき，

②'より $y=\pm(1-t)$ であるから，

$0<|y|<1$

である。

(iii) $x \neq 0, y \neq 0$ のとき

$$f'(t) = -\frac{2x^2}{t^3} + \frac{2y^2}{(1-t)^3}$$

$$= \frac{2x^2}{(1-t)^3}\left\{\left(\frac{y}{x}\right)^2 - \left(\frac{1-t}{t}\right)^3\right\}$$

である。ここで，$\dfrac{1-t}{t} = \dfrac{1}{t} - 1$ は $0<t<1$ で減少し，$\left(\dfrac{y}{x}\right)^2 = \left(\dfrac{1-t}{t}\right)^3$ を満たす $t$ は $t = \dfrac{x^{\frac{2}{3}}}{x^{\frac{2}{3}} + y^{\frac{2}{3}}}$ であるから，$f(t)$ の増減は右の通りである。

← $\displaystyle\lim_{t \to +0} \frac{1-t}{t} = +\infty$

$\displaystyle\lim_{t \to 1-0} \frac{1-t}{t} = 0$

| $t$ | (0) | $\cdots$ | $\dfrac{x^{\frac{2}{3}}}{x^{\frac{2}{3}}+y^{\frac{2}{3}}}$ | $\cdots$ | (1) |
|---|---|---|---|---|---|
| $f'(t)$ | | $-$ | $0$ | $+$ | |
| $f(t)$ | | ↘ | | ↗ | |

$$\lim_{t\to +0} f(t) = \lim_{t\to 1-0} f(t) = +\infty$$

と合わせると，(*) のための条件は

$$f\left(\frac{x^{\frac{2}{3}}}{x^{\frac{2}{3}}+y^{\frac{2}{3}}}\right) \leqq 0$$

$$\therefore \quad x^{\frac{2}{3}}+y^{\frac{2}{3}} \leqq 1$$

← $x^2\left(\frac{x^{\frac{2}{3}}+y^{\frac{2}{3}}}{x^{\frac{2}{3}}}\right)^2 + y^2\left(\frac{x^{\frac{2}{3}}+y^{\frac{2}{3}}}{y^{\frac{2}{3}}}\right)^2 - 1 \leqq 0$

より $(x^{\frac{2}{3}}+y^{\frac{2}{3}})^3 \leqq 1$

である。

(i), (ii), (iii) をまとめると，$D$ は

$$x^{\frac{2}{3}}+y^{\frac{2}{3}} \leqq 1 \qquad \cdots\cdots ⑥$$

から，$(0, 0), (\pm 1, 0), (0, \pm 1)$ を除いた部分である。したがって，$t=0, 1$ の場合を合わせると，線分 AB が通過する領域は⑥全体となり，右図の斜線部分（境界を含む）である。

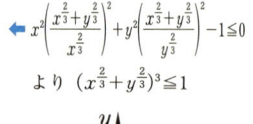

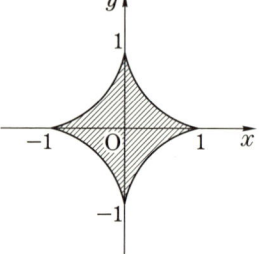

(3) Q の軌跡は(1)の結果から，

$$\text{楕円} \quad \frac{x^2}{s^2}+\frac{y^2}{(1-s)^2}=1 \qquad \cdots\cdots ⑦$$

である。(2)で求めた AB が通過する領域と同様，線分 AQ が通過する領域 $E$ も $x$ 軸，$y$ 軸に関して対称であるから，以下，$x \geqq 0, y \geqq 0$ の範囲で調べる。

まず，⑦は曲線

$$x^{\frac{2}{3}}+y^{\frac{2}{3}}=1 \qquad \cdots\cdots ⑧$$

と点 S$(s^{\frac{3}{2}}, (1-s)^{\frac{3}{2}})$ で接することを示す。

← 参考 参照。

S は 2 曲線⑦，⑧の共有点である。次に，$x>0$，$y>0$ のもとで，⑦，⑧を $x$ で微分すると，それぞれ

← $x=s^{\frac{3}{2}}, y=(1-s)^{\frac{3}{2}}$ は⑦，⑧を満たすので。

$$\frac{2x}{s^2}+\frac{2y}{(1-s)^2}y'=0 \qquad \therefore \quad y'=-\frac{(1-s)^2 x}{s^2 y}$$

$$\frac{2}{3}x^{-\frac{1}{3}}+\frac{2}{3}y^{-\frac{1}{3}}y'=0 \qquad \therefore \quad y'=-\frac{y^{\frac{1}{3}}}{x^{\frac{1}{3}}}$$

となり，S においては，これらは一致して，

← これより，S における⑦，⑧の接線の傾きが等しい。

$$y'=-\left(\frac{1-s}{s}\right)^{\frac{1}{2}} \qquad \cdots\cdots ⑨$$

となるので，⑦，⑧は S で接する。

S における共通接線は，⑨より

$$y-(1-s)^{\frac{3}{2}}=-\left(\frac{1-s}{s}\right)^{\frac{1}{2}}(x-s^{\frac{3}{2}}) \quad \cdots\cdots ⑩$$

であり，⑩と $x$ 軸，$y$ 軸との交点はそれぞれ
$$A_s(\sqrt{s},\ 0),\ B_s(0,\ \sqrt{1-s})$$
である。さらに，$A_sB_s=1$ であり，

← $(\sqrt{s})^2+(\sqrt{1-s})^2=1$

$$A_sS:SB_s=(\sqrt{s}-s^{\frac{3}{2}}):s^{\frac{3}{2}}$$
$$=(1-s):s \quad \cdots\cdots ⑪$$

← $A_s$，$S$，$B_s$ は直線⑩上にあるから。

である。

この結果，一般に線分 AB は⑧と接し，その接点を $T(u^{\frac{3}{2}},\ (1-u)^{\frac{3}{2}})$ とすると，⑪より T は線分 AB を $(1-u):u$ に内分するので，線分 AB 上において，T，Q の位置関係について，
(a) $0\leqq u<s$ のとき　　B，T，Q，A
(b) $s<u\leqq 1$ のとき　　B，Q，T，A
の順に並ぶことがわかる。

以上のことから，$E$ の $x\geqq 0$，$y\geqq 0$ の部分は
$0\leqq x\leqq s^{\frac{3}{2}}$ では，⑦より下の部分
$s^{\frac{3}{2}}\leqq x\leqq 1$ では，⑧より下の部分
である。

したがって，$x$ 軸，$y$ 軸に関する対称性より，求める領域 $E$ は右図の斜線部分（境界を含む）である。

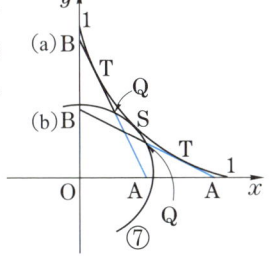

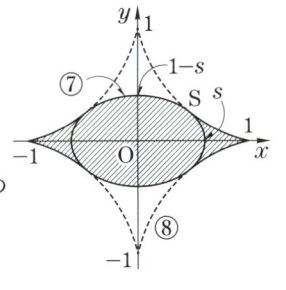

## 参考

曲線 $x^{\frac{2}{3}}+y^{\frac{2}{3}}=1$ ……⑧ 上の点は $(\cos^3\theta,\ \sin^3\theta)$ $(0\leqq\theta<2\pi)$ と表される。

一般に，$a>0$ として，$(x,\ y)=(a\cos^3\theta,\ a\sin^3\theta)$ $(0\leqq\theta<2\pi)$ と表される点の描く図形の方程式は $\boldsymbol{x^{\frac{2}{3}}+y^{\frac{2}{3}}=a^{\frac{2}{3}}}$ であり，この曲線をアステロイドという。また，$x$ 軸上と $y$ 軸上に端点をもつ長さ $a$ の線分はこの曲線と接することが知られている。

# 第2章 複素数平面

## 201 共役な複素数と複素数の絶対値

(I) 絶対値が1である複素数 $\alpha$, $\beta$, $\gamma$ について，
$$S=|\alpha-\beta|^2+|\beta-\gamma|^2+|\gamma-\alpha|^2+\dfrac{(\alpha+\beta)(\beta+\gamma)(\gamma+\alpha)}{\alpha\beta\gamma}$$
とするとき，$S$ の値を求めよ。 (奈良医大*)

(II) 絶対値が1より小さい複素数 $\alpha$, $\beta$ に対して不等式 $\left|\dfrac{\alpha-\beta}{1-\overline{\alpha}\beta}\right|<1$ が成り立つことを示せ。

(学習院大)

**精講** 共役な複素数と絶対値の性質をまとめておきます。

---

$\alpha$, $\beta$ を複素数とするとき

$\overline{\alpha+\beta}=\overline{\alpha}+\overline{\beta}$, $\overline{\alpha-\beta}=\overline{\alpha}-\overline{\beta}$, $\overline{\alpha\beta}=\overline{\alpha}\,\overline{\beta}$, $\overline{\left(\dfrac{\alpha}{\beta}\right)}=\dfrac{\overline{\alpha}}{\overline{\beta}}$

$|\alpha|^2=\alpha\overline{\alpha}$, 特に $|\alpha|=1$ のとき $\overline{\alpha}=\dfrac{1}{\alpha}$

$|\alpha\beta|=|\alpha||\beta|$, $\left|\dfrac{\alpha}{\beta}\right|=\dfrac{|\alpha|}{|\beta|}$

---

**解答** (I) $|\alpha|=|\beta|=|\gamma|=1$ より $|\alpha|^2=|\beta|^2=|\gamma|^2=1$
$$\alpha\overline{\alpha}=\beta\overline{\beta}=\gamma\overline{\gamma}=1$$
$\therefore\quad \overline{\alpha}=\dfrac{1}{\alpha}$, $\overline{\beta}=\dfrac{1}{\beta}$, $\overline{\gamma}=\dfrac{1}{\gamma}$

である。これより，
$$|\alpha-\beta|^2=(\alpha-\beta)(\overline{\alpha}-\overline{\beta})$$
$$=(\alpha-\beta)\left(\dfrac{1}{\alpha}-\dfrac{1}{\beta}\right)=2-\left(\dfrac{\beta}{\alpha}+\dfrac{\alpha}{\beta}\right)\ \cdots\cdots\text{①}$$

←$|\alpha-\beta|^2=(\alpha-\beta)\overline{(\alpha-\beta)}$
　　$=(\alpha-\beta)(\overline{\alpha}-\overline{\beta})$

であり，同様に

$|\beta-\gamma|^2=2-\left(\dfrac{\gamma}{\beta}+\dfrac{\beta}{\gamma}\right)$　　　　　$\cdots\cdots$②

$|\gamma-\alpha|^2=2-\left(\dfrac{\alpha}{\gamma}+\dfrac{\gamma}{\alpha}\right)$　　　　　$\cdots\cdots$③

である。また，

$$\frac{(\alpha+\beta)(\beta+\gamma)(\gamma+\alpha)}{\alpha\beta\gamma}$$
$$=\left(1+\frac{\beta}{\alpha}\right)\left(1+\frac{\gamma}{\beta}\right)\left(1+\frac{\alpha}{\gamma}\right)$$
$$=1+\frac{\beta}{\alpha}+\frac{\gamma}{\beta}+\frac{\alpha}{\gamma}+\frac{\beta}{\alpha}\cdot\frac{\gamma}{\beta}+\frac{\gamma}{\beta}\cdot\frac{\alpha}{\gamma}+\frac{\alpha}{\gamma}\cdot\frac{\beta}{\alpha}$$
$$\qquad\qquad\qquad\qquad +\frac{\beta}{\alpha}\cdot\frac{\gamma}{\beta}\cdot\frac{\alpha}{\gamma}$$
$$=2+\frac{\beta}{\alpha}+\frac{\gamma}{\beta}+\frac{\alpha}{\gamma}+\frac{\gamma}{\alpha}+\frac{\alpha}{\beta}+\frac{\beta}{\gamma} \quad\cdots\cdots ④$$

← $\dfrac{\alpha+\beta}{\alpha}\cdot\dfrac{\beta+\gamma}{\beta}\cdot\dfrac{\gamma+\alpha}{\gamma}$
$=\left(1+\dfrac{\beta}{\alpha}\right)\left(1+\dfrac{\gamma}{\beta}\right)\left(1+\dfrac{\alpha}{\gamma}\right)$

である。①，②，③，④を加え合わせると

$$S=8$$

が得られる。

(Ⅱ) $\left|\dfrac{\alpha-\beta}{1-\overline{\alpha}\beta}\right|<1$

← $\left|\dfrac{\alpha-\beta}{1-\overline{\alpha}\beta}\right|=\dfrac{|\alpha-\beta|}{|1-\overline{\alpha}\beta|}$

は

$$|\alpha-\beta|<|1-\overline{\alpha}\beta| \quad\cdots\cdots ⑤$$

← ⑤が成り立つとき，$|1-\overline{\alpha}\beta|\neq 0$ に注意する。

と同値であるから，⑤を

$$|\alpha|<1,\ |\beta|<1 \quad\cdots\cdots ⑥$$

のもとで示す。

$$|1-\overline{\alpha}\beta|^2-|\alpha-\beta|^2$$
$$=(1-\overline{\alpha}\beta)\overline{(1-\overline{\alpha}\beta)}-(\alpha-\beta)\overline{(\alpha-\beta)}$$
$$=(1-\overline{\alpha}\beta)(1-\alpha\overline{\beta})-(\alpha-\beta)(\overline{\alpha}-\overline{\beta})$$
$$=1-\overline{\alpha}\beta-\alpha\overline{\beta}+|\alpha|^2|\beta|^2$$
$$\qquad -\{|\alpha|^2-(\alpha\overline{\beta}+\overline{\alpha}\beta)+|\beta|^2\}$$
$$=1+|\alpha|^2|\beta|^2-|\alpha|^2-|\beta|^2$$
$$=(1-|\alpha|^2)(1-|\beta|^2)>0$$

← $\overline{1-\overline{\alpha}\beta}=1-\overline{\overline{\alpha}\beta}=1-\alpha\overline{\beta}$

← ⑥より
$1-|\alpha|^2>0,\ 1-|\beta|^2>0$

であるから

$$|\alpha-\beta|^2<|1-\overline{\alpha}\beta|^2$$
$$\therefore\ |\alpha-\beta|<|1-\overline{\alpha}\beta|$$

← ⑤が示された。

である。 （証明おわり）

## 202 ド・モアブルの定理

$n$ を自然数，$0<\theta<\pi$，$z=\cos\theta+i\sin\theta$ とする。

(1) $1-z=-2i\sin\dfrac{\theta}{2}\left(\cos\dfrac{\theta}{2}+i\sin\dfrac{\theta}{2}\right)$ を示せ。

(2) 次の各式を証明せよ。

$$1+\cos\theta+\cos 2\theta+\cdots\cdots+\cos n\theta=\dfrac{\sin\dfrac{n+1}{2}\theta\cos\dfrac{n}{2}\theta}{\sin\dfrac{\theta}{2}},$$

$$\sin\theta+\sin 2\theta+\cdots\cdots+\sin n\theta=\dfrac{\sin\dfrac{n+1}{2}\theta\sin\dfrac{n}{2}\theta}{\sin\dfrac{\theta}{2}}$$

(京都教育大*)

**精講** (2) 極形式を用いた複素数の積と商における基本的な性質とド・モアブルの定理を用います。これらについてまとめておきます。

---
**複素数の積と商**

$(\cos\theta_1+i\sin\theta_1)(\cos\theta_2+i\sin\theta_2)=\cos(\theta_1+\theta_2)+i\sin(\theta_1+\theta_2)$

$\dfrac{\cos\theta_1+i\sin\theta_1}{\cos\theta_2+i\sin\theta_2}=\cos(\theta_1-\theta_2)+i\sin(\theta_1-\theta_2)$

**ド・モアブルの定理**　　$n$ を整数とするとき

$(\cos\theta+i\sin\theta)^n=\cos n\theta+i\sin n\theta$

---

**解答** (1) 　　　$1-z$
$=1-(\cos\theta+i\sin\theta)$
$=2\sin^2\dfrac{\theta}{2}-i\cdot 2\sin\dfrac{\theta}{2}\cos\dfrac{\theta}{2}$
$=-2i\sin\dfrac{\theta}{2}\left(\cos\dfrac{\theta}{2}+i\sin\dfrac{\theta}{2}\right)$ 　　……①

←$1-\cos\theta=2\sin^2\dfrac{\theta}{2}$，
$\sin\theta=2\sin\dfrac{\theta}{2}\cos\dfrac{\theta}{2}$

である。　　　　　　　　　　　　　　　　　　（証明おわり）

(2) 　　$C=1+\cos\theta+\cos 2\theta+\cdots\cdots+\cos n\theta$
　　　　$S=\phantom{1+}\sin\theta+\sin 2\theta+\cdots\cdots+\sin n\theta$
とおくとき，

$C+iS$
$=1+\cos\theta+\cos 2\theta+\cdots\cdots+\cos n\theta$
$\quad+i(\sin\theta+\sin 2\theta+\cdots\cdots+\sin n\theta)$
$=1+(\cos\theta+i\sin\theta)+(\cos 2\theta+i\sin 2\theta)$
$\quad\quad\quad\quad+\cdots\cdots+(\cos n\theta+i\sin n\theta)$
$=1+z+z^2+\cdots\cdots+z^n \quad\quad\cdots\cdots②$

← ド・モアブルの定理より，$k=1, 2, \cdots, n$ に対して，$\cos k\theta+i\sin k\theta=(\cos\theta+i\sin\theta)^k=z^k$

である。
　$0<\theta<\pi$ より
$$z=\cos\theta+i\sin\theta\not=1$$
であるから，②より
$$C+iS=\frac{1-z^{n+1}}{1-z} \quad\quad\cdots\cdots③$$

← 等比数列の和より。

となる。ここで，①と同様に
$1-z^{n+1}$
$=1-\{\cos(n+1)\theta+i\sin(n+1)\theta\}$
$=-2i\sin\dfrac{n+1}{2}\theta\left(\cos\dfrac{n+1}{2}\theta+i\sin\dfrac{n+1}{2}\theta\right) \quad\cdots\cdots④$

← ①で $\theta$ の代わりに $(n+1)\theta$ とおいた式である。

である。①，④を③に代入すると，
$C+iS$
$=\dfrac{-2i\sin\dfrac{n+1}{2}\theta\left(\cos\dfrac{n+1}{2}\theta+i\sin\dfrac{n+1}{2}\theta\right)}{-2i\sin\dfrac{\theta}{2}\left(\cos\dfrac{\theta}{2}+i\sin\dfrac{\theta}{2}\right)}$

← $0<\theta<\pi$ より $\sin\dfrac{\theta}{2}\not=0$ に注意。

$=\dfrac{\sin\dfrac{n+1}{2}\theta}{\sin\dfrac{\theta}{2}}\left\{\cos\left(\dfrac{n+1}{2}\theta-\dfrac{\theta}{2}\right)+i\sin\left(\dfrac{n+1}{2}\theta-\dfrac{\theta}{2}\right)\right\}$

← $\dfrac{\cos\theta_1+i\sin\theta_1}{\cos\theta_2+i\sin\theta_2}=\cos(\theta_1-\theta_2)+i\sin(\theta_1-\theta_2)$ より。

$=\dfrac{\sin\dfrac{n+1}{2}\theta}{\sin\dfrac{\theta}{2}}\left(\cos\dfrac{n}{2}\theta+i\sin\dfrac{n}{2}\theta\right) \quad\cdots\cdots⑤$

となる。$C, S$ は実数であるから，⑤の両辺の実部，虚部を比較して，
$$C=\dfrac{\sin\dfrac{n+1}{2}\theta\cos\dfrac{n}{2}\theta}{\sin\dfrac{\theta}{2}} \quad\cdots\cdots⑥ \qquad S=\dfrac{\sin\dfrac{n+1}{2}\theta\sin\dfrac{n}{2}\theta}{\sin\dfrac{\theta}{2}} \quad\cdots\cdots⑦$$
である。
　　　　　　　　　　　　　　　　　　（証明おわり）

### 参考

(2)は三角関数の和・差と積の公式を用いて示すこともできる。

$$\sin\frac{\theta}{2}\cos k\theta = \frac{1}{2}\left\{\sin\left(\frac{\theta}{2}+k\theta\right)+\sin\left(\frac{\theta}{2}-k\theta\right)\right\}$$

$$= \frac{1}{2}\left\{\sin\left(k\theta+\frac{\theta}{2}\right)-\sin\left(k\theta-\frac{\theta}{2}\right)\right\} \quad \cdots\cdots ㋐$$

$$\sin\frac{\theta}{2}\sin k\theta = -\frac{1}{2}\left\{\cos\left(\frac{\theta}{2}+k\theta\right)-\cos\left(\frac{\theta}{2}-k\theta\right)\right\}$$

$$= -\frac{1}{2}\left\{\cos\left(k\theta+\frac{\theta}{2}\right)-\cos\left(k\theta-\frac{\theta}{2}\right)\right\} \quad \cdots\cdots ㋑$$

である。㋐で $k=0,\ 1,\ 2,\ \cdots\cdots,\ n$ とおいた式を加え合わせると，

$$\sin\frac{\theta}{2}\cdot C = \frac{1}{2}\left\{\sin\left(n\theta+\frac{\theta}{2}\right)-\sin\left(-\frac{\theta}{2}\right)\right\} = \frac{1}{2}\left(\sin\frac{2n+1}{2}\theta+\sin\frac{\theta}{2}\right)$$

$$= \sin\frac{n+1}{2}\theta\cos\frac{n}{2}\theta \quad \cdots\cdots ㋒$$

となり，㋑で $k=1,\ 2,\ \cdots\cdots,\ n$ とおいた式を加え合わせると，

$$\sin\frac{\theta}{2}\cdot S = -\frac{1}{2}\left\{\cos\left(n\theta+\frac{\theta}{2}\right)-\cos\left(-\frac{\theta}{2}\right)\right\} = -\frac{1}{2}\left(\cos\frac{2n+1}{2}\theta-\cos\frac{\theta}{2}\right)$$

$$= \sin\frac{n+1}{2}\theta\sin\frac{n}{2}\theta \quad \cdots\cdots ㋓$$

となるので，㋒，㋓の両辺を $\sin\dfrac{\theta}{2}$ で割ると，⑥，⑦が得られる。

---

**類題 4** → 解答 p.351

$n$ を 2 以上の整数とする。

(1) 次を示せ。ただし $i$ は虚数単位とする。

$$\sum_{k=0}^{n-1}\left(\cos\frac{2\pi k}{n}+i\sin\frac{2\pi k}{n}\right)=0$$

(2) 原点を中心とする半径 1 の円周上に，円周を $n$ 等分する点 $A_0$, $A_1$, ……, $A_{n-1}$ をとる。さらに，原点を中心とする半径 $\dfrac{1}{2}$ の円周上に点 P をとり，線分 $A_k P$ の長さを $l_k(P)$ とおく。このとき，$\displaystyle\sum_{k=0}^{n-1}l_k(P)^2$ は P の位置によらずに一定の値になることを示せ。また，その値を求めよ。 (千葉大)

## 203 高次方程式の複素数解

次の方程式の解 $z$ を求めよ。
(1) $z^2 = 2i$
(2) $z^4 + 4 = 0$
(3) $z^6 - \sqrt{2}\, z^3 + 1 = 0$

(横浜市大*, 信州大*)

**精講**　いずれも, $z^n = \alpha$ ($n$ は自然数, $\alpha$ は複素数) ……(*)
の形の方程式に帰着します。(*)を解くには, $z$ を極形式で
$z = r(\cos\theta + i\sin\theta)$ ($r > 0$, $0 \leq \theta < 2\pi$) とおき, $\alpha$ も極形式で表して, (*)の両辺の絶対値と偏角を比較して, $r$, $\theta$ を求めることになります。

**解答**
(1) $z = r(\cos\theta + i\sin\theta)$ ……①
　　　$r > 0$ ……②　　$0 \leq \theta < 2\pi$ ……③

とおく。
$$z^2 = 2i$$
に, ①を代入すると
$$r^2(\cos 2\theta + i\sin 2\theta) = 2\left(\cos\frac{\pi}{2} + i\sin\frac{\pi}{2}\right)$$

←$2i$ の極形式表示は
$2\left(\cos\frac{\pi}{2} + i\sin\frac{\pi}{2}\right)$

となる。これより
$$\begin{cases} r^2 = 2 \\ 2\theta = \dfrac{\pi}{2} + 2k\pi \quad (k \text{ は整数}) \end{cases}$$

←両辺の絶対値と偏角を比較する。ここで, 偏角は $2\pi \times$(整数) を加えたものも考える必要がある。

である。②より, $r = \sqrt{2}$ であり, ③より $0 \leq 2\theta < 4\pi$ であるから, $k = 0$, $1$ であり,
$$2\theta = \frac{\pi}{2},\ \frac{\pi}{2} + 2\pi \quad \therefore \quad \theta = \frac{\pi}{4},\ \frac{5}{4}\pi$$
である。したがって,
$$z = \sqrt{2}\left(\cos\frac{\pi}{4} + i\sin\frac{\pi}{4}\right),\ \sqrt{2}\left(\cos\frac{5}{4}\pi + i\sin\frac{5}{4}\pi\right)$$
$$= 1 + i,\ -1 - i$$
である。

(2) $z^4 = -4$
において①を代入すると

←参考 参照。

第2章　複素数平面　99

$$r^4(\cos 4\theta + i\sin 4\theta) = 4(\cos\pi + i\sin\pi)$$

となる。これより，

$$\begin{cases} r^4 = 4 \\ 4\theta = \pi + 2k\pi \end{cases} \quad (k \text{ は整数})$$

である。②より，$r = 4^{\frac{1}{4}} = \sqrt{2}$ であり，③より $0 \leq 4\theta < 8\pi$ であるから，

$$\theta = \frac{1+2k}{4}\pi \quad (k=0, 1, 2, 3)$$

である。したがって，

$$z = \sqrt{2}\left(\cos\frac{1+2k}{4}\pi + i\sin\frac{1+2k}{4}\pi\right)$$
$$(k=0, 1, 2, 3)$$

∴ $z = 1+i, \ -1+i, \ -1-i, \ 1-i$

である。

(3) $z^6 - \sqrt{2}\,z^3 + 1 = 0$

$(z^3)^2 - \sqrt{2}\,z^3 + 1 = 0$

を $z^3$ について解くと

$$z^3 = \frac{\sqrt{2} \pm \sqrt{2}\,i}{2}$$

となる。ここで，①を代入すると

$r^3(\cos 3\theta + i\sin 3\theta)$
$= \cos\frac{\pi}{4} + i\sin\frac{\pi}{4}, \ \cos\frac{7}{4}\pi + i\sin\frac{7}{4}\pi$ ← $\frac{\sqrt{2}+\sqrt{2}\,i}{2}$
$= \cos\frac{\pi}{4} + i\sin\frac{\pi}{4}$

となる。これより

$$\begin{cases} r^3 = 1 \\ 3\theta = \frac{\pi}{4} + 2k\pi, \ \frac{7}{4}\pi + 2k\pi \end{cases} \quad (k \text{ は整数})$$

$\frac{\sqrt{2}-\sqrt{2}\,i}{2}$
$= \cos\frac{7}{4}\pi + i\sin\frac{7}{4}\pi$

である。②より，$r=1$ であり，③より，$0 \leq 3\theta < 6\pi$ であるから，

$$\theta = \frac{1+8k}{12}\pi, \ \frac{7+8k}{12}\pi \quad (k=0, 1, 2)$$

← $0 \leq \frac{\pi}{4} + 2k\pi < 6\pi$

$0 \leq \frac{7}{4}\pi + 2k\pi < 6\pi$

である。したがって，

$$z = \cos\frac{1+8k}{12}\pi + i\sin\frac{1+8k}{12}\pi,$$
$$\cos\frac{7+8k}{12}\pi + i\sin\frac{7+8k}{12}\pi \quad (k=0, 1, 2)$$

となるので，いずれにおいても $k=0, 1, 2$ に限る。

である。これらの偏角は
$$\frac{\pi}{12}, \ \frac{3}{4}\pi, \ \frac{17}{12}\pi, \ \frac{7}{12}\pi, \ \frac{5}{4}\pi, \ \frac{23}{12}\pi$$
であり，
$$\cos\frac{\pi}{12} = \cos\left(\frac{\pi}{3} - \frac{\pi}{4}\right) = \frac{\sqrt{6}+\sqrt{2}}{4},$$
$$\sin\frac{\pi}{12} = \sin\left(\frac{\pi}{3} - \frac{\pi}{4}\right) = \frac{\sqrt{6}-\sqrt{2}}{4},$$
$$\cos\frac{7}{12}\pi = \cos\left(\frac{\pi}{2} + \frac{\pi}{12}\right) = -\sin\frac{\pi}{12},$$
$$\sin\frac{7}{12}\pi = \sin\left(\frac{\pi}{2} + \frac{\pi}{12}\right) = \cos\frac{\pi}{12}$$

← $\frac{17}{12}\pi, \ \frac{23}{12}\pi$ については，
$\frac{17}{12}\pi = 2\pi - \frac{7}{12}\pi,$
$\frac{23}{12}\pi = 2\pi - \frac{\pi}{12}$
を利用する。

などから
$$z = \frac{\sqrt{6}+\sqrt{2}}{4} \pm \frac{\sqrt{6}-\sqrt{2}}{4}i, \ -\frac{\sqrt{2}}{2} \pm \frac{\sqrt{2}}{2}i,$$
$$-\frac{\sqrt{6}-\sqrt{2}}{4} \pm \frac{\sqrt{6}+\sqrt{2}}{4}i$$

← $\theta = \frac{\pi}{12}, \ \frac{23}{12}\pi, \ \frac{3}{4}\pi, \ \frac{5}{4}\pi$ に対応。

← $\theta = \frac{7}{12}\pi, \ \frac{17}{12}\pi$ に対応。

である。

### 参考

(2)では次のような計算も考えられる。
$z^4+4=0$ より $(z^2+2)^2 - 4z^2 = 0$
$(z^2-2z+2)(z^2+2z+2) = 0$
∴ $z^2-2z+2=0, \ z^2+2z+2=0$
∴ $z = 1 \pm i, \ -1 \pm i$

である。

---

**類題 5** → 解答 p.352

(1) $\alpha = \cos\theta + i\sin\theta, \ n \geqq 1$ とする。このとき
$$\alpha_0 = \cos\frac{\theta}{n} + i\sin\frac{\theta}{n}, \ \omega = \cos\frac{2\pi}{n} + i\sin\frac{2\pi}{n}$$
とおけば方程式 $z^n = \alpha$ のすべての解は $\alpha_0, \ \omega\alpha_0, \ \omega^2\alpha_0, \ \cdots\cdots, \ \omega^{n-1}\alpha_0$ で与えられることを示せ。

(2) 方程式 $z^3 + 3iz^2 - 3z - 28i = 0$ のすべての解を $a+bi$ ($a, b$ は実数) の形で表せ。

(信州大)

## 204　1の虚数の3乗根の応用

正の整数 $n$ に対し，$f(z)=z^{2n}+z^n+1$ とする。
(1)　$f(z)$ を $z^2+z+1$ で割ったときの余りを求めよ。
(2)　$f(z)$ を $z^2-z+1$ で割ったときの余りを求めよ。　　　　　　（一橋大）

**精講**　(1) $f(z)$ を $z^2+z+1$ で割った式を用意して，$z^2+z+1=0$ ……(*) を満たす $z$ の値を代入して調べます。(*) の両辺に $z-1$ をかけると，$z^3-1=0$ となりますから，その $z$ の値とは1の虚数の3乗根です。

---

**1の虚数の3乗根**

$z^3=1$，$z \neq 1$ を満たす $z$，すなわち，$z^2+z+1=0$ ……(*) の解を
$$\omega = \frac{-1+\sqrt{3}\,i}{2} \left(\text{または } \frac{-1-\sqrt{3}\,i}{2}\right)$$
とすると，
$$\omega^2 = \frac{-1-\sqrt{3}\,i}{2} \left(\text{または } \frac{-1+\sqrt{3}\,i}{2}\right)$$
である。$\omega$，$\omega^2$ は (*) の2つの解で，互いに共役な複素数であり，
$$\omega^2+\omega+1=0,\ \omega^3=1$$
が成り立つ。

---

(2)　$z^2-z+1=0$ で $z$ の代わりに $-z$ とおくと $z^2+z+1=0$ になることを利用すれば，(1)と同様に処理できます。

**解答**　(1)　$f(z)=z^{2n}+z^n+1$
を $z^2+z+1$ で割ったときの商を $Q(z)$，余りを $az+b$（$a$，$b$ は実数）とすると，
$$z^{2n}+z^n+1=(z^2+z+1)Q(z)+az+b \ \cdots ①$$
である。
$$z^2+z+1=0$$
の解の1つを $\omega = \dfrac{-1+\sqrt{3}\,i}{2}$ とおくと，
$$\omega^2+\omega+1=0,\ \omega^3=1 \qquad \cdots ②$$

← 2次式 $z^2+z+1$ で割った余りは1次以下の整式である。また，$f(z)$，$z^2+z+1$ の係数が実数であるから，商，余りの係数も実数である。

← $(\omega-1)(\omega^2+\omega+1)=0$ より，$\omega^3-1=0$

であるから，①で $z=\omega$ とおくと，
$$\omega^{2n}+\omega^n+1=a\omega+b \quad \cdots\cdots ③$$
となる。

ここで
$$s_n=\omega^{2n}+\omega^n+1 \quad (n=1,\ 2,\ \cdots\cdots)$$
とおくと，②より
$$s_1=\omega^2+\omega+1=0$$
$$s_2=\omega^4+\omega^2+1=\omega+\omega^2+1=0$$
$$s_3=\omega^6+\omega^3+1=1+1+1=3$$

← $\omega^4=\omega^3\cdot\omega=1\cdot\omega=\omega$

← $\omega^6=(\omega^3)^2=1^2=1$

であり，さらに，
$$\begin{aligned}s_{n+3}&=\omega^{2(n+3)}+\omega^{n+3}+1\\&=\omega^{2n}(\omega^3)^2+\omega^n\omega^3+1\\&=\omega^{2n}+\omega^n+1=s_n\end{aligned}$$
が成り立つので，$\{s_n\}(n=1,\ 2,\ 3,\ \cdots\cdots)$ は 0，0，3 の繰り返しである。

したがって，③は

$n$ が3の倍数でないとき　$a\omega+b=0$　……④

$n$ が3の倍数のとき　$a\omega+b=3$　……⑤

となるが，$a$，$b$ は実数であり，$\omega$ は虚数であるから，④，⑤が成り立つのは，それぞれ
$$(a,\ b)=(0,\ 0),\ (a,\ b)=(0,\ 3)$$
のときに限る。

したがって，求める余りは
$$\begin{cases}n\text{ が3の倍数でないとき} & 0\\ n\text{ が3の倍数のとき} & 3\end{cases}$$
である。

← 一般に，$p$，$q$，$r$，$s$ が実数のとき，
$p\omega+q=r\omega+s$ ならば，$p=r$，$q=s$ である。
実際，$(p-r)\omega=s-q$ とすると，$\omega=\dfrac{-1+\sqrt{3}\,i}{2}$ は実数でないので，
$p-r=0,\ s-q=0$
∴ $p=r,\ q=s$ である。

(2) $f(z)$ を $z^2-z+1$ で割ったときの商を $P(z)$，余りを $cz+d$ ($c$, $d$ は実数) とすると，
$$z^{2n}+z^n+1=(z^2-z+1)P(z)+cz+d \quad \cdots ⑥$$
である。
$$z^2-z+1=0 \quad \cdots\cdots ⑦$$
の解の1つは $\dfrac{1-\sqrt{3}\,i}{2}=-\omega$ であるから，⑥で $z=-\omega$ とおくと

← ⑦×$(z+1)$ より $z^3=-1$ となるから，⑦の解は，1 の虚数の (3 乗根ではない) 6 乗根である。

$$(-\omega)^{2n}+(-\omega)^n+1=c(-\omega)+d$$
$$\omega^{2n}+(-1)^n\omega^n+1=-c\omega+d \quad \cdots\cdots ⑧$$

となる。

ここで，
$$t_n=\omega^{2n}+(-1)^n\omega^n+1 \quad (n=1,\ 2,\ \cdots\cdots)$$

とおく。

$$t_1=\omega^2-\omega+1=-2\omega$$
$$t_2=\omega^4+\omega^2+1=\omega+\omega^2+1=0$$
$$t_3=\omega^6-\omega^3+1=1-1+1=1$$
$$t_4=\omega^8+\omega^4+1=\omega^2+\omega+1=0$$
$$t_5=\omega^{10}-\omega^5+1=\omega-\omega^2+1$$
$$\quad =\omega+(\omega+1)+1=2\omega+2$$
$$t_6=\omega^{12}+\omega^6+1=1+1+1=3$$

← $\omega^2-\omega+1$
　$=(\omega^2+\omega+1)-2\omega=0-2\omega$

← $\omega^2+\omega+1=0$ より
　$-\omega^2=\omega+1$

であり，さらに
$$t_{n+6}=\omega^{2(n+6)}+(-1)^{n+6}\omega^{n+6}+1$$
$$\quad =\omega^{2n}+(-1)^n\omega^n+1=t_n$$

であるから，$\{t_n\}$ $(n=1, 2, 3, \cdots\cdots)$ は
$$-2\omega,\ 0,\ 1,\ 0,\ 2\omega+2,\ 3$$

の繰り返しである。したがって，⑧，つまり
$$t_n=-c\omega+d$$

において，$c$, $d$ が実数であることから，$c$, $d$ の値が決まる。その結果求める余りは，$k$ を 0 以上の整数として，

$n=6k+1$ のとき $2z$

$n=6k+2$ のとき $0$

$n=6k+3$ のとき $1$

$n=6k+4$ のとき $0$

$n=6k+5$ のとき $-2z+2$

$n=6k$　　のとき $3$

である。

← たとえば，$n=1$ のとき
　$-2\omega=-c\omega+d$
　から $-2=-c$, $0=d$,
　つまり，$c=2$, $d=0$ であ
　り，余りは $2z$。

← ここでは，$k$ は正の整数と
　考える。

# 205 1の5乗根と相反方程式

複素数平面上の5点 $A_0$, $A_1$, $A_2$, $A_3$, $A_4$ が,原点を中心とする半径1の円 $C$ の周上に反時計回りにこの順番で並び,正五角形を形成していて,$A_0$ を表す複素数は1である。

(1) 点 $A_k$ を表す複素数を $\alpha_k$ ($k=0, 1, 2, 3, 4$) とするとき,$\alpha_k$ ($k=1, 2, 3, 4$) を三角関数を用いない形で求めよ。

(2) 円 $C$ の周上を動く点Pと点 $A_k$ を結ぶ線分の長さを $PA_k$ と表すとき,積 $L=PA_0 \cdot PA_1 \cdot PA_2 \cdot PA_3 \cdot PA_4$ の最大値を求めよ。

(3) $L$ が最大値をとるとき,点Pは円 $C$ の周上のどのような位置にあるか。

(成城大*)

**精講**

(1) $\alpha_k$ の偏角を考えると,$\alpha_k{}^5$ ($k=0, 1, 2, 3, 4$) はすべて1であることがわかるはずです。

(2), (3) $L$ については,因数定理と複素数平面上の2点 $\alpha$, $\beta$ の距離は $|\alpha-\beta|$ であることを応用します。そのあとで,絶対値に関する次の不等式から $L$ の最大値を求めます。

$\alpha$, $\beta$ を0以外の複素数とするとき,次の不等式が成り立つ。
$$||\alpha|-|\beta|| \leq |\alpha+\beta| \leq |\alpha|+|\beta| \quad \cdots\cdots (*)$$

$O$, $\alpha$, $\beta$ が一直線上にないときには,三角形の成立条件から,
$$||\alpha|-|\beta|| < |\alpha+\beta| < |\alpha|+|\beta|$$
が成り立つ。また,$O$, $\alpha$, $\beta$ が一直線上にあるときには,$(*)$ のいずれかの等号が成り立つ。右側の等号は $\overrightarrow{O\alpha}$ と $\overrightarrow{O\beta}$ が同じ向きで $\beta=t\alpha$ ($t$ は正の実数)のときに,左側の等号は $\overrightarrow{O\alpha}$ と $\overrightarrow{O\beta}$ が逆向きで $\beta=s\alpha$ ($s$ は負の実数)のときに成り立つ。

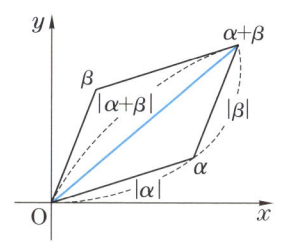

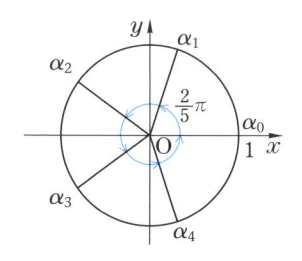

**解答**

(1) 右図より,
$$\alpha_k = \cos\frac{2k}{5}\pi + i\sin\frac{2k}{5}\pi$$
$$(k=0, 1, \cdots\cdots, 4)$$

であるから，
$$\alpha_k{}^5 = \cos 2k\pi + i\sin 2k\pi = 1$$
である。これより，$\alpha_k$ ($k=0, 1, \cdots\cdots, 4$) は
$$z^5 = 1$$
$$(z-1)(z^4+z^3+z^2+z+1)=0$$
の5つの解と一致する。$\alpha_0=1$ より，$\alpha_k$ ($k=1, 2, 3, 4$) は
$$z^4+z^3+z^2+z+1=0 \quad \cdots\cdots ①$$
の解である。①$\times \dfrac{1}{z^2}$ より
$$z^2+z+1+\dfrac{1}{z}+\dfrac{1}{z^2}=0$$
$$\left(z+\dfrac{1}{z}\right)^2 + \left(z+\dfrac{1}{z}\right) - 1 = 0$$
$$\therefore\quad z+\dfrac{1}{z} = \dfrac{-1\pm\sqrt{5}}{2}$$
となるから，分母を払って整理すると
$$2z^2 - (-1\pm\sqrt{5})z + 2 = 0 \quad \cdots\cdots ②$$
となる。②のそれぞれから
$$z = \dfrac{-1+\sqrt{5} \pm \sqrt{10+2\sqrt{5}}\,i}{4}$$
$$z = \dfrac{-1-\sqrt{5} \pm \sqrt{10-2\sqrt{5}}\,i}{4}$$
が得られる。これらの実部，虚部の正負から，
$$\alpha_1 = \dfrac{-1+\sqrt{5}+\sqrt{10+2\sqrt{5}}\,i}{4}, \quad \alpha_2 = \dfrac{-1-\sqrt{5}+\sqrt{10-2\sqrt{5}}\,i}{4}$$
$$\alpha_3 = \dfrac{-1-\sqrt{5}-\sqrt{10-2\sqrt{5}}\,i}{4}, \quad \alpha_4 = \dfrac{-1+\sqrt{5}-\sqrt{10+2\sqrt{5}}\,i}{4}$$
である。

(2) $\alpha_k$ ($k=0, 1, \cdots\cdots, 4$) が
$$z^5 = 1, \quad \text{つまり，} \quad z^5 - 1 = 0$$
の5つの解であるから，因数定理より
$$z^5 - 1 = (z-\alpha_0)(z-\alpha_1)(z-\alpha_2)(z-\alpha_3)(z-\alpha_4)$$
である。

Pを表す複素数を $z$ とすると，

← ド・モアブルの定理より
$\left(\cos\dfrac{2k}{5}\pi + i\sin\dfrac{2k}{5}\pi\right)^5$
$= \cos\left(5\cdot\dfrac{2k}{5}\pi\right) + i\sin\left(5\cdot\dfrac{2k}{5}\pi\right)$
$= \cos 2k\pi + i\sin 2k\pi$

← $z=0$ は①の解ではないので。

← このように，$z$ が解ならば逆数 $\dfrac{1}{z}$ も解となるような方程式を相反方程式という。

← $2z^2-(-1+\sqrt{5})z+2=0$ の解である。

← $2z^2-(-1-\sqrt{5})z+2=0$ の解である。

$$PA_k = |z - \alpha_k|$$

であるから，
$$\begin{aligned}L &= PA_0 \cdot PA_1 \cdot PA_2 \cdot PA_3 \cdot PA_4 \\ &= |z-\alpha_0||z-\alpha_1||z-\alpha_2||z-\alpha_3||z-\alpha_4| \\ &= |(z-\alpha_0)(z-\alpha_1)(z-\alpha_2)(z-\alpha_3)(z-\alpha_4)| \\ &= |z^5 - 1| \quad \cdots\cdots ③\end{aligned}$$

← ここで，$|z_1||z_2|=|z_1 z_2|$ を繰り返し適用する。

← 参考 参照。

となる。ここで，P が円 $C$ 上にあることより，$|z|=1$ であるから，
$$\begin{aligned}L &= |z^5 - 1| \leqq |z^5| + |-1| \\ &= 1^5 + 1 = 2\end{aligned}$$

← $|\alpha+\beta| \leqq |\alpha|+|\beta|$ より。

$$\therefore \quad L \leqq 2$$

であり，たとえば，$z=-1$ のとき $L=2$ となるので，$L$ の最大値は **2** である。

(3) $L$ が最大値 2 をとるのは，
$$|z^5-1| \leqq |z^5| + |-1| = 2$$
の等号が成り立つときであるから，
$$z^5 = -1 \quad \cdots\cdots ④$$

← $\overrightarrow{Oz^5}$ と $\overrightarrow{O(-1)}$ が同じ向きで，$|z^5|=|z|^5=1$ より，$z^5=-1$

のときである。$|z|=1$ より，
$$z = \cos\theta + i\sin\theta \quad (0 \leqq \theta < 2\pi)$$
とおくと，④より
$$\cos 5\theta + i\sin 5\theta = \cos\pi + i\sin\pi$$
であり，
$$5\theta = \pi + 2k\pi \quad (k=0,\ 1,\ 2,\ 3,\ 4)$$

← $0 \leqq 5\theta < 10\pi$ より
$0 \leqq \pi + 2k\pi < 10\pi$
$0 \leqq 1 + 2k < 10$

$$\therefore \quad \arg z = \theta = \frac{1+2k}{5}\pi$$

であるから，P は弧 $\overparen{A_0 A_1}$, $\overparen{A_1 A_2}$, $\overparen{A_2 A_3}$, $\overparen{A_3 A_4}$, $\overparen{A_4 A_0}$ をそれぞれ 2 等分する位置にある。

### 参考

③で，$z = \cos\theta + i\sin\theta \ (0 \leqq \theta < 2\pi)$ とおくと
$$\begin{aligned}L &= |(\cos\theta + i\sin\theta)^5 - 1| = |\cos 5\theta - 1 + i\sin 5\theta| \\ &= \sqrt{(\cos 5\theta - 1)^2 + \sin^2 5\theta} = \sqrt{2(1-\cos 5\theta)}\end{aligned}$$

となる。したがって，$\cos 5\theta = -1$ のとき $L$ は最大値 2 をとることから，(2), (3)を答えることもできる。

## 206　$1$ の $n$ 乗根と因数定理

$n$ を $3$ 以上の自然数とするとき，次を示せ。

ただし，$\alpha = \cos\dfrac{2\pi}{n} + i\sin\dfrac{2\pi}{n}$ とし，$i$ を虚数単位とする。

(1) $\alpha^k + \overline{\alpha}^{\,-k} = 2\cos\dfrac{2k\pi}{n}$

　　ただし，$k$ は自然数とし，$\overline{\alpha}$ は $\alpha$ に共役な複素数とする。

(2) $n = (1-\alpha)(1-\alpha^2)\cdots(1-\alpha^{n-1})$

(3) $\dfrac{n}{2^{n-1}} = \sin\dfrac{\pi}{n}\sin\dfrac{2\pi}{n}\cdots\sin\dfrac{(n-1)\pi}{n}$

(北海道大)

**精講**　(2) $1$ の $n$ 乗根が $1, \alpha, \alpha^2, \cdots, \alpha^{n-1}$ ですから，因数定理を適用します。

(3) (2)で示した式の両辺の絶対値をとってみましょう。

**解答**　(1) ド・モアブルの定理より，
$$\alpha^k = \left(\cos\dfrac{2\pi}{n} + i\sin\dfrac{2\pi}{n}\right)^k$$
$$= \cos\dfrac{2k\pi}{n} + i\sin\dfrac{2k\pi}{n} \quad \cdots\cdots\text{①}$$

$\overline{\alpha}^{\,-k} = \overline{\alpha^k} = \cos\dfrac{2k\pi}{n} - i\sin\dfrac{2k\pi}{n}$

　　　　　　　　　　　　　　← $\overline{\alpha}\,\overline{\beta} = \overline{\alpha\beta}$ より，
　　　　　　　　　　　　　　$\overline{\alpha}^{\,2} = \overline{\alpha}\,\overline{\alpha} = \overline{\alpha^2}$
　　　　　　　　　　　　　　$\overline{\alpha}^{\,3} = \overline{\alpha}^{\,2}\,\overline{\alpha} = \overline{\alpha^2}\,\overline{\alpha} = \overline{\alpha^3}$
　　　　　　　　　　　　　　$\cdots\cdots,\ \overline{\alpha}^{\,k} = \overline{\alpha^k}$

であるから，辺々を加えると

$\alpha^k + \overline{\alpha}^{\,-k} = 2\cos\dfrac{2k\pi}{n}$ 　　　　　　　　$\cdots\cdots$②

である。

(2) ①より
$$(\alpha^k)^n = \left(\cos\dfrac{2k\pi}{n} + i\sin\dfrac{2k\pi}{n}\right)^n$$
$$= \cos 2k\pi + i\sin 2k\pi = 1$$

であるから，

$1,\ \alpha,\ \alpha^2,\ \cdots,\ \alpha^{n-1}$ 　　　　　$\cdots\cdots$③

はすべて，

$z^n - 1 = 0$ 　　　　　　　　　　　　　$\cdots\cdots$④

の解であり，③の $n$ 個の複素数の偏角

$$0, \ \frac{2\pi}{n}, \ \frac{4\pi}{n}, \ \cdots\cdots, \ \frac{2(n-1)\pi}{n} \ (<2\pi)$$

はすべて異なるから，③が④の $n$ 個の解である。
したがって，因数定理より

$$z^n-1=(z-1)(z-\alpha)(z-\alpha^2)\cdots\cdots(z-\alpha^{n-1})$$

となり，両辺を $z-1$ で割ると

$$z^{n-1}+z^{n-2}+\cdots\cdots+z+1$$
$$=(z-\alpha)(z-\alpha^2)\cdots\cdots(z-\alpha^{n-1}) \quad \cdots\cdots ⑤$$

となる。⑤で $z=1$ とおくと

$$n=(1-\alpha)(1-\alpha^2)\cdots\cdots(1-\alpha^{n-1}) \quad \cdots\cdots ⑥$$

である。

← これより，1 の $n$ 乗根は
$\cos\dfrac{2k\pi}{n}+i\sin\dfrac{2k\pi}{n}$
$(k=0, \ 1, \ \cdots\cdots, \ n-1)$
であることがわかる。

← $z^n-1$
$=(z-1)(z^{n-1}+z^{n-2}+$
$\qquad\cdots\cdots+z+1)$

(3) ①より

$$|\alpha^k|^2=\cos^2\frac{2k\pi}{n}+\sin^2\frac{2k\pi}{n}=1$$

であるから，②を用いると

$$|1-\alpha^k|^2=(1-\alpha^k)(1-\overline{\alpha^k})=2-(\alpha^k+\overline{\alpha}^{-k})$$
$$=2\left(1-\cos\frac{2k\pi}{n}\right)=4\sin^2\frac{k\pi}{n}$$

である。これより，$k=1, \ 2, \ \cdots\cdots, \ n-1$ に対して，

$$|1-\alpha^k|=2\sin\frac{k\pi}{n} \quad \cdots\cdots ⑦$$

である。したがって，⑥の両辺の絶対値をとると，

$$n=|1-\alpha||1-\alpha^2|\cdots\cdots|1-\alpha^{n-1}|$$
$$=2\sin\frac{\pi}{n}\cdot 2\sin\frac{2\pi}{n}\cdot\cdots\cdots\cdot 2\sin\frac{(n-1)\pi}{n}$$

より

$$\frac{n}{2^{n-1}}=\sin\frac{\pi}{n}\sin\frac{2\pi}{n}\cdots\cdots\sin\frac{(n-1)}{n}\pi$$

となる。

← $\alpha^k\overline{\alpha^k}=|\alpha^k|^2=1$,
$\overline{\alpha^k}=\overline{\alpha}^{-k}$

← $0<\dfrac{k\pi}{n}<\pi$ より
$\sin\dfrac{k\pi}{n}>0$
注 参照。

← $|(1-\alpha)(1-\alpha^2)$
$\qquad\cdots\cdots(1-\alpha^{n-1})|$
$=|1-\alpha||1-\alpha^2|$
$\qquad\cdots\cdots|1-\alpha^{n-1}|$

**注** $1-\alpha^k=1-\cos\dfrac{2k\pi}{n}-i\sin\dfrac{2k\pi}{n}=2\sin\dfrac{k\pi}{n}\left(\sin\dfrac{k\pi}{n}-i\cos\dfrac{k\pi}{n}\right)$

から，⑦を導いてもよい。

## 207 実数係数の $n$ 次方程式の虚数解

実数を係数とする 3 次方程式 $x^3+px^2+qx+r=0$ は，相異なる虚数解 $\alpha$, $\beta$ と実数解 $\gamma$ をもつとする。
(1) $\beta=\overline{\alpha}$ が成り立つことを証明せよ。ここで，$\overline{\alpha}$ は $\alpha$ と共役な複素数を表す。
(2) $\alpha$, $\beta$, $\gamma$ が等式 $\alpha\beta+\beta\gamma+\gamma\alpha=3$ を満たし，さらに複素数平面上で $\alpha$, $\beta$, $\gamma$ を表す 3 点は 1 辺の長さが $\sqrt{3}$ の正三角形をなすものとする。このとき，実数の組 $(p, q, r)$ をすべて求めよ。

(名古屋大)

**精講** (1) 次のよく知られた事実を証明するために，共役な複素数の性質（**201** 精講 参照）と，実数 $a$ に対しては $\overline{a}=a$ であることを利用することになります。

> $f(x)$ を実数係数の $n$ 次式 $(n \geq 2)$ とするとき，$n$ 次方程式
> $f(x)=0$ ……(*) が虚数解 $\alpha$ をもつならば，$\overline{\alpha}$ も (*) の解である。

**解答** (1) 虚数 $\alpha$ が 3 次方程式
$$x^3+px^2+qx+r=0 \quad \cdots\cdots ①$$
($p$, $q$, $r$ は実数) の解であるから，
$$\alpha^3+p\alpha^2+q\alpha+r=0$$
である。両辺の共役な複素数をとると
$$\overline{\alpha^3+p\alpha^2+q\alpha+r}=\overline{0}$$
$$\therefore \quad \overline{\alpha}^3+p\overline{\alpha}^2+q\overline{\alpha}+r=0$$

←$\overline{\alpha^3}+\overline{p\alpha^2}+\overline{q\alpha}+\overline{r}=\overline{0}$
となり，さらに，$p$, $q$, $r$ は実数であるから，
$\overline{p}=p$, $\overline{q}=q$, $\overline{r}=r$

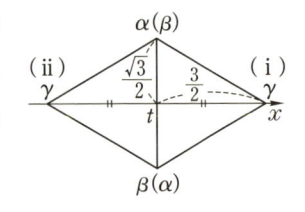

となるから，$\overline{\alpha}$ は①の解である。$\alpha$ は虚数であり，$\overline{\alpha} \neq \alpha$ であるから，$\overline{\alpha}$ は①の $\alpha$ 以外の虚数解である。すなわち，$\overline{\alpha}=\beta$ である。 （証明おわり）

(2) (1)で示したことから，$\alpha$, $\beta$, $\gamma$ が 1 辺の長さが $\sqrt{3}$ の正三角形の頂点であるとき，$\alpha$, $\beta$ の虚部は $\pm\dfrac{\sqrt{3}}{2}$ であり，これらの実部を $t$ とすると，$\alpha$, $\beta$ は $t\pm\dfrac{\sqrt{3}}{2}i$ と表される。また，正三角形の高さは $\dfrac{3}{2}$ であるから，右図より，

(ⅰ) $\gamma = t + \dfrac{3}{2}$　　(ⅱ) $\gamma = t - \dfrac{3}{2}$

のいずれかが成り立つ。ここで，
$$\alpha\beta + \beta\gamma + \gamma\alpha = 3$$
$$\alpha\beta + \gamma(\alpha + \beta) = 3$$
において，
$$\alpha\beta = \left(t + \dfrac{\sqrt{3}}{2}i\right)\left(t - \dfrac{\sqrt{3}}{2}i\right) = t^2 + \dfrac{3}{4}$$
$$\alpha + \beta = 2t$$
であるから，
$$t^2 + \dfrac{3}{4} + 2t\gamma = 3$$
である。

(ⅰ)のとき
$$t^2 + \dfrac{3}{4} + 2t\left(t + \dfrac{3}{2}\right) = 3$$
$$(2t-1)(2t+3) = 0 \quad \therefore \quad t = \dfrac{1}{2},\ -\dfrac{3}{2}$$

であり，解と係数の関係より
$$p = -\left(3t + \dfrac{3}{2}\right),\ q = 3,\ r = -\left(t^2 + \dfrac{3}{4}\right)\left(t + \dfrac{3}{2}\right)$$

←　$p = -(\alpha + \beta + \gamma)$
$\quad = -\left(2t + t + \dfrac{3}{2}\right)$
$q = \alpha\beta + \beta\gamma + \gamma\alpha = 3$
$r = -\alpha\beta\gamma$
$\quad = -\left(t^2 + \dfrac{3}{4}\right)\left(t + \dfrac{3}{2}\right)$

であるから，
$$(p,\ q,\ r) = (-3,\ 3,\ -2),\ (3,\ 3,\ 0) \cdots\cdots ②$$
である。

(ⅱ)のとき
$$t^2 + \dfrac{3}{4} + 2t\left(t - \dfrac{3}{2}\right) = 3$$
$$(2t+1)(2t-3) = 0 \quad \therefore \quad t = -\dfrac{1}{2},\ \dfrac{3}{2}$$

であり，解と係数の関係より
$$p = -\left(3t - \dfrac{3}{2}\right),\ q = 3,\ r = -\left(t^2 + \dfrac{3}{4}\right)\left(t - \dfrac{3}{2}\right)$$

であるから，
$$(p,\ q,\ r) = (3,\ 3,\ 2),\ (-3,\ 3,\ 0) \cdots\cdots ③$$
である。

以上より，$(p,\ q,\ r)$ の組は②，③の4組である。

# 208 複素数平面における平行・垂直の条件

(I) (1) 複素数平面上の3点 $\alpha, \beta, \gamma$ が同一直線上にあるための必要十分条件は $\dfrac{\gamma-\alpha}{\beta-\alpha}$ が実数であることを示せ。

(2) 3個の複素数 $-1, iz, z^2$ が同一直線上にあるための条件を求めよ。

(津田塾大)

(II) (1) $\alpha, \beta, \gamma, \delta$ を互いに異なる複素数とし，複素数平面上でこれらに対応する点をそれぞれ A, B, C, D とする。このとき AB と CD が垂直となるための必要十分条件は，$\dfrac{\delta-\gamma}{\beta-\alpha}$ が純虚数となることである。これを示せ。

(2) O を複素数平面上の原点とする。3点 O, A, B が三角形をなすとき，△OAB の頂点 A, B よりその対辺 OB および OA に下ろしてできる2つの垂線の交点を P とする。このとき，OP と AB が垂直であることを，(1) を使って示せ。ただし，△OAB は直角三角形ではないとする。

(名古屋市大*)

## 精講

次の偏角に関する公式を利用して，複素数平面の角について整理しておきます。

$$\arg z_1 z_2 = \arg z_1 + \arg z_2, \quad \arg \frac{z_1}{z_2} = \arg z_1 - \arg z_2$$

$\alpha, \beta$ を 0 以外の複素数とするとき，$\overrightarrow{O\alpha}$ から $\overrightarrow{O\beta}$ までの角を $\angle \alpha O \beta$ と表すと，

$$\angle \alpha O \beta = \arg \beta - \arg \alpha = \arg \frac{\beta}{\alpha}$$

です。
また，$\alpha, \beta, \gamma$ を異なる複素数とするとき，$\overrightarrow{\alpha\beta}$ ($\alpha$ から $\beta$ に向かうベクトルを表す) から $\overrightarrow{\alpha\gamma}$ までの角 $\angle \beta \alpha \gamma$ は $\overrightarrow{O(\beta-\alpha)}$ から $\overrightarrow{O(\gamma-\alpha)}$ までの角に等しいので，

$$\angle \beta \alpha \gamma = \arg \frac{\gamma-\alpha}{\beta-\alpha}$$

です。このような角の決め方によると，

$$\angle \gamma \alpha \beta = -\angle \beta \alpha \gamma$$

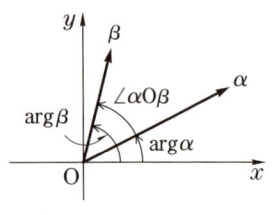

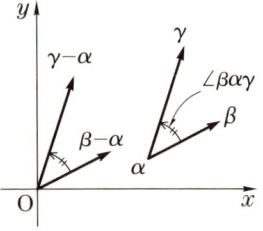

となることに注意しましょう。

以上のことから，3点が同一直線上にある条件，2つの線分が平行・垂直である条件は次の通りです。

---

$A(\alpha)$，$B(\beta)$，$C(\gamma)$ を異なる3点とするとき

(i) A，B，C が同一直線上にある

$\iff \arg\dfrac{\gamma-\alpha}{\beta-\alpha}=0$ または $\pi$

$\iff \dfrac{\gamma-\alpha}{\beta-\alpha}$ が実数である

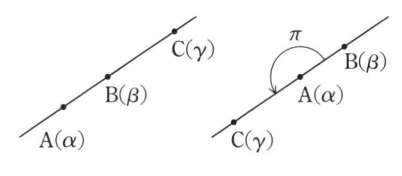

(ii) AB，AC が垂直に交わる

$\iff \arg\dfrac{\gamma-\alpha}{\beta-\alpha}=\dfrac{\pi}{2}$ または $-\dfrac{\pi}{2}$

$\iff \dfrac{\gamma-\alpha}{\beta-\alpha}$ が純虚数である

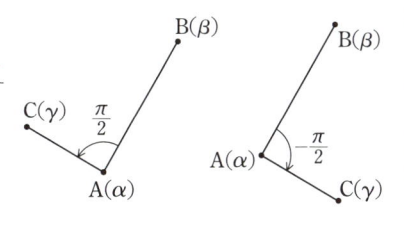

$A(\alpha)$，$B(\beta)$，$C(\gamma)$，$D(\delta)$ を異なる4点とするとき

(iii) AB と CD が平行である $\iff \dfrac{\delta-\gamma}{\beta-\alpha}$ が実数である

(iv) AB と CD が垂直である $\iff \dfrac{\delta-\gamma}{\beta-\alpha}$ が純虚数である

---

**解答**

(I) (1) 3点 $\alpha$，$\beta$，$\gamma$ は異なるとする。

　　　3点 $\alpha$，$\beta$，$\gamma$ が同一直線上にある

$\iff \angle\beta\alpha\gamma=0$ または $\pi$

$\iff \arg\dfrac{\gamma-\alpha}{\beta-\alpha}=0$ または $\pi$

$\iff \dfrac{\gamma-\alpha}{\beta-\alpha}$ が実数である　　　（証明おわり）

(2) $-1$，$iz$，$z^2$ のうちの2つが等しいとき

$-1=iz$，$-1=z^2$，$iz=z^2$

∴ $z=\pm i$，$0$ 　　　　　　　……①

である。以下，$z\neq \pm i$，$0$ とする。

$-1$，$iz$，$z^2$ が同一直線上にある条件は，(1)より

$\dfrac{z^2-iz}{-1-iz}=\dfrac{z(z-i)}{-i(z-i)}=iz$

←これら3式のいずれかが成り立つ。

←$\dfrac{z^2-(-1)}{iz-(-1)}=\dfrac{(z+i)(z-i)}{i(z-i)}$
$=-iz+1$
を考えても同じである。

が実数であること，つまり，$z$ が純虚数であること ← ここでは $z \neq 0$ であるから。
とである。

したがって，①と合わせると求める条件は，$z$ ← "$z$ は $i$ の実数倍である"
は純虚数または $0$ である。 としてもよい。

(II) (1) $\beta-\alpha$, $\delta-\gamma$ に対応する点を E, F とする。
AB と CD が垂直である
$\iff$ OE と OF が垂直である
$\iff \arg\dfrac{\delta-\gamma}{\beta-\alpha}=\dfrac{\pi}{2}$ または $-\dfrac{\pi}{2}$
$\iff \dfrac{\delta-\gamma}{\beta-\alpha}$ が純虚数である （証明おわり）

(2) A, B, P を表す複素数をそれぞれ $\alpha$, $\beta$, $p$ とおく。△OAB が直角三角形でないから，
$$p \neq 0, \alpha, \beta$$
である。

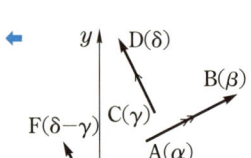

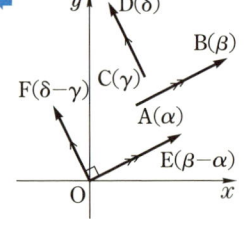

← P は △OAB の垂心であり，∠O, ∠A, ∠B が直角のとき，それぞれ P=O, A, B となる。

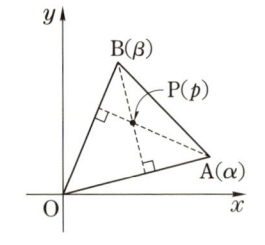

AP⊥OB, BP⊥OA のとき，(1)より $\dfrac{p-\alpha}{\beta}$,
$\dfrac{p-\beta}{\alpha}$ は純虚数であるから，
$$\dfrac{p-\alpha}{\beta}+\overline{\left(\dfrac{p-\alpha}{\beta}\right)}=0, \quad \dfrac{p-\beta}{\alpha}+\overline{\left(\dfrac{p-\beta}{\alpha}\right)}=0$$
$$\therefore \begin{cases} \overline{\beta}(p-\alpha)+\beta(\overline{p}-\overline{\alpha})=0 \\ \overline{\alpha}(p-\beta)+\alpha(\overline{p}-\overline{\beta})=0 \end{cases}$$
である。これら 2 式の差をとると，
$$(\overline{\beta}-\overline{\alpha})p+(\beta-\alpha)\overline{p}=0$$
$$\dfrac{\overline{\beta}-\overline{\alpha}}{\overline{p}}+\dfrac{\beta-\alpha}{p}=0$$
$$\therefore \dfrac{\beta-\alpha}{p}+\overline{\left(\dfrac{\beta-\alpha}{p}\right)}=0$$

← 示すべきことは
OP⊥AB，すなわち，
$\dfrac{\beta-\alpha}{p}$ が純虚数であること。

となるので，$\dfrac{\beta-\alpha}{p}$ は純虚数である。したがって，
OP⊥AB である。 （証明おわり）

## 209 複素数平面における角の向き

$\alpha, \beta, \gamma$ は互いに相異なる複素数とする。

(1) 複素数平面上で $\dfrac{z-\beta}{z-\alpha}$ の虚数部分が正となる $z$ の存在する範囲を図示せよ。

(2) 複素数 $z$ が $(z-\alpha)(z-\beta)+(z-\beta)(z-\gamma)+(z-\gamma)(z-\alpha)=0$ を満たしているとき，$z$ は $\alpha, \beta, \gamma$ を頂点とする三角形の内部に存在することを示せ。ただし $\alpha, \beta, \gamma$ は同一直線上にはないものとする。　　　　(京都大)

**精講**　(1) 一般に，複素数 $z$ の実部を $\mathrm{Re}\,z$，虚部を $\mathrm{Im}\,z$ と表します。

$z=x+yi$ ($x, y$ は実数) のとき
$$\mathrm{Re}\,z=x=\dfrac{z+\bar{z}}{2}, \quad \mathrm{Im}\,z=y=\dfrac{z-\bar{z}}{2i}$$

$z$ の虚部 $\mathrm{Im}\,z$ が正であるとき，$z$ は実軸より上にあり，$0<\arg z<\pi$ です。また，$\mathrm{Im}\,z$ が負のとき，$z$ は実軸より下にあり，$-\pi<\arg z<0$ (あるいは，$\pi<\arg z<2\pi$) です。

これを $\dfrac{z-\beta}{z-\alpha}=\dfrac{\beta-z}{\alpha-z}$ に適用すると，$\angle\alpha z\beta=\arg\dfrac{\beta-z}{\alpha-z}$ についてどんなことがわかるでしょうか。

**解答**　(1) $\dfrac{z-\beta}{z-\alpha}=\dfrac{\beta-z}{\alpha-z}$ の虚部 $\mathrm{Im}\dfrac{\beta-z}{\alpha-z}$ が正であるから，　　←$\mathrm{Im}\,z, \mathrm{Re}\,z$ は一般に通用する記号である。

$$0<\arg\dfrac{\beta-z}{\alpha-z}<\pi, \text{ つまり, } 0<\angle\alpha z\beta<\pi$$

$\therefore$ $0<(\overrightarrow{z\alpha}$ から $\overrightarrow{z\beta}$ までの角$)<\pi$

である。したがって，"$z$ は $\alpha, \beta$ を通る直線に関して $\overrightarrow{\alpha\beta}$ の向きに見て左側にある" (以下，"$l_{\alpha\beta}$ に関して左側にある" という) ので，$z$ の存在する範囲は右図の青い部分 (境界は除く) である。

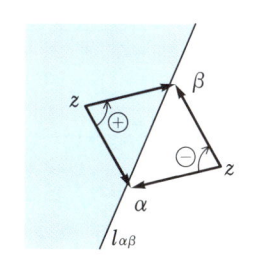

(2) $(z-\alpha)(z-\beta)+(z-\beta)(z-\gamma)+(z-\gamma)(z-\alpha)=0$

$\therefore$ $(\alpha-z)(\beta-z)+(\beta-z)(\gamma-z)+(\gamma-z)(\alpha-z)=0$ ……①

において，$\alpha, \beta, \gamma$ は異なるので，$z=\alpha, \beta, \gamma$ は①を満たさない。以下，
$$z \neq \alpha, \beta, \gamma \quad \cdots\cdots ②$$
とする。

①の両辺を $(\alpha-z)(\beta-z)$ で割ると
$$1+\frac{\gamma-z}{\alpha-z}+\frac{\gamma-z}{\beta-z}=0$$
となり，両辺の虚部を考えると，
$$\mathrm{Im}\frac{\gamma-z}{\alpha-z}+\mathrm{Im}\frac{\gamma-z}{\beta-z}=0 \quad \cdots\cdots ③$$
が成り立つ。ここで，
$$I_{\alpha\gamma}=\mathrm{Im}\frac{\gamma-z}{\alpha-z}, \quad I_{\beta\gamma}=\mathrm{Im}\frac{\gamma-z}{\beta-z}$$
のいずれもが 0 とすると，$\frac{\gamma-z}{\alpha-z}, \frac{\gamma-z}{\beta-z}$ がともに実数であり，$z$ は直線 $\alpha\gamma$ 上にあり，かつ，直線 $\beta\gamma$ 上にあるから $z=\gamma$ となり，②と矛盾する。したがって，③より $I_{\alpha\gamma}, I_{\beta\gamma}$ は異符号の実数である。

(i) $I_{\alpha\gamma}>0$ かつ $I_{\beta\gamma}<0$ のとき，$z$ は $l_{\alpha\gamma}$ に関して左側に，$l_{\beta\gamma}$ に関して右側にある。

(ii) $I_{\alpha\gamma}<0$ かつ $I_{\beta\gamma}>0$ のとき，$z$ は $l_{\alpha\gamma}$ に関して右側に，$l_{\beta\gamma}$ に関して左側にある。

$\alpha, \beta, \gamma$ はこの順に反時計回りに並んでいるとしてよいので，(i)，(ii) より $z$ は（図1）の斜線部分（境界を除く）にある。

次に，①の両辺を $(\beta-z)(\gamma-z)$ で割ると
$$\frac{\alpha-z}{\gamma-z}+1+\frac{\alpha-z}{\beta-z}=0$$
となり，上と同様に
$$I_{\gamma\alpha}=\mathrm{Im}\frac{\alpha-z}{\gamma-z}, \quad I_{\beta\alpha}=\mathrm{Im}\frac{\alpha-z}{\beta-z}$$
は異符号の実数である。

(iii) $I_{\gamma\alpha}>0$ かつ $I_{\beta\alpha}<0$ のとき，$z$ は $l_{\gamma\alpha}$ に関して左側に，$l_{\beta\alpha}$ に関して右側にある。

(iv) $I_{\gamma\alpha}<0$ かつ $I_{\beta\alpha}>0$ のとき，$z$ は $l_{\gamma\alpha}$ に関して

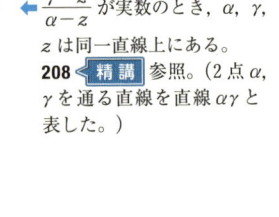

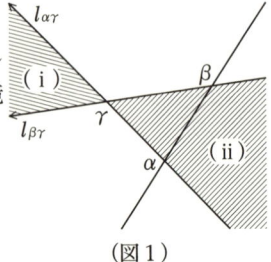

← たとえば，①で，$z=\alpha$ とおくと，
$(\beta-\alpha)(\gamma-\alpha)=0$
となり，$\alpha, \beta, \gamma$ が異なることに反する。

← $\frac{\gamma-z}{\alpha-z}$ が実数のとき，$\alpha, \gamma, z$ は同一直線上にある。**208 精講** 参照。（2点 $\alpha, \gamma$ を通る直線を直線 $\alpha\gamma$ と表した。）

（図1）

右側に，$l_{\beta\alpha}$ に関して左側にある。

(iii), (iv)より，$z$ は（図2）の斜線部分（境界を除く）にある。

以上より，$z$ は（図1），（図2）の斜線部分の共通部分，すなわち，$\alpha$，$\beta$，$\gamma$ を頂点とする三角形の内部に存在する。　　　　　　　　　　（証明おわり）

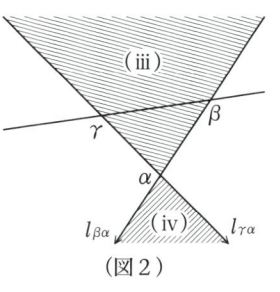

（図2）

## 参考

(2)をベクトルの問題と見ることもできる。
$$(z-\alpha)(z-\beta)+(z-\beta)(z-\gamma)$$
$$+(z-\gamma)(z-\alpha)=0 \quad \cdots\cdots ④$$
のとき，解答で示した通り，$z \neq \alpha$，$\beta$，$\gamma$ である。

そこで，④の両辺を $(z-\alpha)(z-\beta)(z-\gamma)$ で割ったあと共役複素数をとると，
$$\frac{1}{z-\alpha}+\frac{1}{z-\beta}+\frac{1}{z-\gamma}=0$$
となり，さらに
$$\frac{1}{|z-\alpha|^2}(z-\alpha)+\frac{1}{|z-\beta|^2}(z-\beta)$$
$$+\frac{1}{|z-\gamma|^2}(z-\gamma)=0 \quad \cdots\cdots ⑤$$

← $\dfrac{1}{z-\alpha}=\dfrac{1}{\overline{z-\alpha}}\cdot\dfrac{z-\alpha}{z-\alpha}$
　　$=\dfrac{1}{|z-\alpha|^2}(z-\alpha)$

となる。ここで，$A(\alpha)$，$B(\beta)$，$C(\gamma)$，$P(z)$ とし，$z-\alpha$，$z-\beta$，$z-\gamma$ に $\overrightarrow{AP}$，$\overrightarrow{BP}$，$\overrightarrow{CP}$ を対応させると，⑤は正の数 $a$，$b$，$c$ を用いて，
$$a\overrightarrow{AP}+b\overrightarrow{BP}+c\overrightarrow{CP}=\vec{0} \quad \cdots\cdots ⑥$$
と表される。さらに，⑥を

← $\dfrac{1}{|z-\alpha|^2}=a$，$\dfrac{1}{|z-\beta|^2}=b$，
　　$\dfrac{1}{|z-\gamma|^2}=c$

$$\overrightarrow{AP}=\frac{b+c}{a+b+c}\cdot\frac{b\overrightarrow{AB}+c\overrightarrow{AC}}{b+c}$$
と書き直し，BCを $c:b$ に内分する点Dをとると，
$$\overrightarrow{AP}=\frac{b+c}{a+b+c}\overrightarrow{AD}$$
となるので，P は △ABC の内部の点であることがわかる。

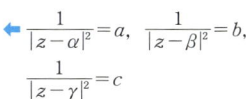

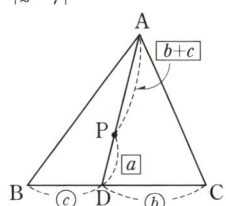

## 210 点の回転移動

図のように，複素数平面上に四角形 ABCD があり，4点 A, B, C, D を表す複素数をそれぞれ $z_1$, $z_2$, $z_3$, $z_4$ とする。各辺を1辺とする4つの正方形 BAPQ, CBRS, DCTU, ADVW を四角形 ABCD の外側に作り，正方形 BAPQ, CBRS, DCTU, ADVW の中心をそれぞれ K, L, M, N とおく。

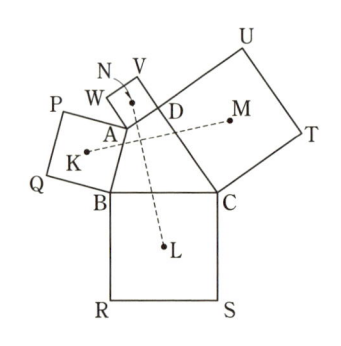

(1) 点Kを表す複素数 $w_1$ を $z_1$ と $z_2$ で表せ。
(2) KM=LN, KM⊥LN を証明せよ。
(3) 線分KMと線分LNの中点が一致するのは四角形ABCDがどのような図形のときか。

(信州大)

**精講** 複素数平面上の点の回転についての基本事項を確かめておきます。

1° 原点Oを中心として点 $z$ を角 $\theta$ だけ回転した点が $w$ であるとき
$$w = z(\cos\theta + i\sin\theta)$$

2° 点 $\alpha$ を中心として点 $z$ を角 $\theta$ だけ回転した点が $w$ であるとき
$$w - \alpha = (z - \alpha)(\cos\theta + i\sin\theta)$$

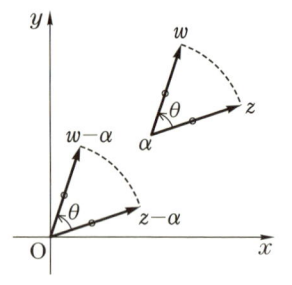

2°では，原点Oを中心として $z-\alpha$ を角 $\theta$ だけ回転した点が $w-\alpha$ であると考えると，1°に帰着します。

**解答** (1) B($z_2$) を中心に A($z_1$) を $\dfrac{\pi}{2}$ だけ回転した点が Q($q$) であるから，
$$q - z_2 = (z_1 - z_2)\left(\cos\frac{\pi}{2} + i\sin\frac{\pi}{2}\right)$$
∴ $q = i(z_1 - z_2) + z_2$

であり，K($w_1$) は AQ の中点であるから，

である。
$$w_1 = \frac{z_1+q}{2} = \frac{1+i}{2}z_1 + \frac{1-i}{2}z_2 \qquad \cdots\cdots ①$$
である。

(2) $L(w_2)$, $M(w_3)$, $N(w_4)$ とおくとき，(1)と同様に
$$w_2 = \frac{1+i}{2}z_2 + \frac{1-i}{2}z_3, \quad w_3 = \frac{1+i}{2}z_3 + \frac{1-i}{2}z_4,$$
$$w_4 = \frac{1+i}{2}z_4 + \frac{1-i}{2}z_1 \qquad \cdots\cdots ②$$

← $w_2$ は①の右辺で $z_1$, $z_2$ の代わりに $z_2$, $z_3$ としたものである。$w_3$, $w_4$ についても同様に考える。

である。$\overrightarrow{KM}$, $\overrightarrow{LN}$ に対応する複素数 $\alpha$, $\beta$ をとると
$$\alpha = w_3 - w_1$$
$$= -\frac{1+i}{2}z_1 - \frac{1-i}{2}z_2 + \frac{1+i}{2}z_3 + \frac{1-i}{2}z_4$$
$$\beta = w_4 - w_2$$
$$= \frac{1-i}{2}z_1 - \frac{1+i}{2}z_2 - \frac{1-i}{2}z_3 + \frac{1+i}{2}z_4$$

← 示すべきことは $\beta = \alpha i$ であると考えて，$\alpha$, $\beta$ を表す2式の右辺の関係を調べる。

であり，
$$\beta = \alpha i \qquad \cdots\cdots ③$$
が成り立つ。③は $\overrightarrow{KM}$ を $\frac{\pi}{2}$ だけ回転したものが $\overrightarrow{LN}$ であることを示すから，
$$KM = LN, \quad KM \perp LN$$
である。 （証明おわり）

(3) $KM$ と $LN$ の中点が一致するとき
$$\frac{w_1+w_3}{2} = \frac{w_2+w_4}{2} \quad \therefore \quad w_1+w_3-w_2-w_4 = 0$$
である。①，②を代入して整理すると
$$i(z_1+z_3-z_2-z_4) = 0 \quad \therefore \quad \frac{z_1+z_3}{2} = \frac{z_2+z_4}{2}$$

← 対角線 AC，BD の中点が一致する。

となるので，四角形 **ABCD** は平行四辺形である。

## 📎 参 考

(1)において，$B(z_2)$ を中心として $A(z_1)$ を $\frac{\pi}{4}$ だけ回転し，さらに $\frac{1}{\sqrt{2}}$ 倍した点が $K(w_1)$ であると考えて，
$$w_1 - z_2 = \frac{1}{\sqrt{2}}(z_1-z_2)\left(\cos\frac{\pi}{4} + i\sin\frac{\pi}{4}\right) = \frac{1+i}{2}(z_1-z_2)$$
から，①を導くこともできる。

## 211 複素数平面上の正三角形

複素数平面上で，複素数 $\alpha$, $\beta$, $\gamma$ を表す点をそれぞれ A，B，C とする。
(1) A，B，C が正三角形の 3 頂点であるとき，
$\alpha^2+\beta^2+\gamma^2-\alpha\beta-\beta\gamma-\gamma\alpha=0$ ……(\*)　が成立することを示せ。
(2) 逆に，この関係式(\*)が成立するとき，A＝B＝C となるか，または，A，B，C が正三角形の 3 頂点となることを示せ。　　　　　　　　　　　(金沢大)

**精講**　(1) △ABC が正三角形であることから(\*)を導くためには，正三角形のどのような条件を使えばよいかと考えます。

CA＝CB，$\angle ACB = \dfrac{\pi}{3}$ と考えると **210** の点の回転移動を利用できます。

また，△ABC が正三角形であるとき，△ABC と △BCA が相似であることを用いる方法もあります。

**解答**　(1) △ABC が正三角形であるとき，
"C($\gamma$) を中心として，A($\alpha$) を $\dfrac{\pi}{3}$
または $-\dfrac{\pi}{3}$ だけ回転した点が B($\beta$) である"
……(☆)　から，
$$\beta-\gamma=(\alpha-\gamma)\left\{\cos\left(\pm\dfrac{\pi}{3}\right)+i\sin\left(\pm\dfrac{\pi}{3}\right)\right\}$$
　　　　　　　　　　　　(複号同順)　……①
$$\beta-\gamma=(\alpha-\gamma)\left(\dfrac{1}{2}\pm\dfrac{\sqrt{3}}{2}i\right)$$
$$2\beta-\alpha-\gamma=\pm\sqrt{3}\,i(\alpha-\gamma) \quad ……②$$
である。②の両辺を 2 乗すると
$$(2\beta-\alpha-\gamma)^2=-3(\alpha-\gamma)^2 \quad ……③$$
であり，これを整理すると
$$\alpha^2+\beta^2+\gamma^2-\alpha\beta-\beta\gamma-\gamma\alpha=0 \quad ……(*)$$
である。　　　　　　　　　　　　　　(証明おわり)

(1) **別解**　△ABC が正三角形のとき，△ABC と △BCA は相似であるから，

← A，B，C の順の向きと B，C，A の順の向きが同じであることに注意する。

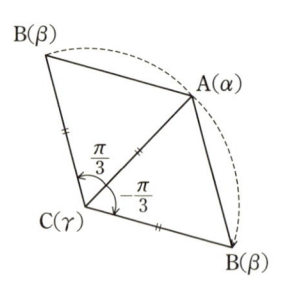

$$\frac{BC}{AB} = \frac{CA}{BC} \quad \text{かつ} \quad \angle ABC = \angle BCA \quad \cdots\cdots ④$$

である。ここで，$\angle \alpha\beta\gamma$ と $\angle \beta\gamma\alpha$ の符号が等しいことに注意すると，④より

$$\frac{|\beta-\gamma|}{|\alpha-\beta|} = \frac{|\gamma-\alpha|}{|\beta-\gamma|} \quad \text{かつ} \quad \angle \alpha\beta\gamma = \angle \beta\gamma\alpha$$

$$\therefore \quad \left|\frac{\gamma-\beta}{\alpha-\beta}\right| = \left|\frac{\alpha-\gamma}{\beta-\gamma}\right| \quad \text{かつ} \quad \arg\frac{\gamma-\beta}{\alpha-\beta} = \arg\frac{\alpha-\gamma}{\beta-\gamma} \quad \cdots\cdots ⑤$$

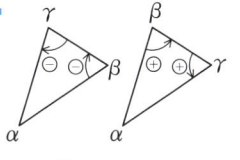

が成り立つ。⑤より，

$$\frac{\gamma-\beta}{\alpha-\beta} = \frac{\alpha-\gamma}{\beta-\gamma} \quad \cdots\cdots ⑥$$

← 複素数 $z$, $w$ において，$|z|=|w|$ かつ $\arg z = \arg w \iff z = w$

であり，⑥の分母を払って整理すると

$$(\gamma-\beta)(\beta-\gamma) = (\alpha-\gamma)(\alpha-\beta)$$

$$\therefore \quad \alpha^2 + \beta^2 + \gamma^2 - \alpha\beta - \beta\gamma - \gamma\alpha = 0 \quad \cdots\cdots (*)$$

である。　　　　　　　　　　　　　　　（証明おわり）

(2) $(*)$ のもとで，$\alpha$, $\beta$, $\gamma$ のいずれか 2 つが等しいとき，たとえば，$\alpha = \beta$ とすると，

$$\alpha^2 + \alpha^2 + \gamma^2 - \alpha\alpha - \alpha\gamma - \gamma\alpha = 0$$

$$(\alpha-\gamma)^2 = 0 \quad \therefore \quad \alpha = \gamma$$

となるので，$\alpha = \beta = \gamma$ ……⑦　となる。

← $\beta=\gamma$, $\gamma=\alpha$ のときにも同様に⑦が成り立つ。

したがって，以下では，⑦以外のとき，つまり，$\alpha$, $\beta$, $\gamma$ が互いに異なるときを考える。

$(*)$ が成り立つとき，解答(1)において $(*)$ から逆に③，②，①が順に導かれるので，(☆)が成り立つ。すなわち，$\triangle ABC$ は正三角形である。

← (1)別解 においても，$(*)$ から逆に，⑥，⑤，④が順に導かれる。

以上をまとめると，$(*)$ が成り立つとき，$A=B=C$ であるか，$\triangle ABC$ は正三角形である。
　　　　　　　　　　　　　　　　（証明おわり）

### 参考

複素数平面上の正三角形についてまとめておく。

---

O(0)，A($\alpha$)，B($\beta$)，C($\gamma$) が互いに異なるとき
　　$\triangle OAB$ が正三角形である $\iff \alpha^2 - \alpha\beta + \beta^2 = 0$
　　$\triangle ABC$ が正三角形である $\iff \alpha^2 + \beta^2 + \gamma^2 - \alpha\beta - \beta\gamma - \gamma\alpha = 0$

## 212 四角形が円に内接する条件

恒等式 $(\beta-\alpha)(\delta-\gamma)+(\delta-\alpha)(\gamma-\beta)=(\gamma-\alpha)(\delta-\beta)$ を用いて，次の問いに答えよ。

(1) 四角形 ABCD において，次の不等式が成り立つことを証明せよ。
$$AB\cdot CD+AD\cdot BC\geqq AC\cdot BD$$

☆(2) (1)において等号が成立するための必要十分条件は，四角形 ABCD が円に内接することであることを証明せよ。

**精講**　(1) 与えられた恒等式と 205 **精講** で学習した絶対値に関する不等式 $|\alpha+\beta|\leqq|\alpha|+|\beta|$ ……(*)　を用いて証明します。

(2) (*) の等号が成立するための条件は何かを思い出して，四角形が円に内接するための条件と結び合わせると解決できるはずです。

**解答**　(1) 複素数平面上で A, B, C, D を表す複素数を $\alpha, \beta, \gamma, \delta$ とする。恒等式
$$(\gamma-\alpha)(\delta-\beta)=(\beta-\alpha)(\delta-\gamma)+(\delta-\alpha)(\gamma-\beta)$$
の両辺の絶対値をとると
$$|(\gamma-\alpha)(\delta-\beta)|$$
$$=|(\beta-\alpha)(\delta-\gamma)+(\delta-\alpha)(\gamma-\beta)|$$
$$\leqq|(\beta-\alpha)(\delta-\gamma)|+|(\delta-\alpha)(\gamma-\beta)| \quad \cdots\cdots\text{①}$$
← 一般に，$|\alpha+\beta|\leqq|\alpha|+|\beta|$

となる。ここで，
$$|(\gamma-\alpha)(\delta-\beta)|=|\gamma-\alpha||\delta-\beta|=AC\cdot BD$$
← $|z_1 z_2|=|z_1||z_2|$

などが成り立つので，①より
$$AC\cdot BD\leqq AB\cdot CD+AD\cdot BC \quad \cdots\cdots\text{②}$$
である。　　　　　　　　　　　（証明おわり）

(2) ②の等号，すなわち，①の等号が成り立つ条件は
$$(\delta-\alpha)(\gamma-\beta)=t(\beta-\alpha)(\delta-\gamma) \quad \cdots\cdots\text{③}$$
← (2)をトレミーの定理という。

となる正の数 $t$ が存在することである。③より

← 205 **精講** 参照。

$$\arg\left(\frac{\delta-\alpha}{\beta-\alpha}\cdot\frac{\beta-\gamma}{\delta-\gamma}\right)=\arg(-t)$$
← ③を $\dfrac{\delta-\alpha}{\beta-\alpha}\cdot\dfrac{\beta-\gamma}{\delta-\gamma}=-t$ と書き直した。

$$\therefore \quad \arg\frac{\delta-\alpha}{\beta-\alpha}+\arg\frac{\beta-\gamma}{\delta-\gamma}=\pi \text{ または } -\pi$$
← $-t$ は負の実数より $\arg(-t)=\pi, -\pi$

∴ ∠βαδ＋∠δγβ＝π または －π ……④

となり，四角形 ABCD において，∠βαδ，∠δγβ の向きは一致するから，④より

$$\angle \mathrm{BAD}+\angle \mathrm{DCB}=\pi \quad \cdots\cdots ⑤$$

(∠BAD，∠DCB は向きのない角) である。

以上より，②の等号が成り立つための必要十分条件は⑤が成り立つこと，すなわち，四角形 ABCD が円に内接することである。 （証明おわり）

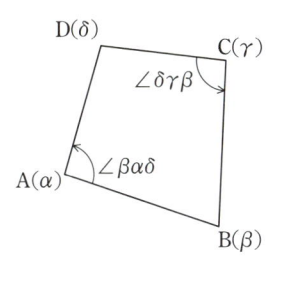

---

### 参考

"複素数平面上の異なる 4 点 $A(\alpha)$，$B(\beta)$，$C(\gamma)$，$D(\delta)$ を頂点とする四角形が円に内接する"……(☆) 条件をまとめておこう。

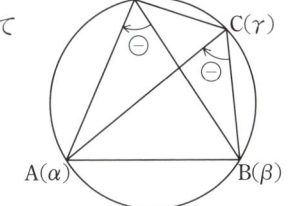

まず，(☆) が成り立つとして，次の(i)，(ii)に分けて調べる。

(i) 直線 AB に関して，C，D が同じ側にあるとき，∠BCA＝∠BDA ……㋐ であり，∠βγα と ∠βδα の向き (符号) は等しいから，㋐より

$$\angle \beta\gamma\alpha - \angle \beta\delta\alpha = 0 \quad \cdots\cdots ㋑$$

である。

(ii) 直線 AB に関して，C，D が反対側にあるとき，∠BCA＋∠BDA＝π ……㋒ であり，∠βγα と ∠βδα の向き (符号) は逆であるから，㋒より

$$\angle \beta\gamma\alpha - \angle \beta\delta\alpha = \pi,\ -\pi \quad \cdots\cdots ㋓$$

である。

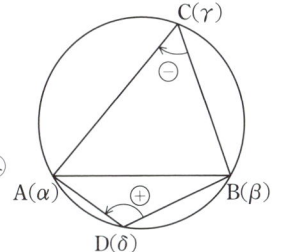

㋑，㋓をまとめると

$$\arg\frac{\alpha-\gamma}{\beta-\gamma}-\arg\frac{\alpha-\delta}{\beta-\delta}=0,\ \pi,\ -\pi$$

∴ $\arg\left(\dfrac{\alpha-\gamma}{\beta-\gamma}\cdot\dfrac{\beta-\delta}{\alpha-\delta}\right)=0,\ \pi,\ -\pi$

となるので，"$\dfrac{\alpha-\gamma}{\beta-\gamma}\cdot\dfrac{\beta-\delta}{\alpha-\delta}$ が実数である"……(★)

逆に，四角形ができているとき，(★) のもとでは，㋑ または ㋓ が成り立つので，(☆) が成り立つ。

## ☆ 213　直線に下ろした垂線の足

複素数平面上の原点以外の相異なる 2 点 $P(\alpha)$, $Q(\beta)$ を考える。$P(\alpha)$, $Q(\beta)$ を通る直線を $l$, 原点から $l$ に引いた垂線と $l$ の交点を $R(w)$ とする。ただし, 複素数 $\gamma$ が表す点 C を $C(\gamma)$ と書く。このとき, 次のことを示せ。

「$w=\alpha\beta$ であるための必要十分条件は, $P(\alpha)$, $Q(\beta)$ が中心 $A\left(\dfrac{1}{2}\right)$, 半径 $\dfrac{1}{2}$ の円周上にあることである。」

(東京大)

**精講**　原点 O から直線 PQ に下ろした垂線の足 R をどのように捉えるかによっていくつかの証明が考えられます。

R は直線 PQ 上にあって, OR⊥PQ であると考えると, 3 点が同一直線上にある条件, 垂直条件 (**208** 精講 参照) を適用することになります。

また, ∠ORP, ∠ORQ は直角であることから, R は OP を直径とする円と OQ を直径とする円との交点であるという見方もできます。

他にも, R に関係するある点をとり, 直線 PQ を原点とその点を結ぶ線分の垂直二等分線であると考えることもできます。

**解答**　$S(\alpha\beta)$ とおく。$w=\alpha\beta$, つまり, R=S は

　　"S は直線 PQ 上にあり, OS⊥PQ である"

$\iff$ "$\dfrac{\alpha\beta-\alpha}{\beta-\alpha}$ が実数で, $\dfrac{\alpha-\beta}{\alpha\beta}$ が純虚数である"

　　　　　　　　　　　　　　　　……(*)

と同値である。

$$\dfrac{\alpha\beta-\alpha}{\beta-\alpha}=\dfrac{1-\dfrac{1}{\beta}}{\dfrac{1}{\alpha}-\dfrac{1}{\beta}}=\dfrac{\dfrac{1}{\beta}-1}{\dfrac{1}{\beta}-\dfrac{1}{\alpha}} \quad \cdots\cdots ①$$

$$\dfrac{\alpha-\beta}{\alpha\beta}=\dfrac{1}{\beta}-\dfrac{1}{\alpha} \quad \cdots\cdots ②$$

と書き換えると, (*) のとき, ② は純虚数であるから, ① が実数であることと合わせると, ① の分子 $\dfrac{1}{\beta}-1$ は純虚数または 0 である。さらに, 以上のこ

とから，
$$\frac{1}{\alpha}-1=\left(\frac{1}{\beta}-1\right)-\left(\frac{1}{\beta}-\frac{1}{\alpha}\right)$$

← $\frac{1}{\beta}-\frac{1}{\alpha}=\left(\frac{1}{\beta}-1\right)-\left(\frac{1}{\alpha}-1\right)$ より。

も純虚数または0である。逆に，

"$\frac{1}{\alpha}-1$, $\frac{1}{\beta}-1$ がともに純虚数または0である"

……（＊＊）ならば，$\alpha \neq \beta$ より，これら2数の差は0でないので，②は純虚数で，①は実数となるから，（＊）が成り立つ。

これより，（＊）と（＊＊）は同値であり，さらに，（＊＊）は

$$\overline{\left(\frac{1}{\alpha}-1\right)}+\frac{1}{\alpha}-1=0 \text{ かつ } \overline{\left(\frac{1}{\beta}-1\right)}+\frac{1}{\beta}-1=0$$
$$2\alpha\bar{\alpha}-\alpha-\bar{\alpha}=0 \text{ かつ } 2\beta\bar{\beta}-\beta-\bar{\beta}=0$$
$$\therefore \left|\alpha-\frac{1}{2}\right|=\frac{1}{2} \text{ かつ } \left|\beta-\frac{1}{2}\right|=\frac{1}{2}$$

← 左式より $\frac{1}{\bar{\alpha}}+\frac{1}{\alpha}-2=0$
分母を払って整理すると
$\alpha+\bar{\alpha}-2\alpha\bar{\alpha}=0$
$\therefore \left(\alpha-\frac{1}{2}\right)\left(\bar{\alpha}-\frac{1}{2}\right)=\frac{1}{4}$

と同値であるから，$w=\alpha\beta$ であるための必要十分条件は $P(\alpha)$，$Q(\beta)$ が中心 $A\left(\frac{1}{2}\right)$，半径 $\frac{1}{2}$ の円周上にあることである。　　　　　　　　（証明おわり）

◁ **別解**

$1°$　$S(\alpha\beta)$ とおく。$w=\alpha\beta$，つまり，R=S は

"$\angle OSP=\frac{\pi}{2}$ または S=P，かつ，$\angle OSQ=\frac{\pi}{2}$ または S=Q である"

$\iff$ "S は OP を直径とする円周上にあり，かつ OQ を直径とする円周上にある"　……（☆）

と同値である。

ここで，OP，OQ を直径とする円はそれぞれ

$$\left|z-\frac{\alpha}{2}\right|=\frac{|\alpha|}{2}, \quad \left|z-\frac{\beta}{2}\right|=\frac{|\beta|}{2}$$

であるから，

（☆）$\iff \left|\alpha\beta-\frac{\alpha}{2}\right|=\frac{|\alpha|}{2}$ かつ $\left|\alpha\beta-\frac{\beta}{2}\right|=\frac{|\beta|}{2}$

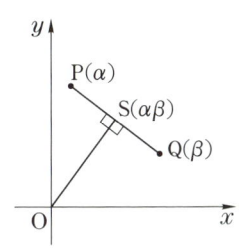

← $\alpha \neq 0$，$\beta \neq 0$ であるから
$\iff$ が成り立つ。

← OP を直径とする円は，中心 $\frac{\alpha}{2}$，半径 $\frac{|\alpha|}{2}$ の円である。

← 左式は $\left|\alpha\left(\beta-\frac{1}{2}\right)\right|=\frac{|\alpha|}{2}$
$|\alpha|\left|\beta-\frac{1}{2}\right|=\frac{|\alpha|}{2}$ となる。

第2章　複素数平面

$$|\alpha|\left|\beta-\frac{1}{2}\right|=\frac{|\alpha|}{2} \quad \text{かつ} \quad |\beta|\left|\alpha-\frac{1}{2}\right|=\frac{|\beta|}{2}$$

$$\therefore \quad \left|\beta-\frac{1}{2}\right|=\frac{1}{2} \quad \text{かつ} \quad \left|\alpha-\frac{1}{2}\right|=\frac{1}{2}$$

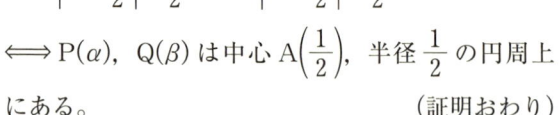

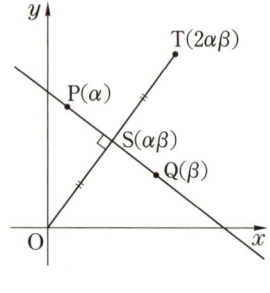

← $\alpha \neq 0$, $\beta \neq 0$ より。

である。

以上より，$w=\alpha\beta$ は $P(\alpha)$, $Q(\beta)$ が中心 $A\left(\frac{1}{2}\right)$, 半径 $\frac{1}{2}$ の円周上にあることと同値である。

（証明おわり）

<別解

2° $S(\alpha\beta)$, $T(2\alpha\beta)$ とおく。

$w=\alpha\beta$, つまり，$R=S$
$\iff$ 線分 OT の垂直二等分線が直線 PQ である
$\iff$ P, Q が線分 OT の垂直二等分線上にある
$\iff$ OP=TP かつ OQ=TQ
$\iff$ $|\alpha|=|2\alpha\beta-\alpha|$ かつ $|\beta|=|2\alpha\beta-\beta|$
$\iff$ $\left|\beta-\frac{1}{2}\right|=\frac{1}{2}$ かつ $\left|\alpha-\frac{1}{2}\right|=\frac{1}{2}$

← $\alpha \neq 0$, $\beta \neq 0$ より。

$\iff$ $P(\alpha)$, $Q(\beta)$ は中心 $A\left(\frac{1}{2}\right)$, 半径 $\frac{1}{2}$ の円周上にある。

（証明おわり）

### 類題 6 → 解答 p.352

原点を O とする複素数平面上に，O と異なる点 $A(\alpha)$，および，2点 O, A を通る直線 $l$ がある。次に答えよ。

(1) 直線 $l$ に関して点 $P(z)$ と対称な点を $P'(z')$ とするとき，$z'=\dfrac{\alpha}{\overline{\alpha}}\overline{z}$ が成り立つことを示せ。

(2) $\alpha=3+i$ とし，$\beta=2+4i$，$\gamma=-8+7i$ を表す点をそれぞれ B, C とおく。

　(i) 点 B の直線 $l$ に関して対称な点を $B'(\beta')$ とする。$\beta'$ を求めよ。

　(ii) 線分 OA 上の点 $Q(w)$ について，$\angle AQB = \angle CQO$ が成り立つときの $w$ を求めよ。

（九州工大）

## 214 分数変換による円の像

次の問いに答えよ。
(1) 複素数平面上で方程式 $|z-3i|=2|z|$ が表す図形を求め，図示せよ。
(2) 複素数 $z$ が(1)で求めた図形の上を動くとき，複素数 $w=(-1+i)z$ が表す点の軌跡を求め，図示せよ。
(3) 複素数 $z$ が(1)で求めた図形から $z=i$ を除いた部分を動くとき，複素数 $w=\dfrac{z+i}{z-i}$ で表される点の軌跡を求め，図示せよ。 （千葉大）

**精講**　(1) この種の問題では，$z=x+yi$（$x$, $y$ は実数）とおいて，$x$, $y$ の式に直して計算すると楽になることが多いです。

(2), (3) それぞれ $z$ を $w$ の式で表して，$z$ の満たす関係式に代入して，$w$ の満たす式を求めるのが標準的な解法です。

**解答**　(1) $z=x+yi$（$x$, $y$ は実数）とおいて，
$$|z-3i|=2|z| \quad \cdots\cdots ①$$
に代入すると，
$$|x+(y-3)i|=2|x+yi|$$
より
$$x^2+(y-3)^2=4(x^2+y^2)$$
$$x^2+(y+1)^2=4 \quad \therefore \quad |z+i|=2 \quad \cdots\cdots ②$$
となるので，①，すなわち②が表す図形は中心 $-i$，半径 $2$ の円（右図）である。

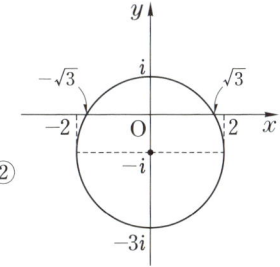

←⌐ 参考　1° 参照。

(2) $w=(-1+i)z \cdots\cdots ③$ より $z=\dfrac{w}{-1+i} \cdots\cdots ③'$

←⌐ 参考　2° 参照。

であるから，③' を②に代入すると
$$\left|\dfrac{w}{-1+i}+i\right|=2$$
さらに，両辺に $|-1+i|$ をかけて
$$|w+i(-1+i)|=2|-1+i|$$
$$\therefore \quad |w-(1+i)|=2\sqrt{2}$$
となるので，点 $w$ の軌跡は中心 $1+i$，半径 $2\sqrt{2}$ の円（右図）である。

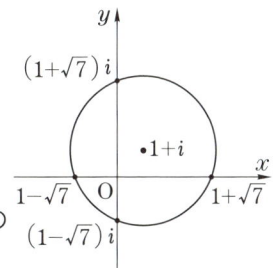

(3) $z \ne i$ のとき,$w = \dfrac{z+i}{z-i}$ ……④ より

$$w(z-i) = z+i \quad \therefore \quad z = \dfrac{iw+i}{w-1} \quad \cdots\cdots ④'$$

である。④' を②に代入すると,

$$\left|\dfrac{iw+i}{w-1} + i\right| = 2 \quad \therefore \quad \left|\dfrac{2iw}{w-1}\right| = 2$$

$$|2iw| = 2|w-1|$$

$$\therefore \quad |w| = |w-1| \quad \cdots\cdots ⑤$$

となるので,$w$ は 0,1 から等距離であるから,$w$ の軌跡はこれら 2 点を結ぶ線分の垂直二等分線(右図)である。

← ④で $w=1$ とおくと,
$\dfrac{z+i}{z-i} = 1$,$z+i = z-i$
$2i = 0$(矛盾)となるので,$w \ne 1$ である。

← 両辺に $|w-1|$ をかける。

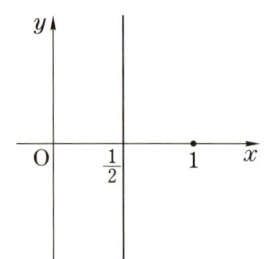

## 参考

1° ①において $z$ のままで計算すると

$|z-3i|^2 = 4|z|^2$,$(z-3i)\overline{(z-3i)} = 4z\bar{z}$

$(z-3i)(\bar{z}+3i) = 4z\bar{z}$,$3(z\bar{z} - iz + i\bar{z} - 3) = 0$

$\therefore \quad (z+i)(\bar{z}-i) = 4$,$(z+i)\overline{(z+i)} = 4$

$\therefore \quad |z+i| = 2$

となる。

2° ③を $w = \sqrt{2}\left(\cos\dfrac{3}{4}\pi + i\sin\dfrac{3}{4}\pi\right)z$ と表すと,原点を中心に $z$ を $\dfrac{3}{4}\pi$ だけ回転し,さらに $\sqrt{2}$ 倍に拡大した点が $w$ であることがわかる。したがって,$z$ が中心 $-i$,半径 2 の円上を動くことから,$w$ の軌跡は中心 $-i(-1+i) = 1+i$,半径 $2\sqrt{2}$ の円である。

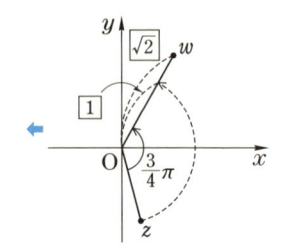

3° ⑤において,$w = u+vi$($u$,$v$ は実数)とおいて,代入すると

$|u+vi| = |u-1+vi|$

$u^2 + v^2 = (u-1)^2 + v^2 \quad \therefore \quad u = \dfrac{1}{2}$

となるので,$w$ の軌跡は点 $\dfrac{1}{2}$ を通り虚軸に平行な直線であることがわかる。

## 研究

複素数平面において，$w=\dfrac{\alpha z+\beta}{\gamma z+\delta}$ ……(＊) ($\alpha$, $\beta$, $\gamma$, $\delta$ は複素数，$\alpha\delta-\beta\gamma\neq 0$) で表される点 $z$ から点 $w$ への変換は大学入試問題の題材としてしばしば取り上げられているので，その性質を少し調べておこう。ここでは，(＊)で表される変換を分数変換ということにする。

基本的な分数変換は

(i) $w=z+a$ ($\alpha=\delta=1$, $\beta=a$, $\gamma=0$ のとき)

(ii) $w=cz$ ($\alpha=c\neq 0$, $\beta=\gamma=0$, $\delta=1$ のとき)

(iii) $w=\dfrac{1}{z}$ ($\alpha=\delta=0$, $\beta=\gamma=1$ のとき)

の3つであり，"一般の分数変換(＊)はこれらの変換の合成で表される"……(☆)

実際，$\gamma=0$ のとき，$w=\dfrac{\alpha}{\delta}z+\dfrac{\beta}{\delta}$ であるから，$z_1=\dfrac{\alpha}{\delta}z$, $w=z_1+\dfrac{\beta}{\delta}$ とするとき，$z \xrightarrow{\text{(ii)}} z_1 \xrightarrow{\text{(i)}} w$ である。

$\gamma\neq 0$ のとき，$w=\dfrac{\dfrac{\alpha}{\gamma}(\gamma z+\delta)+\beta-\dfrac{\alpha\delta}{\gamma}}{\gamma z+\delta}=\dfrac{\alpha}{\gamma}+\dfrac{\beta\gamma-\alpha\delta}{\gamma}\cdot\dfrac{1}{\gamma z+\delta}$

であるから，

$z_1=\gamma z$, $z_2=z_1+\delta$, $z_3=\dfrac{1}{z_2}$, $z_4=\dfrac{\beta\gamma-\alpha\delta}{\gamma}z_3$, $w=z_4+\dfrac{\alpha}{\gamma}$

とするとき，$z \xrightarrow{\text{(ii)}} z_1 \xrightarrow{\text{(i)}} z_2 \xrightarrow{\text{(iii)}} z_3 \xrightarrow{\text{(ii)}} z_4 \xrightarrow{\text{(i)}} w$ である。

このことから一般に，"分数変換(＊)によって円または直線は円または直線にうつされる"……(★) ことを説明できる。(☆)より，(i)，(ii)，(iii)について，(★)を示せば十分である。

変換(i)は $a$ だけの平行移動であり，変換(ii)は $c=r(\cos\theta+i\sin\theta)$ ($r>0$) と表すと，原点を中心として $\theta$ だけ回転して，さらに $r$ 倍に拡大(縮小)する変換であるから，(i)，(ii)に関しては円は円に，直線は直線にうつされる。

次に，直線はある線分PQの垂直二等分線，円は異なる2点P，Qからの距離の比が一定である点の軌跡(アポロニウスの円)と考えると，いずれも $|z-p|=k|z-q|$ ($k>0$, $p$, $q$ の少なくとも一方は0でない) と表されるが，変換(iii)のとき $z=\dfrac{1}{w}$ を代入して両辺に $|w|$ をかけると，$|1-pw|=k|1-qw|$ となるので，$w$ の描く図形はやはり円または直線である。

## 215 変換 $w=\dfrac{1}{z}$ による三角形の像

3つの複素数 $z_1=\dfrac{1}{2}+\dfrac{\sqrt{3}}{2}i$, $z_2=\dfrac{1}{2}-\dfrac{\sqrt{3}}{2}i$, $z_3=-1$ の表す複素数平面上の点をそれぞれ $A(z_1)$, $B(z_2)$, $C(z_3)$ とする。0 でない複素数 $z$ に対し,$w=\dfrac{1}{z}$ によって $w$ を定める。$z$, $w$ が表す複素数平面上の点をそれぞれ $P(z)$, $Q(w)$ とする。

(1) Pが線分 AB 上を動くとき,Qの描く曲線を複素数平面上に図示せよ。
(2) Pが三角形 ABC の3辺上を動くとき,Qの描く曲線を複素数平面上に図示せよ。

(名古屋市大)

**精講** (1) 線分 AB を表す $z$ の関係式を求めて,その式に $z=\dfrac{1}{w}$ を代入すると解決します。

(2) 線分 AC,BC は原点を中心として線分 AB をそれぞれ $\dfrac{2}{3}\pi$, $-\dfrac{2}{3}\pi$ 回転したものです。この関係が $w=\dfrac{1}{z}$ によって定まる $w$ において何を意味するかがわかれば,(1)の結果を利用できるはずです。

また,(1),(2)いずれにおいても,$z=x+yi$, $w=u+vi$ ($x$, $y$, $u$, $v$ は実数)とおいて,$x$, $y$ の満たす式から $u$, $v$ の関係式を導くこともできます。

**解答** (1) △ABC は中心が原点,半径1の円に内接しているので,線分 AB は

$\operatorname{Re} z = \dfrac{z+\bar{z}}{2} = \dfrac{1}{2}$ ……① かつ

$|z| \leqq 1$ ……②

と表される。

$w=\dfrac{1}{z}$ ……③ より $z=\dfrac{1}{w}$

を①,②に代入すると

$\dfrac{1}{2}\left(\dfrac{1}{w}+\dfrac{1}{\bar{w}}\right)=\dfrac{1}{2}$ ∴ $w\bar{w}=w+\bar{w}$

←$(w-1)(\bar{w}-1)=1$ より $|w-1|^2=1$

∴ $|w-1|=1$ ……④ ←④は中心が1,半径1の円を表す。

かつ

$$\left|\frac{1}{w}\right| \leqq 1 \quad \therefore \quad |w| \geqq 1 \quad \cdots\cdots ⑤$$

となるので，$Q(w)$ の描く曲線は④上で⑤を満たす部分 $S$（右図の実線部分）である。

(2) 線分 AC は線分 AB を原点中心に $\frac{2}{3}\pi$ だけ回転したものであるから，AC 上の点 $z$ に対して，
$$z = z'\left(\cos\frac{2}{3}\pi + i\sin\frac{2}{3}\pi\right)$$
が成り立つような AB 上の点 $z'$ がある。このとき，
$$w = \frac{1}{z} = \frac{1}{z'}\left\{\cos\left(-\frac{2}{3}\pi\right) + i\sin\left(-\frac{2}{3}\pi\right)\right\}$$
が成り立つので，AC 上の点 $z$ の③による像は，AB 上の点 $z'$ の像 $\frac{1}{z'}$ を原点中心に $-\frac{2}{3}\pi$ 回転したものである。したがって，AC の像は $S$ を原点中心に $-\frac{2}{3}\pi$ 回転したものである。

← 以下，AC などは線分を表すものとする。

$$\leftarrow \frac{1}{z} = \frac{1}{z'\left(\cos\frac{2}{3}\pi + i\sin\frac{2}{3}\pi\right)}$$
$$= \frac{1}{z'}\left\{\cos\left(-\frac{2}{3}\pi\right)\right.$$
$$\left. + i\sin\left(-\frac{2}{3}\pi\right)\right\}$$

同様に考えると，BC の像は $S$ を原点中心に $\frac{2}{3}\pi$ 回転したものであるから，Q の描く曲線は右図の実線部分である。ここで，右図の円弧 AC，BC の中心は $S$ の中心 1 を原点中心に $\pm\frac{2}{3}\pi$ 回転した点 $-\frac{1}{2} \pm \frac{\sqrt{3}}{2}i$ である。

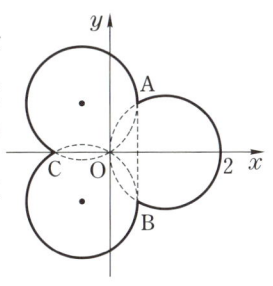

<u>別解</u>

(1) $z = x + yi$, $w = u + vi$（$x$, $y$, $u$, $v$ は実数）とする。

P($z$) が線分 AB 上にあるとき
$$x = \frac{1}{2} \text{ かつ } -\frac{\sqrt{3}}{2} \leqq y \leqq \frac{\sqrt{3}}{2} \quad \cdots\cdots ⑥$$
である。ここで，$w = \frac{1}{z}$ より $z = \frac{1}{w}$ であり，
$$x + yi = \frac{1}{u + vi} = \frac{u}{u^2 + v^2} - \frac{v}{u^2 + v^2}i$$

← $x$, $y$ を $u$, $v$ で表して，⑥から $u$, $v$ の関係式を導く方針である。

となるので、
$$x=\frac{u}{u^2+v^2},\quad y=-\frac{v}{u^2+v^2} \quad\cdots\cdots⑦$$
である。⑦を⑥に代入すれば
$$\frac{u}{u^2+v^2}=\frac{1}{2}\ \text{かつ}\ -\frac{\sqrt{3}}{2}\leqq -\frac{v}{u^2+v^2}\leqq\frac{\sqrt{3}}{2}$$

←左式より $2u=u^2+v^2>0$
右式に代入すれば
$-\dfrac{\sqrt{3}}{2}\leqq -\dfrac{v}{2u}\leqq\dfrac{\sqrt{3}}{2}$

となるが、$u^2+v^2>0$ に注意すると、$u>0$ かつ、
$$(u-1)^2+v^2=1\ \text{かつ}\ -\sqrt{3}\,u\leqq v\leqq\sqrt{3}\,u$$

←注 参照。

となる。よって、Q の描く図形は 解答 (1)の通り。

←ただし、座標軸を $u$ 軸、$v$ 軸に変える。(2)でも同じ。

(2) 線分 AC, BC はそれぞれ
$$y=\frac{1}{\sqrt{3}}(x+1)\ \text{かつ}\ 0\leqq y\leqq\frac{\sqrt{3}}{2} \quad\cdots\cdots⑧$$
$$y=-\frac{1}{\sqrt{3}}(x+1)\ \text{かつ}\ -\frac{\sqrt{3}}{2}\leqq y\leqq 0 \cdots\cdots⑨$$

と表される。⑦を⑧、⑨に代入して、(1)と同様に整理するとそれぞれ、$u^2+v^2>0$ のもとで
$$\left(u+\frac{1}{2}\right)^2+\left(v+\frac{\sqrt{3}}{2}\right)^2=1\ \text{かつ}\ v\leqq 0,\ v\leqq -\sqrt{3}\,u$$
$$\left(u+\frac{1}{2}\right)^2+\left(v-\frac{\sqrt{3}}{2}\right)^2=1\ \text{かつ}\ v\geqq 0,\ v\geqq\sqrt{3}\,u$$

←⑧の左式からの式
$u^2+v^2=-\sqrt{3}\,v-u$
を右式からの不等式
$0\leqq -v\leqq\dfrac{\sqrt{3}}{2}(u^2+v^2)$
に代入すると、
$v\leqq 0,\ v\leqq -\sqrt{3}\,u$。
⑨についても同様。

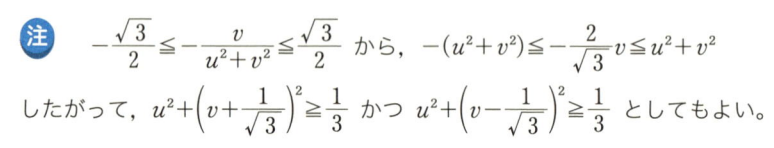

となる。よって、Q の描く図形は 解答 (2)の通り。

**注** $-\dfrac{\sqrt{3}}{2}\leqq -\dfrac{v}{u^2+v^2}\leqq\dfrac{\sqrt{3}}{2}$ から、$-(u^2+v^2)\leqq -\dfrac{2}{\sqrt{3}}v\leqq u^2+v^2$

したがって、$u^2+\left(v+\dfrac{1}{\sqrt{3}}\right)^2\geqq\dfrac{1}{3}$ かつ $u^2+\left(v-\dfrac{1}{\sqrt{3}}\right)^2\geqq\dfrac{1}{3}$ としてもよい。

**参考**

(1)で直線 AB を原点と E(1) を結ぶ線分 OE の垂直二等分線と考えると、直線 AB は $|z|=|z-1|$ と表される。直線 AC, BC は直線 AB を原点中心に $\dfrac{2}{3}\pi$, $-\dfrac{2}{3}\pi$ 回転した直線であるから、E を原点中心に $\dfrac{2}{3}\pi$, $-\dfrac{2}{3}\pi$ 回転した点 F$\left(\dfrac{-1+\sqrt{3}\,i}{2}\right)$, G$\left(-\dfrac{1+\sqrt{3}\,i}{2}\right)$ をとると、AC, BC はそれぞれ線分 OF, OG の垂直二等分線として、$|z|=\left|z-\dfrac{-1+\sqrt{3}\,i}{2}\right|$, $|z|=\left|z+\dfrac{1+\sqrt{3}\,i}{2}\right|$ と表される。これらを利用して、AB, AC, BC の像を求めることもできる。

# 216 複素数平面におけるいろいろな変換

複素数平面上で中心が 1, 半径 1 の円を $C$ とする。

(1) $C$ 上の点 $z=1+\cos t+i\sin t$ $(-\pi<t<\pi)$ について，$z$ の絶対値および偏角を $t$ を用いて表せ。また，$\dfrac{1}{z^2}$ を極形式で表せ。

(2) $z$ が円 $C$ 上の 0 でない点を動くとき，$w=\dfrac{2i}{z^2}$ は複素数平面上で放物線を描くことを示し，この放物線を図示せよ。 　　　　　　　　　　（金沢大）

**精講** (2) $w=x+yi$ $(x,\ y$ は実数$)$ とおくと，パラメタ表示された点の軌跡を求める標準的な計算をするだけで解決します。

**解答** (1) $z=1+\cos t+i\sin t$ $(-\pi<t<\pi)$ ……①
のとき，

$$z=2\cos^2\dfrac{t}{2}+2i\sin\dfrac{t}{2}\cos\dfrac{t}{2}$$
$$=2\cos\dfrac{t}{2}\left(\cos\dfrac{t}{2}+i\sin\dfrac{t}{2}\right)$$

において，$\cos\dfrac{t}{2}>0$ であるから，　　　　　←$-\dfrac{\pi}{2}<\dfrac{t}{2}<\dfrac{\pi}{2}$ より。

$$|z|=2\cos\dfrac{t}{2},\ \arg z=\dfrac{t}{2}$$

である。また，

$$\dfrac{1}{z^2}=\dfrac{1}{4\cos^2\dfrac{t}{2}\left(\cos\dfrac{t}{2}+i\sin\dfrac{t}{2}\right)^2}$$
$$=\dfrac{1}{4\cos^2\dfrac{t}{2}}\{\cos(-t)+i\sin(-t)\}\ \cdots\cdots②$$

←ド・モアブルの定理より
$\dfrac{1}{\left(\cos\dfrac{t}{2}+i\sin\dfrac{t}{2}\right)^2}$
$=\left(\cos\dfrac{t}{2}+i\sin\dfrac{t}{2}\right)^{-2}$
$=\cos(-t)+i\sin(-t)$

が求める極形式である。

(2) $C$ 上の 0 でない点 $z$ はすべて①で表される。
②より

$$w=\dfrac{2i}{z^2}=\dfrac{2i}{4\cos^2\dfrac{t}{2}}\{\cos(-t)+i\sin(-t)\}$$

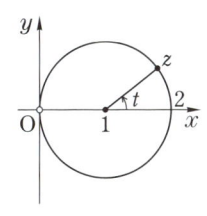

$$= \frac{1}{2\cos^2\frac{t}{2}}(\sin t + i\cos t)$$

であるから，
$$w = x + yi \quad (x, y \text{ は実数})$$
とおくと，

$$x = \frac{\sin t}{2\cos^2\frac{t}{2}} = \frac{2\sin\frac{t}{2}\cos\frac{t}{2}}{2\cos^2\frac{t}{2}} = \tan\frac{t}{2}$$

$$y = \frac{\cos t}{2\cos^2\frac{t}{2}} = \frac{2\cos^2\frac{t}{2} - 1}{2\cos^2\frac{t}{2}}$$

$$= 1 - \frac{1}{2} \cdot \frac{1}{\cos^2\frac{t}{2}} = 1 - \frac{1}{2}\left(1 + \tan^2\frac{t}{2}\right)$$

$$= -\frac{1}{2}\tan^2\frac{t}{2} + \frac{1}{2}$$

である。これより，

$$y = -\frac{1}{2}x^2 + \frac{1}{2} \quad \cdots\cdots ③$$

であり，$-\frac{\pi}{2} < \frac{t}{2} < \frac{\pi}{2}$ において $x = \tan\frac{t}{2}$ はすべての実数値をとるので，$w$ は放物線③（右図の実線部分）を描く。

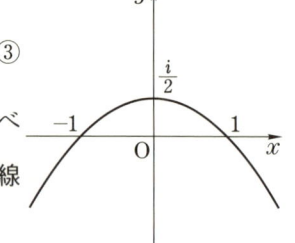

類題 7　→ 解答 p.354

　0 でない複素数 $z$ に対して，$w = u + iv$ を
$$w = \frac{1}{2}\left(z + \frac{1}{z}\right)$$
とするとき，次の問いに答えよ。ただし，$u, v$ は実数，$i$ は虚数単位である。

(1) 複素数平面上で，$z$ が単位円 $|z| = 1$ 上を動くとき，$w$ はどのような曲線を描くか。$u, v$ が満たす曲線の方程式を求め，その曲線を図示せよ。

(2) 複素数平面上で，$z$ が実軸からの偏角 $\alpha \left(0 < \alpha < \frac{\pi}{2}\right)$ の半直線上を動くとき，$w$ はどのような曲線を描くか。$u, v$ が満たす曲線の方程式を求め，その曲線を図示せよ。

(神戸大)

# 217 2つの動点から定まる領域

複素数 $\alpha, \beta$ は $|\alpha-1|=1, |\beta-i|=1$ を満たす。
(1) $\alpha+\beta$ が存在する範囲を複素数平面上に図示せよ。
(2) $(\alpha-1)(\beta-1)$ が存在する範囲を複素数平面上に図示せよ。　　(一橋大)

**精講**　$\alpha, \beta$ は互いに関係なく動けますから、この種の問題の解決法の一つ「まず一方の点を固定して調べる」が役に立ちます。(1)では、$z=\alpha+\beta$ とおいて、一方を固定したときに $z$ が満たす式が表す図形を考えて、次に固定した方の点を動かしたときのその図形の動きを追うことになります。(2)では $|\alpha-1|=1$ に着目して、$(\alpha-1)(\beta-1)$ と $\beta-1$ の位置関係を考えましょう。

**解答**　(1) $|\alpha-1|=1$ ……①　$|\beta-i|=1$ ……②
$z=\alpha+\beta$ とおく。

まず、$\alpha$ を固定して、$\beta$ を動かしたときに $z$ が描く図形を求める。$\beta=z-\alpha$ を②に代入すると
$$|z-\alpha-i|=1 \quad \therefore \quad |z-(\alpha+i)|=1$$
となるから、$z$ は中心が $\alpha+i$、半径が $1$ の円 $C$ 上を動く。

← たとえば $\alpha=2$ のとき $z=2+\beta$ となるので、$z$ の満たす式は $\beta=z-2$ を②に代入して、$|z-2-i|=1$ となる。

次に、$\alpha$ を動かすと、①より $\alpha$ は中心が $1$、半径が $1$ の円上を動くので、$C$ の中心 $\alpha+i$ は中心が $1+i$、半径が $1$ の円 $D$ 上を動く。

したがって、$z=\alpha+\beta$ が存在する範囲は、$D$ 上に中心をもつ半径 $1$ の円 $C$ が通りうる部分、すなわち、中心が $1+i$、半径が $2$ の円の内部および周（右図の網目部分）である。

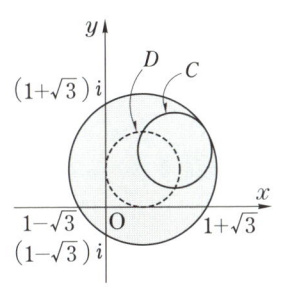

(2) $w=(\alpha-1)(\beta-1)$ とおく。

まず、$\beta$ を固定して $\alpha$ を変化させたとき、①より
$$\alpha-1=\cos\theta+i\sin\theta \quad (0\leqq\theta<2\pi)$$
と表されて、
$$w=(\beta-1)(\cos\theta+i\sin\theta)$$
となるので、$w$ は $\beta-1$ を原点を中心として $\theta$ だけ回転した点である。

← ⇨ 参考 参照。

ここで、$\theta$ は $0$ から $2\pi$ まで変化するので、$w$ は中

心が原点，半径が$|\beta-1|$の円$E$上を動く。

次に，$\beta$が②上を動くとき，$E$の半径$|\beta-1|$のとりうる値を調べる。

$$|\beta-1|=(1と\betaとの距離)$$

であるから，$|\beta-1|$の最大値は，$1$, $i$, $\beta$の順に一直線上に並ぶときで，$|1-i|+1=\sqrt{2}+1$，最小値は，$1$, $\beta$, $i$の順に一直線上に並ぶときで，$|1-i|-1=\sqrt{2}-1$ である。

以上より，$w$が通り得る部分は中心が原点，半径が$\sqrt{2}+1$，$\sqrt{2}-1$ の2つの円にはさまれた，境界を含む円環領域（右図の網目部分）である。

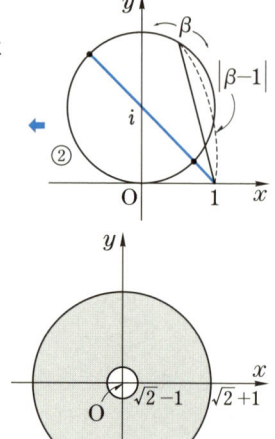

### 参考

(2)において，まず$\beta$を動かすと考えると，$\beta-1$は円②を$-1$だけ平行移動した円 $F:|z-(-1+i)|=1$ 上を動く。次に，①より

$$\alpha-1=\cos\theta+i\sin\theta\ (0\leq\theta<2\pi)$$

とするとき，

$$w=(\alpha-1)(\beta-1)=(\beta-1)(\cos\theta+i\sin\theta)$$

であるから，$w$は円$F$を原点を中心にして$\theta$だけ回転した円$G$上を動く。

さらに，$\theta$が$0\leq\theta<2\pi$で変わるとき，$w$の通り得る範囲は円$G$の通り得る範囲に等しいので，右図の網目部分である。

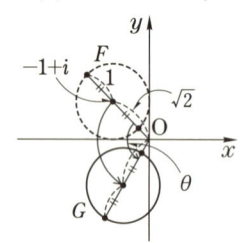

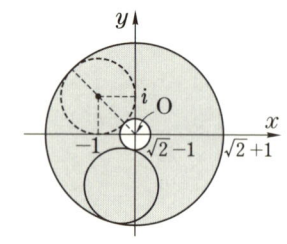

**類題8** → 解答 p.355

複素数平面上で，点$1$と点$i$を結ぶ線分を$l$とする。ただし，$i$は虚数単位で，点$1$と点$i$は$l$に含まれる。点$z_1$と点$z_2$が$l$上を動くとき，次の問いに答えよ。

(1) 点$z_1+z_2$の動く範囲を図示せよ。

(2) 点$z_1 z_2$の動く範囲を図示せよ。

（横浜国大*）

## 218 複素数の数列から定まる点列

$i$ を虚数単位とする。$z_1=3$ および，漸化式 $z_{n+1}=(1+i)z_n+i$ $(n\geqq 1)$ によって定まる複素数からなる数列 $\{z_n\}$ について，以下の問いに答えよ。

(1) $z_n$ を求めよ。
(2) すべての正の整数 $m$ について，$z_{8m-7}=2^{4m-2}-1$ となることを示せ。
(3) 複素数 $z_n$ が表す複素数平面の点を $P_n$ とする。$P_n$，$P_{n+1}$，$P_{n+2}$ を3頂点とする三角形の面積を求めよ。

（名古屋大）

**精講** (1) 複素数の数列においても，等比数列の和の公式，漸化式の処理法などは実数の場合と同様に通用します。

(3) (1)において $z_n$ を求めるために与えられた漸化式を書き直したはずです。書き直した式から $P_{n+1}$ と $P_n$ の図形的な関係を読み取ることができます。

**解答** (1) $z_{n+1}=(1+i)z_n+i$ より，

$$z_{n+1}+1=(1+i)(z_n+1) \quad \cdots\cdots ①$$

であるから，数列 $\{z_n+1\}$ は公比 $1+i$ の等比数列である。したがって

$$z_n+1=(1+i)^{n-1}(z_1+1)$$

$\therefore$ $z_n=4(1+i)^{n-1}-1$

である。

← 漸化式 $a_{n+1}=pa_n+q$ （$p$, $q$ は定数，$p\neq 1$）においては，$c=pc+q$ となる $c=\dfrac{q}{1-p}$ をとると，$\{a_n-c\}$ は等比数列になることは複素数の数列でも成り立つ。

← $z_1=3$ より。

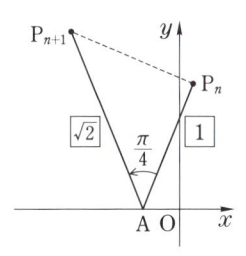

(2) $(1+i)^2=2i$, $(1+i)^4=-4$, $(1+i)^8=16$ より

$$z_{8m-7}=4(1+i)^{8m-8}-1$$
$$=4\{(1+i)^8\}^{m-1}-1=4\cdot 16^{m-1}-1$$
$$=2^{4m-2}-1$$

である。

← $(1+i)^4=(2i)^2=-4$

← 参考 1°参照。

(3) ①より

$$z_{n+1}+1=\sqrt{2}\left(\cos\frac{\pi}{4}+i\sin\frac{\pi}{4}\right)(z_n+1)$$

であるから，点 $A(-1)$ を中心として $P_n(z_n)$ を $\dfrac{\pi}{4}$ 回転し，さらに A を中心として $\sqrt{2}$ 倍に拡大した点が $P_{n+1}(z_{n+1})$ である。

したがって，点Aを中心として，$\triangle P_n P_{n+1} P_{n+2}$ $(n=1, 2, \cdots)$ を $\dfrac{\pi}{4}$ 回転し，さらにAを中心として $\sqrt{2}$ 倍に拡大すると $\triangle P_{n+1} P_{n+2} P_{n+3}$ となるので，これらの三角形は相似で，相似比は $1:\sqrt{2}$ である。これより，$\triangle P_n P_{n+1} P_{n+2}$ の面積を $S_n$ とおくと，
$$S_{n+1}=(\sqrt{2})^2 S_n = 2S_n \qquad \cdots\cdots ②$$
が成り立つ。

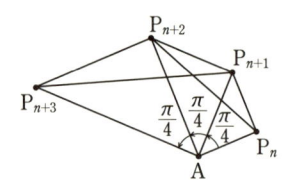

右上図において，$P_n P_{n+1} /\!/ AP_{n+2}$ であるから，
$$S_n = \triangle P_n P_{n+1} P_{n+2} = \triangle AP_n P_{n+1}$$
である。特に
$$S_1 = \triangle AP_1 P_2 = \dfrac{1}{2} \cdot 4^2 = 8 \qquad \cdots\cdots ③$$
である。②, ③より
$$S_n = 2^{n-1} S_1 = 2^{n-1} \cdot 8 = \boldsymbol{2^{n+2}}$$
である。

← $\triangle AP_n P_{n+1}$ は $\angle AP_n P_{n+1} = \dfrac{\pi}{2}$ の直角二等辺三角形である。

← $\triangle AP_1 P_2$ は $\angle AP_1 P_2 = \dfrac{\pi}{2}$ の直角二等辺三角形で，$AP_1 = 4$ である。

←参考 2°参照。

## 参考

1° (2)では，$1+i = 2^{\frac{1}{2}}\left(\cos \dfrac{\pi}{4} + i \sin \dfrac{\pi}{4}\right)$ と表すと，ド・モアブルの定理から
$$z_{8m-7} = 4\left\{2^{\frac{1}{2}}\left(\cos \dfrac{\pi}{4} + i \sin \dfrac{\pi}{4}\right)\right\}^{8(m-1)} - 1$$
$$= 2^2 \cdot 2^{4(m-1)}\{\cos 2(m-1)\pi + i \sin 2(m-1)\pi\} - 1 = 2^{4m-2} - 1$$
となる。

2° $\triangle AP_n P_{n+1}$ は $\angle AP_n P_{n+1} = \dfrac{\pi}{2}$ の直角二等辺三角形であり，$AP_{n+1} = \sqrt{2} AP_n$ より $AP_n = (\sqrt{2})^{n-1} AP_1 = (\sqrt{2})^{n-1} \cdot 4 = 2^{\frac{n+3}{2}}$ である。
したがって，$\triangle P_n P_{n+1} P_{n+2}$ において，
$P_n P_{n+1} = AP_n = 2^{\frac{n+3}{2}}$, $P_{n+1} P_{n+2} = AP_{n+1} = 2^{\frac{n+4}{2}}$, $\angle P_n P_{n+1} P_{n+2} = \dfrac{3}{4}\pi$
であるから，
$$S_n = \dfrac{1}{2} \cdot P_n P_{n+1} \cdot P_{n+1} P_{n+2} \sin \dfrac{3}{4}\pi = \dfrac{1}{2} \cdot 2^{\frac{n+3}{2}} \cdot 2^{\frac{n+4}{2}} \cdot \dfrac{\sqrt{2}}{2} = 2^{n+2}$$
である。

# 第3章 数列の極限と関数の極限

## 301 無限等比級数

(1) 半径1の円に内接する6個の半径の等しい円を図1のように描く。さらに図2のように6個の小さな半径の等しい円を描く。この操作を無限に繰り返したとき，6個ずつ次々に描かれる円の面積の総和 $S_2$ と，それらの円の円周の長さの総和 $C_2$ を求めよ。

(2) (1)で6個の円を次々に描いていった。一般に，自然数 $n \geqq 2$ に対して $3n$ 個の円を用いて同様の操作を行うとき，描かれる円の面積の総和 $S_n$ と，それらの円の円周の長さの総和 $C_n$ を求めよ。

(3) 数列 $S_2$, $S_3$, $S_4$, …… の極限値を求めよ。

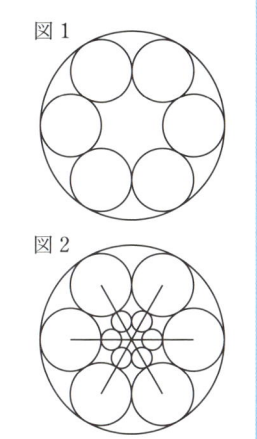

(東京工大)

図1

図2

**精講**　(1) 図1の6個の円の中から隣り合う2つの円を取り出すと，それらが外接し，さらに，いずれも大きな円に内接する条件から，その半径が決まります。図2の小円の半径については，それらが内接する円の半径に着目すると，図1の6個の円の半径との比がわかります。(2)でも同じように考えます。求める総和はすべて無限等比級数の和として得られますから，次を確認しておきましょう。

無限等比級数 $\sum_{n=1}^{\infty} ar^{n-1}$ ……(*)　の収束・発散

$a \neq 0$ のとき　$|r|<1$ ならば収束し，その和は $\dfrac{a}{1-r}$ である。

　　　　　　　$|r| \geqq 1$ ならば発散する。

$a=0$ のとき　収束し，その和は0である。

(3)では，次の三角関数の基本的な極限に帰着させるだけです。

$$\lim_{\theta \to 0} \frac{\sin \theta}{\theta} = 1, \quad a \text{ が定数のとき} \quad \lim_{\theta \to 0} \frac{\sin a\theta}{\theta} = a$$

**解答** (1) 半径 1 の円の中心を O, 隣り合う 2 つの小円の中心を A, B, 接点を C とし, D, E を右図のように定める。小円の半径を $a$ とおくと, $\angle AOC = \dfrac{1}{2} \cdot \dfrac{2\pi}{6} = \dfrac{\pi}{6}$ であり,

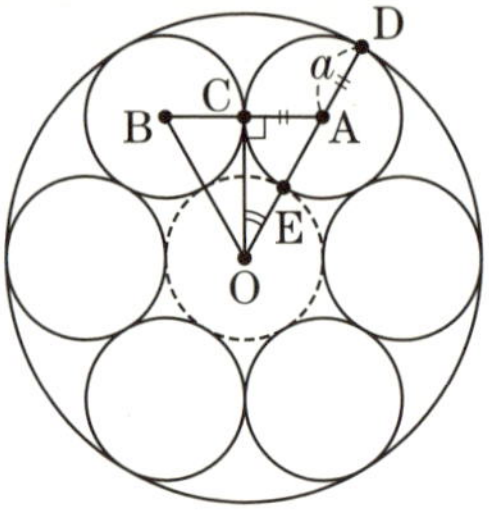

$$OA \sin \dfrac{\pi}{6} = AC$$

$\therefore \quad (1-a) \cdot \dfrac{1}{2} = a \quad \therefore \quad a = \dfrac{1}{3}$

である。次の小円は中心 O, 半径 $OE = 1 - 2a = \dfrac{1}{3}$ の円に内接するから, その半径は $\dfrac{1}{3}a = \left(\dfrac{1}{3}\right)^2$ である。さらに, $k$ 回目の小円の半径, 面積, 円周の長さはそれぞれ

$$\left(\dfrac{1}{3}\right)^k, \quad \pi\left\{\left(\dfrac{1}{3}\right)^k\right\}^2 = \left(\dfrac{1}{9}\right)^k \pi, \quad 2\pi \left(\dfrac{1}{3}\right)^k$$

である。したがって,

$$S_2 = \sum_{k=1}^{\infty} 6 \cdot \left(\dfrac{1}{9}\right)^k \pi = 6\pi \cdot \dfrac{1}{9} \cdot \dfrac{1}{1 - \dfrac{1}{9}} = \dfrac{3}{4}\pi$$

$$C_2 = \sum_{k=1}^{\infty} 6 \cdot 2\pi \left(\dfrac{1}{3}\right)^k = 12\pi \cdot \dfrac{1}{3} \cdot \dfrac{1}{1 - \dfrac{1}{3}} = 6\pi$$

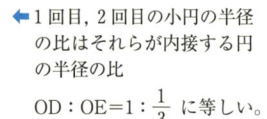

である。

← 1回目, 2回目の小円の半径の比はそれらが内接する円の半径の比 $OD : OE = 1 : \dfrac{1}{3}$ に等しい。

← 同じ大きさの小円は 6 個ずつある。よって, $S_2$ は初項 $6 \cdot \dfrac{1}{9}\pi$, 公比 $\dfrac{1}{9}$ の無限等比級数となる。

(2) (1)と同様に隣り合う 2 つの小円を取り出し, その半径を $r$ とおき, $\angle A'OC' = \theta$ とおくと

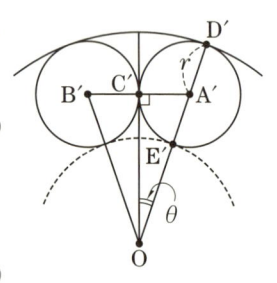

$$\theta = \dfrac{1}{2} \angle A'OB' = \dfrac{1}{2} \cdot \dfrac{2\pi}{3n} = \dfrac{\pi}{3n} \quad \cdots\cdots ①$$

であり,

$$OA' \sin\theta = A'C'$$

$\therefore \quad (1-r)\sin\theta = r \quad \therefore \quad r = \dfrac{\sin\theta}{1 + \sin\theta} \quad \cdots\cdots ②$

である。次の小円は半径 $OE' = 1 - 2r$ の円に内接することになるから, その半径は $(1-2r)r$ である。さらに, $k$ 回目の小円の半径は $(1-2r)^{k-1} r$ であり, 面積は

← 1回目, 2回目の小円の半径の比は, それらが内接する円の半径の比 $OD' : OE' = 1 : 1-2r$ に等しい。

$$\pi\{(1-2r)^{k-1}r\}^2 = \pi r^2\{(1-2r)^2\}^{k-1}$$

円周の長さは
$$2\pi(1-2r)^{k-1}r = 2\pi r(1-2r)^{k-1}$$

である。②より, $0 < 1-2r < 1$ であるから, $S_n$ は初項 $3n\pi r^2$, 公比 $(1-2r)^2$ の, $C_n$ は初項 $6n\pi r$, 公比 $1-2r$ の無限等比級数であり

⬅ $1-2r = \dfrac{1-\sin\theta}{1+\sin\theta}$

⬅ 同じ大きさの小円は $3n$ 個ずつある。

$$S_n = 3n\pi r^2 \cdot \frac{1}{1-(1-2r)^2} = \frac{3n\pi r}{4(1-r)}$$
$$= \frac{3}{4}n\pi\sin\frac{\pi}{3n} \quad\quad \cdots\cdots ③$$

⬅ ②の左の式から,
$\dfrac{r}{1-r} = \sin\theta = \sin\dfrac{\pi}{3n}$

$$C_n = 6n\pi r \cdot \frac{1}{1-(1-2r)} = 3n\pi$$

である。

(3) ①より $n = \dfrac{\pi}{3\theta}$ であるから, ③は

$$S_n = \frac{3}{4} \cdot \frac{\pi}{3\theta} \cdot \pi\sin\theta = \frac{\pi^2}{4} \cdot \frac{\sin\theta}{\theta}$$

となる。$n \to \infty$ のとき $\theta \to 0$ より

$$\lim_{n\to\infty} S_n = \lim_{\theta\to 0} \frac{\pi^2}{4} \cdot \frac{\sin\theta}{\theta} = \frac{\pi^2}{4}$$

⬅ 三角関数の基本的な極限
$\lim_{\theta\to 0}\dfrac{\sin\theta}{\theta} = 1$

である。

類題 9  → 解答 p.356

1辺の長さが $a$ の正三角形 $D_0$ から出発して, 多角形 $D_1$, $D_2$, ……, $D_n$, …… を次のように定める。

(i) AB を $D_{n-1}$ の1辺とする。辺 AB を3等分し, その分点をAに近い方から P, Q とする。
(ii) PQ を1辺とする正三角形 PQR を $D_{n-1}$ の外側に作る。
(iii) 辺 AB を折れ線 APRQB でおき換える。

$D_{n-1}$ のすべての辺に対して(i)～(iii)の操作を行って得られる多角形を $D_n$ とする。

(1) $D_n$ の周の長さ $L_n$ を $a$ と $n$ で表せ。
(2) $D_n$ の面積 $S_n$ を $a$ と $n$ で表せ。
(3) $\lim_{n\to\infty} S_n$ を求めよ。

(北海道大)

## 302 $\lim_{n \to \infty} nr^n = 0$ $(|r|<1)$ と $\lim_{n \to \infty} \sum_{k=1}^{n} kr^k$

数列 $\{a_m\}$（ただし $a_m = m$ とする）に対し $b_n = \sum_{m=1}^{n} a_m$ とおく。

(1) $0 < r < 1$ とするとき，$\lim_{n \to \infty} nr^n = 0$ および $\lim_{n \to \infty} n^2 r^n = 0$ となることを証明せよ。

(2) $S_m = a_1 r + a_2 r^2 + \cdots + a_m r^m$，$T_n = b_1 r + b_2 r^2 + \cdots + b_n r^n$ とおくとき，$\lim_{m \to \infty} S_m$ および $\lim_{n \to \infty} T_n$ を求めよ。

(東京工大)

**精講** (1) $0 < r < 1$ のとき，$r = \dfrac{1}{1+h}$ $(h > 0)$ と表すことができます。

そこで，$n^2 r^n = \dfrac{n^2}{(1+h)^n}$ において，二項定理を用いて

$(1+h)^n \geqq (正の定数) \times \{n^3 + (n \text{ の } 2 \text{ 次以下の式})\}$

のような不等式を導くことができれば，$\lim_{n \to \infty} n^2 r^n = 0$ がわかります。

**解答** (1) $0 < r < 1$ のとき，

$$r = \frac{1}{1+h} \ (h > 0) \quad \cdots\cdots ①$$

とおける。二項定理より，$n \geqq 3$ のとき

$$(1+h)^n = \sum_{k=0}^{n} {}_nC_k h^k$$
$$\geqq 1 + {}_nC_1 h + {}_nC_2 h^2 + {}_nC_3 h^3$$
$$> {}_nC_3 h^3 = \frac{1}{6} n(n-1)(n-2) h^3 > 0$$

であるから，逆数をとると

$$\frac{1}{(1+h)^n} < \frac{6}{n(n-1)(n-2) h^3} \quad \cdots\cdots ②$$

となる。①，②より

$$0 < n^2 r^n = \frac{n^2}{(1+h)^n}$$
$$< \frac{6n^2}{n(n-1)(n-2) h^3} = \frac{1}{n} \cdot \frac{6}{\left(1 - \dfrac{1}{n}\right)\left(1 - \dfrac{2}{n}\right) h^3}$$
$$\cdots\cdots ③$$

← $r^n = \dfrac{1}{(1+h)^n}$ を評価する（すなわち，値の範囲を不等式で抑え込む）ための準備である。

← $\lim_{n \to \infty} nr^n = 0$ だけを示すには，
$(1+h)^n > {}_nC_2 h^2$
$= \dfrac{1}{2} n(n-1) h^2$
を用いると十分である。

であり，

$n \to \infty$ のとき，（③の右辺）$\to 0$

であるから，はさみ打ちの原理より

$$\lim_{n\to\infty} n^2 r^n = 0 \quad \cdots\cdots ④$$

である。また，

$$\lim_{n\to\infty} nr^n = \lim_{n\to\infty} \frac{1}{n} \cdot n^2 r^n = 0 \cdot 0 = 0 \quad \cdots\cdots ⑤$$

である。　　　　　　　　　　　　　（証明おわり）

← はさみ打ちの原理：
数列 $\{a_n\}$, $\{b_n\}$, $\{c_n\}$ において，$a_n \leq b_n \leq c_n$
$(n = 1,\ 2,\ 3,\ \cdots\cdots)$
であり，
$\lim_{n\to\infty} a_n = \lim_{n\to\infty} c_n = \alpha$
であるならば，
$\lim_{n\to\infty} b_n = \alpha$
が成り立つ。

(2) $a_m = m$ より，

$$b_n = \sum_{m=1}^{n} a_m = 1 + 2 + \cdots\cdots + n = \frac{1}{2}n(n+1)$$

である。

(ⅰ) $r \geq 1$ のとき，

$$S_m = r + 2r^2 + \cdots\cdots + mr^m$$
$$\geq 1 + 2 + \cdots\cdots + m = \frac{1}{2}m(m+1)$$
$$T_n = b_1 r + b_2 r^2 + \cdots\cdots + b_n r^n$$
$$\geq b_1 + b_2 + \cdots\cdots + b_n$$
$$\geq b_n = \frac{1}{2}n(n+1)$$

← $b_1 + b_2 + \cdots\cdots + b_n$
$= \sum_{m=1}^{n} \frac{1}{2}m(m+1)$
$= \frac{1}{6}n(n+1)(n+2)$
を用いてもよい。

であるから，

$$\lim_{m\to\infty} S_m = \infty, \quad \lim_{n\to\infty} T_n = \infty$$

である。

ここで，$r \neq 1$ のとき，$S_m$, $T_n$ を求める。

$$S_m = r + 2r^2 + \cdots\cdots\quad\quad + mr^m \quad \cdots\cdots ⑥$$
$$rS_m = \quad\quad r^2 + 2r^3 + \cdots\cdots + (m-1)r^m + mr^{m+1}$$
$$\cdots\cdots ⑦$$

← $S_m$ については，⇨ 参考 参照。

であるから，⑥−⑦ より

$$(1-r)S_m = r + r^2 + \cdots\cdots + r^m - mr^{m+1}$$
$$\therefore\quad S_m = \frac{r(1-r^m)}{(1-r)^2} - \frac{mr^{m+1}}{1-r} \quad \cdots\cdots ⑧$$

← $r + r^2 + \cdots\cdots + r^m$
$= \frac{r(1-r^m)}{1-r}$ $(r \neq 1)$ を用いた。

である。また，

$$b_1 = 1, \quad b_m - b_{m-1} = m \ (m \geq 2)$$

であることに注意すると，

← $b_m = 1 + 2 + \cdots\cdots$
$\quad\quad\quad + (m-1) + m$
$= b_{m-1} + m$ より。

$$T_n = b_1 r + b_2 r^2 + \cdots\cdots + b_n r^n \qquad \cdots\cdots ⑨$$
$$rT_n = \qquad b_1 r^2 + \cdots\cdots + b_{n-1} r^n + b_n r^{n+1}$$
$$\qquad\qquad\qquad\qquad\qquad\qquad\qquad \cdots\cdots ⑩$$

であるから，⑨－⑩ より

$$(1-r)T_n = r + 2r^2 + \cdots\cdots + nr^n - b_n r^{n+1}$$
$$= S_n - \frac{1}{2}n(n+1)r^{n+1}$$
$$\therefore \quad T_n = \frac{r(1-r^n)}{(1-r)^3} - \frac{nr^{n+1}}{(1-r)^2} - \frac{n(n+1)r^{n+1}}{2(1-r)}$$
$$\cdots\cdots ⑪$$

←⑧より
$$S_n = \frac{r(1-r^n)}{(1-r)^2} - \frac{nr^{n+1}}{1-r}$$

である。

以下，(ii) $-1 < r < 1$，(iii) $r = -1$，(iv) $r < -1$ の場合に分けて調べる。

(ii) $-1 < r < 1$ のとき，$|r| < 1$ であるから，④，⑤ より

$$\lim_{m \to \infty} |mr^{m+1}| = \lim_{m \to \infty} m|r|^m \cdot |r| = 0 \cdot |r| = 0$$
$$\lim_{n \to \infty} |n(n+1)r^{n+1}|$$
$$= \lim_{n \to \infty} (n^2 |r|^n + n|r|^n)|r| = 0 \cdot |r| = 0$$

←同様に
$$\lim_{n \to \infty} |nr^{n+1}| = 0$$

である。したがって，⑧，⑪より

$$\lim_{m \to \infty} S_m = \frac{r}{(1-r)^2}, \quad \lim_{n \to \infty} T_n = \frac{r}{(1-r)^3}$$

である。

(iii) $r = -1$ のとき，⑧，⑪ より

$$S_m = \frac{(2m+1)(-1)^m - 1}{4}$$
$$T_n = \frac{(2n^2 + 4n + 1)(-1)^n - 1}{8}$$

← $m \to \infty$ のとき，$|S_m| \to \infty$ であるが，$S_m$ の符号は交互に変わる。$n \to \infty$ のとき，$T_n$ についても同様である。

であるから，$S_m$，$T_n$ は振動するので，

$$\lim_{m \to \infty} S_m, \quad \lim_{n \to \infty} T_n \text{ は存在しない。}$$

(iv) $r < -1$ のとき，⑧，⑪ より

$$S_m = \frac{mr^{m+1}}{(1-r)^2}\left\{\frac{1}{m}\left(\frac{1}{r^m} - 1\right) - (1-r)\right\}$$
$$\cdots\cdots ⑫$$

← $m \to \infty$ のとき，$|mr^{m+1}| \to \infty$ であるが，$mr^{m+1}$ の符号は交互に変わる。

$$T_n = \frac{n(n+1)r^{n+1}}{(1-r)^3}\left\{\frac{1}{n(n+1)}\left(\frac{1}{r^n}-1\right)\right.$$
$$\left.-\frac{1-r}{n+1}-\frac{(1-r)^2}{2}\right\} \quad \cdots\cdots ⑬$$

← $n \to \infty$ のとき，$n(n+1)r^{n+1}$ についても同様である。

であり，$m \to \infty$ のとき，

⑫の $\{\ \}$ 内 $\longrightarrow r-1\ (\neq 0)$

また，$n \to \infty$ のとき，

⑬の $\{\ \}$ 内 $\longrightarrow -\dfrac{(1-r)^2}{2}\ (\neq 0)$

であるから，$S_m$，$T_n$ は振動するので，

$\displaystyle\lim_{m\to\infty} S_m$，$\displaystyle\lim_{n\to\infty} T_n$ は存在しない。

### 参考

$S_m$ を整理した形で表すと，⑧などから

$$S_m = \sum_{k=1}^{m} kr^k = \begin{cases} \dfrac{r\{1-(m+1)r^m+mr^{m+1}\}}{(1-r)^2} & (r \neq 1 \text{ のとき}) \\ \dfrac{1}{2}m(m+1) & (r=1 \text{ のとき}) \end{cases}$$

である。

ここで，$r \neq 1$ のとき，$S_m = \displaystyle\sum_{k=1}^{m} kr^k$ の別の求め方を示しておこう。

$$r + r^2 + \cdots\cdots + r^m = \frac{r - r^{m+1}}{1-r}$$

であるから，両辺を $r$ の関数とみて微分すると

$$1 + 2r + \cdots\cdots + mr^{m-1} = \frac{\{1-(m+1)r^m\}(1-r) + r - r^{m+1}}{(1-r)^2}$$
$$= \frac{1-(m+1)r^m + mr^{m+1}}{(1-r)^2}$$

となる。したがって，

$$\sum_{k=1}^{m} kr^k = r + 2r^2 + \cdots\cdots + mr^m$$
$$= r(1 + 2r + \cdots\cdots + mr^{m-1})$$
$$= \frac{r\{1-(m+1)r^m + mr^{m+1}\}}{(1-r)^2}$$

である。

## 303 漸化式で定まる数列の評価と極限

数列 $\{a_n\}$ を $a_1=1$, $a_{n+1}=\sqrt{\dfrac{3a_n+4}{2a_n+3}}$ $(n=1, 2, 3, \cdots\cdots)$ で定める。

(1) $n \geq 2$ のとき，$a_n > 1$ となることを示せ。

(2) $\alpha^2 = \dfrac{3\alpha+4}{2\alpha+3}$ を満たす正の実数 $\alpha$ を求めよ。

(3) すべての自然数 $n$ に対して $a_n < \alpha$ となることを示せ。

(4) $0 < r < 1$ を満たすある実数 $r$ に対して，不等式 $\dfrac{\alpha-a_{n+1}}{\alpha-a_n} \leq r$

$(n=1, 2, 3, \cdots\cdots)$ が成り立つことを示せ。さらに，極限 $\lim\limits_{n\to\infty} a_n$ を求めよ。

(東北大)

### 精講

(3) 数学的帰納法によって示すことになります。そのためには，$\alpha-a_{n+1}$ と $\alpha-a_n$ の関係を調べることが必要ですが，(2)に着目して，$\alpha^2-a_{n+1}^2$ を考えた方が少し楽になります。(3)の計算に現れる式から，(4)の不等式が示されるはずで，そのあとの処理はよく知られたものです。

### 解答

(1) $a_1=1$, $a_{n+1}=\sqrt{\dfrac{3a_n+4}{2a_n+3}}$ ……①

より，$n=1, 2, \cdots\cdots$ に対して，$a_n>0$ であるから，

$$a_{n+1}=\sqrt{1+\dfrac{a_n+1}{2a_n+3}}>1$$

である。したがって，$n \geq 2$ のとき

$$a_n > 1$$

である。　　　　　　　　　　　　　　(証明おわり)

←　$\dfrac{3a_n+4}{2a_n+3}=\dfrac{(2a_n+3)+(a_n+1)}{2a_n+3}$
　　　$=1+\dfrac{a_n+1}{2a_n+3}$

(2) $\alpha^2 = \dfrac{3\alpha+4}{2\alpha+3}$ ……②

より

$$\alpha^2(2\alpha+3)=3\alpha+4$$
$$(\alpha+1)(2\alpha^2+\alpha-4)=0$$

であり，$\alpha>0$ より

$$\alpha = \dfrac{-1+\sqrt{33}}{4}$$

である。

← $\lim\limits_{n\to\infty} a_n$ が存在するとすれば，その極限値は②を満たす $\alpha$ の1つである。

← $2\alpha^3+3\alpha^2-3\alpha-4=0$

(3) $n=1, 2, \cdots$ に対して,
$$a_n < \alpha \qquad \cdots\cdots ③$$
を数学的帰納法で示す。

(I) $a_1 = 1 < \dfrac{-1+\sqrt{33}}{4} = \alpha$ である。

⇐ $\sqrt{33} > \sqrt{25} = 5$ より
$\alpha = \dfrac{-1+\sqrt{33}}{4} > \dfrac{-1+5}{4} = 1$

(II) $n=k$ ($k$ は正の整数) のとき, ③が成り立つ, つまり, $a_k < \alpha$ ……④ とする。

①で $n=k$ とおいて, 両辺を2乗すると
$$a_{k+1}{}^2 = \dfrac{3a_k+4}{2a_k+3} \qquad \cdots\cdots ⑤$$

となる。②−⑤ より
$$\alpha^2 - a_{k+1}{}^2 = \dfrac{3\alpha+4}{2\alpha+3} - \dfrac{3a_k+4}{2a_k+3}$$
$$= \dfrac{(3\alpha+4)(2a_k+3)-(2\alpha+3)(3a_k+4)}{(2\alpha+3)(2a_k+3)}$$
$$= \dfrac{\alpha - a_k}{(2\alpha+3)(2a_k+3)} \qquad \cdots\cdots ⑥$$

⇐ $\alpha - a_{k+1}$
$= \sqrt{\dfrac{3\alpha+4}{2\alpha+3}} - \sqrt{\dfrac{3a_k+4}{2a_k+3}}$
$= \dfrac{\dfrac{3\alpha+4}{2\alpha+3} - \dfrac{3a_k+4}{2a_k+3}}{\sqrt{\dfrac{3\alpha+4}{2\alpha+3}} + \sqrt{\dfrac{3a_k+4}{2a_k+3}}}$
を整理してもよい。

である。したがって, $a_k \geqq 1$ と④より,
$$\alpha^2 - a_{k+1}{}^2 > 0$$
$$(\alpha - a_{k+1})(\alpha + a_{k+1}) > 0$$
$$\therefore \quad \alpha - a_{k+1} > 0$$

⇐ $\alpha + a_{k+1} > 0$ より。

であるから, $n=k+1$ のときにも③は成り立つ。

(I), (II)より, $n=1, 2, \cdots$ に対して, ③が成り立つ。　　　　　　　　　　（証明おわり）

(4) ⑥で, $k=n$ とおいた式の両辺を $(\alpha-a_n)(\alpha+a_{n+1})$ で割ると
$$\dfrac{\alpha - a_{n+1}}{\alpha - a_n} = \dfrac{1}{(2\alpha+3)(2a_n+3)(\alpha+a_{n+1})} \qquad \cdots\cdots ⑦$$

となる。ここで, $\alpha \geqq 1$, $a_n \geqq 1$, $a_{n+1} \geqq 1$ より
$$(⑦の右辺の分母) \geqq 5 \cdot 5 \cdot 2 = 50$$
であるから,
$$\dfrac{\alpha - a_{n+1}}{\alpha - a_n} \leqq \dfrac{1}{50}$$

が成り立つ。これより, たとえば $r = \dfrac{1}{50}$ とすると

$$\frac{\alpha-a_{n+1}}{\alpha-a_n}\leq r \quad \cdots\cdots ⑧$$

が成り立つ。　　　　　　　　　　　（証明おわり）

③と⑧より
$$0<\alpha-a_{n+1}\leq r(\alpha-a_n)$$

←右半分は⑧の分母を払ったものである。

であり，さらに
$$0<\alpha-a_n\leq r(\alpha-a_{n-1})\leq r^2(\alpha-a_{n-2})$$
$$<\cdots\cdots\leq r^{n-1}(\alpha-a_1)$$
$$\therefore\quad 0<\alpha-a_n\leq r^{n-1}(\alpha-1) \quad \cdots\cdots ⑨$$

←$r(\alpha-a_{n-1})\leq r\cdot r(\alpha-a_{n-2})$
$=r^2(\alpha-a_{n-2})$ などから。

である。

$0<r<1$ より $\lim_{n\to\infty}r^{n-1}=0$ であるから，⑨において，はさみ打ちの原理より，
$$\lim_{n\to\infty}(\alpha-a_n)=0$$

←$0\leq\lim_{n\to\infty}(\alpha-a_n)$
$\leq\lim_{n\to\infty}r^{n-1}(\alpha-1)=0$

$$\therefore\quad \lim_{n\to\infty}a_n=\alpha=\frac{-1+\sqrt{33}}{4}$$

である。

### 参考

(4)の極限だけならば，(2)の $\alpha$ を用いて次のように求めることもできる。

$f(x)=\sqrt{\dfrac{3x+4}{2x+3}}$ とおくと，$f'(x)=\dfrac{1}{2}\cdot\dfrac{1}{\sqrt{(3x+4)(2x+3)^3}}$ であるから，

"$x>0$ において，$0<f'(x)<\dfrac{1}{2}\cdot\dfrac{1}{\sqrt{4\cdot 3^3}}=\dfrac{1}{12\sqrt{3}}$ である" $\cdots\cdots(*)$

$a_{n+1}=f(a_n)$，$\alpha=f(\alpha)$ であり，$a_n>0$ $(n=1, 2, \cdots\cdots)$，$\alpha>0$ であるから，平均値の定理を用いると

$$a_{n+1}-\alpha=f(a_n)-f(\alpha)=f'(c)(a_n-\alpha) \quad (c は a_n と \alpha の間の数)$$

となり，$(*)$ より

$$|a_{n+1}-\alpha|=|f'(c)(a_n-\alpha)|=|f'(c)||a_n-\alpha|\leq\frac{1}{12\sqrt{3}}|a_n-\alpha|$$

が導かれる。これより，解答(4)後半と同様に

$$\lim_{n\to\infty}|a_n-\alpha|=0 \quad \therefore\quad \lim_{n\to\infty}a_n=\alpha$$

である。

## 304 数列の極限のグラフによる考察

関数 $f(x)$ を $f(x) = \dfrac{3x^2}{2x^2+1}$ とする。

(1) $0 < x < 1$ ならば,$0 < f(x) < 1$ となることを示せ。

(2) $f(x) - x = 0$ となる $x$ をすべて求めよ。

(3) $0 < \alpha < 1$ とし,数列 $\{a_n\}$ を $a_1 = \alpha$, $a_{n+1} = f(a_n)$ $(n = 1, 2, \cdots\cdots)$ とする。$\alpha$ の値に応じて,$\displaystyle\lim_{n \to \infty} a_n$ を求めよ。　　　　　　　　　　（北海道大）

**精講**　(1), (2)を示したあと,$y = f(x)$ と $y = x$ の関係を調べると,

$0 < x < \dfrac{1}{2}$ のとき　$f(x) < x$

$\dfrac{1}{2} < x < 1$ のとき　$f(x) > x$

であることがわかります。これより,グラフから

(i) $0 < \alpha < \dfrac{1}{2}$ ならば,

$a_1 > a_2 > \cdots\cdots > a_n > \cdots\cdots > 0$

(iii) $\dfrac{1}{2} < \alpha < 1$ ならば,

$a_1 < a_2 < \cdots\cdots < a_n < \cdots\cdots < 1$

を読み取ることができます。しかし,これだけでは $\{a_n\}$ の極限を決めることはできません。

グラフから予想できる極限,すなわち

(i)で $\displaystyle\lim_{n \to \infty} a_n = 0$, (iii)で $\displaystyle\lim_{n \to \infty} a_n = 1$

を示すためには

(i)では $a_{n+1} \leqq r a_n$, (iii)では $1 - a_{n+1} \leqq s(1 - a_n)$

を満たす $n$ によらない,1より小さい正の数 $r$, $s$ の存在を示す必要があります。

**解答**　(1) $0 < x < 1$ のとき

$f(x) = \dfrac{3x^2}{2x^2+1} > 0$

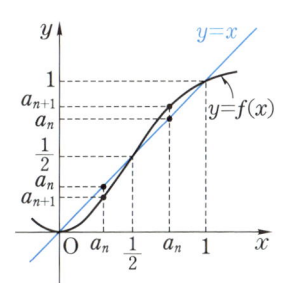

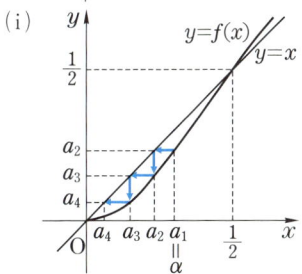

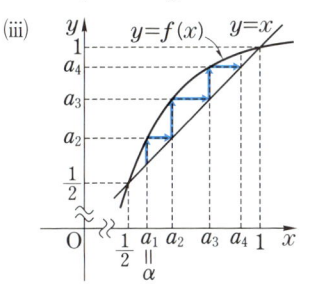

$$1-f(x)=1-\frac{3x^2}{2x^2+1}=\frac{(1-x)(1+x)}{2x^2+1}>0 \quad \cdots\cdots\text{①}$$

$$\therefore \quad 0<f(x)<1 \qquad\qquad\qquad \cdots\cdots\text{②}$$

である。

(2) $f(x)-x=\dfrac{3x^2}{2x^2+1}-x=\dfrac{x(1-x)(2x-1)}{2x^2+1}$

$$\cdots\cdots\text{③}$$

より, $f(x)-x=0$ となる $x$ は

$$x=0, \ \frac{1}{2}, \ 1$$

である。

(3) (i) $0<\alpha<\dfrac{1}{2}$, (ii) $\alpha=\dfrac{1}{2}$, (iii) $\dfrac{1}{2}<\alpha<1$ の場合に分けて調べる。

(i) $0<\alpha<\dfrac{1}{2}$ のとき

$0<x<\dfrac{1}{2}$ のとき, ②, ③より

$$0<f(x)<x \qquad\qquad \cdots\cdots\text{④}$$

であるから, 帰納的に

$0<f(a_n)<a_n \quad \therefore \quad 0<a_{n+1}<a_n$

が示され,

$$0<\cdots\cdots<a_{n+1}<a_n<\cdots\cdots<a_1=\alpha<\frac{1}{2}$$

$$\cdots\cdots\text{⑤}$$

である。

←$0<x<\dfrac{1}{2}$ のとき, ③より $f(x)-x<0$

←④で $x=\alpha$ とおくと $0<f(\alpha)<\alpha$
$\therefore \ 0<a_2<a_1<\dfrac{1}{2}$
次に, ④で $x=a_2$ とおくと $0<f(a_2)<a_2$
$\therefore \ 0<a_3<a_2$
以下も同様。

$g(x)=\dfrac{3x}{2x^2+1}$ とおくと,

$$a_{n+1}=f(a_n)=\frac{3a_n^2}{2a_n^2+1}=g(a_n)a_n \quad \cdots\cdots\text{⑥}$$

であり, $0<x<\dfrac{1}{2}$ において

$$g'(x)=\frac{3(2x^2+1)-3x\cdot 4x}{(2x^2+1)^2}=\frac{3(1-2x^2)}{(2x^2+1)^2}>0$$

より, $g(x)$ は増加するので, ⑤より

$$g(0)<g(a_n)\leqq g(\alpha)<g\!\left(\frac{1}{2}\right) \qquad \cdots\cdots\text{⑦}$$

←$\lim\limits_{n\to\infty}a_n=0$ を示すため, $g(a_n)<r$ ($r$ は 1 より小さい正の数)を導こうとしている。

←等号は $n=1$ のときだけ。

$$\therefore \quad 0 < g(a_n) \leqq g(\alpha) < 1$$

である。$r = g(\alpha)$ とおくと，⑥，⑦ より

$$a_{n+1} = g(a_n) a_n \leqq g(\alpha) a_n = r a_n$$

であるから，$n \geqq 2$ のとき，

$$0 < a_n \leqq r a_{n-1} \leqq \cdots\cdots \leqq r^{n-1} a_1 = r^{n-1} \alpha$$

$$\therefore \quad 0 < a_n \leqq r^{n-1} \alpha$$

となる。$0 < r = g(\alpha) < 1$ であるから，はさみ打ちの原理より

$$\lim_{n \to \infty} a_n = 0$$

← $g(0) = 0$，$g\left(\dfrac{1}{2}\right) = 1$ より。

← $\displaystyle\lim_{n \to \infty} r^{n-1} \alpha = 0$

である。

(ii) $\alpha = \dfrac{1}{2}$ のとき $f\left(\dfrac{1}{2}\right) = \dfrac{1}{2}$ より

$$a_1 = a_2 = \cdots\cdots = a_n = \cdots\cdots = \dfrac{1}{2}$$

であるから，

$$\lim_{n \to \infty} a_n = \dfrac{1}{2}$$

← $a_1 = \alpha = \dfrac{1}{2}$，
$a_2 = f(a_1) = f\left(\dfrac{1}{2}\right)$
$= \dfrac{1}{2}$，あとは同じ。

である。

(iii) $\dfrac{1}{2} < \alpha < 1$ のとき

$\dfrac{1}{2} < x < 1$ のとき，②，③ より

$$x < f(x) < 1$$

← $\dfrac{1}{2} < x < 1$ のとき，③ より
$f(x) - x > 0$

であるから，帰納的に

$$a_n < f(a_n) < 1 \quad \therefore \quad a_n < a_{n+1} < 1$$

← (i)のときと同様に示すことができる。

が示されるので，

$$\dfrac{1}{2} < \alpha = a_1 < \cdots\cdots < a_n < a_{n+1} < \cdots\cdots < 1$$

$$\cdots\cdots ⑧$$

である。

$h(x) = \dfrac{x+1}{2x^2+1}$ とおくと，① より

$$1 - a_{n+1} = 1 - f(a_n) = \dfrac{(1-a_n)(1+a_n)}{2a_n^2 + 1}$$

$$= h(a_n)(1 - a_n) \quad \cdots\cdots ⑨$$

← $1 - f(x)$
$= h(x)(1-x)$

← $\displaystyle\lim_{n \to \infty}(1 - a_n) = 0$ を示すための準備である。

となる。ここで，$\dfrac{1}{2}<x<1$ において，

$$h'(x)=\dfrac{2x^2+1-(x+1)\cdot 4x}{(2x^2+1)^2}$$
$$=\dfrac{-2x^2-4x+1}{(2x^2+1)^2}<0$$

← $x>\dfrac{1}{2}$ のとき，
$-2x^2-4x+1$
$=-2(x+1)^2+3$
$<-2\left(\dfrac{1}{2}+1\right)^2+3<0$

より，$h(x)$ は減少するので，⑧より

$$h\left(\dfrac{1}{2}\right)>h(\alpha)\geqq h(a_n)>h(1)$$

← 等号は $n=1$ のときだけ。

$$\therefore\quad \dfrac{2}{3}<h(a_n)\leqq h(\alpha)<1$$

← $h\left(\dfrac{1}{2}\right)=1,\ h(1)=\dfrac{2}{3}$ より。

である。$s=h(\alpha)$ とおくと，⑨より

$$1-a_{n+1}=h(a_n)(1-a_n)$$
$$\leqq h(\alpha)(1-a_n)=s(1-a_n)$$

であるから，$n\geqq 2$ のとき，

$$0<1-a_n\leqq s(1-a_{n-1})\leqq\cdots$$
$$\cdots\leqq s^{n-1}(1-a_1)=s^{n-1}(1-\alpha)$$

$$\therefore\quad 0<1-a_n\leqq s^{n-1}(1-\alpha)$$

となる。$0<s=h(\alpha)<1$ であるから，はさみ打ちの原理より

← $\dfrac{2}{3}<s<1$

$$\lim_{n\to\infty}(1-a_n)=0 \quad \therefore\quad \lim_{n\to\infty}a_n=1$$

← $\lim_{n\to\infty}s^{n-1}(1-\alpha)=0$

である。


**類題 10** → 解答 p.356

$r$ を $r>1$ である実数とし，数列 $\{a_n\}$ を次で定める。

$$a_1=1,\quad a_{n+1}=\dfrac{a_n+r^2}{a_n+1}$$

(1) $n$ が奇数のとき $a_n<r$，$n$ が偶数のとき $a_n>r$ であることを示せ。
(2) 任意の自然数 $n$ について，$a_{n+2}-r$ を $a_n$ と $r$ を用いて表せ。
(3) 任意の自然数 $n$ について，次の不等式を示せ。

$$\dfrac{a_{2n+2}-r}{a_{2n}-r}<\left(\dfrac{r-1}{r+1}\right)^2$$

(4) $\lim_{n\to\infty}a_{2n}$ および $\lim_{n\to\infty}a_{2n+1}$ を求めよ。

(熊本大)

## 305 数列の上と下からの評価による極限

実数 $x$ に対して,$l \leq x < l+1$ を満たす整数 $l$ を $[x]$ と表す。数列 $\{a_n\}$ を $a_n = \dfrac{n}{[\sqrt{n}\,]}$ $(n=1, 2, 3, \cdots\cdots)$ で定め,$S_n = \sum_{k=1}^{n} a_k$ とおく。

(1) $S_3$,$S_8$ を求めよ。

(2) $S_{m^2-1}$ $(m=2, 3, 4, \cdots\cdots)$ を $m$ の式で表せ。

(3) 数列 $\left\{ \dfrac{S_n}{n^{\frac{3}{2}}} \right\}$ が収束することを示し,その極限値を求めよ。

(横浜国大)

**精講** (1)のヒントから,(2)では分母が一定である項をまとめて考えます。すなわち,正の整数 $l$ に対して,$a_k$ の分母が $l$ であるような $k$ の範囲は

$$[\sqrt{k}\,] = l \text{ より } l \leq \sqrt{k} < l+1,\ l^2 \leq k < (l+1)^2$$

ですから,まず $a_{l^2} + a_{l^2+1} + \cdots\cdots + a_{(l+1)^2-1}$ を求めます。

(3)では,正の整数 $n$ に対して,$m^2 \leq n < (m+1)^2$ となる正の整数 $m$ がただ 1 つ存在することに注意すると,(2)の結果を利用することができます。

**解答** (1) $1 \leq k \leq 3$ のとき $[\sqrt{k}\,] = 1$ であるから,

$$S_3 = \sum_{k=1}^{3} a_k = \sum_{k=1}^{3} \dfrac{k}{[\sqrt{k}\,]} = 1+2+3 = \mathbf{6}$$

← $a_1 = \dfrac{1}{[\sqrt{1}\,]} = \dfrac{1}{1}$,
$a_2 = \dfrac{2}{[\sqrt{2}\,]} = \dfrac{2}{1}$,
$a_3 = \dfrac{3}{[\sqrt{3}\,]} = \dfrac{3}{1}$

である。また,$4 \leq k \leq 8$ のとき,$[\sqrt{k}\,] = 2$ であるから,

$$S_8 = \sum_{k=1}^{8} a_k = S_3 + \sum_{k=4}^{8} \dfrac{k}{[\sqrt{k}\,]}$$
$$= 6 + \dfrac{4+5+6+7+8}{2} = \mathbf{21}$$

← $a_4 = \dfrac{4}{[\sqrt{4}\,]} = \dfrac{4}{2}$,
$a_5 = \dfrac{5}{[\sqrt{5}\,]} = \dfrac{5}{2}$,
などから。

である。

(2) 正の整数 $l$ に対して,

$$[\sqrt{k}\,] = l \iff l^2 \leq k \leq (l+1)^2 - 1 \quad \cdots\cdots ①$$

← $[\sqrt{k}\,] = l \iff l \leq \sqrt{k} < l+1$
$\iff l^2 \leq k < (l+1)^2$
$\iff l^2 \leq k \leq (l+1)^2 - 1$

であり,①のとき,$a_k = \dfrac{k}{[\sqrt{k}\,]} = \dfrac{k}{l}$ であるから,

第3章 数列の極限と関数の極限

$$\sum_{k=l^2}^{(l+1)^2-1} a_k = \sum_{k=l^2}^{(l+1)^2-1} \frac{k}{l} = \frac{1}{l} \sum_{k=l^2}^{(l+1)^2-1} k$$
$$= \frac{1}{l} \cdot \frac{1}{2}(2l+1)\{l^2+(l^2+2l)\}$$
$$=(2l+1)(l+1) \quad \cdots\cdots ②$$

← $\sum_{k=l^2}^{(l+1)^2-1} k$ は初項 $l^2$, 末項 $(l+1)^2-1=l^2+2l$, 項数 $(l+1)^2-1-(l^2-1)=2l+1$ の等差数列の和である。

である。②を $T_l$ とおくとき,
$$S_{m^2-1} = \sum_{k=1}^{m^2-1} a_k = \sum_{l=1}^{m-1} T_l$$
$$= \sum_{l=1}^{m-1}(2l+1)(l+1) = \sum_{l=1}^{m-1}(2l^2+3l+1)$$
$$= \frac{1}{6}(m-1)(4m^2+7m+6) \quad \cdots\cdots ③$$

← $k=1, 2, 3, \cdots\cdots, m^2-1$ に対する和を $k=1^2 \sim 2^2-1$, $k=2^2 \sim 3^2-1$, $\cdots\cdots$, $k=(m-1)^2 \sim m^2-1$ に対する和 $T_1, T_2, \cdots\cdots, T_{m-1}$ に分けた。

となる。

(3) 正の整数 $n$ に対して,
$$m^2 \leq n \leq (m+1)^2-1 < (m+1)^2 \quad \cdots\cdots ④$$
を満たす正の整数 $m$ をとると
$$S_{m^2-1} < S_{m^2} \leq S_n \leq S_{(m+1)^2-1} \quad \cdots\cdots ⑤$$
である。④より
$$\frac{1}{(m+1)^3} < \frac{1}{n^{\frac{3}{2}}} \leq \frac{1}{m^3}$$
であるから, ⑤と結び合わせると,
$$\frac{S_{m^2-1}}{(m+1)^3} < \frac{S_n}{n^{\frac{3}{2}}} \leq \frac{S_{(m+1)^2-1}}{m^3} \quad \cdots\cdots ⑥$$

← 区間 $x \geq 1$ は $1^2 \leq x < 2^2$, $2^2 \leq x < 3^2$, $\cdots\cdots$, $m^2 \leq x < (m+1)^2$, $\cdots\cdots$ に分割されるので, ④を満たす正の整数 $m$ がただ1つ存在する。

← ④より, $m^3 \leq n^{\frac{3}{2}} < (m+1)^3$ 辺々の逆数をとる。

← $m \geq 2, n \geq 4$ と考えてよい。

← $S_{m^2-1} < S_n$, $\frac{1}{(m+1)^3} < \frac{1}{n^{\frac{3}{2}}}$ の辺々をかけ合わせると, $\frac{S_{m^2-1}}{(m+1)^3} < \frac{S_n}{n^{\frac{3}{2}}}$ となり, 他も同様である。

である。$n \to \infty$ のとき, $m \to \infty$ であり,
$$\lim_{m \to \infty} \frac{S_{m^2-1}}{(m+1)^3} = \lim_{m \to \infty} \frac{\left(1-\frac{1}{m}\right)\left(4+\frac{7}{m}+\frac{6}{m^2}\right)}{6\left(1+\frac{1}{m}\right)^3} = \frac{2}{3}$$
$$\lim_{m \to \infty} \frac{S_{(m+1)^2-1}}{m^3} = \lim_{m \to \infty} \frac{1}{6}\left(4+\frac{15}{m}+\frac{17}{m^2}\right) = \frac{2}{3}$$

← ③より, $S_{(m+1)^2-1}$
$= \frac{1}{6}m\{4(m+1)^2 + 7(m+1)+6\}$
$= \frac{1}{6}m(4m^2+15m+17)$

である。したがって, ⑥において, はさみ打ちの原理から,
$$\lim_{n \to \infty} \frac{S_n}{n^{\frac{3}{2}}} = \frac{2}{3}$$
である。

## 306 座標平面上の点列の極限

$0<a<1$ とする。座標平面上で原点 $A_0$ から出発して $x$ 軸の正の方向に $a$ だけ進んだ点を $A_1$ とする。次に，$A_1$ で進行方向を反時計回りに $120°$ 回転し $a^2$ だけ進んだ点を $A_2$ とする。以後同様に $A_{n-1}$ で反時計回りに $120°$ 回転して $a^n$ だけ進んだ点を $A_n$ とする。このとき，点列 $A_0$, $A_1$, $A_2$, …… の極限の座標を求めよ。

（東京工大）

**精講**　$A_n$ の座標を求めるときには，ベクトルを利用して，
$$\overrightarrow{OA_n}=\overrightarrow{A_0A_1}+\overrightarrow{A_1A_2}+\overrightarrow{A_2A_3}+……+\overrightarrow{A_{n-1}A_n}$$
と考えます。次に，右辺に現れるベクトルは3個ごとに同じ向きになっていることに着目します。

また，ベクトルの代わりに複素数を利用することもできます。その場合には，等比数列の和の公式を適用できますので，説明を少し簡潔に済ますことができます。

**解答**　$\overrightarrow{OA_n}=\overrightarrow{A_0A_1}+\overrightarrow{A_1A_2}+……+\overrightarrow{A_{n-1}A_n}$ ……①

　　　　　　　　　　　　　　　　　　　← $A_0=O$ より。

であるから，
$$\overrightarrow{u_k}=\overrightarrow{A_{k-1}A_k} \ (k=1, 2, 3, ……) \ ……②$$
とおいて，$\overrightarrow{u_k}$ について調べる。
$$|\overrightarrow{u_k}|=|\overrightarrow{A_{k-1}A_k}|=a^k$$
であり，$x$ 軸の正の向きから $\overrightarrow{u_k} (k=1, 2, ……)$ までの角は $0°$, $120°$, $240°$ の繰り返しであり，3個目毎に同じ向きのベクトルが現れる。したがって， 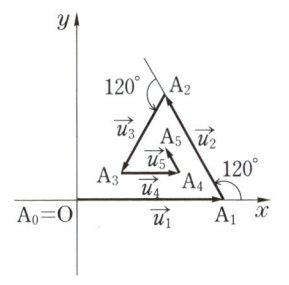
$$\overrightarrow{u_{k+3}}=a^3\overrightarrow{u_k} \qquad ……③$$

← $k=1, 4, ……$ とおくと $\overrightarrow{u_4}=a^3\overrightarrow{u_1}$, $\overrightarrow{u_7}=a^3\overrightarrow{u_4}=(a^3)^2\overrightarrow{u_1}$ …… となる。

が成り立つ。

③より，$l=1, 2, ……$ に対して
$$\begin{cases}\overrightarrow{u_{3l-2}}=\overrightarrow{u_{3(l-1)+1}}=(a^3)^{l-1}\overrightarrow{u_1}\\ \overrightarrow{u_{3l-1}}=\overrightarrow{u_{3(l-1)+2}}=(a^3)^{l-1}\overrightarrow{u_2} \qquad ……(*)\\ \overrightarrow{u_{3l}}=\overrightarrow{u_{3(l-1)+3}}=(a^3)^{l-1}\overrightarrow{u_3}\end{cases}$$

が成り立つので，$m=1, 2, ……$ に対して，①，②より

$$\overrightarrow{OA_{3m}}=\sum_{k=1}^{3m}\overrightarrow{u_k}=\sum_{l=1}^{m}(\overrightarrow{u_{3l-2}}+\overrightarrow{u_{3l-1}}+\overrightarrow{u_{3l}})$$

$$=\sum_{l=1}^{m}\{(a^3)^{l-1}(\overrightarrow{u_1}+\overrightarrow{u_2}+\overrightarrow{u_3})\}$$

$$=\left\{\sum_{l=1}^{m}(a^3)^{l-1}\right\}(\overrightarrow{u_1}+\overrightarrow{u_2}+\overrightarrow{u_3})$$

$$=\frac{1-a^{3m}}{1-a^3}(\overrightarrow{u_1}+\overrightarrow{u_2}+\overrightarrow{u_3}) \quad \cdots\cdots ④$$

← $\sum_{k=1}^{3m}\overrightarrow{u_k}$ において，3個ずつまとめて，
$(\overrightarrow{u_1}+\overrightarrow{u_2}+\overrightarrow{u_3})+(\overrightarrow{u_4}+\overrightarrow{u_5}+\overrightarrow{u_6})$
$+\cdots\cdots+(\overrightarrow{u_{3m-2}}+\overrightarrow{u_{3m-1}}+\overrightarrow{u_{3m}})$
と考えた。

となる。ここで，

$$\overrightarrow{u_1}=\overrightarrow{A_0A_1}=(a,\ 0)$$

$$\overrightarrow{u_2}=\overrightarrow{A_1A_2}=(a^2\cos 120°,\ a^2\sin 120°)=\left(-\frac{a^2}{2},\ \frac{\sqrt{3}}{2}a^2\right)$$

$$\overrightarrow{u_3}=\overrightarrow{A_2A_3}=(a^3\cos 240°,\ a^3\sin 240°)=\left(-\frac{a^3}{2},\ -\frac{\sqrt{3}}{2}a^3\right)$$

であるから，④に戻ると，

$$\overrightarrow{OA_{3m}}=\frac{1-a^{3m}}{1-a^3}\left(\frac{a(1-a)(a+2)}{2},\ \frac{\sqrt{3}\,a^2(1-a)}{2}\right)$$
$$\cdots\cdots ⑤$$

である。また，

$$\overrightarrow{OA_{3m+1}}=\overrightarrow{OA_{3m}}+\overrightarrow{A_{3m}A_{3m+1}}$$
$$=\overrightarrow{OA_{3m}}+a^{3m}\overrightarrow{u_1} \quad \cdots\cdots ⑥$$

← $\overrightarrow{A_{3m}A_{3m+1}}=\overrightarrow{u_{3m+1}}=\overrightarrow{u_{3(m+1)-2}}$
$=a^{3m}\overrightarrow{u_1}$

$$\overrightarrow{OA_{3m+2}}=\overrightarrow{OA_{3m+1}}+\overrightarrow{A_{3m+1}A_{3m+2}}$$
$$=\overrightarrow{OA_{3m}}+a^{3m}\overrightarrow{u_1}+a^{3m}\overrightarrow{u_2} \quad \cdots\cdots ⑦$$

← $\overrightarrow{A_{3m+1}A_{3m+2}}$
$=\overrightarrow{u_{3m+2}}=\overrightarrow{u_{3(m+1)-1}}$
$=a^{3m}\overrightarrow{u_2}$

である。

$0<a<1$ より

$$\lim_{m\to\infty}a^{3m}\overrightarrow{u_1}=\lim_{m\to\infty}a^{3m}\overrightarrow{u_2}=\vec{0}=(0,\ 0)$$

であるから，⑤，⑥，⑦より

$$\lim_{m\to\infty}\overrightarrow{OA_{3m}}=\lim_{m\to\infty}\overrightarrow{OA_{3m+1}}=\lim_{m\to\infty}\overrightarrow{OA_{3m+2}}$$

$$=\frac{1}{1-a^3}\left(\frac{a(1-a)(a+2)}{2},\ \frac{\sqrt{3}\,a^2(1-a)}{2}\right)$$

$$=\left(\frac{a(a+2)}{2(a^2+a+1)},\ \frac{\sqrt{3}\,a}{2(a^2+a+1)}\right) \quad \cdots\cdots ⑧$$

← $1-a^3=(1-a)(a^2+a+1)$

である。これより，点列 $A_n\ (n=1,\ 2,\ \cdots\cdots)$ の極限は⑧を座標にもつ点である。

← $A_n$ は $A_{3m}$, $A_{3m+1}$, $A_{3m+2}$ $(m=0,\ 1,\ \cdots\cdots)$ のいずれかであり，$m\to\infty$ のとき，$A_{3m}$, $A_{3m+1}$, $A_{3m+2}$ は同じ点に収束するので。

**別解** 複素数平面で考えて,$k=1, 2, \cdots\cdots$ に対して,$\overrightarrow{A_{k-1}A_k}$ に対応する複素数を $z_k$ とする。

$|\overrightarrow{A_{k-1}A_k}|=a^k$ であり,実軸の正の向きから $\overrightarrow{A_{k-1}A_k}$ までの角を弧度法で表すと $\dfrac{2}{3}\pi(k-1)=\dfrac{2(k-1)\pi}{3}$ であるから,

$$z_k=a^k\left\{\cos\dfrac{2(k-1)\pi}{3}+i\sin\dfrac{2(k-1)\pi}{3}\right\}$$

である。さらに,

$$\alpha=a\left(\cos\dfrac{2}{3}\pi+i\sin\dfrac{2}{3}\pi\right) \qquad \cdots\cdots ⑨$$

⇐ $\alpha=-\dfrac{a}{2}+\dfrac{\sqrt{3}\,i}{2}a$

とおくと,ド・モアブルの定理より,

$$\alpha^{k-1}=a^{k-1}\left\{\cos\dfrac{2(k-1)\pi}{3}+i\sin\dfrac{2(k-1)\pi}{3}\right\}$$

であるから,

$$z_k=a\alpha^{k-1}$$

となる。

⇐ 複素数列 $\{z_k\}$ ($k=1, 2, \cdots\cdots$) は初項 $a$,公比 $\alpha\,(\neq 1)$ の等比数列である。

$\overrightarrow{OA_n}=\sum\limits_{k=1}^{n}\overrightarrow{A_{k-1}A_k}$ に対応する複素数を $w_n$ とおくと,

$$w_n=\sum_{k=1}^{n}z_k=\sum_{k=1}^{n}a\alpha^{k-1}=\dfrac{a(1-\alpha^n)}{1-\alpha}$$

⇐ 等比数列の和の公式は複素数の場合にも成り立つ。

となる。

⑨ より $|\alpha|=a<1$ であるから,

$$\lim_{n\to\infty}w_n=\lim_{n\to\infty}\dfrac{a(1-\alpha^n)}{1-\alpha}=\dfrac{a}{1-\alpha}$$

$$=\dfrac{a}{1+\dfrac{a}{2}-\dfrac{\sqrt{3}}{2}ai}=\dfrac{a\left(1+\dfrac{a}{2}+\dfrac{\sqrt{3}}{2}ai\right)}{\left(1+\dfrac{a}{2}\right)^2+\left(\dfrac{\sqrt{3}}{2}a\right)^2}$$

$$=\dfrac{a(2+a)+\sqrt{3}\,a^2 i}{2(1+a+a^2)} \qquad \cdots\cdots ⑩$$

⇐ $|\alpha|<1$ より $\lim\limits_{n\to\infty}|\alpha^n|=\lim\limits_{n\to\infty}|\alpha|^n=0$ であるから,$\lim\limits_{n\to\infty}\alpha^n=0$,すなわち,$\lim\limits_{n\to\infty}\text{Re}\,\alpha^n=\lim\limits_{n\to\infty}\text{Im}\,\alpha^n=0$

⇐ $1-\alpha$
$=1-a\left(\cos\dfrac{2}{3}\pi+i\sin\dfrac{2}{3}\pi\right)$
$=1+\dfrac{a}{2}-\dfrac{\sqrt{3}}{2}ai$

である。これより,点列 $A_n$ の極限の座標,つまり,$\overrightarrow{OA_n}$ の極限は

$$\left(\dfrac{a(2+a)}{2(1+a+a^2)},\ \dfrac{\sqrt{3}\,a^2}{2(1+a+a^2)}\right)$$

⇐ $x$ 座標,$y$ 座標はそれぞれ ⑩ の実部,虚部が対応する。

である。

## 307 確率の極限と $\lim_{n \to \infty}\left(1+\dfrac{1}{n}\right)^n = e$

$n$ を自然数とする。つぼの中に，1 の数字を書いた玉が 1 個，2 の数字を書いた玉が 1 個，3 の数字を書いた玉が 1 個，……，$n$ の数字を書いた玉が 1 個，合計 $n$ 個の玉が入っている。つぼから無作為に玉を 1 個とり出し，書かれた数字を見て，もとに戻す試行を $n$ 回行う。

(1) 試行を $n$ 回行ったとき，$k$ の数字が書かれた玉をちょうど $k$ 回とり出す確率を $p_k$ とする。$p_k$ を $k$ の式で表せ。ただし，$k=1, 2, 3, \cdots\cdots, n$ とする。

(2) (1)で求めた $p_1, p_2, p_3, \cdots\cdots, p_n$ について，
$$q_n = 2p_1 + 2^2 p_2 + 2^3 p_3 + \cdots\cdots + 2^n p_n$$
とおく。この $q_n$ について，極限 $\lim_{n \to \infty} q_n$ の値を求めよ。　　　　　　(神戸大)

**精講**　(2) 二項定理を用いると，$q_n$ を簡単な形で表せますが，そのあとで $\lim_{n \to \infty}\left(1+\dfrac{1}{n}\right)^n$ の値などが必要となります。そこで，自然対数の底 $e$ について復習しておきましょう。

高校数学においては，極限値 $\lim_{h \to 0}(1+h)^{\frac{1}{h}}$ の存在を認めて，その極限値を $e$ で表します。つまり，

$$\lim_{h \to 0}(1+h)^{\frac{1}{h}} = e \quad \cdots\cdots(*)$$

です。

$(*)$ において，$h=\dfrac{1}{x}$ ($x$ は実数)，$h=\dfrac{1}{n}$ ($n$ は整数) とすると，$h \to +0$ は $x \to \infty$，$n \to \infty$ に対応しますから，

$$\lim_{x \to \infty}\left(1+\dfrac{1}{x}\right)^x = e, \quad \lim_{n \to \infty}\left(1+\dfrac{1}{n}\right)^n = e$$

です。また，$h \to -0$ は $x \to -\infty$，$n \to -\infty$ に対応しますから，

$$\lim_{x \to -\infty}\left(1+\dfrac{1}{x}\right)^x = e, \quad \lim_{n \to -\infty}\left(1+\dfrac{1}{n}\right)^n = e$$

も成り立ちます。

さらに，数列 $\left\{\left(1+\dfrac{a}{n}\right)^n\right\}$ ($a$ は定数，$a \ne 0$) の極限は，$\lim_{n \to \infty}\left(1+\dfrac{a}{n}\right)^n$ において，$\dfrac{a}{n} = h$ とすると，$n \to \infty$ のとき，$h \to 0$ ですから，$(*)$ より

$$\lim_{n\to\infty}\left(1+\frac{a}{n}\right)^n=\lim_{h\to 0}(1+h)^{\frac{a}{h}}=\lim_{h\to 0}\{(1+h)^{\frac{1}{h}}\}^a=e^a \quad\cdots\cdots(**)$$

となることがわかります。

**解答** (1) 1回の試行で，$k$ の数字が書かれた玉をとり出す確率は $\dfrac{1}{n}$ であるから，$n$ 回の試行でちょうど $k$ 回とり出す確率 $p_k$ は

$$p_k={}_nC_k\left(\frac{1}{n}\right)^k\left(1-\frac{1}{n}\right)^{n-k}$$

← 反復試行の確率公式である。

である。

(2) (1)より

$$\begin{aligned}q_n&=\sum_{k=1}^{n}2^k p_k=\sum_{k=1}^{n}{}_nC_k\left(\frac{2}{n}\right)^k\left(1-\frac{1}{n}\right)^{n-k}\\&=\sum_{k=0}^{n}{}_nC_k\left(\frac{2}{n}\right)^k\left(1-\frac{1}{n}\right)^{n-k}-\left(1-\frac{1}{n}\right)^n\\&=\left(\frac{2}{n}+1-\frac{1}{n}\right)^n-\left(1-\frac{1}{n}\right)^n\\&=\left(1+\frac{1}{n}\right)^n-\left(1-\frac{1}{n}\right)^n\end{aligned}$$

← 二項定理
$(a+b)^n=\sum_{k=0}^{n}{}_nC_k a^k b^{n-k}$
において，$a=\dfrac{2}{n}$，$b=1-\dfrac{1}{n}$ と考える。

となるので，

$$\lim_{n\to\infty}q_n=\lim_{n\to\infty}\left\{\left(1+\frac{1}{n}\right)^n-\left(1-\frac{1}{n}\right)^n\right\}$$

である。ここで，

$$\lim_{n\to\infty}\left(1+\frac{1}{n}\right)^n=e,\quad \lim_{n\to\infty}\left(1-\frac{1}{n}\right)^n=e^{-1}=\frac{1}{e}$$

← 右式については **精講** の$(**)$，あるいは，**注** 参照。

であるから，

$$\lim_{n\to\infty}q_n=e-\frac{1}{e}$$

である。

**注**
$$\begin{aligned}\lim_{n\to\infty}\left(1-\frac{1}{n}\right)^n&=\lim_{n\to\infty}\left(\frac{n-1}{n}\right)^n=\lim_{n\to\infty}\frac{1}{\left(\dfrac{n}{n-1}\right)^n}\\&=\lim_{n\to\infty}\frac{1}{\left(1+\dfrac{1}{n-1}\right)^{n-1}\left(1+\dfrac{1}{n-1}\right)}=\frac{1}{e\cdot 1}=\frac{1}{e}\end{aligned}$$

## 308 3項間漸化式で定まる確率と無限等比級数

さいころを投げるという試行を繰り返し行う。ただし，2回連続して5以上の目が出た場合は，それ以降の試行は行わないものとする。

$n$ 回目の試行が行われ，かつ $n$ 回目に出た目が4以下になる確率を $p_n$ とする。また，$n$ 回目の試行が行われ，かつ $n$ 回目に出た目が5以上になる確率を $q_n$ とする。

(1) $p_{n+2}$ を $p_{n+1}$, $p_n$ を用いて表せ。それを利用して，$p_n$ を求めよ。
(2) $q_{n+2}$ を $p_{n+1}$, $p_n$ を用いて表せ。
(3) $\sum_{n=1}^{\infty} q_n$ を求めよ。

(慶応大*)

**精講** (1) $(n+2)$ 回目が4以下となる場合を，$(n+1)$ 回目の目が4以下か，5以上かに分けて考えます。その結果，$p_{n+2} = ap_{n+1} + bp_n$ ($a$, $b$ は定数) の形の式が導かれ，これから $p_n$ を求めることになります。そこで，この種の3項間漸化式の処理法を復習しておきましょう。

数列 $\{a_n\}$ は漸化式 $a_{n+2} = pa_{n+1} + qa_n$ ……⑦ ($p$, $q$ は $n$ によらない定数) を満たしているとします。

このとき，$\alpha + \beta = p$, $\alpha\beta = -q$ となる2数 $\alpha$, $\beta$, すなわち，2次方程式
$$x^2 - px - q = 0 \quad \cdots\cdots ①$$
の2つの解 $\alpha$, $\beta$ を選ぶと，⑦は
$$a_{n+2} = (\alpha + \beta)a_{n+1} - \alpha\beta a_n \quad \therefore \quad \begin{cases} a_{n+2} - \alpha a_{n+1} = \beta(a_{n+1} - \alpha a_n) & \cdots\cdots ⑦ \\ a_{n+2} - \beta a_{n+1} = \alpha(a_{n+1} - \beta a_n) & \cdots\cdots ⑨ \end{cases}$$
と変形できます。

(I) $\alpha \neq \beta$ のとき

⑦, ⑨より，数列 $\{a_{n+1} - \alpha a_n\}$, $\{a_{n+1} - \beta a_n\}$ はそれぞれ公比 $\beta$, $\alpha$ の等比数列ですから，
$$a_{n+1} - \alpha a_n = A\beta^n \quad \cdots\cdots ⑦ \qquad a_{n+1} - \beta a_n = B\alpha^n \quad \cdots\cdots ⑦$$
($A$, $B$ は $a_1$, $a_2$ によって定まる数) となります。したがって，
$$\{⑦ - ⑦\} \times \frac{1}{\alpha - \beta} \quad \text{より} \quad a_n = \frac{B\alpha^n - A\beta^n}{\alpha - \beta}$$
が得られます。(1)では，このような計算をすることになります。

(II) $\alpha=\beta$ のとき，すなわち，㋑が重解をもつとき，㋒，㋓は同じ式
$$a_{n+1}-\alpha a_n=\alpha(a_{n+1}-\alpha a_n) \quad \cdots\cdots ㋖$$
となります。㋖より，数列 $\{a_{n+1}-\alpha a_n\}$ は公比 $\alpha$ の等比数列ですから，
$$a_{n+1}-\alpha a_n=C\alpha^n \quad \cdots\cdots ㋗$$
($C$ は $a_1$, $a_2$ によって定まる数)となります。このあと，

㋗ $\times \dfrac{1}{\alpha^{n+1}}$ : $\dfrac{a_{n+1}}{\alpha^{n+1}}-\dfrac{a_n}{\alpha^n}=\dfrac{C}{\alpha}$

と変形して，数列 $\left\{\dfrac{a_n}{\alpha^n}\right\}$ が公差 $\dfrac{C}{\alpha}$ の等差数列であることを利用すると，$\{a_n\}$ が求まります。たとえば，
$$a_1=1,\ a_2=9,\ a_{n+2}=6a_{n+1}-9a_n\ (n=1,\ 2,\ \cdots\cdots)$$
を満たす数列 $\{a_n\}$ について調べてみます。$\alpha=3$ に対応しますから，$a_{n+2}-3a_{n+1}=3(a_{n+1}-3a_n)$ より，$a_{n+1}-3a_n=2\cdot 3^n$ となります。
$\dfrac{a_{n+1}}{3^{n+1}}-\dfrac{a_n}{3^n}=\dfrac{2}{3}$ と表せば，$\dfrac{a_n}{3^n}=\dfrac{a_1}{3}+\dfrac{2}{3}(n-1)=\dfrac{2n-1}{3}$ から，
$a_n=(2n-1)3^{n-1}$ が導かれます。

**解答** (1) $n$ 回目の試行が行われるとき，$n$ 回目に出た目を $a_n$ とし，$a_n\leqq 4$ である事象を $E_n$ と表す。

$E_{n+2}$ が起こるのは

(ⅰ) $E_{n+1}$ が起こり，かつ $a_{n+2}\leqq 4$

(ⅱ) $E_n$ が起こり，かつ $a_{n+1}\geqq 5$, $a_{n+2}\leqq 4$

のいずれかの場合である。したがって，
$$p_{n+2}=p_{n+1}\cdot\dfrac{4}{6}+p_n\cdot\dfrac{2}{6}\cdot\dfrac{4}{6}$$
$$\therefore\ \boldsymbol{p_{n+2}=\dfrac{2}{3}p_{n+1}+\dfrac{2}{9}p_n} \quad \cdots\cdots ①$$

が成り立つ。①を変形するために
$$\alpha+\beta=\dfrac{2}{3},\ \alpha\beta=-\dfrac{2}{9}\ (\alpha<\beta)$$
を満たす2数 $\alpha$, $\beta$ を求めると，
$$\alpha=\dfrac{1-\sqrt{3}}{3},\ \beta=\dfrac{1+\sqrt{3}}{3}$$
である。これらを用いて，①は，

← $E_n$ が起こる確率が $p_n$ である。

← (ⅰ)では $a_{n+1}\leqq 4$，(ⅱ)では $a_{n+1}\geqq 5$ である。(ⅱ)の場合には，$a_n\leqq 4$ でなければ，$(n+2)$ 回目の試行が行われないので，$E_n$ が起こっている。

← **精講** (I)参照。

← $x^2-\dfrac{2}{3}x-\dfrac{2}{9}=0$ の2解である。

$$p_{n+2}=(\alpha+\beta)p_{n+1}-\alpha\beta p_n$$

と表されるので，

$$p_{n+2}-\alpha p_{n+1}=\beta(p_{n+1}-\alpha p_n) \qquad \cdots\cdots ②$$
$$p_{n+2}-\beta p_{n+1}=\alpha(p_{n+1}-\beta p_n) \qquad \cdots\cdots ③$$

と変形できる。②より，$\{p_{n+1}-\alpha p_n\}$ は公比 $\beta$ の等比数列であり，③より，$\{p_{n+1}-\beta p_n\}$ は公比 $\alpha$ の等比数列である。したがって，

$$p_{n+1}-\alpha p_n=\beta^{n-1}(p_2-\alpha p_1) \qquad \cdots\cdots ④$$
$$p_{n+1}-\beta p_n=\alpha^{n-1}(p_2-\beta p_1) \qquad \cdots\cdots ⑤$$

であり，さらに ④−⑤ より

$$(\beta-\alpha)p_n=\beta^{n-1}(p_2-\alpha p_1)-\alpha^{n-1}(p_2-\beta p_1)$$
$$\cdots\cdots ⑥$$

である。ここで $p_1=\dfrac{2}{3}$, $p_2=\dfrac{2}{3}$ $\cdots\cdots ⑦$ であるから，

← 2回目の試行は必ず行われるので，$p_2$ は2回目の目が4以下である確率である。

$$p_2-\alpha p_1=\dfrac{2}{3}(1-\alpha)=\dfrac{4+2\sqrt{3}}{9}=\beta^2$$
$$\cdots\cdots ⑧$$
$$p_2-\beta p_1=\dfrac{2}{3}(1-\beta)=\dfrac{4-2\sqrt{3}}{9}=\alpha^2$$

← 注 参照。

となるので，⑥より

$$(\beta-\alpha)p_n=\beta^{n+1}-\alpha^{n+1} \qquad \cdots\cdots ⑨$$
$$\therefore\ p_n=\dfrac{\sqrt{3}}{2}\left\{\left(\dfrac{1+\sqrt{3}}{3}\right)^{n+1}-\left(\dfrac{1-\sqrt{3}}{3}\right)^{n+1}\right\}$$

← $\beta-\alpha=\dfrac{2\sqrt{3}}{3}=\dfrac{2}{\sqrt{3}}$

である。

(2) $n$ 回目の試行が行われ，$a_n\geqq 5$ である事象を $F_n$ と表す。

 $F_{n+2}$ が起こるのは

 (iii) $E_{n+1}$ が起こり，かつ，$a_{n+2}\geqq 5$

 (iv) $E_n$ が起こり，かつ，$a_{n+1}\leqq 5$, $a_{n+2}\geqq 5$

のいずれかの場合である。したがって，

$$q_{n+2}=p_{n+1}\cdot\dfrac{2}{6}+p_n\cdot\dfrac{2}{6}\cdot\dfrac{2}{6}$$
$$\therefore\ q_{n+2}=\dfrac{1}{3}p_{n+1}+\dfrac{1}{9}p_n \qquad \cdots\cdots ⑩$$

← $(n+1)$ 回目の目 $a_{n+1}$ が，(iii) 4以下，(iv) 5以上の場合に分けて考える。(iv)の場合，$(n+2)$ 回目の試行が行われるためには，$a_n\leqq 4$ でなければならない。

である。

(3) ①, ⑩より, $q_{n+2}=\dfrac{1}{2}p_{n+2}$ $(n\geq 1)$ である。また，

$q_1=q_2=\dfrac{1}{3}$ であるから，⑦と合わせると，

$$q_n=\dfrac{1}{2}p_n \quad (n=1, 2, \cdots\cdots)$$

が成り立つ。したがって，

$$\sum_{n=1}^{\infty}q_n=\dfrac{1}{2}\sum_{n=1}^{\infty}p_n=\dfrac{\sqrt{3}}{4}\sum_{n=1}^{\infty}(\beta^{n+1}-\alpha^{n+1})$$

である。ここで，$|\beta|<1$, $|\alpha|<1$ であるから，

$$\sum_{n=1}^{\infty}q_n=\dfrac{\sqrt{3}}{4}\left(\dfrac{\beta^2}{1-\beta}-\dfrac{\alpha^2}{1-\alpha}\right)$$
$$=\dfrac{\sqrt{3}}{4}\cdot\dfrac{2}{3}\{(2+\sqrt{3})^2-(2-\sqrt{3})^2\}=4$$

である。

← 2回目の試行は必ず行われるので，$q_2$ は単に 2 回目が 5 以上である確率である。

← ⑨より
$p_n=\dfrac{\sqrt{3}}{2}(\beta^{n+1}-\alpha^{n+1})$

← ⑧より
$\dfrac{\beta^2}{1-\beta}=\dfrac{2}{3}\cdot\dfrac{1-\alpha}{1-\beta}$
$\dfrac{\alpha^2}{1-\alpha}=\dfrac{2}{3}\cdot\dfrac{1-\beta}{1-\alpha}$

**注** $p_0=1$ とすると，①は $n\geq 0$ で成り立つ。したがって，②, ③も $n\geq 0$ で成り立つので，④，⑤の代わりに

$$p_{n+1}-\alpha p_n=\beta^n(p_1-\alpha p_0), \quad p_{n+1}-\beta p_n=\alpha^n(p_1-\beta p_0)$$

が得られる。ここで，$p_1=\dfrac{2}{3}$, $p_0=1$, $\alpha+\beta=\dfrac{2}{3}$ より，

$$p_{n+1}-\alpha p_n=\beta^n\left(\dfrac{2}{3}-\alpha\right)=\beta^n\cdot\beta=\beta^{n+1}$$
$$p_{n+1}-\beta p_n=\alpha^n\left(\dfrac{2}{3}-\beta\right)=\alpha^n\cdot\alpha=\alpha^{n+1}$$

が得られるので，これらの差から，⑨を導くこともできる。

### 類題 11 → 解答 p.357

2 つの数列 $\{a_n\}$ と $\{b_n\}$ が，$a_1=1$, $b_1=1$ および

$$\begin{cases} a_{n+1}=2a_n+6b_n & (n=1, 2, 3, \cdots\cdots) \\ b_{n+1}=2a_n+3b_n & (n=1, 2, 3, \cdots\cdots) \end{cases}$$

で定められているとき，次の各問に答えよ。

(1) $a_{n+2}-\alpha a_{n+1}=\beta(a_{n+1}-\alpha a_n)$ $(n=1, 2, 3, \cdots\cdots)$ を満たす定数 $\alpha$, $\beta$ の組を 2 組求めよ。

(2) $a_n$ を $n$ を用いて表せ。

(3) 極限値 $\displaystyle\lim_{n\to\infty}\dfrac{a_n}{b_n}$ を求めよ。

(宮崎大)

## 309 $\lim\limits_{n\to\infty} n^{\frac{1}{n}}$ と $\lim\limits_{x\to+0} x^x$

$a$ を正の実数,$n$ を自然数とするとき,$x^n=a$ となる正の数 $x$ がただ1つ定まる。これを $a^{\frac{1}{n}}$ と書く。さらに,任意の実数 $p$ に対して $a^p$ が定義できて,$a>b>0$,$p>0$ ならば,$a^p>b^p$ が成立する。また,$a^{-p}=\left(\dfrac{1}{a}\right)^p=\dfrac{1}{a^p}$ である。これらのことを知って,次の問いに答えよ。

(1) $a>1$ のとき,$a^{\frac{1}{n}}=1+h_n$,$h_n>0$ とおける。このとき,$h_n<\dfrac{a}{n}$ を示せ。

(2) $\lim\limits_{n\to\infty} n^{\frac{1}{n}}=1$ を証明せよ。

(3) $\lim\limits_{x\to+0} x^x=1$ であることを証明せよ。ただし,必要なら,$0<x<1$ のとき $\dfrac{1}{n+1}<x\leqq\dfrac{1}{n}$ となる自然数 $n$ が存在することを用いてよい。(注:$x\to+0$ は $x$ が $0$ に正の方向から近づくことを示す)

(九州大)

**精講** (1),(2)では二項定理を利用します。(3)では,問題文で与えられたことから,$\left(\dfrac{1}{n+1}\right)^x<x^x\leqq\left(\dfrac{1}{n}\right)^x$ が成り立つことを利用します。

**解答** (1) $a>1$,$a^{\frac{1}{n}}=1+h_n$,$h_n>0$ のとき,二項定理から

$$a=(1+h_n)^n=\sum_{k=0}^{n}{}_n C_k h_n^{\ k}$$
$$\geqq {}_n C_0+{}_n C_1 h_n=1+nh_n>nh_n$$

となるので,$h_n<\dfrac{a}{n}$ である。　　　　(証明おわり)

← $a>1$,$\dfrac{1}{n}>0$ であるから,問題文より,$a^{\frac{1}{n}}>1^{\frac{1}{n}}=1$ が成り立つ。

← $\sum\limits_{k=0}^{n}{}_n C_k h_n^{\ k}$ において,$k=0$,$1(\leqq n)$ に対応する項だけを取り出した。

(2) $n\geqq 2$ のとき,$n^{\frac{1}{n}}=1+e_n$,$e_n>0$ とおくと,

$$n=(n^{\frac{1}{n}})^n=(1+e_n)^n=\sum_{k=0}^{n}{}_n C_k e_n^{\ k}$$
$$\geqq {}_n C_0+{}_n C_1 e_n+{}_n C_2 e_n^{\ 2}$$
$$=1+ne_n+\dfrac{1}{2}n(n-1)e_n^{\ 2}>\dfrac{1}{2}n(n-1)e_n^{\ 2}$$

∴ $n>\dfrac{1}{2}n(n-1)e_n^{\ 2}$　　∴ $e_n^{\ 2}<\dfrac{2}{n-1}$

← $n\geqq 2$ のとき,$n^{\frac{1}{n}}>1$ であるから,このような正の数 $e_n$ がある。

← 302(1)でも同様の評価をした。

である。したがって，

$$0<e_n<\sqrt{\frac{2}{n-1}} \quad \text{より} \quad \lim_{n\to\infty}e_n=0$$

←  $\lim_{n\to\infty}\sqrt{\dfrac{2}{n-1}}=0$ とはさみ打ちの原理から。

であるから，

$$\lim_{n\to\infty}n^{\frac{1}{n}}=\lim_{n\to\infty}(1+e_n)=1 \quad \cdots\cdots①$$

である。　　　　　　　　　　　　　（証明おわり）

(3) $0<x<1$ のとき

$$\frac{1}{n+1}<x\leqq\frac{1}{n} \quad \cdots\cdots②$$

← 以下，$n$ は $x$ によって定まる②を満たす自然数を表す。

を満たす自然数 $n$ がある。このとき

$$1<(n+1)x\leqq\frac{n+1}{n}, \quad \frac{n}{n+1}<nx\leqq1$$

であり，$x\to+0$ のとき $n\to\infty$ であるから，

$$\lim_{x\to+0}nx=\lim_{x\to+0}(n+1)x=1 \quad \cdots\cdots③$$

← ②より $\dfrac{1}{x}-1<n\leqq\dfrac{1}{x}$

← $\lim_{n\to\infty}\dfrac{n+1}{n}=\lim_{n\to\infty}\left(1+\dfrac{1}{n}\right)=1$

$\lim_{n\to\infty}\dfrac{n}{n+1}=\lim_{n\to\infty}\dfrac{1}{1+\dfrac{1}{n}}=1$

である。

②と $x>0$ より

$$\left(\frac{1}{n+1}\right)^x<x^x\leqq\left(\frac{1}{n}\right)^x \quad \cdots\cdots④$$

← 「$a>b>0$, $p>0$ ならば，$a^p>b^p$」を用いた。

である。ここで，

$$\lim_{x\to+0}\left(\frac{1}{n}\right)^x=\lim_{x\to+0}\left(\frac{1}{n^{\frac{1}{n}}}\right)^{nx}=\left(\frac{1}{1}\right)^1=1$$

← ①,③より。

$$\lim_{x\to+0}\left(\frac{1}{n+1}\right)^x=\lim_{x\to+0}\left\{\frac{1}{(n+1)^{\frac{1}{n+1}}}\right\}^{(n+1)x}$$
$$=\left(\frac{1}{1}\right)^1=1$$

← ①, つまり，
$\lim_{n\to\infty}(n+1)^{\frac{1}{n+1}}=1$ と③より。

であるから，④において，はさみ打ちの原理より

$$\lim_{x\to+0}x^x=1$$

である。　　　　　　　　　　　　　（証明おわり）

類題 12　→ 解答 p.358

$a$ が正の実数のとき $\lim_{n\to\infty}(1+a^n)^{\frac{1}{n}}$ を求めよ。　　　　　　　　（京都大）

# 310 はさみ打ちの原理を用いる関数の極限

実数 $x$ に対し、$x$ 以上の最小の整数を $f(x)$ とする。$a$, $b$ を正の実数とするとき、極限 $\lim_{x \to \infty} x^c \left\{ \dfrac{1}{f(ax-7)} - \dfrac{1}{f(bx+3)} \right\}$ が収束するような実数 $c$ の最大値と、そのときの極限値を求めよ。 (東京工大)

**精講** $f(x)$ の決め方から、$f(x)-1 < x \leq f(x)$ です。これから、$\lim_{x \to \infty} \dfrac{x}{f(ax-7)}$, $\lim_{x \to \infty} \dfrac{x}{f(bx+3)}$ がわかります。その結果から、$a \neq b$ の場合は解決しますが、$a = b$ のときには、整数 $m$ に対して $f(x)$ が $f(x+m) = f(x) + m$ を満たすことを利用します。

**解答** $F(x) = \dfrac{1}{f(ax-7)} - \dfrac{1}{f(bx+3)}$

とおく。以下、$x \to \infty$ の場合を考えるから、
$$x > 0, \quad ax-7 > 0, \quad bx+3 > 0$$
とする。

←$a$, $b$ は正の実数である。

$f(x)$ は $x$ 以上の最小の整数であるから、
$$f(x)-1 < x \leq f(x)$$
$$\therefore \quad x \leq f(x) < x+1$$
である。これより
$$ax-7 \leq f(ax-7) < ax-6 \quad \cdots\cdots ①$$
$$bx+3 \leq f(bx+3) < bx+4$$
である。①の辺々を $x$ で割ると、
$$a - \dfrac{7}{x} \leq \dfrac{f(ax-7)}{x} < a - \dfrac{6}{x}$$
となるので、はさみ打ちの原理より
$$\lim_{x \to \infty} \dfrac{f(ax-7)}{x} = a \quad \therefore \quad \lim_{x \to \infty} \dfrac{x}{f(ax-7)} = \dfrac{1}{a}$$
$$\cdots\cdots ②$$

←$\lim_{x \to \infty} \left( a - \dfrac{7}{x} \right)$
$= \lim_{x \to \infty} \left( a - \dfrac{6}{x} \right) = a$

である。同様に
$$\lim_{x \to \infty} \dfrac{x}{f(bx+3)} = \dfrac{1}{b} \quad \cdots\cdots ③$$
である。②, ③より

$$\lim_{x\to\infty} xF(x) = \lim_{x\to\infty}\left\{\frac{x}{f(ax-7)} - \frac{x}{f(bx+3)}\right\}$$
$$= \frac{1}{a} - \frac{1}{b} = \frac{b-a}{ab} \qquad \cdots\cdots ④$$

である。

以下，(i) $a \neq b$，(ii) $a = b$ の場合に分けて調べる。

← $\lim_{x\to\infty} xF(x)$ が
(i) 0 でないとき
(ii) 0 であるとき
に対応する。

(i) $a \neq b$ のとき，④の右辺は 0 でないので，
$$\lim_{x\to\infty} x^c F(x) = \lim_{x\to\infty} x^{c-1} \cdot xF(x)$$
が収束する条件は
$$c - 1 \leq 0 \quad \therefore \quad c \leq 1$$
である。したがって，$c$ の最大値は **1**，そのときの極限値は $\dfrac{b-a}{ab}$ である。

(ii) $a = b$ のとき，整数 $m$ に対して，
$$f(x+m) = f(x) + m$$
が成り立つから，
$$f(ax-7) = f(ax) - 7$$
$$f(bx+3) = f(ax+3) = f(ax) + 3$$

← ④からは
$\lim_{x\to\infty} xF(x) = 0$
しかわからないので，工夫が必要である。

である。これより，
$$F(x) = \frac{f(bx+3) - f(ax-7)}{f(ax-7)f(bx+3)}$$
$$= \frac{10}{f(ax-7)f(ax+3)}$$

← $f(bx+3) - f(ax-7)$
$= f(ax)+3-\{f(ax)-7\}$
$= 10$

となる。したがって，②，③より
$$\lim_{x\to\infty} x^2 F(x) = \lim_{x\to\infty} 10 \cdot \frac{x}{f(ax-7)} \cdot \frac{x}{f(ax+3)}$$
$$= 10 \cdot \frac{1}{a} \cdot \frac{1}{a} = \frac{10}{a^2} \neq 0$$

であるから，
$$\lim_{x\to\infty} x^c F(x) = \lim_{x\to\infty} x^{c-2} \cdot x^2 F(x)$$
が収束する条件は
$$c - 2 \leq 0 \quad \therefore \quad c \leq 2$$
である。したがって，$c$ の最大値は **2**，そのときの極限値は $\dfrac{10}{a^2}$ である。

# 第4章 微分法とその応用

## 401 微分可能性と微分係数

(I) $a$ を実数とする。すべての実数 $x$ で定義された関数 $f(x)=|x|(e^{2x}+a)$ は $x=0$ で微分可能であるとする。
 (1) $a$ および $f'(0)$ の値を求めよ。
 (2) 導関数 $f'(x)$ は $x=0$ で連続であることを示せ。
 (3) 右側極限 $\lim_{x \to +0} \dfrac{f'(x)}{x}$ を求めよ。さらに，$f'(x)$ は $x=0$ で微分可能でないことを示せ。 　　　　　　　　　　　　　　　　　　　　(京都工繊大)

(II) $f(x)$ はすべての実数 $x$ において微分可能な関数で，関係式 $f(2x)=(e^x+1)f(x)$ を満たしているとする。
 (1) $f(0)=0$ を示せ。
 (2) $x \neq 0$ に対して $\dfrac{f(x)}{e^x-1} = \dfrac{f\left(\frac{x}{2}\right)}{e^{\frac{x}{2}}-1}$ が成り立つことを示せ。
 (3) 微分係数の定義を用いて $f'(0)=\lim_{h \to 0} \dfrac{f(h)}{e^h-1}$ を示せ。
 (4) $f(x)=(e^x-1)f'(0)$ が成り立つことを示せ。 　　　(早稲田大)

**精講** 最初に，用語の意味を確認しておきましょう。

---

$f(x)$ が $x=a$ で連続である
$\iff \lim_{x \to a} f(x)$ が存在して，それが $f(a)$ と一致する

$f(x)$ が $x=a$ で微分可能である
$\iff \lim_{h \to 0} \dfrac{f(a+h)-f(a)}{h} \left(=\lim_{x \to a} \dfrac{f(x)-f(a)}{x-a}\right)$ ……(∗) が存在する

$f(x)$ が微分可能であるとき，極限値 (∗) を $f'(a)$ と表し，$f(x)$ の $x=a$ における**微分係数**という。

---

高校数学において，関数 $f(x)$ の連続性，微分可能性を問う問題の多くでは右側極限と左側極限が一致するか否かを調べることになります。

**解答** (I) (1) $f(x)=\begin{cases} x(e^{2x}+a) & (x \geqq 0 \text{ のとき}) \\ -x(e^{2x}+a) & (x<0 \text{ のとき}) \end{cases}$

であるから,
$$\lim_{h \to +0} \frac{f(h)-f(0)}{h} = \lim_{h \to +0} \frac{h(e^{2h}+a)}{h}$$
$$= \lim_{h \to +0}(e^{2h}+a) = 1+a \quad \cdots\cdots ①$$

←$h \to +0$ は "$h>0$ かつ $h \to 0$" を表す。

$$\lim_{h \to -0} \frac{f(h)-f(0)}{h} = \lim_{h \to -0} \frac{-h(e^{2h}+a)}{h}$$
$$= \lim_{h \to -0}\{-(e^{2h}+a)\} = -(1+a) \quad \cdots\cdots ②$$

←$h \to -0$ は "$h<0$ かつ $h \to 0$" を表す。

である。$f(x)$ が $x=0$ で微分可能であるから,
$$1+a = -(1+a) \quad \therefore \quad \boldsymbol{a = -1}$$

であり,このとき,①,②より
$$\boldsymbol{f'(0)=0} \quad \cdots\cdots ③$$

である。

(2) $x>0$ のとき
$$f'(x) = \{x(e^{2x}-1)\}' = (2x+1)e^{2x}-1$$
$x<0$ のとき
$$f'(x) = \{-x(e^{2x}-1)\}' = -(2x+1)e^{2x}+1$$

←(1)の結果から,
$f(x)=|x|(e^{2x}-1)$

である。したがって,
$$\lim_{x \to +0} f'(x) = \lim_{x \to +0}\{(2x+1)e^{2x}-1\} = 0$$
$$\lim_{x \to -0} f'(x) = \lim_{x \to -0}\{-(2x+1)e^{2x}+1\} = 0$$

←$\lim_{x \to +0}(2x+1)e^{2x} = 1$

←$\lim_{x \to -0}(2x+1)e^{2x} = 1$

より,$\lim_{x \to 0} f'(x) = 0$ であり,③と合わせると,

$f'(x)$ は $x=0$ で連続である。 (証明おわり)

(3) $\lim_{x \to +0} \frac{f'(x)}{x} = \lim_{x \to +0} \frac{(2x+1)e^{2x}-1}{x}$
$$= \lim_{x \to +0}\left(2e^{2x} + \frac{e^{2x}-1}{x}\right) = 2+2 = 4$$
$$\cdots\cdots ④$$

←$x>0$ のとき
$f'(x)=(2x+1)e^{2x}-1$

←$\lim_{x \to +0} \frac{e^{2x}-1}{x} = \left[\frac{d}{dx}e^{2x}\right]_{x=0}$
$= [2e^{2x}]_{x=0} = 2$
ただし,一般に,
$[g(x)]_{x=a} = g(a)$ とする。

$$\lim_{x \to -0} \frac{f'(x)}{x} = \lim_{x \to -0} \frac{-(2x+1)e^{2x}+1}{x}$$
$$= \lim_{x \to -0}\left(-2e^{2x} - \frac{e^{2x}-1}{x}\right)$$
$$= -2-2 = -4 \quad \cdots\cdots ⑤$$

←$x<0$ のとき
$f'(x)=-(2x+1)e^{2x}+1$

であり，④，⑤が一致しないので，$f'(x)$ は $x=0$ で微分可能でない。　　　　　　　（証明おわり）

← $f'(0)=0$ より
$\dfrac{f'(x)-f'(0)}{x}=\dfrac{f'(x)}{x}$
に注意する。

(II) (1) $f(2x)=(e^x+1)f(x)$ ……① において，$x=0$ とすると
$$f(0)=2f(0) \quad \therefore \quad f(0)=0 \quad \cdots\cdots②$$
である。　　　　　　　　　　　　　　（証明おわり）

(2) ①で $x$ の代わりに $\dfrac{x}{2}$ とおくと
$$f(x)=(e^{\frac{x}{2}}+1)f\left(\dfrac{x}{2}\right)$$
である。$x \neq 0$ のとき，この両辺を $e^x-1=(e^{\frac{x}{2}}+1)(e^{\frac{x}{2}}-1)\ (\neq 0)$ で割ると，
$$\dfrac{f(x)}{e^x-1}=\dfrac{f\left(\dfrac{x}{2}\right)}{e^{\frac{x}{2}}-1} \quad \cdots\cdots③$$
である。　　　　　　　　　　　　　　（証明おわり）

← $x \neq 0$ のとき
$e^x \neq 1,\ e^{\frac{x}{2}} \neq 1$

(3) 微分係数の定義において，②より
$$f'(0)=\lim_{h\to 0}\dfrac{f(h)-f(0)}{h}=\lim_{h\to 0}\dfrac{f(h)}{h}$$
であるから，
$$\lim_{h\to 0}\dfrac{f(h)}{e^h-1}=\lim_{h\to 0}\dfrac{f(h)}{h}\cdot\dfrac{h}{e^h-1}=f'(0)\cdot 1=f'(0)$$
である。　　　　　　　　　　　　　　（証明おわり）

← 微分係数 $f'(a)$ の定義：
$f'(a)$
$=\lim_{h\to 0}\dfrac{f(a+h)-f(a)}{h}$

← $\lim_{h\to 0}\dfrac{e^h-1}{h}=1$ より
$\lim_{h\to 0}\dfrac{h}{e^h-1}=1$

(4) $x \neq 0$ のとき，③より自然数 $n$ に対して，
$$\dfrac{f(x)}{e^x-1}=\dfrac{f\left(\dfrac{x}{2}\right)}{e^{\frac{x}{2}}-1}=\dfrac{f\left(\dfrac{x}{2^2}\right)}{e^{\frac{x}{2^2}}-1}=\cdots\cdots=\dfrac{f\left(\dfrac{x}{2^n}\right)}{e^{\frac{x}{2^n}}-1}$$
が成り立つ。ここで，$n\to\infty$ のとき，$\dfrac{x}{2^n}\to 0$ であり，(3)より，（右辺）$\to f'(0)$ であるから，
$$\dfrac{f(x)}{e^x-1}=f'(0) \quad \therefore \quad f(x)=(e^x-1)f'(0)$$
が成り立つ。この式は $x=0$ でも成り立つ。
　　　　　　　　　　　　　　　　　　（証明おわり）

## 402 三角関数の第$n$次導関数

$f(x) = \sin x + \cos x$ とする。各自然数 $n$ に対して関数 $g_n(x)$ は $x$ の $n$ 次式で表され、

$$g_n(0) = f(0), \ g_n'(0) = f'(0), \ g_n''(0) = f''(0), \ \cdots\cdots, \ g_n^{(n)}(0) = f^{(n)}(0)$$

を満たすものとする。このとき、$|g_{n+1}(1) - g_n(1)| < \dfrac{1}{2013}$ となる最小の自然数 $n$ を求めよ。

(山梨大\*)

**精講** $g_{n+1}(x) - g_n(x)$ は $(n+1)$ 次式ですが、$g_n(x)$, $g_{n+1}(x)$ が満たす条件から、どのような形で表される式かを調べます。そのあとで、$|f^{(n+1)}(0)|$ の値が必要となりますが、そこでは、三角関数の導関数において、$(\sin x)^{(4)} = \sin x$, $(\cos x)^{(4)} = \cos x$ が成り立つことを利用します。

**解答** $g_n(x)$ は $n$ 次式、$g_{n+1}(x)$ は $(n+1)$ 次式であるから、

$$h(x) = g_{n+1}(x) - g_n(x) \quad \cdots\cdots ①$$

は $(n+1)$ 次式である。したがって、

$$h(x) = \sum_{j=0}^{n+1} a_j x^j \quad (a_j \text{ は実数}) \quad \cdots\cdots ②$$

とおける。

$g_n(x)$, $g_{n+1}(x)$ の条件から、$0 \leq k \leq n$ のとき、

$$h^{(k)}(0) = g_{n+1}^{(k)}(0) - g_n^{(k)}(0)$$
$$= f^{(k)}(0) - f^{(k)}(0) = 0 \quad \cdots\cdots ③$$

← $g_{n+1}(1) - g_n(1) = h(1)$ を知るために、まず $h(x)$ がどのような形の整式かを調べている。

である。また、

$$h^{(n+1)}(x) = g_{n+1}^{(n+1)}(x)$$

であるから

$$h^{(n+1)}(0) = g_{n+1}^{(n+1)}(0) = f^{(n+1)}(0) \quad \cdots\cdots ④$$

← $g_n(x)$ は $n$ 次式であるから、$g_n^{(n+1)}(x) = 0$ である。

である。

② より

$$h^{(k)}(x) = \sum_{j=k}^{n+1} {}_j P_k \, a_j x^{j-k}$$
$$= k! a_k + {}_{k+1}P_k a_{k+1} x + \cdots\cdots + {}_{n+1}P_k a_{n+1} x^{n+1-k}$$

← $j \geq k$ のとき
$(x^j)^{(k)} = j(j-1)\cdots\cdots$
$\qquad (j-k+1) x^{j-k}$
$= {}_j P_k x^{j-k}$

であるから、$k = 0, 1, 2, \cdots\cdots, n+1$ に対して、

$$h^{(k)}(0) = k!\, a_k \qquad \cdots\cdots ⑤$$

である。

③, ④, ⑤より，

$$0 \leq k \leq n \text{ のとき } a_k = 0, \quad a_{n+1} = \frac{f^{(n+1)}(0)}{(n+1)!}$$

← $0 \leq k \leq n$ のとき $k!\,a_k = 0$, $(n+1)!\,a_{n+1} = f^{(n+1)}(0)$ である。

であるから，

$$h(x) = \frac{f^{(n+1)}(0)}{(n+1)!} x^{n+1} \qquad \cdots\cdots ⑥$$

である。

ここで，

$$f(x) = \sin x + \cos x, \qquad f'(x) = \cos x - \sin x$$
$$f''(x) = -\sin x - \cos x, \quad f'''(x) = -\cos x + \sin x$$
$$f^{(4)}(x) = \sin x + \cos x = f(x)$$

← $|g_{n+1}(1) - g_n(1)|$ $= |h(1)| = \dfrac{|f^{(n+1)}(0)|}{(n+1)!}$ であるから，以下では $|f^{(n+1)}(0)|$ を求めようとしている。

より, $f^{(k)}(x)$ ($k = 0, 1, 2, \cdots\cdots$) は $f(x)$, $f'(x)$, $f''(x)$, $f'''(x)$ の繰り返しであり，

$$f(0) = 1, \ f'(0) = 1, \ f''(0) = -1, \ f'''(0) = -1$$

← 📎 参考 参照。

であるから, $f^{(k)}(0)$ ($k = 0, 1, 2, \cdots\cdots$) は $1, 1, -1, -1$ の繰り返しである。

← したがって, $|f^{(k)}(0)| = 1$ ($k = 0, 1, 2, \cdots\cdots$)

したがって, ①, ⑥より

$$|g_{n+1}(1) - g_n(1)| = |h(1)| = \frac{|f^{(n+1)}(0)|}{(n+1)!} = \frac{1}{(n+1)!}$$

となるので, 求める $n$ は

$$\frac{1}{(n+1)!} < \frac{1}{2013} \qquad \therefore\ 2013 < (n+1)!$$

となる最小の自然数であり, $6! = 720$, $7! = 5040$ より,

$$n + 1 = 7 \qquad \therefore\ \boldsymbol{n = 6}$$

である。

📎 参考

$n = 1, 2, \cdots\cdots$ に対して, $(\sin x)^{(n)} = \sin\left(x + \dfrac{n}{2}\pi\right)$, $(\cos x)^{(n)} = \cos\left(x + \dfrac{n}{2}\pi\right)$ である。これより, $f^{(n)}(x) = \left\{\sqrt{2}\sin\left(x + \dfrac{\pi}{4}\right)\right\}^{(n)} = \sqrt{2}\sin\left(x + \dfrac{\pi}{4} + \dfrac{n}{2}\pi\right)$ であることを利用してもよい。

## 403 逆関数の微分

$x \geq 0$ で定義される関数 $f(x) = xe^{\frac{x}{2}}$ について，次の問いに答えよ。ただし，$e$ は自然対数の底とする。

(1) $f(x)$ の第1次導関数を $f'(x)$，第2次導関数を $f''(x)$ とする。$f'(2)$，$f''(2)$ を求めよ。

(2) $f(x)$ の逆関数を $g(x)$，$g(x)$ の第1次導関数を $g'(x)$，第2次導関数を $g''(x)$ とする。$g'(2e)$，$g''(2e)$ を求めよ。 (名古屋市大)

**精講** 逆関数の微分について復習しておきましょう。

関数 $f(x)$ の逆関数 $g(x)$ が存在して，$f(x)$，$g(x)$ がともに微分可能であるとします。

このとき，$y = f(x)$ ……⑦ を $x$ について解くと，$x = g(y)$ ……① ですから，⑦を①に代入すると $x = g(f(x))$ ……⑨ となります。⑨の両辺を $x$ で微分すると，合成関数の微分法から $1 = \dfrac{d}{dx}g(f(x)) = g'(f(x))f'(x)$ ……① 

となります。①は，$g'(y)f'(x) = 1$，$\dfrac{dx}{dy} \cdot \dfrac{dy}{dx} = 1$ と表すこともできます。

**解答** (1) $f(x) = xe^{\frac{x}{2}}$ より，

$$f'(x) = 1 \cdot e^{\frac{x}{2}} + x \cdot \frac{1}{2}e^{\frac{x}{2}} = \left(\frac{x}{2} + 1\right)e^{\frac{x}{2}}$$

$$f''(x) = \frac{1}{2}e^{\frac{x}{2}} + \left(\frac{x}{2} + 1\right) \cdot \frac{1}{2}e^{\frac{x}{2}} = \left(\frac{x}{4} + 1\right)e^{\frac{x}{2}}$$

であるから，

$$f'(2) = 2e, \quad f''(2) = \frac{3}{2}e \qquad \cdots\cdots ①$$

である。

(2) $x \geq 0$ における $f(x)$ の逆関数が $g(x)$ であるから，

$$f(2) = 2e \text{ より } g(2e) = 2 \qquad \cdots\cdots ②$$

である。また，

← ⇨ 参考 1° 参照。
このとき，$g(x)$ の逆関数は $f(x)$ である。

← $y = xe^{\frac{x}{2}}$ において，$x$ を $y$ の簡単な式で表すことはできないので，$g(x)$ を具体的に求めるのは無理である。

$$x = g(f(x)) \quad \cdots\cdots ③$$

であるから，③の両辺を $x$ で微分すると，

$$1 = \frac{d}{dx} g(f(x)) = g'(f(x)) f'(x) \quad \cdots\cdots ④$$

← 参考 2°参照。

← 合成関数の微分法による。

である。④で，$x=2$ とおくと，

$$1 = g'(f(2)) f'(2) \quad \therefore \quad 1 = g'(2e) \cdot 2e$$

← ①，②より。

$$\therefore \quad g'(2e) = \frac{1}{2e} \quad \cdots\cdots ⑤$$

である。

④の両辺をさらに $x$ で微分すると

$$0 = \frac{d}{dx} \{ g'(f(x)) f'(x) \}$$
$$= \frac{d}{dx} g'(f(x)) \cdot f'(x) + g'(f(x)) \frac{d}{dx} f'(x)$$
$$= g''(f(x)) \{ f'(x) \}^2 + g'(f(x)) f''(x) \cdots\cdots ⑥$$

← ⑥，④より
$$g''(f(x)) = -\frac{g'(f(x)) f''(x)}{\{f'(x)\}^2}$$
$$= -\frac{f''(x)}{\{f'(x)\}^3} \text{ となる。}$$

である。⑥で，$x=2$ とおくと，

$$0 = g''(f(2)) \{ f'(2) \}^2 + g'(f(2)) f''(2)$$
$$0 = g''(2e) \cdot (2e)^2 + \frac{1}{2e} \cdot \frac{3}{2} e$$

← ①，②，⑤より。

$$\therefore \quad g''(2e) = -\frac{3}{16e^2}$$

である。

### 参考

1° $x \geqq 0$ において，$f'(x) = \left( \frac{x}{2} + 1 \right) e^{\frac{x}{2}} > 0$ であり，$f(x)$ は増加関数であるから，$f(x)$ の逆関数は存在する。また，$f(0) = 0$，$\lim_{x \to +\infty} f(x) = \infty$ であるから，$f(x)$ の値域は 0 以上の実数全体である。したがって，$f(x)$ の逆関数 $g(x)$ の定義域は 0 以上の実数全体である。

2° ③の代わりに，$f(g(x)) = x$ として，両辺を微分すると，$f'(g(x)) g'(x) = 1$ となり，さらに微分すると，$f''(g(x)) \{ g'(x) \}^2 + f'(g(x)) g''(x) = 0$ となる。これらの式で $x = 2e$ とおいて，$g'(2e)$，$g''(2e)$ を求めてもよい。

## 404 曲線 $y=f(x)$ のグラフの概形

$f(x)=\dfrac{x^3-x^2}{x^2-2}$ とする。

(1) $f(x)$ の増減を調べ，極値を求めよ。
(2) 曲線 $y=f(x)$ の漸近線を求めよ。
(3) 曲線 $y=f(x)$ の概形を描け。

(信州大*)

**精講** (2) 一般に，曲線 $y=f(x)$ において，$x\to c\,(c\pm0)$ のとき，$f(x)\to\pm\infty$ ならば，直線 $x=c$ は漸近線です。また，$x\to\infty$ のとき，極限 $a=\lim\limits_{x\to\infty}\dfrac{f(x)}{x}$，$b=\lim\limits_{x\to\infty}\{f(x)-ax\}$ が存在するならば，直線 $y=ax+b$ は $x\to\infty$ における漸近線です。$x\to-\infty$ のときも同様です。

**解答** (1) $f(x)=\dfrac{x^3-x^2}{x^2-2}$ において，

(分母)$=x^2-2\ne 0$ より $x\ne\pm\sqrt{2}$

である。このもとで，

$$f'(x)=\dfrac{(3x^2-2x)(x^2-2)-(x^3-x^2)\cdot 2x}{(x^2-2)^2}$$

$$=\dfrac{x(x-2)(x^2+2x-2)}{(x^2-2)^2}$$

$$=\dfrac{x(x-2)(x+1+\sqrt{3})(x+1-\sqrt{3})}{(x^2-2)^2}$$

← 分子を整理すると $x(x^3-6x+4)$

であるから，増減は次の通りである。

| $x$ | $\cdots$ | $-1-\sqrt{3}$ | $\cdots$ | $-\sqrt{2}$ | $\cdots$ | $0$ | $\cdots$ | $-1+\sqrt{3}$ | $\cdots$ | $\sqrt{2}$ | $\cdots$ | $2$ | $\cdots$ |
|---|---|---|---|---|---|---|---|---|---|---|---|---|---|
| $f'(x)$ | $+$ | $0$ | $-$ | | $-$ | $0$ | $+$ | $0$ | $-$ | | $-$ | $0$ | $+$ |
| $f(x)$ | ↗ | 極大 | ↘ | | ↘ | 極小 | ↗ | 極大 | ↘ | | ↘ | 極小 | ↗ |

また，極大値 $f(-1\pm\sqrt{3})=\dfrac{-5\pm 3\sqrt{3}}{2}$ （複号同順） ← **注** 参照。

極小値 $f(0)=0$, $f(2)=2$

である。

(2) $\lim\limits_{x\to\pm\sqrt{2}}|f(x)|=\lim\limits_{x\to\pm\sqrt{2}}\left|\dfrac{x^2(x-1)}{x^2-2}\right|=\infty$

より，$x=\pm\sqrt{2}$ はともに漸近線である。

次に，$x\to\pm\infty$ における漸近線を調べる。

$$\lim_{x\to\pm\infty}\frac{f(x)}{x}=\lim_{x\to\pm\infty}\frac{x^3-x^2}{x(x^2-2)}=\lim_{x\to\pm\infty}\frac{1-\dfrac{1}{x}}{1-\dfrac{2}{x^2}}=1$$

⇐ 精講 参照。

$$\lim_{x\to\pm\infty}\{f(x)-x\}=\lim_{x\to\pm\infty}\frac{-x^2+2x}{x^2-2}=\lim_{x\to\pm\infty}\frac{-1+\dfrac{2}{x}}{1-\dfrac{2}{x^2}}=-1$$

⇐ $f(x)=\dfrac{(x^2-2)(x-1)+2x-2}{x^2-2}$
$=x-1+\dfrac{2x-2}{x^2-2}$
から，$\lim_{x\to\pm\infty}\{f(x)-(x-1)\}=0$
を示してもよい。

より，$x\to\pm\infty$ では $y=x-1$ が漸近線である。

(3) (1), (2)の結果と

$$\lim_{x\to\sqrt{2}\pm 0}f(x)=\lim_{x\to\sqrt{2}\pm 0}\frac{x^2(x-1)}{x^2-2}=\pm\infty$$
（複号同順）

$$\lim_{x\to-\sqrt{2}\pm 0}f(x)=\lim_{x\to-\sqrt{2}\pm 0}\frac{x^2(x-1)}{x^2-2}=\pm\infty$$
（複号同順）

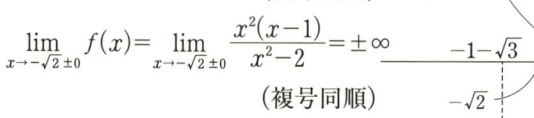

より，曲線 $y=f(x)$ の概形は右図の通りである。

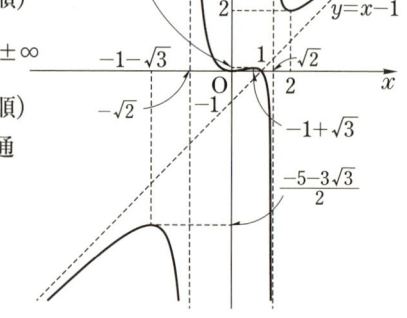

**注** $f(-1\pm\sqrt{3})$ の値は次のように計算できる。$x=-1\pm\sqrt{3}$ のとき，$x^2+2x-2=0$ であるから，

$$f(x)=\frac{x^3-x^2}{x^2-2}=\frac{(x^2+2x-2)(x-3)+8x-6}{(x^2+2x-2)-2x}=\frac{8x-6}{-2x}=-4+\frac{3}{x}$$

となるので，$f(-1\pm\sqrt{3})=-4+\dfrac{3}{-1\pm\sqrt{3}}=\dfrac{-5\pm 3\sqrt{3}}{2}$ （複号同順）である。

---

**類題 13** → 解答 p.359

$f(x)=\dfrac{x^3+10x}{2(x^2+1)}$ とするとき，以下の問いに答えよ。

(1) $f(x)$ の増減を調べ，極値を求めよ。
(2) $y=f(x)$ の凹凸を調べよ。また，変曲点を求めよ。
(3) $y=f(x)$ の漸近線を求めよ。
(4) $y=f(x)$ のグラフの概形を描け。

(北見工大*)

## 405 曲線に引ける接線の本数

$x$ 軸上の点 $A(a, 0)$ から，関数 $y=f(x)=\dfrac{x+3}{\sqrt{x+1}}$ のグラフに異なる2本の接線が引けるとき，定数 $a$ の範囲を求めよ。 　　　　　　　　　　　　　　　　　　　　（群馬大）

**精講**　曲線 $y=f(x)$ 上の点 $(t, f(t))$ における接線が $A(a, 0)$ を通るときの $t$ と $a$ の関係式を導いて，その関係式を満たす実数 $t$ がちょうど2個あるための $a$ の範囲を求めます。そこでは，"パラメタの分離" が役に立ちます。

**解答**　$y=f(x)=\dfrac{x+3}{\sqrt{x+1}}$ 　……① において

$$f'(x)=\dfrac{\sqrt{x+1}-(x+3)\cdot\dfrac{1}{2\sqrt{x+1}}}{(\sqrt{x+1})^2}$$
$$=\dfrac{x-1}{2(x+1)\sqrt{x+1}}$$

であるから，①上の点 $(t, f(t))$ $(t>-1)$ における接線の方程式は

$$y-\dfrac{t+3}{\sqrt{t+1}}=\dfrac{t-1}{2(t+1)\sqrt{t+1}}(x-t) \quad \cdots\cdots ②$$

← 曲線①の存在範囲は $x>-1$ の部分である。

である。

接線②が $A(a, 0)$ を通る条件は

$$-\dfrac{t+3}{\sqrt{t+1}}=\dfrac{t-1}{2(t+1)\sqrt{t+1}}(a-t)$$
$$\therefore\ t^2+9t+6+a(t-1)=0 \quad \cdots\cdots ③$$

← $-2(t+3)(t+1)$
　$=(t-1)(a-t)$

である。これより，$A(a, 0)$ から曲線 $y=f(x)$ に2本の接線が引けるための条件は "③が $t>-1$ の範囲に2つの異なる実数解をもつ" ……（＊）ことである。

← ⇨ 参考 2° 参照。

③を

$$a=-\dfrac{t^2+9t+6}{t-1}=g(t)$$

← $t=1$ は③を満たさない。

と書き直す。

← いわゆる "パラメタの分離" を行った。別の処理法については，⇨ 参考 1° 参照。

第4章　微分法とその応用　177

$$g'(t) = -\frac{(2t+9)(t-1)-(t^2+9t+6)}{(t-1)^2}$$
$$= \frac{(5-t)(t+3)}{(t-1)^2}$$

| $t$ | $(-1)$ | $\cdots$ | 1 | $\cdots$ | 5 | $\cdots$ |
|---|---|---|---|---|---|---|
| $g'(t)$ | | $+$ | / | $+$ | 0 | $-$ |
| $g(t)$ | $(-1)$ | ↗ | / | ↗ | $-19$ | ↘ |

$$\lim_{t \to 1 \pm 0} g(t) = \lim_{t \to 1 \pm 0} \frac{-(t^2+9t+6)}{t-1} = \mp \infty \quad (\text{複号同順})$$

$$\lim_{t \to +\infty} g(t) = \lim_{t \to +\infty} \frac{-\left(t+9+\dfrac{6}{t}\right)}{1-\dfrac{1}{t}} = -\infty$$

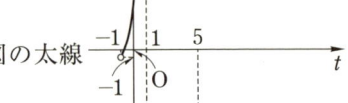

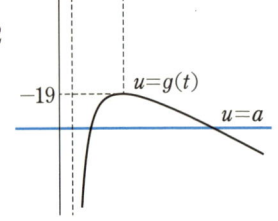

であるから，$u=g(t)$ $(t>-1)$ の概形は右図の太線である。

（＊）が成り立つのは，$u=g(t)$ と直線 $u=a$ が2つの共有点をもつときであるから，求める範囲は

$$a < -19$$

である。

📎 **参考** 1°  ③を
$$t^2+(a+9)t+6-a=0$$
と書き直して，
$$h(t) = t^2+(a+9)t+6-a$$
$$= \left(t+\frac{a+9}{2}\right)^2 - \frac{(a+9)^2}{4} + 6-a$$

とおいて，$u=h(t)$ のグラフから（＊）を満たす $a$ の範囲を考えることもできる。そのときには

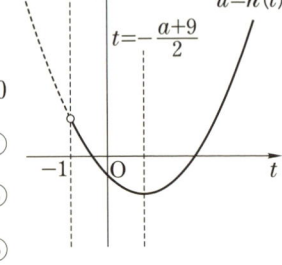

$$(\text{＊}) \iff \begin{cases} \text{頂点の } u \text{ 座標}: -\dfrac{(a+9)^2}{4}+6-a < 0 & \cdots\cdots④ \\ \text{軸の位置}: -\dfrac{a+9}{2} > -1 & \cdots\cdots⑤ \\ \text{端点での値}: h(-1) > 0 & \cdots\cdots⑥ \end{cases}$$

である。

④より $a<-19$ または $a>-3$，⑤より $a<-7$，⑥より $a<-1$ であるから，これらの共通部分 $a<-19$ が求める $a$ の範囲であることがわかる。

2° **解答** において，厳密な意味では，"①上の異なる点 $(t, f(t))$ における接線は異なる"……（☆）ことを示す必要がある。しかし，入試では，特に問われていない限り，（☆）を認めて答えても問題はないと考えられる。

# 406 放物線に法線を3本引ける点の存在範囲

$xy$ 平面上に曲線 $C: y=x^2$ がある。$C$ 上にない点 A と $C$ 上の点 P に対し，P における $C$ の接線と 2 点 A，P を通る直線が垂直であるとき，線分 AP を A から $C$ に下ろした垂線という。次の問いに答えよ。

(1) $C$ に異なる 3 本の垂線を下ろすことができる点 A の範囲を図示せよ。

(2) A が (1) の範囲にあるとする。少なくとも 2 本の垂線の長さが等しくなる A の範囲を図示せよ。

(横浜国大)

**精講** (1) 直線 AP は，曲線 $C: y=x^2$ の法線です。点 $(t, t^2)$ における $C$ の法線の方程式を導いて，点 A$(X, Y)$ を通るような異なる実数 $t$ が 3 個あるための $X$，$Y$ の条件を求めることになります。そこでは，次のことを思い出しましょう。

> $F(x)$ を $x$ の 3 次式とするとき，
> 3 次方程式 $F(x)=0$ が相異なる 3 実数解をもつ
> $\iff$ 3 次関数 $F(x)$ が異符号の極値をもつ

(2) (1) を離れて，$y=x^2$ 上の 2 点 $(\alpha, \alpha^2)$，$(\beta, \beta^2)$ における法線の交点からこれら 2 点までの距離が等しくなるための条件を調べることになります。直接調べる方法（**解答**）と 2 点における接線の交点を持ち出して考える方法（⇨**参考**）があります。

**解答** (1) $C: y=x^2$ 上の点 P$(t, t^2)$ における $C$ の法線の方程式は

$$-2t(y-t^2)=x-t \quad \cdots\cdots ①$$

である。

← $y=f(x)$ 上の点 $(t, f(t))$ における法線の方程式は
$-f'(t)(y-f(t))$
$=x-t$
である。

A$(X, Y)$ から $C$ に異なる 3 本の垂線を下ろすことができるのは，① が A を通るような $t$ が，つまり，

$$-2t(Y-t^2)=X-t$$

$$\therefore \quad 2t^3-(2Y-1)t-X=0 \quad \cdots\cdots ②$$

を満たす実数 $t$ が 3 個あるときである。そこで，

$$f(t)=2t^3-(2Y-1)t-X$$

← 注 参照。

とおき，3次方程式 $f(t)=0$ ……②′ が異なる3実数解をもつための条件："$f(t)$ が異符号の極値をもつ"……(☆) を調べる。 ← 精講 参照。

$$f'(t)=6t^2-(2Y-1)$$

より，$f(t)$ は

$$2Y-1>0 \quad \therefore \quad Y>\frac{1}{2} \qquad \cdots\cdots ③$$

のもとで，$t=\pm\sqrt{\dfrac{2Y-1}{6}}$ において極値をもつから，極値が異符号であるための条件は

$$f\left(\sqrt{\dfrac{2Y-1}{6}}\right)f\left(-\sqrt{\dfrac{2Y-1}{6}}\right)<0$$

$$\therefore \quad -\dfrac{2}{27}(2Y-1)^3+X^2<0$$

$$Y>\dfrac{3}{2\sqrt[3]{2}}\sqrt[3]{X^2}+\dfrac{1}{2} \qquad \cdots\cdots ④$$

← $f\left(\pm\sqrt{\dfrac{2Y-1}{6}}\right)$
$=\mp\dfrac{\sqrt{6}}{9}(2Y-1)^{\frac{3}{2}}-X$
（複号同順）

← $(2Y-1)^3>\dfrac{27}{2}X^2$
$\therefore \quad 2Y-1>\dfrac{3}{\sqrt[3]{2}}\sqrt[3]{X^2}$

となる。結局，(☆) $\iff$ "③かつ④" であるから，点Aの存在範囲は

$$y>\dfrac{3}{2\sqrt[3]{2}}\sqrt[3]{x^2}+\dfrac{1}{2}$$

であり，右図の斜線部分（境界を除く）となる。

(2) Aからの2本の垂線が $C$ 上の2点 $P(\alpha, \alpha^2)$，$Q(\beta, \beta^2)$ $(\alpha\neq\beta)$ における法線：

$$-2\alpha(y-\alpha^2)=x-\alpha \qquad \cdots\cdots ⑤$$
$$-2\beta(y-\beta^2)=x-\beta \qquad \cdots\cdots ⑥$$

であるとき，Aは⑤，⑥の交点であるから

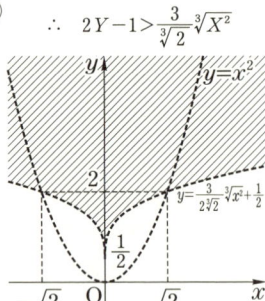

$$A\left(-2\alpha\beta(\alpha+\beta),\ \dfrac{1}{2}+\alpha^2+\alpha\beta+\beta^2\right) \quad \cdots\cdots ⑦$$

となる。

　ここで，AP＝AQ のとき，Aは

$$(x-\alpha)^2+(y-\alpha^2)^2=(x-\beta)^2+(y-\beta^2)^2$$

$$\therefore \quad 2x-(\alpha+\beta)+2(\alpha+\beta)y-(\alpha+\beta)(\alpha^2+\beta^2)=0$$

で表される線分PQの垂直二等分線上にある。そこで，Aの座標⑦を代入すると

← 整理すると，
$-(\alpha-\beta)\{2x-(\alpha+\beta)$
$+2(\alpha+\beta)y$
$-(\alpha+\beta)(\alpha^2+\beta^2)\}=0$
となり，$\alpha\neq\beta$ より。

$$(\alpha+\beta)\left\{-4\alpha\beta-1+2\left(\frac{1}{2}+\alpha^2+\alpha\beta+\beta^2\right)-(\alpha^2+\beta^2)\right\}=0$$

$$\therefore \quad (\alpha+\beta)(\alpha-\beta)^2=0$$

となり，$\alpha \neq \beta$ より

$$\alpha+\beta=0 \qquad \cdots\cdots ⑧$$

である。

⑦に戻ると，$A\left(0,\ \frac{1}{2}+\alpha^2\right)$ であり，⑧と $\alpha \neq \beta$ より $\alpha \neq 0$ であるから，(1)の結果と合わせると，A の存在範囲は

$$x=0 \ \text{かつ}\ y>\frac{1}{2}$$

であり，右図の太線部分である。

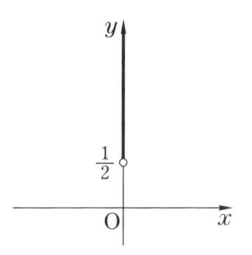

**注** $y=x^2$ 上の異なる点における法線どうしが一致しないことは，点 $P(t,\ t^2)$ における法線の傾き $-\dfrac{1}{2t}$（ただし，$O(0,\ 0)$ では法線は $x=0$）が，$t$ ごとに異なることから明らかである。

**参考** (2)で，Aから下ろした2本の垂線 AP，AQ の長さが等しいとするとき，$P(\alpha,\ \alpha^2)$，$Q(\beta,\ \beta^2)$（$\alpha \neq \beta$）における接線：

$$y=2\alpha x-\alpha^2 \quad \cdots\cdots ⑨ \quad y=2\beta x-\beta^2 \quad \cdots\cdots ⑩$$

の交点を $B\left(\dfrac{\alpha+\beta}{2},\ \alpha\beta\right)$ とする。

このとき，$\triangle APB$，$\triangle AQB$ はいずれも直角三角形であり，$AP=AQ$ で，$AB$ は共通であるから，三平方の定理より，$PB=QB$ $\cdots\cdots ⑪$ である。P，B は直線⑨上に，Q，B は直線⑩上にあるから，

$$PB=\sqrt{1+(2\alpha)^2}\left|\alpha-\frac{\alpha+\beta}{2}\right|=\frac{1}{2}\sqrt{1+4\alpha^2}|\alpha-\beta|,$$

$$QB=\frac{1}{2}\sqrt{1+4\beta^2}|\alpha-\beta|$$

である。⑪と $\alpha \neq \beta$ より $\sqrt{1+4\alpha^2}=\sqrt{1+4\beta^2}$ であるから $\alpha^2=\beta^2$ となり，ここでも，$\alpha \neq \beta$ より $\alpha=-\beta$ が導かれる。以下は **解答** と同じである。

## 407 整数値をとる変数に関する不等式

$n$ を正の整数，$a$ を実数とする。すべての整数 $m$ に対して
$$m^2-(a-1)m+\frac{n^2}{2n+1}a>0$$
が成り立つような $a$ の範囲を $n$ を用いて表せ。　　　　（東京大）

**精講**　$m$ は整数値しかとらないので，判別式だけでは解決しません。そこで，パラメタ $a$ を分離した形の不等式に変形して考えます。

**解答**　"すべての整数 $m$ に対して，
$$m^2-(a-1)m+\frac{n^2}{2n+1}a>0 \quad \cdots\cdots ①$$
が成り立つ" ……(☆)　ための $a$ の条件を調べる。

$r=\dfrac{n^2}{2n+1}\ (>0)$ とおくと，①は
$$m^2+m>(m-r)a \quad \cdots\cdots ②$$
となる。$m=0$ のとき，②が成り立つためには，
$$0>-ra \quad \therefore\ a>0 \quad \cdots\cdots ③$$
でなければならない。　　　　←$r>0$ である。

③のもとで，$m\leqq -1$ のときは，
$$m^2+m=m(m+1)\geqq 0,\quad (m-r)a<0$$
より，②は成り立つ。また，$1\leqq m\leqq r$ のときは，　　←$m$ は整数である。
$$m^2+m>0,\quad (m-r)a\leqq 0$$
となり，②は成り立つ。　　　　←ここまでで，$m$ が $r$ 以下の整数である場合を調べた。

以下，$m>r$ において，
$$\frac{m^2+m}{m-r}>a \quad \cdots\cdots ④$$
が成り立つ条件を調べる。そこで，実数 $x$ に対して，　　←いわゆる，"パラメタ（ここでは $a$）の分離" を行った。
$f(x)=\dfrac{x^2+x}{x-r}$ とおくと，
$$f'(x)=\frac{(2x+1)(x-r)-(x^2+x)}{(x-r)^2}$$
$$=\frac{\{(2n+1)x+n\}(x-n)}{(2n+1)(x-r)^2}$$

←（分子）$=x^2-2rx-r$
$=\dfrac{(2n+1)x^2-2n^2x-n^2}{2n+1}$
$=\dfrac{\{(2n+1)x+n\}(x-n)}{2n+1}$

となる。ここで，
$$n-r=\frac{n(n+1)}{2n+1}>0 \quad \therefore \quad n>r$$
であるから，$x>r$ における $f(x)$ の増減は右表の通りである。したがって，$m>r$ を満たすすべての整数 $m$ に対して，④が成り立つための条件は

$$f(n)>a \quad \therefore \quad a<2n+1 \qquad \cdots\cdots ⑤$$

| $x$ | $(r)$ | $\cdots$ | $n$ | $\cdots$ |
|---|---|---|---|---|
| $f'(x)$ | / | $-$ | $0$ | $+$ |
| $f(x)$ | / | $\searrow$ | | $\nearrow$ |

← $f(n)=\dfrac{n^2+n}{n-r}$
$=\dfrac{n(n+1)}{n-\dfrac{n^2}{2n+1}}$
$=2n+1$

である。

以上より，(☆)が成り立つような $a$ の範囲は，③かつ⑤，すなわち，

$$\boldsymbol{0<a<2n+1}$$

である。

### 参考

"パラメタの分離"を②までとして処理することもできる。

②で $m$ を実数 $x$ で置き換えると
$$x^2+x>a(x-r)$$
となり，(☆)は "$y=x^2+x$ ……⑥ 上の整数 $x$ に対応する点は直線 $y=a(x-r)$ ……⑦ より上方にある" ……(∗) ことと同値である。

⑦は定点 $A(r, 0)$ を通り傾き $a$ の直線である。そこで，⑦が⑥と接するような $a$ の値を求めると，
$$x^2-(a-1)x+ar=0 \qquad \cdots\cdots ⑧$$
が重解をもつ条件より

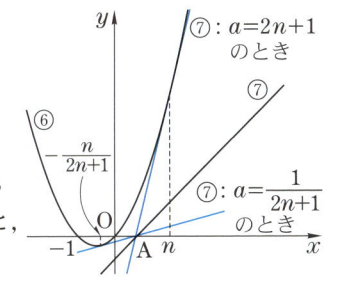

$$(a-1)^2-4ar=0 \quad \therefore \quad a=2n+1, \ \frac{1}{2n+1}$$

であり，それぞれに対応する接点の $x$ 座標，つまり，⑧の重解は $x=n, \ -\dfrac{n}{2n+1}$ である。

$-1<-\dfrac{n}{2n+1}<0$ であり，⑥上の点 $(0, 0)$，$(-1, 0)$ が⑦より上方にある条件は $a>0$ である。よって，右上図より，

$$(☆) \iff (∗) \iff 0<a<2n+1$$

である。

← $r=\dfrac{n^2}{2n+1}$ を代入して，整理すると
$\{(2n+1)a-1\}\cdot$
$\qquad \{a-(2n+1)\}=0$

← 解と係数の関係から
$(⑧の重解)=\dfrac{1}{2}(a-1)$

← ⑥上の点 $(n, n^2+n)$ が⑦より上方にある条件は
$a<2n+1$

## 408 パラメタを含む曲線の通過範囲

定数 $a$ に対して，次の式で定義される $xy$ 平面の曲線を $C_a$ とする。
$$C_a : y = (a-x)\{\log(x-a)-2\}$$

(1) $a=0$ のときの曲線 $C_a$ のグラフをかけ。ただし，$\lim_{x \to \infty} xe^{-x} = 0$ を用いてもよい。

(2) $a$ を $a \geqq 0$ の範囲で動かすとき，曲線 $C_a$ が通る部分を図示せよ。

(名古屋市大)

**精講**

(1) $C_0 : y = -x(\log x - 2)$ の $x \to +0$ における様子を知るときに，$\lim_{x \to \infty} xe^{-x} = 0$ を用います。

(2) この種の問題でよく用いられる考え方「$C_a$ を $a$ の方程式とみなして，$a \geqq 0$ に解をもつような $x$, $y$ の条件は？」では簡単に解決しません。そこで，$C_a$ と $C_0$ の位置関係に着目します。

**解答**

(1) $C_0 : y = -x(\log x - 2)$ において，
$$y' = 1 - \log x, \quad y'' = -\frac{1}{x}$$
より，増減は右表の通りであり，グラフは上に凸である。次に，$\lim_{x \to \infty} xe^{-x} = 0$ において，
$$e^{-x} = t, \quad つまり，x = -\log t$$
とおくと，$x \to \infty$ のとき $t \to +0$ より
$$\lim_{t \to +0}(-t \log t) = 0 \quad \therefore \quad \lim_{x \to +0} x \log x = 0$$
であるから，$\lim_{x \to +0} y = 0$ であり，また，$\lim_{x \to +0} y' = \infty$ である。これらより，グラフは右のようになる。

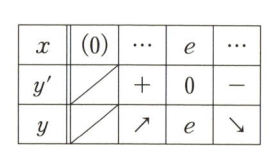

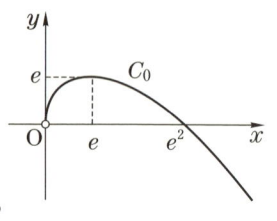

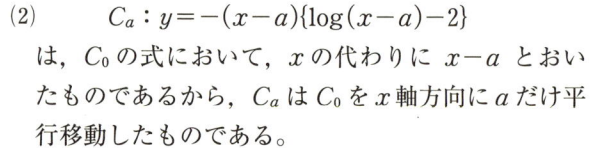

| $x$ | $(0)$ | $\cdots$ | $e$ | $\cdots$ |
|---|---|---|---|---|
| $y'$ | | $+$ | $0$ | $-$ |
| $y$ | | ↗ | $e$ | ↘ |

←$x \to +0$ のとき，$y = f(x)$ は $y$ 軸に接する。

(2) $C_a : y = -(x-a)\{\log(x-a) - 2\}$ は，$C_0$ の式において，$x$ の代わりに $x-a$ とおいたものであるから，$C_a$ は $C_0$ を $x$ 軸方向に $a$ だけ平行移動したものである。

したがって，(1)の結果より $a \geqq 0$ のもとで，$C_a$ が通過する部分は右の斜線部分であり，境界に関しては，$x$ 軸上の $0 \leqq x < e^2$ の部分を除く。

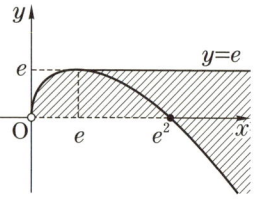

🔖 **参 考**

ここで，次のことを確認しておこう。

(i) $\displaystyle\lim_{x\to\infty}\frac{x}{e^x}=0$　　(ii) $\displaystyle\lim_{x\to+0}x\log x=0$

(1)で見たように，(i)，(ii)は同値な関係であるが，それぞれの証明を1つずつ示しておく。

[(i)の証明]　$f(x)=x^2 e^{-x}$ とするとき，
$$f'(x)=x(2-x)e^{-x}$$
であるから，$x>0$ においては，右表より
$$0<f(x)=\frac{x^2}{e^x}\leqq\frac{4}{e^2} \quad\therefore\quad 0<\frac{x}{e^x}\leqq\frac{4}{e^2}\cdot\frac{1}{x}$$

| $x$ | 0 | $\cdots$ | 2 | $\cdots$ |
|---|---|---|---|---|
| $f'(x)$ | 0 | $+$ | 0 | $-$ |
| $f(x)$ | 0 | ↗ | $\frac{4}{e^2}$ | ↘ |

である。ここで，はさみ打ちの原理より，
$$0\leqq\lim_{x\to\infty}\frac{x}{e^x}\leqq\lim_{x\to\infty}\frac{4}{e^2}\cdot\frac{1}{x}=0\quad\therefore\quad\lim_{x\to\infty}\frac{x}{e^x}=0$$
である。

[(ii)の証明]　$x>0$ において，$g(x)=\sqrt{x}\log x$ とするとき，
$$g'(x)=\frac{1}{2\sqrt{x}}(\log x+2)$$
であるから，特に，$0<x<1$ においては，右表と $\log x<0$ より

| $x$ | (0) | $\cdots$ | $\frac{1}{e^2}$ | $\cdots$ |
|---|---|---|---|---|
| $g'(x)$ | / | $-$ | 0 | $+$ |
| $g(x)$ | / | ↘ | $-\frac{2}{e}$ | ↗ |

$$-\frac{2}{e}\leqq g(x)=\sqrt{x}\log x<0$$
$$\therefore\quad -\frac{2}{e}\sqrt{x}\leqq x\log x<0$$

である。ここで，はさみ打ちの原理より
$$0=\lim_{x\to+0}\left(-\frac{2}{e}\sqrt{x}\right)\leqq\lim_{x\to+0}x\log x\leqq 0\quad\therefore\quad\lim_{x\to+0}x\log x=0$$
である。

さらに，$\displaystyle\lim_{x\to\infty}\frac{x^2}{e^x}=0$ なども，(i)を利用して，
$$\lim_{x\to\infty}\frac{x^2}{e^x}=\lim_{x\to\infty}\left(\frac{x}{e^{\frac{x}{2}}}\right)^2=\lim_{t\to\infty}\left(\frac{2t}{e^t}\right)^2=\lim_{t\to\infty}4\left(\frac{t}{e^t}\right)^2=0$$

(途中で $x=2t$ と置き換えた)などと示すことができる。

## 409　円上の動点から2定点までの距離の和

$xy$ 平面上に，原点を中心とする半径 1 の円 $C$，点 $A(a, 0)$ $(0<a<1)$，点 $B(-1, 0)$ が与えられている．点 P が円 $C$ 上を動くとき，距離 AP と距離 BP の和の最大値を $a$ を用いて表せ．　　　　　　　　　　（九州大）

**＜精講＞** $P(x, y)$ とおいて $x^2+y^2=1$ を用いるか，$P(\cos\theta, \sin\theta)$ とおいて，AP+BP を $x$ だけの式，または，$\cos\theta$ だけの式で表します．そのあとの微分計算などを考えると，$x$ だけの式の方が少し楽なようです．

**＜解答＞** $P(x, y)$ は円 $C$ 上にあるから，
$$x^2+y^2=1 \quad \cdots\cdots ①$$
を満たす．このとき，
$$\begin{aligned}
\mathrm{AP}+\mathrm{BP} &= \sqrt{(x-a)^2+y^2}+\sqrt{(x+1)^2+y^2} \\
&= \sqrt{1+a^2-2ax}+\sqrt{2+2x}=f(x)
\end{aligned}$$
とおくと，
$$\begin{aligned}
f'(x) &= \frac{-a}{\sqrt{1+a^2-2ax}}+\frac{1}{\sqrt{2+2x}} \\
&= \frac{\sqrt{1+a^2-2ax}-a\sqrt{2+2x}}{\sqrt{1+a^2-2ax}\sqrt{2+2x}} \quad \cdots\cdots ②
\end{aligned}$$
である．$f'(x)$ の符号は，②の分子

← 注 参照．

$$\begin{aligned}
g(x) &= \sqrt{1+a^2-2ax}-a\sqrt{2+2x} \\
&= \frac{(1+a^2-2ax)-a^2(2+2x)}{\sqrt{1+a^2-2ax}+a\sqrt{2+2x}} \\
&= \frac{2a(a+1)\left(\dfrac{1-a}{2a}-x\right)}{\sqrt{1+a^2-2a}+a\sqrt{2+2x}}
\end{aligned}$$

←"分子の有理化"を行う．

の符号と一致する．

①より，$x$ の変域は
$$-1 \leqq x \leqq 1 \quad \cdots\cdots ③$$
であり，次の 2 つの場合が考えられる．

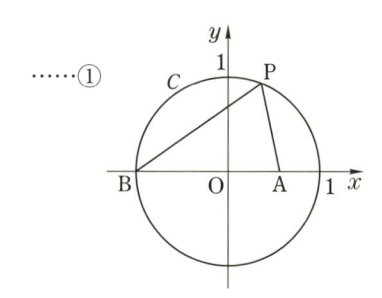

← $g(x)$ の符号は $\dfrac{1-a}{2a}-x$ の符号と一致する．

(i) $\dfrac{1-a}{2a} \geqq 1$, つまり, $0 < a \leqq \dfrac{1}{3}$ のとき ← $0 < a < 1$ に注意する。

③において,
$$g(x) \geqq 0 \text{ より } f'(x) \geqq 0$$ 
← $f(x)$ は単調に増加する。

であるから, $f(x)$ の最大値は
$$f(1) = \sqrt{(1-a)^2} + \sqrt{4}$$
$$= 1 - a + 2 = 3 - a$$

← E(1, 0) とするとき,
$f(1) = \text{AE} + \text{BE}$
$\phantom{f(1)} = 1 - a + 2 = 3 - a$

である。

(ii) $0 < \dfrac{1-a}{2a} < 1$, つまり, $\dfrac{1}{3} < a < 1$ のとき

$f(x)$ の増減は右表のようになるので, $f(x)$ の最大値は

$$f\left(\dfrac{1-a}{2a}\right) = \sqrt{a(1+a)} + \sqrt{\dfrac{1+a}{a}}$$
$$= \dfrac{(\sqrt{1+a})^3}{\sqrt{a}}$$

| $x$ | $-1$ | $\cdots$ | $\dfrac{1-a}{2a}$ | $\cdots$ | $1$ |
|---|---|---|---|---|---|
| $f'(x)$ | | $+$ | $0$ | $-$ | |
| $f(x)$ | | ↗ | | ↘ | |

である。

以上より, AP+BP の最大値は

$0 < a \leqq \dfrac{1}{3}$ のとき $3 - a$, $\dfrac{1}{3} < a < 1$ のとき $\dfrac{(\sqrt{1+a})^3}{\sqrt{a}}$

である。

**注** ②において, $f'(x) = 0$ となる $x$ を, つまり, $\sqrt{1+a^2-2ax} = a\sqrt{2+2x}$ を満たす $x = \dfrac{1-a}{2a}$ を求めても, その前後での $f'(x)$ の符号はわからない。そこで, **解答** に示したような"分子の有理化"を行うのである。

**参考**

$\text{P}(\cos\theta, \sin\theta)$ とおくと,
$$\text{AP} + \text{BP} = \sqrt{1+a^2-2a\cos\theta} + \sqrt{2+2\cos\theta} \quad \cdots\cdots ④$$

となる。A, B は $x$ 軸上にあり, 円 $C$ は $x$ 軸に関して対称であるから, P は $y \geqq 0$ にあるとして, つまり, $0 \leqq \theta \leqq \pi$ として, ④の増減を調べるとよい。

## 410 三角関数に関する最大値問題

次の連立不等式で定まる座標平面上の領域 $D$ を考える。
$$x^2+(y-1)^2 \leq 1, \quad x \geq \frac{\sqrt{2}}{3}$$

直線 $l$ は原点を通り，$D$ との共通部分が線分となるものとする。その線分の長さ $L$ の最大値を求めよ。また，$L$ が最大値をとるとき，$x$ 軸と $l$ のなす角 $\theta\left(0<\theta<\dfrac{\pi}{2}\right)$ の余弦 $\cos\theta$ を求めよ。

(東京大)

**精講**　与えられた変数 $\theta$ を用いて $L$ を表して，その増減を調べるだけですが，計算を見やすくするためには三角関数 ($\sin\theta$, $\cos\theta$, $\tan\theta$ のいずれか) をうまく選ぶ必要があります。

**解答**　領域 $D: x^2+(y-1)^2 \leq 1,\ x \geq \dfrac{\sqrt{2}}{3}$
は右図の青色部分である。

$$x^2+(y-1)^2=1 \quad \cdots\cdots ① \quad と \quad x=\frac{\sqrt{2}}{3} \quad \cdots\cdots ②$$

の交点を，$A\left(\dfrac{\sqrt{2}}{3},\ 1-\dfrac{\sqrt{7}}{3}\right)$, $B\left(\dfrac{\sqrt{2}}{3},\ 1+\dfrac{\sqrt{7}}{3}\right)$
とし，$C\left(\dfrac{\sqrt{2}}{3},\ 0\right)$, $E(0,\ 2)$ とする。

$\angle OPE$ が直角であるから，右図において，
$$L=PQ=OP-OQ=OE\sin\theta-\frac{OC}{\cos\theta}$$
$$=2\sin\theta-\frac{\sqrt{2}}{3\cos\theta}=f(\theta)$$

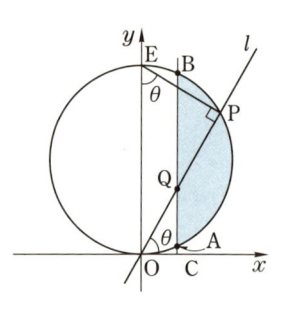

←OE は円①の直径である。

←⧉参考　1°参照。

←$L=f(\theta)$ とおいた。

である。

$\theta$ の変域は，$Q$ が線分 $AB$ ($A$, $B$ を除く) 上にあることより，
$$\alpha=\angle AOC<\theta<\angle BOC=\beta \quad \cdots\cdots ③$$
である。また，
$$f'(\theta)=2\cos\theta-\frac{\sqrt{2}\sin\theta}{3\cos^2\theta}$$

←$\angle AOC=\alpha$, $\angle BOC=\beta$ とする。$0<\alpha<\beta<\dfrac{\pi}{2}$ である。

←⧉参考　2°参照。

$$= \frac{\sqrt{2}}{3}\cos\theta\left(3\sqrt{2}-\frac{\sin\theta}{\cos\theta}\cdot\frac{1}{\cos^2\theta}\right)$$

$$= \frac{\sqrt{2}}{3}\cos\theta\{3\sqrt{2}-\tan\theta(\tan^2\theta+1)\}$$

$$= \frac{\sqrt{2}}{3}\cos\theta(\sqrt{2}-\tan\theta)(3+\sqrt{2}\tan\theta+\tan^2\theta)$$

である。ここで,

$$\tan\theta_0 = \sqrt{2}\quad \left(0<\theta_0<\frac{\pi}{2}\right) \quad\cdots\cdots ④$$

となる $\theta_0$ をとると,直線 $y=(\tan\theta_0)x=\sqrt{2}\,x$ と②との交点 $Q_0\left(\dfrac{\sqrt{2}}{3},\ \dfrac{2}{3}\right)$ は線分 AB 上にあるから,$\theta=\theta_0$ は③を満たし,増減表より $L=f(\theta)$ は $\theta=\theta_0$ で最大となる。④より

←A, $Q_0$, B の $y$ 座標の関係:
$\dfrac{3-\sqrt{7}}{3}<\dfrac{2}{3}<\dfrac{3+\sqrt{7}}{3}$ より。

| $\theta$ | $(\alpha)$ | $\cdots$ | $\theta_0$ | $\cdots$ | $(\beta)$ |
|---|---|---|---|---|---|
| $f'(\theta)$ | | $+$ | $0$ | $-$ | |
| $f(\theta)$ | | ↗ | | ↘ | |

($\angle\mathrm{AOC}=\alpha$, $\angle\mathrm{BOC}=\beta$)

$$\sin\theta_0=\frac{\sqrt{2}}{\sqrt{3}},\ \cos\theta_0=\frac{1}{\sqrt{3}}$$

であるから,$L$ の最大値は

$$f(\theta_0)=2\sin\theta_0-\frac{\sqrt{2}}{3\cos\theta_0}=\frac{\sqrt{2}}{\sqrt{3}}=\frac{\sqrt{6}}{3}$$

であり,$\cos\theta=\cos\theta_0=\dfrac{1}{\sqrt{3}}$ のときである。

**参考** 1° $l:y=(\tan\theta)x\ \cdots\cdots ⑤$ と円①とのO以外の交点として,P の $x$ 座標を求めると,$x=\dfrac{2\tan\theta}{\tan^2\theta+1}=2\sin\theta\cos\theta$ となる。これより,

$\mathrm{OP}=\dfrac{x}{\cos\theta}=2\sin\theta$ としてもよい。

2° 少し計算は多くなるが,$f'(\theta)$ の符号変化を $\cos\theta$ に着目して調べることもできる。

$$f'(\theta)=\frac{6\cos^3\theta-\sqrt{2}\sin\theta}{3\cos^2\theta}=\frac{36\cos^6\theta-2\sin^2\theta}{3\cos^2\theta(6\cos^3\theta+\sqrt{2}\sin\theta)}$$

$$=\frac{2\{18(\cos^2\theta)^3-(1-\cos^2\theta)\}}{3\cos^2\theta(6\cos^3\theta+\sqrt{2}\sin\theta)}=\frac{2(3\cos^2\theta-1)(6\cos^4\theta+2\cos^2\theta+1)}{3\cos^2\theta(6\cos^3\theta+\sqrt{2}\sin\theta)}$$

となる。この場合にも,$3\cos^2\theta-1=0$ を満たす鋭角 $\theta$ が $\theta$ の変域③に属する,すなわち,$l$ と $D$ の共通部分が線分となるような $\theta$ であることを確かめる必要がある。

## 411 3つの円の和集合の面積の最大値

平面上を半径1の3個の円板が下記の条件(a)と(b)を満たしながら動くとき，これら3個の円板の和集合の面積$S$の最大値を求めよ。

(a) 3個の円板の中心はいずれも定点Pを中心とする半径1の円周上にある。
(b) 3個の円板すべてが共有する点はPのみである。

（東京工大）

**精講** まず，Pと3つの円の中心を結ぶ線分のつくる角のとり得る範囲を調べます。そこでは，2つの円板を固定して，残りの円板の中心の動ける範囲を考えてみましょう。

**解答** Pを中心とする半径1の円を$E$とし，3個の円板$D_1$, $D_2$, $D_3$の中心を$O_1$, $O_2$, $O_3$とする。$\overrightarrow{PO_1}$から$\overrightarrow{PO_2}$, $\overrightarrow{PO_3}$, $\overrightarrow{PO_1}$と同じ方向に順に測った角を $\angle O_1PO_2=\alpha$, $\angle O_2PO_3=\beta$, $\angle O_3PO_1=\gamma$ とおくと，
$$\alpha+\beta+\gamma=2\pi \quad \cdots\cdots ①$$
である。このとき，$\alpha$, $\beta$, $\gamma$の満たすべき条件を調べると，まず，
$$0\leq\alpha\leq\pi,\ 0\leq\beta\leq\pi,\ 0\leq\gamma\leq\pi \quad \cdots\cdots ②$$
でなければならない。

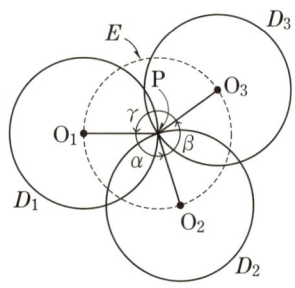

←$\alpha>\pi$ のとき，下図のようになり(b)に反する。

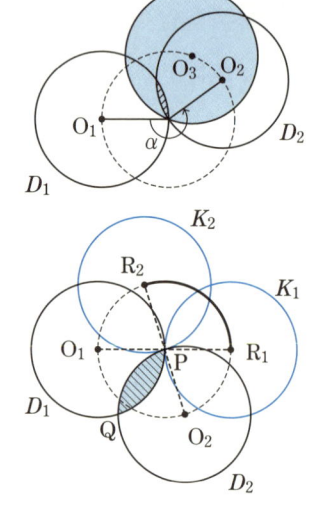

次に，②のもとで$\alpha$を固定したとき，$\beta$, $\gamma$の満たすべき条件を調べる。円$E$の直径$O_1R_1$, $O_2R_2$をとり，$R_1$, $R_2$を中心とする半径1の円を$K_1$, $K_2$とすると，$K_1$と$D_1$, $K_2$と$D_2$はそれぞれ外接している。図からわかるように，$D_3$の中心$O_3$が円$E$の弧$R_1O_2$, $R_2O_1$にあると，$D_3$は$D_1\cap D_2$（斜線部分）のP以外の部分を含むことになる。逆に，$O_3$が円$E$の短い方の弧$R_1R_2$（端点を含む）上にある，すなわち，
$$（弧 O_1O_2O_3）,\ （弧 O_2O_1O_3）\geq（半円周）$$
∴ $\alpha+\beta\geq\pi$, $\alpha+\gamma\geq\pi$
であるときには，条件(b)が満たされる。

$\beta$, $\gamma$ を固定した場合も考え合わせると，結局

$$\alpha+\beta \geqq \pi, \quad \beta+\gamma \geqq \pi, \quad \gamma+\alpha \geqq \pi \qquad \cdots\cdots ③$$

であれば，条件(b)が満たされる。

←この部分をキチンと示しておかないと正しい解答といえない。

①のもとで，②，③は同値であるから，以下，①かつ②のもとで考え，$D_1 \cap D_2$, $D_2 \cap D_3$, $D_3 \cap D_1$ の面積 $S_{12}$, $S_{23}$, $S_{31}$ から，$S$ を求める。

$$\begin{aligned} S_{12} &= 2(\text{扇形 } O_1\widehat{PQ} - \triangle O_1PQ) \\ &= 2\left\{\frac{1}{2} \cdot (\pi-\alpha) \cdot 1^2 - \frac{1}{2} \cdot 1^2 \cdot \sin(\pi-\alpha)\right\} \\ &= \pi - \alpha - \sin\alpha \end{aligned}$$

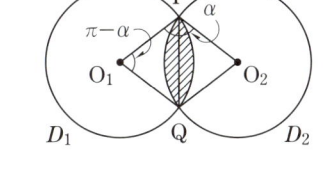

$$S_{23} = \pi - \beta - \sin\beta, \quad S_{31} = \pi - \gamma - \sin\gamma$$

であるから，

$$\begin{aligned} S &= 3 \cdot \pi \cdot 1^2 - (S_{12} + S_{23} + S_{31}) \\ &= \alpha + \beta + \gamma + \sin\alpha + \sin\beta + \sin\gamma \\ &= 2\pi + \sin\alpha + \sin\beta + \sin\gamma \end{aligned}$$

←①より。

である。

ここで，まず $\gamma$ を固定して考えると，

$$\begin{aligned} S &= 2\pi + 2\sin\frac{\alpha+\beta}{2}\cos\frac{\alpha-\beta}{2} + \sin\gamma \\ &= 2\pi + 2\sin\frac{\gamma}{2}\cos\frac{\alpha-\beta}{2} + \sin\gamma \qquad \cdots\cdots ④ \end{aligned}$$

←①より $\frac{\alpha+\beta}{2} = \pi - \frac{\gamma}{2}$

となり，②より $\sin\frac{\gamma}{2} \geqq 0$ であるから，④は $\cos\frac{\alpha-\beta}{2} = 1$, つまり，$\alpha = \beta = \pi - \frac{\gamma}{2}$ のとき，最大値

$$S = 2\pi + 2\sin\frac{\gamma}{2} + \sin\gamma$$

←$0 \leqq \gamma \leqq \pi$ より $0 \leqq \frac{\gamma}{2} \leqq \frac{\pi}{2}$ であり，$\sin\frac{\gamma}{2} \geqq 0$

をとる。次に，$\gamma$ を②の範囲で変化させると，

$$\begin{aligned} \frac{dS}{d\gamma} &= \cos\frac{\gamma}{2} + \cos\gamma \\ &= \left(\cos\frac{\gamma}{2} + 1\right)\left(2\cos\frac{\gamma}{2} - 1\right) \end{aligned}$$

| $\gamma$ | $0$ | $\cdots$ | $\frac{2}{3}\pi$ | $\cdots$ | $\pi$ |
|---|---|---|---|---|---|
| $\frac{dS}{d\gamma}$ | | $+$ | $0$ | $-$ | |
| $S$ | | ↗ | | ↘ | |

であるから，右表より $S$ は $\gamma = \frac{2}{3}\pi$ $\left(\alpha = \beta = \frac{2}{3}\pi\right)$ のとき，最大値 $2\pi + \frac{3\sqrt{3}}{2}$ をとる。

## 412 対数微分法の応用

関数 $f(x)=x^x$ $(x>0)$ と正の実数 $a$ について，以下の問いに答えよ。

(1) $\dfrac{1}{4} \leqq x \leqq \dfrac{3}{4}$ における $f(x)f(1-x)$ の最大値および最小値を求めよ。

(2) $\dfrac{1}{4} \leqq x \leqq \dfrac{3}{4}$ における $\dfrac{f(x)f(1-x)f(a)}{f(ax)f(a(1-x))}$ の最小値を求めよ。 （千葉大）

**＜精講＞** $f(x)=x^x$ $(x>0)$ の導関数を求めるには，対数微分法を用います。つまり，両辺の対数をとり，$\log f(x)=\log x^x=x\log x$ としたあとで，両辺を $x$ で微分すると，$\dfrac{f'(x)}{f(x)}=\log x+1$ となり，

$$f'(x)=f(x)(\log x+1)=x^x(\log x+1)$$

が導かれます。対数微分法は，たとえば，$y=\sqrt[3]{x(x+1)^2}$ $(x>0)$ の微分などにも適用できます。

$$\log y=\log\sqrt[3]{x(x+1)^2}=\dfrac{1}{3}\{\log x+2\log(x+1)\}$$

として，両辺を $x$ で微分すると，

$$\dfrac{y'}{y}=\dfrac{1}{3}\left(\dfrac{1}{x}+\dfrac{2}{x+1}\right)=\dfrac{3x+1}{3x(x+1)} \text{ より } y'=y\cdot\dfrac{3x+1}{3x(x+1)}=\dfrac{3x+1}{3\sqrt[3]{x^2(x+1)}}$$

が導かれます。

**＜解答＞** (1) $\dfrac{1}{4} \leqq x \leqq \dfrac{3}{4}$ ……① において，

$$F(x)=f(x)f(1-x)=x^x(1-x)^{1-x}$$

とおく。両辺の対数をとり，

$$\log F(x)=x\log x+(1-x)\log(1-x)$$

としたあと，両辺を $x$ で微分すると

$$\dfrac{F'(x)}{F(x)}=\log x+x\cdot\dfrac{1}{x}-\log(1-x)+(1-x)\cdot\dfrac{-1}{1-x}$$

$$=\log x-\log(1-x)$$

となり，これより

$$F'(x)=F(x)\{\log x-\log(1-x)\}$$

となる。

←$\log x^x(1-x)^{1-x}$
$=\log x^x+\log(1-x)^{1-x}$
$=x\log x+(1-x)\log(1-x)$

←①において，$\log x$ と $\log(1-x)$ の大小は $x$ と $\dfrac{1}{2}$ との大小と一致する。

$F(x)>0$ であるから，①における $F(x)$ の増減は右のようになるので，

| $x$ | $\frac{1}{4}$ | $\cdots$ | $\frac{1}{2}$ | $\cdots$ | $\frac{3}{4}$ |
|---|---|---|---|---|---|
| $F'(x)$ |  | $-$ | $0$ | $+$ |  |
| $F(x)$ |  | ↘ |  | ↗ |  |

最大値 $F\left(\dfrac{1}{4}\right)=F\left(\dfrac{3}{4}\right)=\left(\dfrac{1}{4}\right)^{\frac{1}{4}}\cdot\left(\dfrac{3}{4}\right)^{\frac{3}{4}}$

$\qquad\qquad\qquad\qquad =\dfrac{\sqrt[4]{27}}{4}$

最小値 $F\left(\dfrac{1}{2}\right)=\left(\dfrac{1}{2}\right)^{\frac{1}{2}}\cdot\left(\dfrac{1}{2}\right)^{\frac{1}{2}}=\dfrac{1}{2}$

である。

(2) ①において，
$$G(x)=\dfrac{f(x)f(1-x)f(a)}{f(ax)f(a(1-x))} \qquad \cdots\cdots ②$$

とおく。
$$f(ax)f(a(1-x))=(ax)^{ax}\{a(1-x)\}^{a(1-x)}$$
$$=[(ax)^x\{a(1-x)\}^{1-x}]^a=\{ax^x(1-x)^{1-x}\}^a$$
$$=a^a\{x^x(1-x)^{1-x}\}^a$$

← $(ax)^x\{a(1-x)\}^{1-x}$
$=a^x x^x a^{1-x}(1-x)^{1-x}$
$=ax^x(1-x)^{1-x}$

であるから，②に戻ると
$$G(x)=\dfrac{x^x(1-x)^{1-x}a^a}{a^a\{x^x(1-x)^{1-x}\}^a}$$
$$=\{x^x(1-x)^{1-x}\}^{1-a}$$
$$=\{F(x)\}^{1-a}$$

である。

(1)より，①において
$$\dfrac{1}{2}\leqq F(x)\leqq \dfrac{\sqrt[4]{27}}{4}$$

であるから，$G(x)$ の最小値は，

$\quad 0<a<1$ のとき $\quad \left(\dfrac{1}{2}\right)^{1-a}$

$\quad a=1$ のとき $\quad 1$

$\quad a>1$ のとき $\quad \left(\dfrac{\sqrt[4]{27}}{4}\right)^{1-a}$

← $a=1$ のとき，
$G(x)=\{F(x)\}^0=1$

である。

## 413 対数関数に関する最小値問題

$x, y, z$ が $x>0, y>0, z>0, x+y+z=1$ を満たしながら動くとき，関数 $x\log x + y\log y + z\log z$ の最小値を求めよ．　　　　（津田塾大*）

**精講**　$x, y, z$ すべてを変化させると面倒なことになります．まず，このうちの1つを固定して考えてみましょう．

**解答**　$x>0, y>0, z>0, x+y+z=1$　……①

のもとで，
$$I = x\log x + y\log y + z\log z$$
の最小値を求めるために，まず，$z$ を固定したときの
$$J = x\log x + y\log y$$
の最小値を調べる．①より
$$0 < z < 1 \qquad \cdots\cdots ②$$
であるから，$1-z=a$ とおくと，$0<a<1$ であり，$x, y$ は
$$x>0,\ y>0,\ x+y=a$$
のもとで変化する．$y=a-x$ であるから，
$$0<x<a$$
であり，
$$J = x\log x + (a-x)\log(a-x)$$
となる．これを $f(x)$ とおくと，
$$f'(x) = \log x - \log(a-x)$$
であり，$f'(x)$ の符号は $x$ と $a-x$ の大小で決まるので，右表より，$J=f(x)$ は
$$x = y = \frac{a}{2} = \frac{1-z}{2} \quad \cdots\cdots ③ \quad \text{のとき，最小値}$$
$$f\left(\frac{a}{2}\right) = a\log\frac{a}{2} = (1-z)\log\frac{1-z}{2}$$
をとる．

　←$1-z$ のままでもよいが，$J$ を $x$ で表したときの式の見やすさを考えて，このような置き換えを行う．

| $x$ | $(0)$ | $\cdots$ | $\dfrac{a}{2}$ | $\cdots$ | $(a)$ |
|---|---|---|---|---|---|
| $f'(x)$ | | $-$ | $0$ | $+$ | |
| $f(x)$ | | ↘ | | ↗ | |

したがって，求める最小値は
$$I = (1-z)\log\frac{1-z}{2} + z\log z$$

　←$I = J + z\log z$ より．

の②における最小値である。この式を $g(z)$ とおくと，

$$g'(z) = -\log\frac{1-z}{2} + \log z = \log\frac{2z}{1-z}$$

であり，$g'(z)$ の符号は $\dfrac{2z}{1-z}$ と 1 の大小に
よって決まるので，右表より，$I$ は
$z = \dfrac{1}{3}$（③より $x = y = \dfrac{1}{3}$）のとき，
最小値 $-\log 3$ をとる。

| $z$ | $(0)$ | $\cdots$ | $\dfrac{1}{3}$ | $\cdots$ | $(1)$ |
|---|---|---|---|---|---|
| $g'(z)$ | | $-$ | $0$ | $+$ | |
| $g(z)$ | | ↘ | | ↗ | |

### 参考

1° $y = x\log x$ ……㋐ のグラフを調べておこう。

$$y' = \log x + 1, \quad y'' = \frac{1}{x} > 0$$

より，㋐のグラフは下に凸であり，概形は右図のようになる。ここで，

$$\lim_{x \to +0} y = \lim_{x \to +0} x\log x = 0$$
$$\lim_{x \to +0} y' = \lim_{x \to +0} (\log x + 1) = -\infty$$

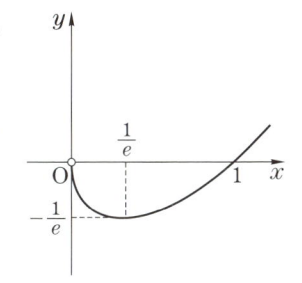

(408 ⇨ 参考 参照) に注意する。

2° $h(x) = x\log x$ とおく。$y = h(x)$ のグラフ $C$ が下に凸であることから，$I$ が最小になるのは $x = y = z$ のときであることが次のように説明できる。

$C$ 上の 3 点 $X(x, h(x))$，$Y(y, h(y))$，$Z(z, h(z))$ を結ぶ三角形 XYZ は $C$ より上方にあるので，その重心 $G\left(\dfrac{x+y+z}{3}, \dfrac{h(x)+h(y)+h(z)}{3}\right)$ は $C$ 上の点 $H\left(\dfrac{x+y+z}{3}, h\left(\dfrac{x+y+z}{3}\right)\right)$ より上方にある。したがって，

$$\frac{h(x)+h(y)+h(z)}{3} \geqq h\left(\frac{x+y+z}{3}\right)$$

∴ $\dfrac{x\log x + y\log y + z\log z}{3} \geqq \dfrac{x+y+z}{3} \log \dfrac{x+y+z}{3}$

が成り立つ。特に，$x+y+z = 1$ のときには，

$$x\log x + y\log y + z\log z \geqq -\log 3$$

となり，等号は三角形 XYZ が 1 点になるとき，つまり，$x = y = z = \dfrac{1}{3}$ のとき成り立つ。

## 414 三角関数の方程式の解に関する極限

$a$ は $0<a<\pi$ を満たす定数とする。$n=0, 1, 2, \cdots$ に対し, $n\pi<x<(n+1)\pi$ の範囲に $\sin(x+a)=x\sin x$ を満たす $x$ がただ1つ存在するので, この $x$ の値を $x_n$ とする。

(1) 極限値 $\lim_{n\to\infty}(x_n-n\pi)$ を求めよ。

(2) 極限値 $\lim_{n\to\infty}n(x_n-n\pi)$ を求めよ。  (京都大)

**精講**　まず, $x_n$ がどのように存在するかを知る必要がありますが, 単純に $x\sin x - \sin(x+a)$ の増減を調べても解決しません。そこで, 方程式を扱いやすい形に直して調べることになります。

**解答**　(1) $n\pi<x<(n+1)\pi$ ……① において, $\sin x \neq 0$ であるから,

$$\sin(x+a)=x\sin x \quad \cdots\cdots ②$$

$$\therefore\ x=\frac{\sin(x+a)}{\sin x} \quad \therefore\ x-\frac{\sin(x+a)}{\sin x}=0 \quad \cdots\cdots ②'$$

となる。ここで,

$$f(x)=x-\frac{\sin(x+a)}{\sin x}=x-\cos a-\frac{\sin a\cos x}{\sin x}$$

とおくと,

$$f'(x)=1+\frac{\sin a}{\sin^2 x}>0$$

となるので, $f(x)$ は増加関数である。また,

$$\lim_{x\to n\pi+0}f(x)=-\infty$$

$$f\left(n\pi+\frac{\pi}{2}\right)=n\pi+\frac{\pi}{2}-\cos a>0$$

であるから, ②', つまり, ②は①においてただ1つの解をもち, その解 $x_n$ は

$$n\pi<x_n<n\pi+\frac{\pi}{2} \quad \cdots\cdots ③$$

を満たす。そこで,

$$x_n=n\pi+e_n \quad \therefore\ x_n-n\pi=e_n$$

← $0<a<\pi$ より $\sin a>0$

← $\lim_{x\to n\pi+0}\dfrac{\cos x}{\sin x}$
$=\lim_{x\to n\pi+0}\dfrac{1}{\tan x}=\infty$

← $f((n+1)\pi-a)$
$=(n+1)\pi-a>0$
を用いてもよい。
注 参照。

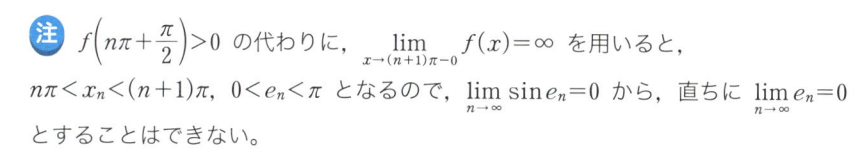

とおくと，③より $0<e_n<\dfrac{\pi}{2}$ ……③′ であり，②
より，
$$\sin(n\pi+e_n+a)=(n\pi+e_n)\sin(n\pi+e_n)$$
$\therefore\ \sin(e_n+a)=(n\pi+e_n)\sin e_n$ ……④
$\therefore\ \sin e_n=\dfrac{\sin(e_n+a)}{n\pi+e_n}$ ……④′

← $\sin(x_n+a)=x_n\sin x_n$
← $\sin(n\pi+\theta)$
 $=(-1)^n\sin\theta$
 を両辺で用いた。

である。$|\sin(e_n+a)|\leqq 1$ であるから，④′ より
$$\lim_{n\to\infty}\sin e_n=0$$
であり，③′ を考え合わせると，
$$\lim_{n\to\infty}e_n=0\quad\therefore\ \lim_{n\to\infty}(x_n-n\pi)=\mathbf{0}$$
である。

← $|\sin e_n|$
 $=\dfrac{|\sin(e_n+a)|}{n\pi+e_n}$
 $\leqq\dfrac{1}{n\pi+e_n}$
← 参考 参照。

(2) ④より
$$n\pi\sin e_n=\sin(e_n+a)-e_n\sin e_n$$
であるから
$$n(x_n-n\pi)=ne_n=\dfrac{n\pi\sin e_n}{\pi}\cdot\dfrac{e_n}{\sin e_n}$$
$$=\dfrac{\sin(e_n+a)-e_n\sin e_n}{\pi}\cdot\dfrac{e_n}{\sin e_n}$$
である。これより
$$\lim_{n\to\infty}n(x_n-n\pi)=\dfrac{\sin a-0}{\pi}\cdot 1=\dfrac{\boldsymbol{\sin a}}{\boldsymbol{\pi}}$$
である。

← $\lim_{n\to\infty}e_n=0$ より
 $\lim_{n\to\infty}\dfrac{e_n}{\sin e_n}=1$

**注** $f\left(n\pi+\dfrac{\pi}{2}\right)>0$ の代わりに，$\lim_{x\to(n+1)\pi-0}f(x)=\infty$ を用いると，
$n\pi<x_n<(n+1)\pi,\ 0<e_n<\pi$ となるので，$\lim_{n\to\infty}\sin e_n=0$ から，直ちに $\lim_{n\to\infty}e_n=0$
とすることはできない。

**参考**

②の解は曲線 $y=\dfrac{\sin(x+a)}{\sin x}$ と直線 $y=x$ の交点の $x$ 座標であることから，(1)の結果はグラフからも予想できる。

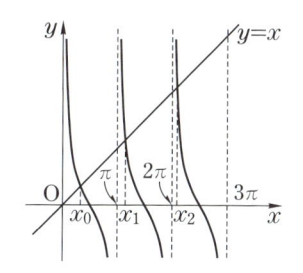

## 415 指数関数の方程式の解の極限

$a>1$ に対して，方程式 $2xe^{ax}=e^{ax}-e^{-ax}$ を考える。
(1) この方程式は正の解をただ1つもつことを示せ。
(2) その解を $m(a)$ とかくとき，$1<a_1<a_2$ ならば $m(a_1)<m(a_2)$ であることを示せ。
(3) $\lim_{a\to\infty} m(a)$ を求めよ。 (大阪大)

**精講** (1) パラメタ $a$ が3か所に現れていますが，これらが1か所にまとまるように方程式を変形して考えます。

(2), (3)では，変形した方程式の解をある2つのグラフの交点の $x$ 座標と捉えることができれば，結果が見えてくるはずです。

**解答** (1) 方程式
$$2xe^{ax}=e^{ax}-e^{-ax} \quad \cdots\cdots ①$$
の両辺に $e^{ax}$ をかけて，整理すると
$$(1-2x)e^{2ax}=1 \quad \cdots\cdots ①'$$
となる。ここで，
$$f_a(x)=(1-2x)e^{2ax}$$
とおくと，
$$f_a'(x)=\{-2+2a(1-2x)\}e^{2ax}$$
$$=-4a\left(x-\frac{a-1}{2a}\right)e^{2ax}$$
である。$a>1$ に対して，

$0<\dfrac{a-1}{2a}<\dfrac{1}{2}$ であり，$f_a(0)=1$, $f_a\left(\dfrac{1}{2}\right)=0$ であるから，増減表より曲線 $y=f_a(x)$ $(x\geqq 0)$ $\cdots\cdots ②$ の概形は右図の通りである。これより，②と直線 $y=1$ は $x>0$ にただ1つの交点をもつので，①'，つまり，①は $x>0$ にただ1つの解をもつ。

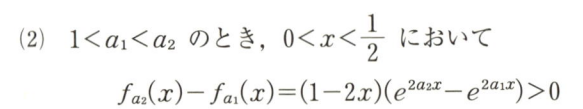

| $x$ | 0 | $\cdots$ | $\dfrac{a-1}{2a}$ | $\cdots$ |
|---|---|---|---|---|
| $f_a'(x)$ | | + | 0 | − |
| $f_a(x)$ | 1 | ↗ | | ↘ |

(証明おわり)

(2) $1<a_1<a_2$ のとき，$0<x<\dfrac{1}{2}$ において
$$f_{a_2}(x)-f_{a_1}(x)=(1-2x)(e^{2a_2x}-e^{2a_1x})>0$$

である。

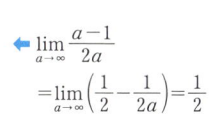

　　したがって，右図からわかるように
$$(0<)m(a_1)<m(a_2)<\frac{1}{2}$$
が成り立つ。　　　　　　　　　　（証明おわり）

(3) (1)で示したグラフから，
$$\frac{a-1}{2a}<m(a)<\frac{1}{2}$$
である。したがって，はさみ打ちの原理より
$$\lim_{a\to\infty}m(a)=\frac{1}{2}$$
である。

$$\Leftarrow \lim_{a\to\infty}\frac{a-1}{2a}=\lim_{a\to\infty}\left(\frac{1}{2}-\frac{1}{2a}\right)=\frac{1}{2}$$

### 参考

①'の正の解 $x$ があるとすれば，$1-2x>0$ より $0<x<\frac{1}{2}$　……③　を満たす。③において，①'は
$$e^{2ax}=\frac{1}{1-2x} \quad \therefore \quad 2ax=-\log(1-2x)$$
となるので，①，つまり①'の正の解は
$$y=-\log(1-2x) \quad ……④ \quad と$$
$$y=2ax \quad ……⑤$$
の③における交点の $x$ 座標である。

　③において，④について調べると，
$$y'=\frac{2}{1-2x}>0, \quad y''=\frac{4}{(1-2x)^2}>0$$
より，④は増加関数であり，グラフは下に凸である。また，$a>1$ のとき，

　　（原点における④の接線の傾き2）＜（⑤の傾き $2a$）

であるから，右上図のように，④，⑤は③においてただ1点で交わり，その交点の $x$ 座標 $m(a)$ は $a$ とともに増加する。

　さらに，④は $x=\frac{1}{2}$ を漸近線にもつので，$a\to\infty$ のとき，$m(a)\to\frac{1}{2}$ であることもわかる。

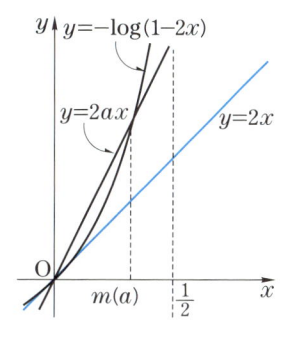

## 416 関数の増減と数値の大小

(1) $0<a<1$ とする。このとき $x>0$ で定義された関数 $f(x)=(1+a^x)^{\frac{1}{x}}$ は単調な関数(増加関数または減少関数)であることを示せ。

(2) 次の4つの数の中から最小の数を選べ。

$(2005^{17}+2006^{17})^{\frac{1}{17}}$, $(2005^{18}+2006^{18})^{\frac{1}{18}}$

$(2005^{\frac{1}{17}}+2006^{\frac{1}{17}})^{17}$, $(2005^{\frac{1}{18}}+2006^{\frac{1}{18}})^{18}$

(3) $n$ は1より大きい整数,$p_1$,$p_2$,……,$p_n$ はすべて正の数とし,$0<\alpha<\beta$ とする。

このとき,$(p_1{}^\alpha+p_2{}^\alpha+……+p_n{}^\alpha)^{\frac{1}{\alpha}}$ と $(p_1{}^\beta+p_2{}^\beta+……+p_n{}^\beta)^{\frac{1}{\beta}}$ の大小を判定せよ。

(早稲田大)

**精講** 指数関数の次の性質を利用すると,数Ⅱの範囲でも解決します。

1° 指数関数 $a^x$ $(a>0,a\neq 1)$ において
 $a>1$ のとき $x_1<x_2$ ならば $a^{x_1}<a^{x_2}$ (単調増加)
 $0<a<1$ のとき $x_1<x_2$ ならば $a^{x_1}>a^{x_2}$ (単調減少)

2° $0<a<b$,$x>0$ のとき
 $a^x<b^x$, $a^{-x}>b^{-x}$

**解答** (1) $0<a<1$ より,$0<x_1<x_2$ のとき
$$1+a^{x_1}>1+a^{x_2}>1 \quad\cdots\cdots①$$
である。また,$\dfrac{1}{x_1}>\dfrac{1}{x_2}>0$ であるから,①より
$$(1+a^{x_1})^{\frac{1}{x_1}}>(1+a^{x_2})^{\frac{1}{x_1}}>(1+a^{x_2})^{\frac{1}{x_2}}$$
である。したがって
$$(1+a^{x_1})^{\frac{1}{x_1}}>(1+a^{x_2})^{\frac{1}{x_2}}$$
∴ $f(x_1)>f(x_2)$

であるから,$x>0$ において $f(x)=(1+a^x)^{\frac{1}{x}}$ は単調減少関数である。 (証明おわり)

⇐ 参考 参照。

⇐ $0<a<1$ より,$a^x$ は $x$ に関して単調減少である。

⇐ 左側の不等式は **精講** 2°による。右側の不等式は $(1+a^{x_2})^x$ が $x$ に関して単調増加であるから。

(2) $a=\dfrac{2005}{2006}$ とおくと,$0<a<1$ である。また,

$$(2005^{17}+2006^{17})^{\frac{1}{17}}=2006\left\{\left(\frac{2005}{2006}\right)^{17}+1\right\}^{\frac{1}{17}}$$
$$=2006(a^{17}+1)^{\frac{1}{17}}=2006f(17)$$

← $2005^{17}+2006^{17}$
$=2006^{17}\left\{\left(\dfrac{2005}{2006}\right)^{17}+1\right\}$

であり，同様に
$$(2005^{18}+2006^{18})^{\frac{1}{18}}=2006f(18)$$
$$(2005^{\frac{1}{17}}+2006^{\frac{1}{17}})^{17}=2006f\left(\frac{1}{17}\right)$$
$$(2005^{\frac{1}{18}}+2006^{\frac{1}{18}})^{18}=2006f\left(\frac{1}{18}\right)$$

← $2005^{\frac{1}{17}}+2006^{\frac{1}{17}}$
$=2006^{\frac{1}{17}}\left\{\left(\dfrac{2005}{2006}\right)^{\frac{1}{17}}+1\right\}$

である。

$f(x)$ は $x>0$ において単調減少であるから，
$$f\left(\frac{1}{18}\right)>f\left(\frac{1}{17}\right)>f(17)>f(18)$$

← (1)の $f(x)$ において，$a=\dfrac{2005}{2006}$ とおいたと考える。

である。したがって，4 つの数のうち最小の数は
$$(2005^{18}+2006^{18})^{\frac{1}{18}}$$
である。

(3)　$0<p_1\leqq p_2\leqq\cdots\cdots\leqq p_{n-1}\leqq p_n$　　　　……②
と仮定してよい。

← 比較する 2 数がいずれも，$p_1$，$p_2$，……，$p_n$ に関して対称であるから。

　　$x>0$ に対して
$$g(x)=(p_1{}^x+p_2{}^x+\cdots\cdots+p_{n-1}{}^x+p_n{}^x)^{\frac{1}{x}}$$
$$=p_n\left\{\left(\frac{p_1}{p_n}\right)^x+\left(\frac{p_2}{p_n}\right)^x+\cdots\cdots+\left(\frac{p_{n-1}}{p_n}\right)^x+1\right\}^{\frac{1}{x}}$$

とし，さらに
$$h(x)=\left(\frac{p_1}{p_n}\right)^x+\left(\frac{p_2}{p_n}\right)^x+\cdots\cdots+\left(\frac{p_{n-1}}{p_n}\right)^x+1$$
$$=\sum_{k=1}^{n-1}\left(\frac{p_k}{p_n}\right)^x+1$$

とする。

　　②より，$k=1$，2，……，$n-1$ に対して，$0<\dfrac{p_k}{p_n}\leqq 1$
であるから，$0<\alpha<\beta$　……③ のとき
$$\left(\frac{p_k}{p_n}\right)^\alpha\geqq\left(\frac{p_k}{p_n}\right)^\beta>0$$

← **精講** 1° より。等号が成り立つのは $\dfrac{p_k}{p_n}=1$，$p_k=p_n$ のときである。

が成り立つ。したがって

$$h(\alpha) \geqq h(\beta) > 1$$

であり，さらに③より，$\dfrac{1}{\alpha} > \dfrac{1}{\beta} > 0$ であるから，

$$\{h(\alpha)\}^{\frac{1}{\alpha}} \geqq \{h(\beta)\}^{\frac{1}{\alpha}} > \{h(\beta)\}^{\frac{1}{\beta}} \quad \cdots\cdots ④$$

← 左側の不等式は **精講** $2°$ による。右側の不等式は，$h(\beta) > 1$ と **精講** $1°$ による。

である。

$$g(x) = p_n \{h(x)\}^{\frac{1}{x}}$$

であるから，④より

$$g(\alpha) > g(\beta)$$

すなわち，

$$(p_1{}^\alpha + p_2{}^\alpha + \cdots\cdots + p_n{}^\alpha)^{\frac{1}{\alpha}} > (p_1{}^\beta + p_2{}^\beta + \cdots\cdots + p_n{}^\beta)^{\frac{1}{\beta}}$$

である。

## 参考

(1)では，$f(x) = (1 + a^x)^{\frac{1}{x}}$ の増減を，対数微分法（**412** **精講** 参照）を用いて $f'(x)$ の符号から調べることもできる。

$\log f(x) = \dfrac{1}{x} \log(1 + a^x)$ の両辺を $x$ で微分すると，

$$\dfrac{f'(x)}{f(x)} = -\dfrac{1}{x^2}\log(1 + a^x) + \dfrac{1}{x} \cdot \dfrac{(\log a)a^x}{1 + a^x} \quad \cdots\cdots ㋐$$

となる。ここで，$x > 0$ のとき，$0 < a < 1$ より $\log a < 0$，$a^x > 0$，$\log(1 + a^x) > 0$ であるから，㋐の右辺の各項は負であり，$f(x) > 0$ と合わせると，$f'(x) < 0$ となる。これより，$f(x)$ は $x > 0$ において単調減少関数である。

(3)においても，

$$a_k = \dfrac{p_k}{p_n} \ (k = 1, 2, \cdots\cdots, n-1), \quad F(x) = (a_1{}^x + a_2{}^x + \cdots\cdots + a_{n-1}{}^x + 1)^{\frac{1}{x}}$$

とおいて，$0 < a_k \leqq 1$ のもとで，$x > 0$ のとき，$F'(x) < 0$ を示すこともできる。

**類題 14** → 解答 p.359

(1) 実数 $x$ が $-1 < x < 1$，$x \neq 0$ を満たすとき，次の不等式を示せ。

$$(1-x)^{1-\frac{1}{x}} < (1+x)^{\frac{1}{x}}$$

(2) 次の不等式を示せ。

$$0.9999^{101} < 0.99 < 0.9999^{100}$$

(東京大)

# 417 $e^x$ と $\left(1+\dfrac{x}{n}\right)^n$ に関する不等式

$n$ は自然数とする。$x \geq 0$ のとき，次の不等式を示せ。

(1) $0 \leq e^x - (1+x) \leq \dfrac{1}{2}x^2 e^x$

(2) $0 \leq e^x - \left(1+\dfrac{x}{n}\right)^n \leq \dfrac{1}{2n}x^2 e^x$ （筑波大*）

**精講** (1)は不等式の基本的な証明法で済みます。(2)ではまず(1)の不等式で $x$ の代わりに $\dfrac{x}{n}$ とおいた式を作ります。そのあと，左半分を示すのは簡単ですが，右半分は難しいかもしれません。色々と考えてみましょう。

**解答** (1) $x \geq 0$ ……① のとき
$$0 \leq e^x - (1+x) \leq \dfrac{1}{2}x^2 e^x \quad \cdots\cdots ②$$
を示す。
$$f(x) = e^x - (1+x), \quad f'(x) = e^x - 1$$
とすると，$f(x)$ の増減表は右表の通りであるから，
$$f(x) \geq 0 \quad \therefore \quad e^x \geq x + 1 \quad \cdots\cdots ③$$
が成り立つ。

| $x$ | $\cdots$ | $0$ | $\cdots$ |
|---|---|---|---|
| $f'(x)$ | $-$ | $0$ | $+$ |
| $f(x)$ | ↘ | $0$ | ↗ |

← すべての実数 $x$ に対して，③は成り立つ。

②の右半分の不等式は
$$1 + x - \left(1 - \dfrac{x^2}{2}\right)e^x \geq 0 \quad \cdots\cdots ④$$
$$\therefore \quad (1+x)e^{-x} - \left(1 - \dfrac{x^2}{2}\right) \geq 0 \quad \cdots\cdots ⑤$$

← 参考 1° 参照。

← ④の両辺に $e^{-x}(>0)$ をかけると⑤となる。

と同値であるから，①において⑤を示すとよい。
$$g(x) = (1+x)e^{-x} - \left(1 - \dfrac{x^2}{2}\right)$$
とおくと，$g(0) = 0$ であり，①において
$$g'(x) = x(1 - e^{-x}) \geq 0$$
であるから，①において，$g(x) \geq 0$ より⑤，つまり，④が成り立つ。

以上より，①のとき，②が成り立つ。

（証明おわり）

(2) ③で，$x$ の代わりに $\dfrac{x}{n}$ とおくと

$$e^{\frac{x}{n}} \geqq \dfrac{x}{n} + 1 \quad \cdots\cdots ⑥$$

となる。両辺は正であるから，両辺を $n$ 乗すると

$$(e^{\frac{x}{n}})^n \geqq \left(\dfrac{x}{n}+1\right)^n \quad \therefore \quad e^x - \left(1+\dfrac{x}{n}\right)^n \geqq 0$$

← 左半分の不等式が示された。

となる。

次に，$s = e^{\frac{x}{n}}$, $t = 1 + \dfrac{x}{n}$ とおくと，

← これから，右半分の不等式を示す。
　参考 2° 参照。

$$e^x - \left(1+\dfrac{x}{n}\right)^n = (e^{\frac{x}{n}})^n - \left(1+\dfrac{x}{n}\right)^n = s^n - t^n$$

$$= (s-t)(s^{n-1}+s^{n-2}t+\cdots\cdots+st^{n-2}+t^{n-1}) \cdots\cdots ⑦$$

である。

ここで，②の右半分で $x$ の代わりに $\dfrac{x}{n}$ とおいた式

$$e^{\frac{x}{n}} - \left(1+\dfrac{x}{n}\right) \leqq \dfrac{1}{2}\left(\dfrac{x}{n}\right)^2 e^{\frac{x}{n}} \quad \therefore \quad s - t \leqq \dfrac{x^2}{2n^2} \cdot s$$

と⑥，つまり，$s \geqq t > 0$，を用いると，⑦より

$$e^x - \left(1+\dfrac{x}{n}\right)^n$$

$$\leqq \dfrac{x^2}{2n^2} \cdot s(s^{n-1}+s^{n-2}\cdot s+\cdots\cdots+s\cdot s^{n-2}+s^{n-1})$$

$$= \dfrac{x^2}{2n^2} \cdot s \cdot ns^{n-1} = \dfrac{x^2}{2n}\cdot s^n = \dfrac{x^2}{2n}e^x$$

← $s^n = (e^{\frac{x}{n}})^n = e^x$

$$\therefore \quad e^x - \left(1+\dfrac{x}{n}\right)^n \leqq \dfrac{1}{2n}x^2 e^x \quad \cdots\cdots ⑧$$

である。　　　　　　　　　　　　　　　　（証明おわり）

### 参考

1°　(1)で右半分の不等式をそのまま示すこともできる。

$$h(x) = \dfrac{1}{2}x^2 e^x - \{e^x - (1+x)\} = \dfrac{1}{2}(x^2-2)e^x + (1+x) \text{ とおくと，}$$

$h'(x) = \dfrac{1}{2}(x^2+2x-2)e^x + 1$, $h''(x) = \dfrac{1}{2}x(x+4)e^x$ である。$x \geqq 0$ $\cdots\cdots$ ①

において，$h''(x) \geqq 0$ であり，$h'(0) = 0$ より，①において $h'(x) \geqq 0$ である。
　　したがって，$h(0) = 0$ と合わせると，①において，$h(x) \geqq 0$ である。

$2°$ (2)で右半分の不等式⑧を次のように示してもよい。

(i) $\dfrac{x^2}{2n} \geq 1$, つまり $x \geq \sqrt{2n}$ のとき $\dfrac{x^2}{2n}e^x \geq e^x$ より⑧は成り立つ。

(ii) $\dfrac{x^2}{2n} < 1$ つまり $0 \leq x < \sqrt{2n}$ ……⑨ のとき, (1)の右半分で $x$ の代わりに, $\dfrac{x}{n}$ とおくと,

$$e^{\frac{x}{n}} - \left(1+\dfrac{x}{n}\right) \leq \dfrac{1}{2}\left(\dfrac{x}{n}\right)^2 e^{\frac{x}{n}}, \quad \text{つまり}, \quad \left(1-\dfrac{x^2}{2n^2}\right)e^{\frac{x}{n}} \leq 1+\dfrac{x}{n} \quad \cdots\cdots ⑩$$

が成り立つ。$\dfrac{x^2}{2n^2} = \dfrac{1}{n} \cdot \dfrac{x^2}{2n} < \dfrac{1}{n} \cdot 1 \leq 1$ より, ⑩の両辺は正であるから, 両辺を $n$ 乗すると,

$$\left(1-\dfrac{x^2}{2n^2}\right)^n e^x \leq \left(1+\dfrac{x}{n}\right)^n \quad \cdots\cdots ⑪$$

となる。

$k(x) = \left(1-\dfrac{x^2}{2n^2}\right)^n - \left(1-\dfrac{x^2}{2n}\right)$ とおくと, $k'(x) = \dfrac{x}{n}\left\{1-\left(1-\dfrac{x^2}{2n^2}\right)^{n-1}\right\} > 0$

かつ $k(0)=0$ より, ①において,

$k(x) \geq 0$, すなわち, $\left(1-\dfrac{x^2}{2n^2}\right)^n \geq 1-\dfrac{x^2}{2n} \quad \cdots\cdots ⑫$

である。⑪, ⑫を結ぶと,

$$\left(1+\dfrac{x}{n}\right)^n \geq \left(1-\dfrac{x^2}{2n^2}\right)^n e^x \geq \left(1-\dfrac{x^2}{2n}\right)e^x \quad \text{より} \quad e^x - \left(1+\dfrac{x}{n}\right)^n \leq \dfrac{x^2}{2n}e^x$$

が成り立つ。

## 類題 15 → 解答 p.360

次の問いに答えよ。

(1) $x>0$ のとき, 次の不等式が成立することを示せ。
$$x - \dfrac{x^2}{2} < \log(1+x) < x - \dfrac{x^2}{2} + \dfrac{x^3}{3}$$

(2) 極限値 $\displaystyle\lim_{n\to\infty} n\left\{n\log\left(1+\dfrac{1}{n}\right) - 1\right\}$ を求めよ。

(3) 平均値の定理を用いて, 極限値 $\displaystyle\lim_{n\to\infty} n\left\{\left(1+\dfrac{1}{n}\right)^n - e\right\}$ を求めよ。

(同志社大*)

## 418 平均値の定理の応用

実数 $a$ に対して $k \leq a < k+1$ を満たす整数 $k$ を $[a]$ で表す。$n$ を正の整数として,
$$f(x) = \frac{x^2(2 \cdot 3^3 \cdot n - x)}{2^5 \cdot 3^3 \cdot n^2}$$
とおく。$36n+1$ 個の整数
$$[f(0)], \ [f(1)], \ [f(2)], \ \cdots\cdots, \ [f(36n)]$$
のうち相異なるものの個数を $n$ を用いて表せ。　　　　　　　　　　(東京大)

**＜精講＞** $f(x)$ の増減を調べると,$f(0) < f(1) < f(2) < \cdots\cdots < f(36n)$ であることがわかるはずです。次に,$[f(0)], [f(1)], [f(2)], \cdots\cdots,$ $[f(36n)]$ の隣り合う 2 整数が異なるといえるのはどんなときかと考えます。そこで,記号 $[x]$ の性質を思い出してみましょう。

---

実数 $x$ に対して,$x$ 以下の最大の整数 $k$ を $[x]$ で表す。このとき,次のことが成り立つ。
(i) $n$ を整数とするとき $[x+n]=[x]+n$
(ii) $x \geq y$ のとき $[x] \geq [y]$
　$x-y \geq 1$ のとき $[x] \geq [y+1]=[y]+1$ より $[x]-[y] \geq 1$

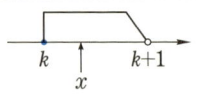

---

**＜解答＞** $f'(x) = \frac{-x(x - 2^2 \cdot 3^2 n)}{2^5 \cdot 3^2 \cdot n^2} = \frac{-x(x-36n)}{2^5 \cdot 3^2 \cdot n^2}$

より

$0 < x < 36n$ において $f'(x) > 0$ 　　……①

であるから,

$0 = f(0) < f(1) < f(2) < \cdots\cdots < f(36n) = 27n$
　　　　　　　　　　　　　　　　　　……②

である。

次に,②の隣り合う 2 数の差 $f(k+1) - f(k)$ と 1 との大小を調べる。平均値の定理より,

$f(k+1) - f(k) = f'(c_k), \ k < c_k < k+1$ ……③

を満たす $c_k$ がある。ここで,

← $f(36n)$
$= \dfrac{(36n)^2 \cdot 18n}{2^5 \cdot 3^3 \cdot n^2}$
$= \dfrac{2^5 \cdot 3^6 \cdot n^3}{2^5 \cdot 3^3 \cdot n^2} = 3^3 n$
$= 27n$

← $f(k+1) - f(k)$
$= f'(c_k)\{(k+1)-k\}$
$= f'(c_k)$

$$f'(x)-1=\frac{-x^2+2^2\cdot 3^2 nx-2^5\cdot 3^2\cdot n^2}{2^5\cdot 3^2\cdot n^2}$$
$$=\frac{-(x-12n)(x-24n)}{2^5\cdot 3^2\cdot n^2}$$

であるから, ①と合わせると

$$\begin{cases} 0\leqq x\leqq 12n,\ 24n\leqq x\leqq 36n \text{ のとき} \\ \qquad 0\leqq f'(x)\leqq 1 \\ 12n<x<24n \text{ のとき } f'(x)>1 \end{cases}$$

である。したがって, ③より

(i) $0\leqq k\leqq 12n-1,\ 24n\leqq k\leqq 36n-1$ のとき

$$0\leqq f(k+1)-f(k)\leqq 1$$

であるから,

$$[f(k+1)]=[f(k)] \text{ または } [f(k)]+1$$

である。これより,

$$[f(0)]=0,\ [f(1)],\ \cdots\cdots,\ [f(12n)]=7n$$

← $f(0)=0,\ f(12n)=7n$

の中には $0, 1, \cdots\cdots, 7n$ の $(7n+1)$ 個の整数すべてが現れる。同様に,

← $[f(0)],\ [f(1)],\ \cdots\cdots,\ [f(12n)]$ の隣り合う2数は等しいか, 差が1である。

$$[f(24n)]=20n,\ [f(24n+1)],\ \cdots\cdots,$$
$$[f(36n)]=27n$$

← $f(24n)=20n,\ f(36n)=27n$

の中には, $20n, 20n+1, \cdots\cdots, 27n$ の $(7n+1)$ 個の整数すべてが現れる。

(ii) $12n\leqq k\leqq 24n-1$ のとき

$$f(k+1)-f(k)>1$$

であるから,

$$[f(12n)]=7n<[f(12n+1)]<\cdots\cdots$$

← 精講 参照。

$$<[f(24n-1)]<[f(24n)]=20n$$

である。これより,

$$[f(12n+1)],\ \cdots\cdots,\ [f(24n-1)]$$

は異なる $(12n-1)$ 個の整数であり, これらは(i)に現れる整数とは異なる。

← $(24n-1)-12n$
　$=12n-1$

(i), (ii)より, $[f(0)],\ [f(1)],\ [f(2)],\ \cdots\cdots,$
$[f(36n)]$ のうち相異なるものの個数は

$$2(7n+1)+12n-1=\boldsymbol{26n+1} \text{ 個}$$

である。

## ☆ 419 チェビシェフの多項式

$n$ は自然数とする。
(1) すべての実数 $\theta$ に対し $\cos n\theta = f_n(\cos\theta)$, $\sin n\theta = g_n(\cos\theta)\sin\theta$ を満たし、係数がともにすべて整数である $n$ 次式 $f_n(x)$ と $n-1$ 次式 $g_n(x)$ が存在することを示せ。
(2) $f_n'(x) = ng_n(x)$ であることを示せ。
(3) $p$ を 3 以上の素数とするとき、$f_p(x)$ の $p-1$ 次以下の係数はすべて $p$ で割り切れることを示せ。

(京都大)

**＜精講＞** (1) 帰納法で示すことになりますが、第 2 段階(Ⅱ)において、$f_{n+1}(x)$ が $n+1$ 次になる、つまり、$x^{n+1}$ の係数が 0 とはならないことを示すには工夫が必要です。$g_{n+1}(x)$ についても同じです。

**＜解答＞** (1) $n=1, 2, \cdots\cdots$ に対して、命題 $(P_n)$
「$\cos n\theta = f_n(\cos\theta)$ ……①
$\sin n\theta = g_n(\cos\theta)\sin\theta$ ……②
を満たし、係数がすべて整数である $n$ 次式 $f_n(x)$ と $n-1$ 次式 $g_n(x)$ が存在する」を数学的帰納法で示す代わりに、より強い命題 $(Q_n)$ "$(P_n)$ かつ $f_n(x)$, $g_n(x)$ の最高次の項の係数は正である" を示すことにする。

← $f_n(x)$, $g_n(x)$ $(n=1, 2, \cdots\cdots)$ はチェビシェフの多項式と呼ばれる。

(Ⅰ) $n=1$ のとき、$f_1(x)=x$, $g_1(x)=1$ とおくと、$(Q_1)$ が成り立つ。

← $\cos\theta = f_1(\cos\theta)$
$\sin\theta = g_1(\cos\theta)\sin\theta$
$= 1\cdot\sin\theta$

(Ⅱ) 正の整数 $n$ に対して $(Q_n)$ が成り立つとする。
このとき、
$\cos(n+1)\theta = \cos(n\theta+\theta)$
$= \cos n\theta\cos\theta - \sin n\theta\sin\theta$
$= f_n(\cos\theta)\cos\theta - g_n(\cos\theta)\sin\theta\cdot\sin\theta$
$= f_n(\cos\theta)\cos\theta + g_n(\cos\theta)(\cos^2\theta - 1)$

$\sin(n+1)\theta = \sin(n\theta+\theta)$
$= \sin n\theta\cos\theta + \cos n\theta\sin\theta$
$= g_n(\cos\theta)\sin\theta\cos\theta + f_n(\cos\theta)\sin\theta$

$$= \{g_n(\cos\theta)\cos\theta + f_n(\cos\theta)\}\sin\theta$$

であるから，
$$f_{n+1}(x) = f_n(x)x + g_n(x)(x^2-1) \quad \cdots\cdots ③$$
$$g_{n+1}(x) = g_n(x)x + f_n(x) \quad \cdots\cdots ④$$

とおくと，①，②が $n$ を $n+1$ と置き換えた形で成り立つ。また，③，④において，$f_n(x)$ の $x^n$ の係数，$g_n(x)$ の $x^{n-1}$ の係数は正の整数であるから，$f_{n+1}(x)$ の $x^{n+1}$ の係数，$g_{n+1}(x)$ の $x^n$ の係数はいずれも正の整数であり，さらに，$f_{n+1}(x)$，$g_{n+1}(x)$ の係数はすべて整数になるので，$(Q_{n+1})$ が成り立つ。

← 帰納法の仮定 $(Q_n)$ より，これら2つの係数はいずれも正の整数である。$(P_n)$ だけを仮定した場合には，$f_{n+1}(x)$ の $x^{n+1}$ の係数，$g_{n+1}(x)$ の $x^n$ の係数が 0 になる可能性を排除できないことに注意してほしい。

以上，(I)，(II)より $n=1, 2, \cdots\cdots$ に対して，$(Q_n)$ が，したがって，$(P_n)$ が成り立つ。　（証明おわり）

(2) ①の両辺を $\theta$ で微分すると，
$$-n\sin n\theta = -f_n'(\cos\theta)\sin\theta$$
となるから，②を代入すると
$$f_n'(\cos\theta)\sin\theta = ng_n(\cos\theta)\sin\theta \quad \cdots\cdots ⑤$$
となる。⑤がすべての実数 $\theta$ について成り立つので，
$$f_n'(\cos\theta) = ng_n(\cos\theta)$$
$$\therefore \quad f_n'(x) = ng_n(x) \quad \cdots\cdots ⑥$$
である。　（証明おわり）

← $f_n'(x)$，$ng_n(x)$ は $n-1$ 次式であり，$\sin\theta \neq 0$ のもとで $\cos\theta$ は $n$ 個以上（実際には無限個）の値をとるから，2つの式は一致する。

(3) ⑥より $f_p'(x) = pg_p(x)$ であるから，$f_p(x)$ の $k$ 次の項を $a_k x^k$ $(1 \leq k \leq p-1 \quad \cdots\cdots ⑦)$ として，両辺の $x^{k-1}$ の係数を比較すると，
$$ka_k = (p \text{ の倍数})$$
となる。$p$ は素数であるから，⑦と合わせると，$a_k$ が $p$ の倍数である。

← $f_p'(x)$ における $k-1$ 次の項は $ka_k x^{k-1}$ となる。

また，$p$ は 3 以上の素数，したがって，奇数であるから，$f_p(\cos\theta) = \cos p\theta$ で $\theta = \dfrac{\pi}{2}$ とおくと，
$$f_p(0) = 0$$
となるので，$f_p(x)$ の定数項は 0 である。

← $p$ が奇数のとき $\cos\dfrac{p}{2}\pi = 0$

以上より，$f_p(x)$ の $p-1$ 次以下の係数はすべて $p$ で割り切れる。　（証明おわり）

## 420 速度ベクトルと加速度ベクトル

曲線 $y=x^2$ の上を動く点 $P(x, y)$ がある。この動点の速度ベクトルの大きさが一定 $C$ のとき,次の問いに答えよ。ただし,動点 $P(x, y)$ は時刻 $t$ に対して $x$ が増加するように動くとする。

(1) $P(x, y)$ の速度ベクトル $\vec{v}=\left(\dfrac{dx}{dt},\ \dfrac{dy}{dt}\right)$ を $x$ で表せ。

(2) $P(x, y)$ の加速度ベクトル $\vec{a}=\left(\dfrac{d^2x}{dt^2},\ \dfrac{d^2y}{dt^2}\right)$ を $x$ で表せ。

(3) 半径 $r$ の円 $x^2+(y-r)^2=r^2$ 上を,速度ベクトルの大きさが一定 $C$ で動く点 Q があるとき,この加速度ベクトルの大きさを求めよ。

(4) 動点 P と Q の原点 $(0, 0)$ での加速度ベクトルの大きさが等しくなるときの,半径 $r$ を求めよ。 (大分大)

**精講** (1), (2)で,$y=x^2$ 上の動点 $P(x, y)$ において,$x,\ y$ は時刻 $t$ の関数,すなわち,$x=x(t),\ y=y(t)$ であり(わざわざ,$x(t),\ y(t)$ と書かないとしても),それらの間に $y(t)=\{x(t)\}^2$ の関係が成り立っているのだと考えることが必要です。(3)の $Q(x, y)$ についても同様です。

**解答** (1) $P(x, y)$ は曲線
$$y=x^2 \quad \cdots\cdots ①$$
← $x,\ y$ は時刻 $t$ の関数である。

上を時刻 $t$ とともに $x$ が増加するように動くので
$$\dfrac{dx}{dt}>0 \quad \cdots\cdots ② \ \text{である。①の両辺を } t \text{ で微分して,}$$

$$\dfrac{dy}{dt}=\dfrac{d}{dt}x^2=2x\dfrac{dx}{dt} \quad \cdots\cdots ③$$

より
$$\vec{v}=\left(\dfrac{dx}{dt},\ \dfrac{dy}{dt}\right)=\left(\dfrac{dx}{dt},\ 2x\dfrac{dx}{dt}\right) \quad \cdots\cdots ④$$

である。$|\vec{v}|=C$ であるから,
$$\left(\dfrac{dx}{dt}\right)^2+\left(2x\dfrac{dx}{dt}\right)^2=C^2$$

$$\therefore\ (1+4x^2)\left(\dfrac{dx}{dt}\right)^2=C^2 \quad \cdots\cdots ⑤$$

であり,②に注意すると,

$$\frac{dx}{dt} = \frac{C}{\sqrt{1+4x^2}} \qquad \cdots\cdots ⑥$$

である。④に戻って，
$$\vec{v} = \left( \frac{C}{\sqrt{1+4x^2}},\ \frac{2Cx}{\sqrt{1+4x^2}} \right)$$

である。

(2) ⑥より
$$\frac{d^2x}{dt^2} = \frac{d}{dt}\left(\frac{dx}{dt}\right) = \frac{d}{dx}\left(\frac{C}{\sqrt{1+4x^2}}\right) \cdot \frac{dx}{dt}$$
$$= C \cdot (-4x)(1+4x^2)^{-\frac{3}{2}} \cdot \frac{C}{\sqrt{1+4x^2}} = \frac{-4C^2 x}{(1+4x^2)^2}$$

であり，③より，
$$\frac{d^2y}{dt^2} = \frac{d}{dt}\left(\frac{dy}{dt}\right) = \frac{d}{dt}\left(2x\frac{dx}{dt}\right)$$
$$= 2\left\{\left(\frac{dx}{dt}\right)^2 + x\frac{d^2x}{dt^2}\right\}$$
$$= 2\left\{\left(\frac{C}{\sqrt{1+4x^2}}\right)^2 + x \cdot \frac{-4C^2 x}{(1+4x^2)^2}\right\} = \frac{2C^2}{(1+4x^2)^2}$$

である。したがって，
$$\vec{a} = \left( \frac{-4C^2 x}{(1+4x^2)^2},\ \frac{2C^2}{(1+4x^2)^2} \right) \qquad \cdots\cdots ⑦$$

← 参考 1° 参照。

$\dfrac{d}{dx}\left(\dfrac{1}{\sqrt{1+4x^2}}\right) = \dfrac{d}{dx}\left\{(1+4x^2)^{-\frac{1}{2}}\right\}$
$= -\dfrac{1}{2} \cdot (1+4x^2)^{-\frac{3}{2}} \cdot (1+4x^2)'$
$= -4x(1+4x^2)^{-\frac{3}{2}}$

← { } 内は $\dfrac{C^2}{1+4x^2} + \dfrac{-4C^2 x^2}{(1+4x^2)^2}$
$= \dfrac{C^2(1+4x^2) - 4C^2 x^2}{(1+4x^2)^2}$
$= \dfrac{C^2}{(1+4x^2)^2}$

である。

(3) Q($x$, $y$) は円
$$x^2 + (y-r)^2 = r^2 \qquad \cdots\cdots ⑧$$

上を一定の速さで動いているので，Qは円⑧の中心A(0, $r$) のまわりを一定の角速度 $\omega$ で回転している。したがって，
$$\overrightarrow{\mathrm{AQ}} = (r\cos\omega t,\ r\sin\omega t)$$

すなわち，
$$x = r\cos\omega t,\ y - r = r\sin\omega t \qquad \cdots\cdots ⑨$$

とおける。

⑨より
$$\frac{dx}{dt} = -r\omega\sin\omega t,\ \frac{dy}{dt} = r\omega\cos\omega t \qquad \cdots\cdots ⑩$$

であるから，

← 参考 2° 参照。

← 厳密にいうと，時刻 0 のときの $\overrightarrow{\mathrm{AQ}}$ の方向角を $\theta_0$ とすると，$\omega t$ ではなくて $\omega t + \theta_0$ となるが，以下の結果には影響しない。

$$\left(\frac{dx}{dt}\right)^2+\left(\frac{dy}{dt}\right)^2=C^2$$

← Qの速度ベクトルの大きさ（速さ）が，$C$であるから。

に代入すると，
$$(-r\omega\sin\omega t)^2+(r\omega\cos\omega t)^2=C^2$$
$$r^2\omega^2=C^2 \quad \therefore \quad \omega^2=\frac{C^2}{r^2} \quad \cdots\cdots ⑪$$

である。また，⑩より
$$\frac{d^2x}{dt^2}=-r\omega^2\cos\omega t, \quad \frac{d^2y}{dt^2}=-r\omega^2\sin\omega t$$

であるから，
$$\left(\frac{d^2x}{dt^2}\right)^2+\left(\frac{d^2y}{dt^2}\right)^2=r^2\omega^4$$

← $(-r\omega^2\cos\omega t)^2$
$\qquad +(-r\omega^2\sin\omega t)^2$
$=r^2\omega^4$

であり，⑪を用いると

（Qの加速度ベクトルの大きさ）
$$=\sqrt{\left(\frac{d^2x}{dt^2}\right)^2+\left(\frac{d^2y}{dt^2}\right)^2}=r\omega^2=r\cdot\frac{C^2}{r^2}=\frac{C^2}{r} \quad \cdots\cdots ⑫$$

である。

(4) 原点$(0, 0)$におけるPの加速度ベクトルは⑦より，$\vec{a}=(0, 2C^2)$であり，$|\vec{a}|=2C^2$である。これが⑫と等しいことより

$$2C^2=\frac{C^2}{r} \quad \therefore \quad r=\frac{1}{2}$$

← $|\vec{v}|=C>0$ より。

である。

### 📎 参考

1° (2)において，⑤を $t$ で微分すると，
$$\frac{d}{dt}\left\{(1+4x^2)\left(\frac{dx}{dt}\right)^2\right\}=0$$
$$8x\frac{dx}{dt}\cdot\left(\frac{dx}{dt}\right)^2+(1+4x^2)\cdot 2\frac{dx}{dt}\cdot\frac{d}{dt}\left(\frac{dx}{dt}\right)=0$$
$$2\frac{dx}{dt}\left\{4x\left(\frac{dx}{dt}\right)^2+(1+4x^2)\frac{d^2x}{dt^2}\right\}=0$$

← $\frac{d}{dt}(1+4x^2)=\frac{d}{dx}(1+4x^2)\cdot\frac{dx}{dt}$
$=8x\frac{dx}{dt}$

となる。したがって，②，⑤より
$$\frac{d^2x}{dt^2}=-\frac{4x}{1+4x^2}\cdot\left(\frac{dx}{dt}\right)^2=-\frac{4C^2x}{(1+4x^2)^2}$$

← ⑤より，$\left(\frac{dx}{dt}\right)^2=\frac{C^2}{1+4x^2}$

となる。

**2°** (3)ではQの角速度を利用しない解答も考えられる。

⑧の両辺を $t$ で微分すると，
$$2\left\{x\frac{dx}{dt}+(y-r)\frac{dy}{dt}\right\}=0 \qquad \cdots\cdots ⑬$$

である。Qの速度ベクトルを $\vec{u}=\left(\dfrac{dx}{dt},\ \dfrac{dy}{dt}\right)$ とおくと，⑬は

$$\overrightarrow{\mathrm{AQ}}\cdot\vec{u}=0 \ \ \text{つまり，}\ \vec{u}\perp\overrightarrow{\mathrm{AQ}} \qquad \cdots\cdots ⑭$$

を表す。また，$|\vec{u}|=C$ より

$$\left(\frac{dx}{dt}\right)^2+\left(\frac{dy}{dt}\right)^2=C^2 \qquad \cdots\cdots ⑮$$

← $\overrightarrow{\mathrm{AQ}}=(x,\ y-r)$，$\vec{u}=\left(\dfrac{dx}{dt},\ \dfrac{dy}{dt}\right)$

であるから，⑮の両辺を $t$ で微分すると，

$$2\left(\frac{dx}{dt}\cdot\frac{d^2x}{dt^2}+\frac{dy}{dt}\cdot\frac{d^2y}{dt^2}\right)=0 \qquad \cdots\cdots ⑯$$

← $\dfrac{d}{dt}\left(\dfrac{dx}{dt}\right)^2=2\dfrac{dx}{dt}\cdot\dfrac{d}{dt}\left(\dfrac{dx}{dt}\right)$
$\qquad =2\dfrac{dx}{dt}\cdot\dfrac{d^2x}{dt^2}$

である。Qの加速度ベクトルを $\vec{\beta}=\left(\dfrac{d^2x}{dt^2},\ \dfrac{d^2y}{dt^2}\right)$ とおくと，⑯は

$$\vec{u}\cdot\vec{\beta}=0 \ \ \text{つまり，}\ \vec{u}\perp\vec{\beta} \qquad \cdots\cdots ⑰$$

← $\vec{\beta}=\left(\dfrac{d^2x}{dt^2},\ \dfrac{d^2y}{dt^2}\right)$

を表す。⑭と⑰より

$$\overrightarrow{\mathrm{AQ}}\parallel\vec{\beta} \quad \therefore\quad \vec{\beta}=k\overrightarrow{\mathrm{AQ}} \qquad \cdots\cdots ⑱$$

とおける。

⑬の両辺を $t$ で微分すると，

$$\left(\frac{dx}{dt}\right)^2+x\frac{d^2x}{dt^2}+\left(\frac{dy}{dt}\right)^2+(y-r)\frac{d^2y}{dt^2}=0$$

であり，⑮を代入すると，

$$C^2+x\frac{d^2x}{dt^2}+(y-r)\frac{d^2y}{dt^2}=0$$

$$\therefore\quad C^2+\overrightarrow{\mathrm{AQ}}\cdot\vec{\beta}=0$$

である。⑱を代入して整理すると，

$$k=-\frac{C^2}{|\overrightarrow{\mathrm{AQ}}|^2}=-\frac{C^2}{r^2}$$

← $k<0$ であるから，⑱より等速円運動をする点Qの加速度ベクトルは円の中心Aに向かうことがわかる。

となるので，Qの加速度ベクトルの大きさは

$$|\vec{\beta}|=|k|\|\overrightarrow{\mathrm{AQ}}\|=\frac{C^2}{r^2}\cdot r=\frac{C^2}{r}$$

である。

## 421 上に凸な関数・下に凸な関数の性質

実数 $a, b \left(0 \leq a < \dfrac{\pi}{4},\ 0 \leq b < \dfrac{\pi}{4}\right)$ に対し次の不等式が成り立つことを示せ。

$$\sqrt{\tan a \tan b} \leq \tan \dfrac{a+b}{2} \leq \dfrac{1}{2}(\tan a + \tan b)$$

（京都大）

**精講** $f(x)=\tan x$ とおくと，右半分の不等式は

$f\left(\dfrac{a+b}{2}\right) \leq \dfrac{1}{2}(f(a)+f(b))$ となりますが，これは $y=f(x)$ のグラフにおいてどのようなことを意味するでしょうか？ 左半分の不等式も，ある関数 $g(x)$ をうまく選ぶと，$\dfrac{1}{2}(g(a)+g(b)) \leq g\left(\dfrac{a+b}{2}\right)$ を示すことに帰着します。

また，三角関数における倍角公式，和と積の公式などを駆使して示すこともできますが，どのような三角関数にまとめるかを見極める必要があります。

**解答** $f(x)=\tan x \ \left(0 \leq x < \dfrac{\pi}{4}\right)$

とおくと

$$f'(x)=\dfrac{1}{\cos^2 x},\quad f''(x)=\dfrac{2\sin x}{\cos^3 x} > 0$$

より，$y=f(x)$ のグラフは下に凸である。

したがって，$\mathrm{A}(a,\ f(a))$, $\mathrm{B}(b,\ f(b))$, $\mathrm{N}\left(\dfrac{a+b}{2},\ f\left(\dfrac{a+b}{2}\right)\right)$ とし，$a \neq b$ のとき線分 AB の中点を $\mathrm{M}\left(\dfrac{a+b}{2},\ \dfrac{1}{2}(f(a)+f(b))\right)$ とすると，N は M より下方にあるから，$a=b$ のときを含めて，

$$f\left(\dfrac{a+b}{2}\right) \leq \dfrac{1}{2}(f(a)+f(b))$$

∴ $\tan \dfrac{a+b}{2} \leq \dfrac{1}{2}(\tan a + \tan b)$

が成り立つ。

次に，左半分の不等式は，$a=0$ または $b=0$ のときに成り立つことは明らかであるから，

← $\tan a \tan b = 0$, $\tan \dfrac{a+b}{2} \geq 0$ より。

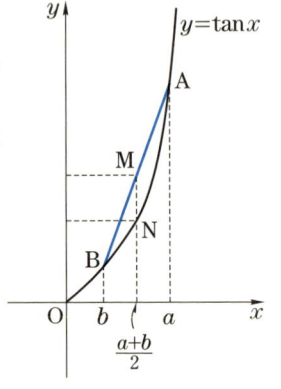

$$0<a<\frac{\pi}{4}, \quad 0<b<\frac{\pi}{4}$$

において示すと十分である。そこで，

$$g(x)=\log(\tan x) \quad \left(0<x<\frac{\pi}{4}\right)$$

とおくと，

$$g'(x)=\frac{(\tan x)'}{\tan x}=\frac{1}{\sin x \cos x}=\frac{2}{\sin 2x}$$

$$g''(x)=\frac{-4\cos 2x}{\sin^2 2x}<0$$

より，$y=g(x)$ のグラフは上に凸である。

したがって，$y=f(x)$ の場合とは逆に，

$$\frac{1}{2}(g(a)+g(b))\leq g\left(\frac{a+b}{2}\right)$$

$$\log\sqrt{\tan a \tan b}\leq \log\left(\tan\frac{a+b}{2}\right)$$

$$\therefore \quad \sqrt{\tan a \tan b}\leq \tan\frac{a+b}{2}$$

が成り立つ。　　　　　　　　　　　　　（証明おわり）

← 左半分の不等式の両辺の対数をとると
$\log\sqrt{\tan a \tan b}$
$\leq \log\left(\tan\frac{a+b}{2}\right)$
つまり
$\frac{1}{2}\{\log(\tan a)+\log(\tan b)\}$
$\leq \log\left(\tan\frac{a+b}{2}\right)$

← $a\neq b$ のとき，A$'(a, g(a))$，B$'(b, g(b))$ を結ぶ線分 A$'$B$'$ は $y=g(x)$ より下方にあるので，線分 A$'$B$'$ の中点 M$'\left(\frac{a+b}{2}, \frac{1}{2}(g(a)+g(b))\right)$ は N$'\left(\frac{a+b}{2}, g\left(\frac{a+b}{2}\right)\right)$ の下方にある。

### 別解

三角関数の公式を用いると，

$$\tan a \tan b=\frac{\sin a \sin b}{\cos a \cos b}$$

$$=\frac{-\cos(a+b)+\cos(a-b)}{\cos(a+b)+\cos(a-b)} \quad \cdots\cdots ①$$

← 積を和・差に直す公式を用いた。

$$\tan^2\frac{a+b}{2}=\frac{\sin^2\frac{a+b}{2}}{\cos^2\frac{a+b}{2}}=\frac{1-\cos(a+b)}{1+\cos(a+b)} \quad \cdots\cdots ②$$

← $\cos^2\alpha=\frac{1}{2}(1+\cos 2\alpha)$
$\sin^2\alpha=\frac{1}{2}(1-\cos 2\alpha)$

$$\left\{\frac{1}{2}(\tan a+\tan b)\right\}^2=\left(\frac{\sin a \cos b+\cos a \sin b}{2\cos a \cos b}\right)^2$$

$$=\frac{\sin^2(a+b)}{(2\cos a \cos b)^2}=\frac{1-\cos^2(a+b)}{\{\cos(a+b)+\cos(a-b)\}^2}$$

$$\cdots\cdots ③$$

である。ここで，

$$\cos(a+b)=u, \quad \cos(a-b)=v$$

とおくと，$0 \leq a < \frac{\pi}{4}$, $0 \leq b < \frac{\pi}{4}$ ……④ より

$$0 \leq a+b < \frac{\pi}{2}, \quad -\frac{\pi}{4} < a-b < \frac{\pi}{4}$$

∴ $0 < u \leq 1, \quad \frac{1}{\sqrt{2}} < v \leq 1$

である。したがって，

$$\tan^2 \frac{a+b}{2} - \tan a \tan b$$
$$= \frac{1-u}{1+u} - \frac{-u+v}{u+v} = \frac{2u(1-v)}{(1+u)(u+v)} \geq 0 \quad \text{……⑤} \quad \Leftarrow \text{①,②より。}$$

であり，さらに，

$$\left\{\frac{1}{2}(\tan a + \tan b)\right\}^2 - \tan^2 \frac{a+b}{2}$$
$$= \frac{1-u^2}{(u+v)^2} - \frac{1-u}{1+u}$$
$$= \frac{(1-u)(1-v)(1+2u+v)}{(u+v)^2(1+u)} \geq 0 \quad \text{……⑥}$$

$\Leftarrow$ ②,③より。

$\Leftarrow \frac{1-u}{(u+v)^2(1+u)} \times \{(1+u)^2 - (u+v)^2\}$ を整理する。

である。④のとき，

$$\tan a \geq 0, \quad \tan b \geq 0, \quad \tan \frac{a+b}{2} \geq 0$$

であるから，⑤，⑥より，

$$\sqrt{\tan a \tan b} \leq \tan \frac{a+b}{2} \leq \frac{1}{2}(\tan a + \tan b)$$

である。　　　　　　　　　　　　　　　　　　　（証明おわり）

## 参考

ここで，関数の凸性（上に凸，下に凸）に関してまとめて復習しておこう。

区間 $I$ において，"$y=f(x)$ ……⑦ が下に凸である"とは，"曲線⑦上の2点 $\mathrm{A}(a, f(a))$, $\mathrm{B}(b, f(b))$ $(a<b)$ を結ぶ線分 AB が⑦より上方にある"ことである。逆に，"上に凸である"とは，"線分 AB が⑦より下方にある"ことである。

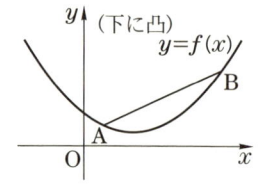

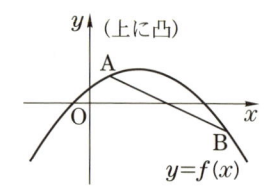

関数 $f(x)$ の凸性については，$f''(x)$ の符号と関連していて次のことが成り立つ。

> ある区間 $I$ において,
> (I)　$f''(x)>0$ のとき, 曲線 $y=f(x)$ は下に凸である.
> (II)　$f''(x)>0$ のとき, 曲線 $y=f(x)$ 上の点 $A(a, f(a))$ における接線 $l$ は, $y=f(x)$ より下方にある.

(I)の証明：区間 $I$ の 2 点 $A(a, f(a))$, $B(b, f(b))$ $(a<b)$ をとる. 直線 AB は $y=\dfrac{f(b)-f(a)}{b-a}(x-a)+f(a)$ であるから,

$$F(x)=\dfrac{f(b)-f(a)}{b-a}(x-a)+f(a)-f(x)$$

とおくと, $F(a)=F(b)=0$ ……④ であり,

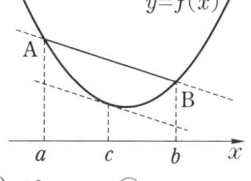

$$F'(x)=\dfrac{f(b)-f(a)}{b-a}-f'(x), \quad F''(x)=-f''(x)<0 \quad ……⑤$$

である. ⑤から $F'(x)$ は減少関数であるから, ④と平均値の定理より

$$F'(c)=0, \quad a<c<b$$

となる $c$ がただ 1 つある. したがって, $F(x)$ の増減表から, $a<x<b$ において, $F(x)>0$, すなわち, 線分 AB は $y=f(x)$ より上方にある.

| $x$ | $a$ | $\cdots$ | $c$ | $\cdots$ | $b$ |
|---|---|---|---|---|---|
| $F'(x)$ | | $+$ | $0$ | $-$ | |
| $F(x)$ | $0$ | ↗ | | ↘ | $0$ |

(II)の証明：$A(a, f(a))$ における接線 $l$ は $y=f'(a)(x-a)+f(a)$ であるから,

$$G(x)=f(x)-\{f'(a)(x-a)+f(a)\}$$

とおくと,

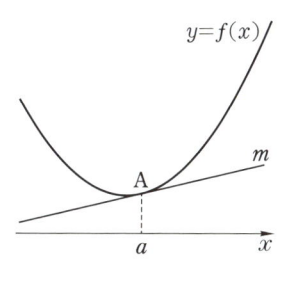

$$G'(x)=f'(x)-f'(a), \quad G''(x)=f''(x)>0 \quad ……⑨$$

である. ⑨より, $G'(x)$ は増加関数であり, $G'(x)$ の符号は $x=a$ で負 $(-)$ から正 $(+)$ に変わるので, $G(x)$ は $x=a$ で最小値 0 をとる. したがって, 点 A を除くと接線 $l$ は $y=f(x)$ より下方にある.

同様に, 次も成り立つ.

> (I)'　$f''(x)<0$ のとき, 曲線 $y=f(x)$ は上に凸である.
> (II)'　$f''(x)<0$ のとき, 曲線 $y=f(x)$ 上の点 $A(a, f(a))$ における接線 $l$ は, $y=f(x)$ より上方にある.

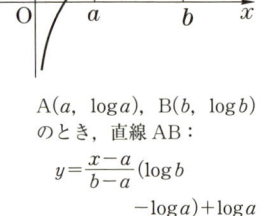

## 422 $\log x$ の凸性に関連した不等式

$\log x$ を自然対数,$n$ を自然数として,次の各不等式を証明せよ。ただし,等号成立条件には言及しなくてよい。

(1) $0 < a < b$,$a \leqq x \leqq b$ のとき,$\log x \geqq \log a + \dfrac{x-a}{b-a}(\log b - \log a)$

(2) $a_1$,$a_2 > 0$ とし,$p_1$,$p_2 \geqq 0$,$p_1 + p_2 = 1$ のとき,
$$\log(p_1 a_1 + p_2 a_2) \geqq p_1 \log a_1 + p_2 \log a_2$$

(3) $a_1$,$a_2$,……,$a_n > 0$ とし,$p_1$,$p_2$,……,$p_n \geqq 0$,$p_1 + p_2 + …… + p_n = 1$ のとき,$\log\left(\sum\limits_{i=1}^{n} p_i a_i\right) \geqq \sum\limits_{i=1}^{n} p_i \log a_i$

(4) $a_1$,$a_2$,……,$a_n > 0$ のとき,$\dfrac{a_1 + a_2 + …… + a_n}{n} \geqq \sqrt[n]{a_1 a_2 …… a_n}$

(滋賀医大)

**精講** (1),(2) 直線 $y = \log a + \dfrac{x-a}{b-a}(\log b - \log a)$
$= \dfrac{\log b - \log a}{b-a}(x-a) + \log a$ がどのような直線を表すかがわかれば,**421** 参考 (I)′ を利用できます。

(2)では,**421** 参考 (II)′ を利用する証明もあります。その証明法は(3)においても有効です。

**解答** (1) $a \leqq x \leqq b$ ……① において,
$$F(x) = \log x - \left\{\log a + \dfrac{x-a}{b-a}(\log b - \log a)\right\}$$
とおくと,
$$F(a) = F(b) = 0 \quad ……②$$
であり,
$$F'(x) = \dfrac{1}{x} - \dfrac{\log b - \log a}{b-a},\ F''(x) = -\dfrac{1}{x^2} < 0$$
$$……③$$
である。②と平均値の定理より
$$F'(c) = 0 \quad \therefore\ \dfrac{\log b - \log a}{b-a} = \dfrac{1}{c},\ a < c < b$$

$A(a,\ \log a)$,$B(b,\ \log b)$ のとき,直線 AB:
$$y = \dfrac{x-a}{b-a}(\log b - \log a) + \log a$$

を満たす $c$ が存在する。③より，$F'(x)$ は減少関数であるから，そのような $c$ はただ 1 つであり，
$$F'(x) = \frac{1}{x} - \frac{1}{c}$$
となるので，$F(x)$ の増減は右のようになる。したがって，①において，$F(x) \geqq 0$，すなわち，
$$\log x \geqq \log a + \frac{x-a}{b-a}(\log b - \log a)$$
……④

| $x$ | $a$ | $\cdots$ | $c$ | $\cdots$ | $b$ |
|---|---|---|---|---|---|
| $F'(x)$ |  | $+$ | $0$ | $-$ |  |
| $F(x)$ | $0$ | $\nearrow$ |  | $\searrow$ | $0$ |

← $y = \log x$ が上に凸であることが示された。

が成り立つ。　　　　　　　　　　　　　（証明おわり）

(2) $\log(p_1 a_1 + p_2 a_2) \geqq p_1 \log a_1 + p_2 \log a_2$ ……⑤
を示す。

$a_1 = a_2$ のとき，⑤の両辺とも $\log a_1 (= \log a_2)$ となるので成り立つ。

$a_1 \neq a_2$ のとき，$a_1 < a_2$ として，④において，
$$a = a_1, \ b = a_2, \ x = a_1 p_1 + a_2 p_2$$
とおくと，$x - a = (p_1 - 1)a_1 + p_2 a_2 = p_2(a_2 - a_1)$ より
$$\log(p_1 a_1 + p_2 a_2)$$
$$\geqq \log a_1 + \frac{p_2(a_2 - a_1)}{a_2 - a_1}(\log a_2 - \log a_1)$$
$$= (1 - p_2)\log a_1 + p_2 \log a_2$$
$$= p_1 \log a_1 + p_2 \log a_2$$
となる。以上で，⑤が示された。　　（証明おわり）

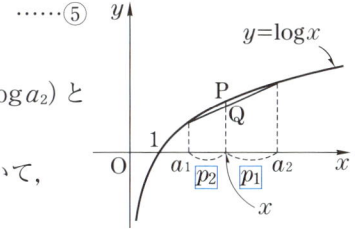

上図において，
$x = p_1 a_1 + p_2 a_2$
$y_P = \log(p_1 a_1 + p_2 a_2)$
$y_Q = p_1 \log a_1 + p_2 \log a_2$
（$y_P, \ y_Q$ は P，Q の $y$ 座標）である。

(2) 〈別解〉 $a > 0$ のとき，
$$G(x) = \frac{1}{a}(x - a) + \log a - \log x$$
$$= \frac{x}{a} - 1 + \log a - \log x$$
とおくと，
$$G'(x) = \frac{1}{a} - \frac{1}{x}, \ G''(x) = \frac{1}{x^2} > 0$$
より，$G(x)$ の増減は右のようになる。したがって，$x > 0$ において，
$$G(x) \geqq 0 \qquad \cdots\cdots ⑥$$
が成り立つ。

← $y = \log x$ 上の点 $(a, \ \log a)$ における接線が，
$y = \frac{1}{a}(x - a) + \log a$
$= \frac{x}{a} - 1 + \log a$

| $x$ | $(0)$ | $\cdots$ | $a$ | $\cdots$ |
|---|---|---|---|---|
| $G'(x)$ |  | $-$ | $0$ | $+$ |
| $G(x)$ |  | $\searrow$ | $0$ | $\nearrow$ |

以下，$a = p_1 a_1 + p_2 a_2$ ……⑦ とする。⑥より

$$G(a_1) \geqq 0 \quad \therefore \quad \frac{a_1}{a} - 1 + \log a \geqq \log a_1$$
……⑧

$$G(a_2) \geqq 0 \quad \therefore \quad \frac{a_2}{a} - 1 + \log a \geqq \log a_2$$
……⑨

である。

$$p_1,\ p_2 \geqq 0,\ p_1 + p_2 = 1 \qquad \text{……⑩}$$

に注意すると，⑧×$p_1$＋⑨×$p_2$ より

$$\frac{p_1 a_1 + p_2 a_2}{a} - (p_1 + p_2) + (p_1 + p_2) \log a$$
$$\geqq p_1 \log a_1 + p_2 \log a_2$$

となる。よって，

$$\log(p_1 a_1 + p_2 a_2) \geqq p_1 \log a_1 + p_2 \log a_2$$

となる。 （証明おわり）

(3) 以下，$a = \sum_{i=1}^{n} p_i a_i$ ……⑪ とする。

$i = 1,\ 2,\ \cdots\cdots,\ n$ に対して，⑥より

$$G(a_i) \geqq 0 \quad \therefore \quad \frac{a_i}{a} - 1 + \log a \geqq \log a_i$$
……⑫

であるから，⑫×$p_i$ ($i = 1,\ 2,\ \cdots\cdots,\ n$) を作り，辺々を加えると

$$\sum_{i=1}^{n}\left(\frac{p_i a_i}{a} - p_i + p_i \log a\right) \geqq \sum_{i=1}^{n} p_i \log a_i$$

となる。ここで，⑪と仮定より

$$\sum_{i=1}^{n} \frac{p_i a_i}{a} = \frac{1}{a} \sum_{i=1}^{n} p_i a_i = 1,\quad \sum_{i=1}^{n} p_i = 1$$

であるから，

$$1 - 1 + \log a \geqq \sum_{i=1}^{n} p_i \log a_i$$

$$\therefore \quad \log\left(\sum_{i=1}^{n} p_i a_i\right) \geqq \sum_{i=1}^{n} p_i \log a_i \qquad \text{……⑬}$$

である。 （証明おわり）

(4) 不等式⑬において，$p_i = \dfrac{1}{n}$ ($i = 1,\ 2,\ \cdots\cdots,\ n$) と

---

⑧，⑨は

点 $B_k\left(a_k,\ \dfrac{a_k}{a} - 1 + \log a_k\right)$

($k = 1,\ 2$) は点 $A_k$ の上方にあることを表す。

← $p_1 G(a_1) + p_2 G(a_2) \geqq 0$ に対応する。

← ⑦，⑩より，
$\dfrac{p_1 a_1 + p_2 a_2}{a} - (p_1 + p_2) = 0$
$(p_1 + p_2) \log a$
$= \log(p_1 a_1 + p_2 a_2)$

← 左辺，右辺はそれぞれ上図における A, C の $y$ 座標を表す。

← (2)の 別解 と同じ方針で示す。

📎 参考 参照。

← $\sum_{i=1}^{n} p_i G(a_i) \geqq 0$ に対応する。

おくと，$\sum_{i=1}^{n} p_i = 1$ であるから，

$$\log\left(\sum_{i=1}^{n} \frac{1}{n} a_i\right) \geqq \sum_{i=1}^{n} \frac{1}{n} \log a_i$$

$\therefore \quad \log\left(\frac{1}{n}\sum_{i=1}^{n} a_i\right) \geqq \log(a_1 a_2 \cdots\cdots a_n)^{\frac{1}{n}}$

← $\sum_{i=1}^{n} \frac{1}{n} \log a_i = \frac{1}{n} \sum_{i=1}^{n} \log a_i$
$= \frac{1}{n} \log(a_1 a_2 \cdots\cdots a_n)$
$= \log(a_1 a_2 \cdots\cdots a_n)^{\frac{1}{n}}$

となる。これより

$$\frac{1}{n}\sum_{i=1}^{n} a_i \geqq (a_1 a_2 \cdots\cdots a_n)^{\frac{1}{n}}$$

$\therefore \quad \dfrac{a_1 + a_2 + \cdots\cdots + a_n}{n} \geqq \sqrt[n]{a_1 a_2 \cdots\cdots a_n}$

← この不等式を相加平均・相乗平均の不等式という。等号が成立するのは $a_1 = a_2 = \cdots\cdots = a_n$ のときに限る。

が成り立つ。　　　　　　　　　　（証明おわり）

### 参考

(3)の不等式を帰納法で示すこともできる。

$n=2$ のときは(2)で示してあるので，(II) $n=2, 3, \cdots\cdots, k$ のときの成立を仮定して，$n=k+1$ のときの成立の大筋を示すことにする。

$$a_i > 0, \quad p_i \geqq 0 \ (i=1, 2, \cdots\cdots, k, k+1), \quad \sum_{i=1}^{k+1} p_i = 1 \quad \cdots\cdots ⑭$$

のとき，$p_i > 0 \ (i=1, 2, \cdots\cdots, k)$ として示すと十分であるから，$p = \sum_{i=1}^{k} p_i$，$a = \dfrac{1}{p}\sum_{i=1}^{k} p_i a_i$ とおくと，$p + p_{k+1} = 1$，$\sum_{i=1}^{k+1} p_i a_i = \sum_{i=1}^{k} p_i a_i + p_{k+1} a_{k+1} = pa + p_{k+1} a_{k+1}$ である。したがって，$n=2$ のときの不等式から

$$\log\left(\sum_{i=1}^{k+1} p_i a_i\right) = \log(pa + p_{k+1} a_{k+1}) \geqq p \log a + p_{k+1} \log a_{k+1} \quad \cdots\cdots ⑮$$

である。さらに，$\sum_{i=1}^{k} \dfrac{p_i}{p} = \dfrac{1}{p}\sum_{i=1}^{k} p_i = \dfrac{1}{p} \cdot p = 1$ であるから，$n=k$ のときの不等式から

$$\log a = \log\left(\frac{1}{p}\sum_{i=1}^{k} p_i a_i\right) = \log\left(\sum_{i=1}^{k} \frac{p_i}{p} a_i\right) \geqq \sum_{i=1}^{k} \frac{p_i}{p} \log a_i = \frac{1}{p}\sum_{i=1}^{k} p_i \log a_i$$

$$\cdots\cdots ⑯$$

である。⑮と⑯を結ぶと，⑭のもとで

$$\log\left(\sum_{i=1}^{k+1} p_i a_i\right) \geqq p \cdot \frac{1}{p}\sum_{i=1}^{k} p_i \log a_i + p_{k+1} \log a_{k+1} = \sum_{i=1}^{k+1} p_i \log a_i$$

となるので，$n=k+1$ のときの不等式が示されたことになる。

## 423 関数方程式から導かれる関数の性質

すべての実数で定義され何回でも微分できる関数 $f(x)$ が $f(0)=0$, $f'(0)=1$ を満たし, さらに任意の実数 $a$, $b$ に対して $1+f(a)f(b) \neq 0$ であって

$$f(a+b) = \frac{f(a)+f(b)}{1+f(a)f(b)}$$

を満たしている。

(1) 任意の実数 $a$ に対して, $-1<f(a)<1$ であることを証明せよ。
(2) $y=f(x)$ のグラフは $x>0$ で上に凸であることを証明せよ。 (京都大)

**精講**
(1) $f(x)$ は連続で, $f(0)=0$ ですから, 任意の実数 $a$ に対して, $f(a) \neq 1$, $f(a) \neq -1$ を示すとよいことになります。
(2) 微分係数 $f'(0)$ の定義, 導関数の定義を利用して, $f'(a)$ を計算するか, または, 与えられた関係式を $a$ (または $b$) について微分することによって, まずは $f'(a)$ を求めることになります。

**解答**
(1) $f(a+b) = \dfrac{f(a)+f(b)}{1+f(a)f(b)}$ ……①

を用いて, $f(a) \neq 1$ を背理法によって示す。

← (1), (2) の 別解 については ⇨ 参考 1° 参照。

$f(c)=1$ となる実数 $c$ があるとする。

①で $b=c$ とおくと

$$f(a+c) = \frac{f(a)+f(c)}{1+f(a)f(c)} = \frac{f(a)+1}{1+f(a)} = 1$$

となる。ここで, $a=-c$ とおくと $f(0)=1$ となり, $f(0)=0$ と矛盾するから, $f(c)=1$ となる実数 $c$ はない。

同様に, $f(d)=-1$ となる実数 $d$ があるとすると,

$$f(a+d) = \frac{f(a)+f(d)}{1+f(a)f(d)} = \frac{f(a)-1}{1-f(a)} = -1$$

となり, $a=-d$ とおくと $f(0)=-1$ となり, 矛盾するので, $f(d)=-1$ となる実数 $d$ はない。

以上より, 連続関数 $f(a)$ において任意の実数 $a$ に対して, $f(a) \neq \pm 1$ であり, $f(0)=0$ であるから,

← 微分可能な関数は連続である。

$$-1 < f(a) < 1 \quad \cdots\cdots ②$$

である。　　　　　　　　　　　　（証明おわり）

◀注 参照。

(2) $f(0)=0$, $f'(0)=1$ より，

$$f'(0) = \lim_{h \to 0} \frac{f(h)-f(0)}{h} = 1$$

$$\therefore \lim_{h \to 0} \frac{f(h)}{h} = 1 \quad \cdots\cdots ③$$

◀微分係数の定義
$f'(a)$
$= \lim_{h \to 0} \dfrac{f(a+h)-f(a)}{h}$
において，$a=0$ と考える。
**401** ◀**精講** 参照。

である。次に，①で $b=h$ とおいた式から

$$f(a+h) - f(a) = \frac{f(a)+f(h)}{1+f(a)f(h)} - f(a)$$

$$= \frac{[1-\{f(a)\}^2]f(h)}{1+f(a)f(h)}$$

となるから，

$$f'(a) = \lim_{h \to 0} \frac{f(a+h)-f(a)}{h}$$

$$= \lim_{h \to 0} \frac{1-\{f(a)\}^2}{1+f(a)f(h)} \cdot \frac{f(h)}{h}$$

$$= 1-\{f(a)\}^2 \quad \cdots\cdots ④$$

◀③と
$\lim_{h \to 0} f(a)f(h)$
$= f(a)f(0) = 0$
より。

である。

②，④より，すべての実数 $a$ に対して，

$$f'(a) > 0 \quad \cdots\cdots ⑤$$

である。⑤より，$f(a)$ は増加関数であり，$f(0)=0$ と合わせると

$$a > 0 \text{ において } f(a) > 0 \quad \cdots\cdots ⑥$$

である。ここで，④の両辺を $a$ で微分すると，

$$f''(a) = -2f'(a)f(a)$$

となるから，⑤，⑥より，$a>0$ において

$$f''(a) < 0$$

である。したがって，$y=f(x)$ のグラフは $x>0$ において上に凸である。　　　　　　（証明おわり）

◀**421** 参考 参照。

**注** $f(0)=0$ であり，すべての実数 $a$ に対して $f(a) \neq \pm 1$ であるから，たとえば $f(p)>1$ となる実数 $p$ があるとすると，連続関数 $f(x)$ が $f(0)=0$ と $f(p)$ の中間の値 1 をとれないことになり，中間値の定理と矛盾する。$f(q)<-1$ となる実数 $q$ があるとしても同様に矛盾する。

> **参考**

1° $y=f(x)$ が奇関数であることを利用した以下のような証明も考えられる。

**別解**

(1) $$f(a+b)=\frac{f(a)+f(b)}{1+f(a)f(b)} \quad \cdots\cdots ①$$

において，$b=-a$ とおくと，
$$f(0)=\frac{f(a)+f(-a)}{1+f(a)f(-a)}$$

となるが，$f(0)=0$ であるから，
$$f(a)+f(-a)=0$$
$$\therefore \quad f(-a)=-f(a) \quad \cdots\cdots ㋐ \quad \leftarrow f(x) \text{は奇関数である。}$$

が成り立つ。

　　任意の実数 $a$, $b$ に対して，
$$1+f(a)f(b) \neq 0$$

であるから，特に $b=-a$ とおいて，㋐を用いると，
$$1+f(a)f(-a) \neq 0$$
$$\therefore \quad 1-\{f(a)\}^2 \neq 0 \quad \therefore \quad f(a) \neq \pm 1$$

である。よって，$f(a)$ が連続であり，$f(0)=0$ であることを考え合わせると
$$-1 < f(a) < 1$$

である。　　　　　　　　　　　　　　（証明おわり）

(2) ①の両辺を $a$ の関数とみなして，$a$ で微分すると，　$\leftarrow b$ は定数と考える。

$$f'(a+b)$$
$$=\frac{f'(a)\{1+f(a)f(b)\}-\{f(a)+f(b)\}f'(a)f(b)}{\{1+f(a)f(b)\}^2}$$
$$=\frac{[1-\{f(b)\}^2]f'(a)}{\{1+f(a)f(b)\}^2}$$

となる。この式で，$b=-a$ とおくと，㋐と $f'(0)=1$ より

$\leftarrow f'(0)$
$=\dfrac{[1-\{f(-a)\}^2]f'(a)}{\{1+f(a)f(-a)\}^2}$

$$1=\frac{[1-\{f(a)\}^2]f'(a)}{[1-\{f(a)\}^2]^2}$$
$$\therefore \quad f'(a)=1-\{f(a)\}^2 \quad \cdots\cdots ④$$

となる。
（以下は **解答** ④式以下と同じである）

2°　④より，$y=f(x)$ は微分方程式
$$y'=1-y^2 \qquad \cdots\cdots ⑧$$
← ①と $f(0)=0$, $f'(0)=1$ からこの式が得られた。

を満たすことがわかる。さらに，⑧から $y$ を決定することもできるので，以下に示しておく。

⑧より
$$\frac{1}{1-y^2}\cdot y'=1 \quad \therefore \quad \left(\frac{1}{1+y}+\frac{1}{1-y}\right)y'=2$$
である。両辺を $x$ で積分すると，
$$\int\left(\frac{1}{1+y}+\frac{1}{1-y}\right)dy=\int 2dx$$

← 置換積分の公式
$$\int g(y)\frac{dy}{dx}dx$$
$$=\int g(y)dy$$

$$\therefore \quad \log\left|\frac{1+y}{1-y}\right|=2x+C'$$

$$\therefore \quad \frac{1+y}{1-y}=Ce^{2x} \quad (C=\pm e^{C'})$$

← $\frac{1+y}{1-y}=\pm e^{2x+C'}$
$\qquad =\pm e^{C'}\cdot e^{2x}$

となる。ここで，$f(0)=0$，すなわち，$x=0$ のとき，$y=0$ であるから $C=1$ である。よって
$$\frac{1+y}{1-y}=e^{2x} \quad \therefore \quad y=\frac{e^{2x}-1}{e^{2x}+1}$$

← ⑧と $f(0)=0$ からこの式が導かれた。

である。これより，
$$f(x)=\frac{e^{2x}-1}{e^{2x}+1}=\frac{e^x-e^{-x}}{e^x+e^{-x}}$$

← $f(-x)=-f(x)$ であるから，$f(x)$ は奇関数である。

であるから，
$$f'(x)=\frac{(e^x+e^{-x})^2-(e^x-e^{-x})^2}{(e^x+e^{-x})^2}=\frac{4}{(e^x+e^{-x})^2}$$

$$f''(x)=\frac{-8(e^x-e^{-x})}{(e^x+e^{-x})^3}$$

となる。これより，任意の $x$ に対して，
$$f'(x)>0$$
であるから，$f(x)$ は増加する。また，

$x>0$ では　$f''(x)<0$, $x<0$ では　$f''(x)>0$
であるから，$y=f(x)$ のグラフは $x>0$ では上に凸で，$x<0$ では下に凸である。さらに，
$$\lim_{x\to-\infty}f(x)=-1, \lim_{x\to\infty}f(x)=1$$
であるから，$y=f(x)$ のグラフは右図の通りである。

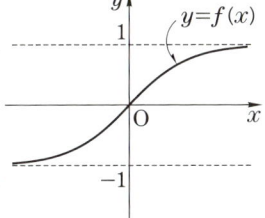

# 第5章 積分法とその応用

## 501 不定積分の計算

(I) 次の不定積分を求めよ。

(1) $I=\int e^{2x+e^x}dx$ （広島市大）

(2) $J=\int \log(1+\sqrt{x})\,dx$ （信州大）

(3) $K=\int \dfrac{1}{\sin^4 x}dx$ （東京電機大*）

(II) (1) $\tan\dfrac{x}{2}=t$ とするとき，$\sin x$, $\cos x$ を $t$ で表せ。

(2) 不定積分 $L=\int \dfrac{5}{3\sin x+4\cos x}dx$ を求めよ。 （埼玉大*）

**精講** 不定積分の計算には「慣れ」が必要です。典型的な計算法は覚えておきましょう。

(I) (1)では $e^x=t$，(2)では $1+\sqrt{x}=t$ と置換するのは定石です。(3)では $\left(\dfrac{1}{\tan x}\right)'=-\dfrac{1}{\sin^2 x}$ を知っていれば解決するはずです。

(II) 高校数学ではあまり現れませんが，有名な置換積分の1つです。その計算に慣れておきましょう。

**解答** (I) (1) $e^x=t$ とおくと，

$$\dfrac{dx}{dt}\cdot e^x=1 \text{ より } e^x dx=dt$$

← $\dfrac{dx}{dt}=\dfrac{1}{e^x}=\dfrac{1}{t}$ としてもよい。

であるから，

$$I=\int e^{2x+e^x}dx=\int e^x e^{e^x}\cdot e^x dx$$

$$=\int te^t dt=te^t-\int e^t dt$$

$$=(t-1)e^t+C=(e^x-1)e^{e^x}+C$$

←以下，不定積分において現れる $C$ は積分定数を表す。

である。

(2) $1+\sqrt{x}=t$ とおくと，

$$x=(t-1)^2 \text{ より } dx=2(t-1)dt$$

← $\dfrac{dx}{dt}=2(t-1)$

であるから，

$$\begin{aligned}
J &= \int \log(1+\sqrt{x})\,dx = \int (\log t)\cdot 2(t-1)\,dt \\
&= \int (t^2-2t)' \log t\,dt \\
&= (t^2-2t)\log t - \int (t^2-2t)\cdot\frac{1}{t}\,dt \\
&= (t^2-2t)\log t - \frac{1}{2}t^2 + 2t + C' \\
&= (\boldsymbol{x-1})\log(1+\sqrt{\boldsymbol{x}}) - \frac{1}{2}\boldsymbol{x} + \sqrt{\boldsymbol{x}} + C
\end{aligned}$$

← 部分積分の準備。

← $t^2-2t=(t-1)^2-1=x-1$
$-\frac{1}{2}t^2+2t=-\frac{1}{2}x+\sqrt{x}+\frac{3}{2}$,
積分定数 $C'$, $C$ の関係は
$C=C'+\frac{3}{2}$ である。

である。

(3) $\left(\dfrac{1}{\tan x}\right)' = \left(\dfrac{\cos x}{\sin x}\right)' = -\dfrac{1}{\sin^2 x}$

より

$$\begin{aligned}
K &= \int \frac{1}{\sin^4 x}\,dx = \int \frac{1}{\sin^2 x}\cdot\frac{1}{\sin^2 x}\,dx \\
&= -\int \left(\frac{1}{\tan^2 x}+1\right)\left(\frac{1}{\tan x}\right)'dx
\end{aligned}$$

← $\cos^2 x + \sin^2 x = 1$ の両辺
を $\sin^2 x$ で割ると
$\dfrac{1}{\tan^2 x}+1=\dfrac{1}{\sin^2 x}$

である。ここで，$u = \dfrac{1}{\tan x}$ とおくと，

$$\begin{aligned}
K &= -\int (u^2+1)\,du = -\frac{1}{3}u^3 - u + C \\
&= -\frac{1}{3\tan^3 x} - \frac{1}{\tan x} + C
\end{aligned}$$

← $\dfrac{du}{dx}=\left(\dfrac{1}{\tan x}\right)'$ より
$\left(\dfrac{1}{\tan x}\right)'dx=du$

である。

(Ⅱ) (1) $\tan\dfrac{x}{2} = t$ ……① のとき，

$$\begin{aligned}
\sin x &= 2\sin\frac{x}{2}\cos\frac{x}{2} = 2\tan\frac{x}{2}\cos^2\frac{x}{2} \\
&= 2\tan\frac{x}{2}\cdot\frac{1}{1+\tan^2\frac{x}{2}} = \frac{2t}{1+t^2}
\end{aligned}$$

← $1+\tan^2\theta=\dfrac{1}{\cos^2\theta}$ より。

$$\begin{aligned}
\cos x &= 2\cos^2\frac{x}{2} - 1 = \frac{2}{1+\tan^2\frac{x}{2}} - 1 \\
&= \frac{2}{1+t^2} - 1 = \frac{1-t^2}{1+t^2}
\end{aligned}$$

である。

(2) ①の両辺を $t$ で微分して，

$$\frac{1}{\cos^2\frac{x}{2}}\cdot\frac{1}{2}\cdot\frac{dx}{dt}=1$$

← $\dfrac{d}{dt}\left(\tan\dfrac{x}{2}\right)=1$

$$\therefore\ \frac{dx}{dt}=2\cos^2\frac{x}{2}=\frac{2}{1+t^2}\quad\cdots\cdots\text{②}$$

であるから，

$$L=\int\frac{5}{3\sin x+4\cos x}dx$$

← $\tan\dfrac{x}{2}=t$ と置換する。

$$=\int\frac{5}{3\cdot\dfrac{2t}{1+t^2}+4\cdot\dfrac{1-t^2}{1+t^2}}\cdot\frac{2}{1+t^2}dt$$

← ②より $dx=\dfrac{2}{1+t^2}dt$

$$=\int\frac{5}{(1+2t)(2-t)}dt$$

← $\dfrac{5}{(1+2t)(2-t)}=\dfrac{a}{1+2t}+\dfrac{b}{2-t}$
($a$, $b$ は定数) とすると，
$5=a(2-t)+b(1+2t)$
より $a=2$, $b=1$

$$=\int\left(\frac{2}{1+2t}+\frac{1}{2-t}\right)dt$$

$$=\log|1+2t|-\log|2-t|+C$$

$$=\log\left|\frac{1+2\tan\dfrac{x}{2}}{2-\tan\dfrac{x}{2}}\right|+C$$

← $\int\dfrac{1}{ax+b}dx=\dfrac{1}{a}\log|ax+b|+C$
($a$, $b$ は定数, $a\neq 0$)

である。

## 参考

(I) (3)において，$x=\dfrac{\pi}{2}-t$ と置換することも考えられる。このとき，

$\sin x=\sin\left(\dfrac{\pi}{2}-t\right)=\cos t$, $dx=-dt$ より，

$$J=\int\frac{1}{\sin^4 x}dx=\int\frac{1}{\cos^4 t}(-1)dt=-\int\frac{1}{\cos^2 t}\cdot\frac{1}{\cos^2 t}dt$$

$$=-\int(1+\tan^2 t)(\tan t)'dt=-\tan t-\frac{1}{3}\tan^3 t+C$$

$$=-\tan\left(\frac{\pi}{2}-x\right)-\frac{1}{3}\tan^3\left(\frac{\pi}{2}-x\right)+C$$

$$=-\frac{1}{\tan x}-\frac{1}{3\tan^3 x}+C$$

となる。

## 502 定積分の計算(1)

次の定積分の値を求めよ。

(1) $I = \int_1^{\sqrt{3}} \dfrac{1}{x^2} \log\sqrt{1+x^2}\,dx$ （京都大）

(2) $J = \int_0^1 \{x(1-x)\}^{\frac{3}{2}}\,dx$ （弘前大）

(3) $K = \int_0^\pi e^x \sin x\,dx$ および $L = \int_0^\pi e^x \cos x\,dx$

(4) $M = \int_0^\pi xe^x \sin x\,dx$ および $N = \int_0^\pi xe^x \cos x\,dx$ （(3)(4) 名古屋市大）

**精講**　(1) まず部分積分を行います。　(2) $\sqrt{a^2-x^2}$ $(a>0)$ を含む定積分では $x=a\sin\theta$ の置換が有効です。これはその応用版です。(3)は部分積分ではよく現れるもので，(4)はさらに一歩進んだものです。

**解答**　(1)
$$I = \int_1^{\sqrt{3}} \dfrac{1}{x^2} \log\sqrt{1+x^2}\,dx$$
$$= \int_1^{\sqrt{3}} \dfrac{1}{2}\left(-\dfrac{1}{x}\right)' \log(1+x^2)\,dx$$
$$= \left[-\dfrac{1}{2x}\log(1+x^2)\right]_1^{\sqrt{3}}$$
$$\quad + \int_1^{\sqrt{3}} \dfrac{1}{2x} \cdot \dfrac{2x}{1+x^2}\,dx$$
$$= -\dfrac{1}{2\sqrt{3}}\log 4 + \dfrac{1}{2}\log 2 + \int_1^{\sqrt{3}} \dfrac{1}{1+x^2}\,dx$$

← $\log\sqrt{1+x^2} = \log(1+x^2)^{\frac{1}{2}}$
$\quad = \dfrac{1}{2}\log(1+x^2)$

← $\{\log(1+x^2)\}' = \dfrac{(1+x^2)'}{1+x^2}$
$\quad = \dfrac{2x}{1+x^2}$

である。最後の積分において，$x=\tan\theta$ と置換すると，
$$\int_1^{\sqrt{3}} \dfrac{1}{1+x^2}\,dx = \int_{\frac{\pi}{4}}^{\frac{\pi}{3}} \dfrac{1}{1+\tan^2\theta} \cdot \dfrac{1}{\cos^2\theta}\,d\theta$$
$$= \int_{\frac{\pi}{4}}^{\frac{\pi}{3}} d\theta = \dfrac{\pi}{12}$$

← $dx = \dfrac{1}{\cos^2\theta}\,d\theta$,

| $x$ | $1$ | $\longrightarrow$ | $\sqrt{3}$ |
|---|---|---|---|
| $\theta$ | $\dfrac{\pi}{4}$ | $\longrightarrow$ | $\dfrac{\pi}{3}$ |

より。

であるから，

$$I=\left(\frac{1}{2}-\frac{1}{\sqrt{3}}\right)\log 2+\frac{\pi}{12}$$

である。

(2) $J=\int_0^1\{x(1-x)\}^{\frac{3}{2}}dx=\int_0^1\left\{\frac{1}{4}-\left(x-\frac{1}{2}\right)^2\right\}^{\frac{3}{2}}dx$

である。ここで，
$$x-\frac{1}{2}=\frac{1}{2}\sin\theta$$

と置換すると，
$$dx=\frac{1}{2}\cos\theta\, d\theta,$$

| $x$ | 0 | $\longrightarrow$ | 1 |
|---|---|---|---|
| $\theta$ | $-\dfrac{\pi}{2}$ | $\longrightarrow$ | $\dfrac{\pi}{2}$ |

←  $0 \leq x \leq 1$ のとき
  $-\dfrac{1}{2} \leq x-\dfrac{1}{2} \leq \dfrac{1}{2}$ より
  $-1 \leq \sin\theta \leq 1$

であるから，

$$J=\int_{-\frac{\pi}{2}}^{\frac{\pi}{2}}\left\{\frac{1}{4}(1-\sin^2\theta)\right\}^{\frac{3}{2}}\cdot\frac{1}{2}\cos\theta\, d\theta$$

$$=\int_{-\frac{\pi}{2}}^{\frac{\pi}{2}}\frac{1}{16}\cos^4\theta\, d\theta=\frac{1}{8}\int_0^{\frac{\pi}{2}}\left(\frac{1+\cos 2\theta}{2}\right)^2 d\theta$$

$$=\frac{1}{32}\int_0^{\frac{\pi}{2}}\left(1+2\cos 2\theta+\frac{1+\cos 4\theta}{2}\right)d\theta$$

$$=\frac{1}{32}\left[\frac{3}{2}\theta+\sin 2\theta+\frac{1}{8}\sin 4\theta\right]_0^{\frac{\pi}{2}}$$

$$=\frac{3}{128}\pi$$

←  $-\dfrac{\pi}{2} \leq \theta \leq \dfrac{\pi}{2}$ のとき，
  $\cos\theta \geq 0$ より
  $(1-\sin^2\theta)^{\frac{1}{2}}=(\cos^2\theta)^{\frac{1}{2}}=\cos\theta$
← $\cos^4\theta$ は偶関数であるから
  $\int_{-\frac{\pi}{2}}^{\frac{\pi}{2}}\cos^4\theta\, d\theta=2\int_0^{\frac{\pi}{2}}\cos^4\theta\, d\theta$

である。

(3) まず，
$$S(x)=\int e^x\sin x\, dx,\quad C(x)=\int e^x\cos x\, dx$$

を求める。
$$S(x)=e^x\sin x-\int e^x\cos x\, dx$$
$$=e^x\sin x-C(x)$$
$$C(x)=e^x\cos x+\int e^x\sin x\, dx$$
$$=e^x\cos x+S(x)$$

← $S(x)=\int (e^x)'\sin x\, dx$
  として，部分積分を行う。
  ⇨ 参考 1° 参照。

より
$$S(x)+C(x)=e^x\sin x \quad\quad\cdots\cdots\text{①}$$
$$-S(x)+C(x)=e^x\cos x \quad\quad\cdots\cdots\text{②}$$

である。$\dfrac{1}{2}\{①-②\}$, $\dfrac{1}{2}\{①+②\}$ より

$$S(x)=\dfrac{1}{2}e^x(\sin x-\cos x) \quad \cdots\cdots ③$$

$$C(x)=\dfrac{1}{2}e^x(\sin x+\cos x) \quad \cdots\cdots ④$$

← 積分定数 $C$ は以下の計算に関係しないので，$C=0$ とする。

である。よって，

$$K=\int_0^\pi e^x\sin x\,dx=\Big[S(x)\Big]_0^\pi$$

$$=\dfrac{e^\pi+1}{2} \quad \cdots\cdots ⑤$$

← $S(\pi)=\dfrac{1}{2}e^\pi$, $S(0)=-\dfrac{1}{2}$

$$L=\int_0^\pi e^x\cos x\,dx=\Big[C(x)\Big]_0^\pi$$

$$=-\dfrac{e^\pi+1}{2} \quad \cdots\cdots ⑥$$

← $C(\pi)=-\dfrac{1}{2}e^\pi$, $C(0)=\dfrac{1}{2}$

である。

(4) $M=\displaystyle\int_0^\pi xe^x\sin x\,dx=\int_0^\pi x\{S(x)\}'\,dx$

$$=\Big[xS(x)\Big]_0^\pi-\int_0^\pi S(x)\,dx$$

$$=\pi S(\pi)-\int_0^\pi \dfrac{1}{2}e^x(\sin x-\cos x)\,dx$$

$$=\dfrac{1}{2}\pi e^\pi-\dfrac{1}{2}(K-L)$$

$$=\dfrac{(\pi-1)e^\pi-1}{2}$$

← ⮕ 参考 2° 参照。

← ③より。

← ⑤, ⑥より
$K-L=e^\pi+1$

$N=\displaystyle\int_0^\pi xe^x\cos x\,dx=\int_0^\pi x\{C(x)\}'\,dx$

$$=\Big[xC(x)\Big]_0^\pi-\int_0^\pi C(x)\,dx$$

$$=\pi C(\pi)-\int_0^\pi \dfrac{1}{2}e^x(\sin x+\cos x)\,dx$$

$$=-\dfrac{1}{2}\pi e^\pi-\dfrac{1}{2}(K+L)$$

$$=-\dfrac{\pi e^\pi}{2}$$

← ④より。

← ⑤, ⑥より
$K+L=0$

である。

> **参考**

1° (3)において，部分積分を 2 回繰り返すことによって，$S(x)$, $C(x)$ それぞれを別々に求めることもできる。

$$S(x) = \int e^x \sin x\, dx = e^x \sin x - \int e^x \cos x\, dx$$
$$= e^x \sin x - \left\{ e^x \cos x + \int e^x \sin x\, dx \right\}$$
$$= e^x (\sin x - \cos x) - S(x)$$

$$C(x) = \int e^x \cos x\, dx = e^x \cos x - \int e^x (-\sin x)\, dx$$
$$= e^x \cos x + \left\{ e^x \sin x - \int e^x \cos x\, dx \right\}$$
$$= e^x (\sin x + \cos x) - C(x)$$

となるので，それぞれの式から，

$$S(x) = \frac{1}{2} e^x (\sin x - \cos x), \quad C(x) = \frac{1}{2} e^x (\sin x + \cos x)$$

が得られる。

2° (3)で $S(x)$, $C(x)$ を用いないとき，(4)は次のように処理することもできる。

$$M = \int_0^\pi (e^x)' x \sin x\, dx$$
$$= \left[ e^x x \sin x \right]_0^\pi - \int_0^\pi e^x (\sin x + x \cos x)\, dx$$
$$= -K - N = -\frac{e^\pi + 1}{2} - N$$

$$N = \int_0^\pi (e^x)' x \cos x\, dx$$
$$= \left[ e^x x \cos x \right]_0^\pi - \int_0^\pi e^x (\cos x - x \sin x)\, dx$$
$$= -\pi e^\pi - L + M = -\pi e^\pi + \frac{e^\pi + 1}{2} + M$$

より

$$M + N = -\frac{e^\pi + 1}{2}, \quad -M + N = -\pi e^\pi + \frac{e^\pi + 1}{2}$$

となるので，これら 2 式から $M$, $N$ を得る。

## 503 定積分の計算(2)

(1) 次の式が成り立つように，定数 $A$, $B$, $C$, $D$ を定めよ。

$$\frac{8}{x^4+4}=\frac{Ax+B}{x^2+2x+2}+\frac{Cx+D}{x^2-2x+2}$$

(2) $\tan\dfrac{\pi}{8}$, $\tan\dfrac{3}{8}\pi$ の値を求めよ。

(3) 次の定積分の値を求めよ。

$$\int_{-\sqrt{2}}^{\sqrt{2}}\frac{8}{x^4+4}\,dx$$

(信州大)

**精講** (3) $\dfrac{1}{x^2+a^2}$ ($a>0$) を含む定積分では $x=a\tan\theta$ の置換が有効です。ここではその応用を考えます。

**解答** (1) $x^4+4=(x^2+2)^2-(2x)^2$
$\qquad\qquad =(x^2+2x+2)(x^2-2x+2)$

であるから，

$$\frac{8}{x^4+4}=\frac{Ax+B}{x^2+2x+2}+\frac{Cx+D}{x^2-2x+2}$$

の両辺に $x^4+4$ をかけると

$\quad 8=(Ax+B)(x^2-2x+2)+(Cx+D)(x^2+2x+2)$ ……①

となる。①で，$x=-1+i$ とおくと
$\quad 8=\{A(-1+i)+B\}4(1-i)$
$\quad\quad =4\{B+(2A-B)i\}$

となり，$x=1+i$ とおくと
$\quad 8=\{C(1+i)+D\}4(1+i)$
$\quad\quad =4\{D+(2C+D)i\}$

となる。$A$, $B$, $C$, $D$ は実数であるから，
$\quad 2=B$, $0=2A-B$, $2=D$, $0=2C+D$
$\quad \therefore\ A=1,\ B=2,\ C=-1,\ D=2$

である。

(2) $\dfrac{\pi}{8}$, $\dfrac{3}{8}\pi$ は鋭角であるから，

← $x=-1+i$ は $x^2+2x+2=0$ の解であり，$x=1+i$ は $x^2-2x+2=0$ の解である。
**参考** 1°参照。

← このとき，①は $x=-1\pm i$, $1\pm i$ に対して成り立ち，①の右辺は $x$ の3次以下の式であるから，すべての $x$ に対し①が成り立つことになる。

$$\tan^2\frac{\pi}{8} = \frac{1-\cos\frac{\pi}{4}}{1+\cos\frac{\pi}{4}} = \frac{1-\frac{1}{\sqrt{2}}}{1+\frac{1}{\sqrt{2}}} = (\sqrt{2}-1)^2$$

⬅ $\tan^2\theta = \dfrac{\sin^2\theta}{\cos^2\theta} = \dfrac{1-\cos 2\theta}{1+\cos 2\theta}$

$$\tan^2\frac{3}{8}\pi = \frac{1-\cos\frac{3}{4}\pi}{1+\cos\frac{3}{4}\pi} = \frac{1+\frac{1}{\sqrt{2}}}{1-\frac{1}{\sqrt{2}}} = (\sqrt{2}+1)^2$$

より

$$\tan\frac{\pi}{8} = \sqrt{2}-1, \quad \tan\frac{3}{8}\pi = \sqrt{2}+1 \quad \cdots\cdots ②$$

⬅ $\theta$ が鋭角のとき，$\tan\theta>0$

である。

(3) (1)の結果から，

$$\frac{8}{x^4+4} = \frac{x+2}{x^2+2x+2} + \frac{-x+2}{x^2-2x+2}$$
$$= \frac{x+2}{(x+1)^2+1} - \frac{x-2}{(x-1)^2+1}$$

であるから，求める積分を $I$ とすると，

$$I = \int_{-\sqrt{2}}^{\sqrt{2}} \frac{8}{x^4+4}\,dx = 2\int_0^{\sqrt{2}} \frac{8}{x^4+4}\,dx$$

⬅ $\dfrac{8}{x^4+4}$ は偶関数である。

$$= 2\int_0^{\sqrt{2}} \frac{x+2}{(x+1)^2+1}\,dx - 2\int_0^{\sqrt{2}} \frac{x-2}{(x-1)^2+1}\,dx \quad \cdots\cdots ③$$

である。

$$J = \int_0^{\sqrt{2}} \frac{x+2}{(x+1)^2+1}\,dx, \quad K = \int_0^{\sqrt{2}} \frac{x-2}{(x-1)^2+1}\,dx$$

⬅ 参考 2° 参照。

とおく。

$J$ で，$x+1=\tan\theta$ とおくと，

$$dx = \frac{1}{\cos^2\theta}\,d\theta, \quad \begin{array}{c|ccc} x & 0 & \longrightarrow & \sqrt{2} \\ \hline \theta & \frac{\pi}{4} & \longrightarrow & \frac{3}{8}\pi \end{array}$$

⬅ $0 \leqq x \leqq \sqrt{2}$ のとき
$1 \leqq x+1 \leqq \sqrt{2}+1$ となるから，② より $\dfrac{\pi}{4} \leqq \theta \leqq \dfrac{3}{8}\pi$

であるから，

$$J = \int_{\frac{\pi}{4}}^{\frac{3}{8}\pi} \frac{\tan\theta+1}{\tan^2\theta+1} \cdot \frac{1}{\cos^2\theta}\,d\theta$$

$$= \int_{\frac{\pi}{4}}^{\frac{3}{8}\pi} \left\{-\frac{(\cos\theta)'}{\cos\theta} + 1\right\}d\theta$$

$$= \Big[-\log(\cos\theta) + \theta\Big]_{\frac{\pi}{4}}^{\frac{3}{8}\pi}$$

⬅ $\cos\dfrac{3}{8}\pi = \sqrt{\dfrac{1+\cos\frac{3}{4}\pi}{2}}$
$= \dfrac{\sqrt{2-\sqrt{2}}}{2}$

$$= -\log\frac{\sqrt{2-\sqrt{2}}}{2} + \log\frac{1}{\sqrt{2}} + \frac{3}{8}\pi - \frac{\pi}{4}$$

$$= \log\frac{\sqrt{2}}{\sqrt{2-\sqrt{2}}} + \frac{\pi}{8}$$

である。また，$K$ で，$x-1=\tan\theta$ とおくと，

$$dx = \frac{1}{\cos^2\theta}d\theta, \quad \begin{array}{c|ccc} x & 0 & \longrightarrow & \sqrt{2} \\ \hline \theta & -\dfrac{\pi}{4} & \longrightarrow & \dfrac{\pi}{8} \end{array}$$

← $0 \leqq x \leqq \sqrt{2}$ のとき
　$-1 \leqq x-1 \leqq \sqrt{2}-1$

であるから，上と同様に

$$K = \int_{-\frac{\pi}{4}}^{\frac{\pi}{8}} \frac{\tan\theta - 1}{\tan^2\theta + 1} \cdot \frac{1}{\cos^2\theta} d\theta$$

$$= \Big[-\log(\cos\theta) - \theta\Big]_{-\frac{\pi}{4}}^{\frac{\pi}{8}}$$

$$= -\log\frac{\sqrt{2+\sqrt{2}}}{\sqrt{2}} - \frac{3}{8}\pi$$

← $\cos\dfrac{\pi}{8} = \sqrt{\dfrac{1+\cos\frac{\pi}{4}}{2}}$
　$= \dfrac{\sqrt{2+\sqrt{2}}}{2}$

である。③に戻ると，

$$I = 2(J - K)$$

$$= 2\Big(\log\frac{\sqrt{2}}{\sqrt{2-\sqrt{2}}} + \frac{\pi}{8} + \log\frac{\sqrt{2+\sqrt{2}}}{\sqrt{2}} + \frac{3}{8}\pi\Big)$$

$$= 2\log(\sqrt{2}+1) + \pi$$

← $\log\dfrac{\sqrt{2}}{\sqrt{2-\sqrt{2}}} + \log\dfrac{\sqrt{2+\sqrt{2}}}{\sqrt{2}}$
　$= \log\sqrt{\dfrac{\sqrt{2}+1}{\sqrt{2}-1}}$
　$= \log\sqrt{(\sqrt{2}+1)^2}$
　$= \log(\sqrt{2}+1)$

である。

📎 **参考**

1° (1)①において，右辺を展開し，

$$8 = (A+C)x^3 + (-2A+B+2C+D)x^2 + 2(A-B+C+D)x + 2(B+D)$$

の係数を比較して，

$$A+C=0, \quad -2A+B+2C+D=0, \quad 2(A-B+C+D)=0, \quad 2(B+D)=8$$

から，$A$，$B$，$C$，$D$ を求めることもできる。

2° (3)において，$J$，$K$ を次のように計算してもよい。たとえば，

$$J = \int_0^{\sqrt{2}} \frac{x+1+1}{(x+1)^2+1} dx = \int_0^{\sqrt{2}} \frac{x+1}{x^2+2x+2} dx + \int_0^{\sqrt{2}} \frac{1}{(x+1)^2+1} dx$$

$$= \Big[\frac{1}{2}\log(x^2+2x+2)\Big]_0^{\sqrt{2}} + \int_{\frac{\pi}{4}}^{\frac{3}{8}\pi} d\theta = \frac{1}{2}\log(2+\sqrt{2}) + \frac{\pi}{8}$$

となる。$K$ についても同様である。

## 504 定積分の計算(3)

(1) $-\pi \leqq x \leqq \pi$ のとき，$\sqrt{3}\cos x - \sin x > 0$ を満たす $x$ の範囲を求めよ。

(2) $\displaystyle\int_{-\frac{\pi}{3}}^{\frac{\pi}{6}} \left|\frac{4\sin x}{\sqrt{3}\cos x - \sin x}\right| dx$ を求めよ。　　　　　　　　（熊本大）

**精講**　(2)では，まず(1)の結果を利用して，積分区間を絶対値の中の値が 0 以上，0 以下の区間に分割します。そのあとで，分母が簡単な式となるような置換を行います。

**解答**　(1)　$\sqrt{3}\cos x - \sin x = 2\sin\left(x + \dfrac{2}{3}\pi\right)$　……①

より，
$$\sin\left(x + \frac{2}{3}\pi\right) > 0$$
となる範囲を
$$-\pi \leqq x \leqq \pi \quad \therefore \quad -\frac{\pi}{3} \leqq x + \frac{2}{3}\pi \leqq \frac{5}{3}\pi$$
において求めると，
$$0 < x + \frac{2}{3}\pi < \pi$$
$$\therefore \quad -\frac{2}{3}\pi < x < \frac{\pi}{3}$$
である。

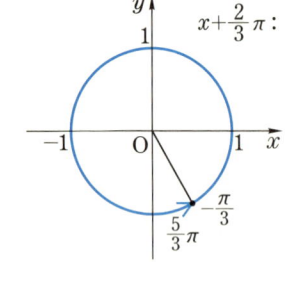

(2)　$f(x) = \dfrac{4\sin x}{\sqrt{3}\cos x - \sin x}$

とおくと，(1)より積分区間 $-\dfrac{\pi}{3} \leqq x \leqq \dfrac{\pi}{6}$ において，

分母は正であるから，求める定積分は

$$I = \int_{-\frac{\pi}{3}}^{\frac{\pi}{6}} |f(x)| dx$$

$$= -\int_{-\frac{\pi}{3}}^{0} f(x) dx + \int_{0}^{\frac{\pi}{6}} f(x) dx \quad \cdots\cdots ②$$

←分子については
$-\dfrac{\pi}{3} \leqq x \leqq 0$ のとき
$\sin x \leqq 0$
$0 \leqq x \leqq \dfrac{\pi}{6}$ のとき
$\sin x \geqq 0$

となる。ここで，

$$F(x) = \int f(x)\,dx = \int \frac{2\sin x}{\sin\left(x + \frac{2}{3}\pi\right)}\,dx$$

とおく。

$x + \frac{2}{3}\pi = t$ とおくと，$dx = dt$ より

$$F(x) = \int \frac{2\sin\left(t - \frac{2}{3}\pi\right)}{\sin t}\,dt$$

$$= \int \frac{-\sin t - \sqrt{3}\cos t}{\sin t}\,dt$$

$$= \int \left\{-1 - \sqrt{3} \cdot \frac{(\sin t)'}{\sin t}\right\}dt$$

$$= -t - \sqrt{3}\log|\sin t| + C'$$

$$= -x - \sqrt{3}\log\left|\sin\left(x + \frac{2}{3}\pi\right)\right| + C$$

である。したがって，②より

$$I = -\Big[F(x)\Big]_{-\frac{\pi}{3}}^{0} + \Big[F(x)\Big]_{0}^{\frac{\pi}{6}}$$

$$= F\left(-\frac{\pi}{3}\right) + F\left(\frac{\pi}{6}\right) - 2F(0)$$

$$= \frac{\pi}{3} - \sqrt{3}\log\frac{\sqrt{3}}{2} - \frac{\pi}{6} - \sqrt{3}\log\frac{1}{2}$$

$$\quad + 2\sqrt{3}\log\frac{\sqrt{3}}{2}$$

$$= \frac{\pi}{6} + \frac{\sqrt{3}}{2}\log 3$$

である。

← ①より，
$$f(x) = \frac{4\sin x}{\sqrt{3}\cos x - \sin x}$$
$$= \frac{4\sin x}{2\sin\left(x + \frac{2}{3}\pi\right)}$$
$$= \frac{2\sin x}{\sin\left(x + \frac{2}{3}\pi\right)}$$

← $-t + C' = -x - \frac{2}{3}\pi + C'$
より，$C = -\frac{2}{3}\pi + C'$ の関係にある。

← 以下，積分定数 $C = 0$ として計算する。

← 対数部分をまとめると
$$\sqrt{3}\left(\log\frac{\sqrt{3}}{2} - \log\frac{1}{2}\right)$$
$$= \sqrt{3}\log\sqrt{3} = \frac{\sqrt{3}}{2}\log 3$$

類題 16　→ 解答 p.362

$f(\theta) = \dfrac{\sin\frac{\theta}{2}}{1 + \sin\frac{\theta}{2}}$ のとき，定積分 $\displaystyle\int_{\frac{\pi}{3}}^{\frac{\pi}{2}} f(\theta)\,d\theta$ を求めよ。　　　　　　（熊本大*）

## 505 $\int_0^\pi \sin kx \sin lx\, dx$ ($k$, $l$ は自然数) に関する問題

$a_k$ ($k=1, 2, \cdots, n$) を実数とし，関数 $f(x)$ を
$$f(x) = \sum_{k=1}^n a_k \sin kx \quad (0 \leqq x \leqq \pi)$$
で定義する。

(1) 自然数 $k$, $l$ に対して，$\displaystyle\int_0^\pi \sin kx \sin lx\, dx = \begin{cases} \dfrac{\pi}{2} & (k=l) \\ 0 & (k \neq l) \end{cases}$

が成り立つことを示せ。

(2) 等式 $\displaystyle\int_0^\pi \{f(x)\}^2 dx = \dfrac{\pi}{2} \sum_{k=1}^n a_k{}^2$ が成り立つことを示せ。

(3) $n=3$ とする。定積分 $\displaystyle\int_0^\pi \left\{f(x) - \dfrac{\pi}{2}\right\}^2 dx$ の値が最小となるように，$a_1$, $a_2$, $a_3$ の値を定めよ。

(大阪市大)

<精講> (1) 倍角の公式，和と積の公式を用いるだけです。
(3) 定積分の値は $a_1$, $a_2$, $a_3$ の2次式で表されます。

<解答> (1) 自然数 $k$, $l$ に対して
$$I_{k,l} = \int_0^\pi \sin kx \sin lx\, dx$$
とおく。$k=l$ のとき
$$\begin{aligned} I_{k,l} = I_{k,k} &= \int_0^\pi \sin^2 kx\, dx \\ &= \int_0^\pi \dfrac{1}{2}(1-\cos 2kx)\, dx \\ &= \dfrac{1}{2}\left[x - \dfrac{1}{2k}\sin 2kx\right]_0^\pi = \dfrac{\pi}{2} \end{aligned}$$

← 倍角の公式より。

$k \neq l$ のとき
$$\begin{aligned} I_{k,l} &= -\dfrac{1}{2}\int_0^\pi \{\cos(k+l)x - \cos(k-l)x\}\, dx \\ &= -\dfrac{1}{2}\left[\dfrac{1}{k+l}\sin(k+l)x \right. \\ &\qquad\qquad \left. - \dfrac{1}{k-l}\sin(k-l)x\right]_0^\pi = 0 \end{aligned}$$

← $\sin\alpha\sin\beta$
$= -\dfrac{1}{2}\{\cos(\alpha+\beta)$
$\qquad -\cos(\alpha-\beta)\}$

である。 (証明おわり)

(2) $\{f(x)\}^2 = \left(\sum_{k=1}^{n} a_k \sin kx\right)^2$

$= \sum_{k=1}^{n} a_k^2 \sin^2 kx + 2\sum_{k<l} a_k a_l \sin kx \sin lx$

(ここで，$\sum_{k<l}$ は $1 \leqq k < l \leqq n$ を満たす整数の組 $(k, l)$ すべてについての和を表す。) であるから，(1)の結果を用いると，

$$\int_0^{\pi} \{f(x)\}^2 dx = \sum_{k=1}^{n} a_k^2 I_{k,k} + 2\sum_{k<l} a_k a_l I_{k,l}$$
$$= \frac{\pi}{2} \sum_{k=1}^{n} a_k^2$$

となる。　　　　　　　　　　　（証明おわり）

← $\left(\sum_{k=1}^{n} A_k\right)^2$
$= (A_1 + A_2 + \cdots\cdots + A_n)^2$
$= A_1^2 + A_2^2 + \cdots\cdots + A_n^2$
$\quad + 2(A_1 A_2 + A_1 A_3 + \cdots\cdots$
$\qquad\qquad\qquad + A_{n-1} A_n)$
で，$A_k = a_k \sin kx$ とおいた式である。

(3) $I = \int_0^{\pi} \left\{f(x) - \frac{\pi}{2}\right\}^2 dx$ とおくと，

$$I = \int_0^{\pi} \{f(x)\}^2 dx - \pi \int_0^{\pi} f(x) dx + \frac{\pi^3}{4}$$

である。ここで，$n = 3$ のとき，

$\int_0^{\pi} f(x) dx$
$= \int_0^{\pi} (a_1 \sin x + a_2 \sin 2x + a_3 \sin 3x) dx$
$= \left[ -a_1 \cos x - \frac{a_2}{2} \cos 2x - \frac{a_3}{3} \cos 3x \right]_0^{\pi}$
$= 2a_1 + \frac{2}{3} a_3$

であるから，(2)の結果と合わせると

$I = \frac{\pi}{2}(a_1^2 + a_2^2 + a_3^2) - \pi\left(2a_1 + \frac{2}{3} a_3\right) + \frac{\pi^3}{4}$

$= \frac{\pi}{2}\left(a_1^2 - 4a_1 + a_2^2 + a_3^2 - \frac{4}{3} a_3\right) + \frac{\pi^3}{4}$

$= \frac{\pi}{2}\left\{(a_1 - 2)^2 + a_2^2 + \left(a_3 - \frac{2}{3}\right)^2\right\} - \frac{20}{9}\pi + \frac{\pi^3}{4}$

← $a_1$, $a_2$, $a_3$ それぞれに関して2次式であるから，それぞれについて平方完成する。

となるから，$I$ が最小になるのは

$$a_1 = 2, \ a_2 = 0, \ a_3 = \frac{2}{3}$$

のときである。

## 506 積分区間と関数が関連する定積分

(I) 区間 $\left[0, \dfrac{\pi}{2}\right]$ で連続な関数 $f(x)$ に対し，等式

$\displaystyle\int_0^{\frac{\pi}{2}} f(x)\,dx = \int_0^{\frac{\pi}{2}} f\left(\dfrac{\pi}{2}-x\right)dx$ が成り立つことを証明せよ．さらに，それを利用して定積分 $\displaystyle\int_0^{\frac{\pi}{2}} \dfrac{\sin 3x}{\sin x+\cos x}\,dx$ の値を求めよ．　　　　(福井大)

(II) 定積分 $\displaystyle\int_{-1}^{1} \dfrac{x^2}{1+e^x}\,dx$ の値を求めよ．　　　　(学習院大)

**＜精講＞** (I) 前半は $\dfrac{\pi}{2}-x=t$ と置換するだけです．証明した式をいかに利用するかを考えて，$\sin x$ と $\cos x$ の対称式の積分に持ち込みましょう．

(II) (I)と同様に積分区間が変わらない（上端・下端は逆になりますが）ような置換を考えましょう．

**＜解答＞** (I) 示すべき等式の右辺の積分で，$\dfrac{\pi}{2}-x=t$ とおくと，

$dx=-dt$, 

| $x$ | $0$ | $\longrightarrow$ | $\dfrac{\pi}{2}$ |
|---|---|---|---|
| $t$ | $\dfrac{\pi}{2}$ | $\longrightarrow$ | $0$ |

であるから，

$\displaystyle\int_0^{\frac{\pi}{2}} f\left(\dfrac{\pi}{2}-x\right)dx = \int_{\frac{\pi}{2}}^{0} f(t)(-1)\,dt$

$\displaystyle = \int_0^{\frac{\pi}{2}} f(t)\,dt = \int_0^{\frac{\pi}{2}} f(x)\,dx$　　……①

が成り立つ．　　　　　　　　　　　　（証明おわり）

次に

$f(x)=\dfrac{\sin 3x}{\sin x+\cos x}$

とおくと，

$f\left(\dfrac{\pi}{2}-x\right)=\dfrac{\sin\left(\dfrac{3}{2}\pi-3x\right)}{\sin\left(\dfrac{\pi}{2}-x\right)+\cos\left(\dfrac{\pi}{2}-x\right)}$

$=\dfrac{-\cos 3x}{\cos x+\sin x}$

240

である。したがって，
$$I=\int_0^{\frac{\pi}{2}}\frac{\sin 3x}{\sin x+\cos x}dx=\int_0^{\frac{\pi}{2}}f(x)dx$$
とおくと，①より

$$2I=\int_0^{\frac{\pi}{2}}f(x)dx+\int_0^{\frac{\pi}{2}}f\left(\frac{\pi}{2}-x\right)dx$$

$$=\int_0^{\frac{\pi}{2}}\frac{\sin 3x-\cos 3x}{\sin x+\cos x}dx$$

$$=\int_0^{\frac{\pi}{2}}\frac{3(\sin x+\cos x)-4(\sin^3 x+\cos^3 x)}{\sin x+\cos x}dx \quad \text{← 3倍角の公式より。}$$

$$=\int_0^{\frac{\pi}{2}}\{3-4(\sin^2 x-\sin x\cos x+\cos^2 x)\}dx \quad \begin{array}{l}\text{← } \sin^3 x+\cos^3 x \\ =(\sin x+\cos x)\times \\ (\sin^2 x-\sin x\cos x+\cos^2 x)\end{array}$$

$$=\int_0^{\frac{\pi}{2}}(2\sin 2x-1)dx$$

$$=\Big[-\cos 2x-x\Big]_0^{\frac{\pi}{2}}=2-\frac{\pi}{2}$$

$$\therefore \quad I=1-\frac{\pi}{4}$$

である。

(Ⅱ) $J=\int_{-1}^{1}\dfrac{x^2}{1+e^x}dx$ ……①

において，$x=-t$ と置換すると ← $dx=-dt,\ \begin{array}{c|ccc}x & -1 & \longrightarrow & 1 \\ \hline t & 1 & \longrightarrow & -1\end{array}$

$$J=\int_{1}^{-1}\frac{t^2}{1+e^{-t}}(-1)dt=\int_{-1}^{1}\frac{t^2}{1+e^{-t}}dt$$

$$=\int_{-1}^{1}\frac{t^2 e^t}{1+e^t}dt=\int_{-1}^{1}\frac{x^2 e^x}{1+e^x}dx \quad \text{……②}$$

となる。①+② より

$$2J=\int_{-1}^{1}\left(\frac{x^2}{1+e^x}+\frac{x^2 e^x}{1+e^x}\right)dx=\int_{-1}^{1}x^2 dx=\frac{2}{3} \quad \begin{array}{l}\text{← }\dfrac{x^2}{1+e^x}+\dfrac{x^2 e^x}{1+e^x}\\ =\dfrac{x^2(1+e^x)}{1+e^x}=x^2\end{array}$$

であるから

$$\int_{-1}^{1}\frac{x^2}{1+e^x}dx=J=\frac{1}{3}$$

である。

## 507 $\sqrt{x^2+1}$ を含む定積分

定積分 $I=\int_0^1 \sqrt{x^2+1}\,dx$, $J=\int_0^1 \dfrac{1}{\sqrt{x^2+1}}\,dx$ の値を，置換積分 $x=\dfrac{1}{2}(e^t-e^{-t})$ によって求めよ。

**精講** この置換積分における $t$ の変域を調べるだけで解決します。

**解答** $x=\dfrac{1}{2}(e^t-e^{-t})$ のとき，　　　← $2x=e^t-\dfrac{1}{e^t}$

$(e^t)^2-2xe^t-1=0$

であるから，$e^t>0$ より　　　両辺に $e^t$ をかけて整理する。

$e^t=x+\sqrt{x^2+1}$ ∴ $t=\log(x+\sqrt{x^2+1})$　　　← $0\leqq x\leqq 1$ において，$x+\sqrt{x^2+1}$ は増加するので，$\log(x+\sqrt{x^2+1})$ も増加する。

である。したがって，

$dx=\dfrac{1}{2}(e^t+e^{-t})dt$, 

| $x$ | $0$ | $\longrightarrow$ | $1$ |
|---|---|---|---|
| $t$ | $0$ | $\longrightarrow$ | $\log(1+\sqrt{2})$ |

であり，

$x^2+1=\dfrac{1}{4}(e^t-e^{-t})^2+1=\left\{\dfrac{1}{2}(e^t+e^{-t})\right\}^2$　　　← $\dfrac{1}{4}(e^t-e^{-t})^2+1$
$=\dfrac{1}{4}(e^{2t}+2+e^{-2t})$
$=\dfrac{1}{4}(e^t+e^{-t})^2$

∴ $\sqrt{x^2+1}=\dfrac{1}{2}(e^t+e^{-t})$

であるから，$\alpha=\log(1+\sqrt{2})$ ……① とおくと，

$I=\int_0^1 \sqrt{x^2+1}\,dx=\int_0^\alpha \dfrac{1}{2}(e^t+e^{-t})\cdot\dfrac{1}{2}(e^t+e^{-t})dt$　　← $\dfrac{1}{4}\int_0^\alpha (e^{2t}+2+e^{-2t})dt$

$=\dfrac{1}{4}\left[\dfrac{1}{2}e^{2t}-\dfrac{1}{2}e^{-2t}+2t\right]_0^\alpha$

$=\dfrac{1}{8}(e^{2\alpha}-e^{-2\alpha})+\dfrac{1}{2}\alpha$

となる。①より，$e^\alpha=1+\sqrt{2}$ であるから，

$I=\dfrac{1}{8}\{(1+\sqrt{2})^2-(\sqrt{2}-1)^2\}+\dfrac{1}{2}\log(1+\sqrt{2})$　　← $e^{-\alpha}=\dfrac{1}{1+\sqrt{2}}$
$=\sqrt{2}-1$

$=\dfrac{1}{2}\{\sqrt{2}+\log(1+\sqrt{2})\}$

である。次に，

$$J = \int_0^1 \frac{1}{\sqrt{x^2+1}} dx$$
$$= \int_0^\alpha \frac{1}{\frac{1}{2}(e^t+e^{-t})} \cdot \frac{1}{2}(e^t+e^{-t}) dt$$
$$= \Big[t\Big]_0^\alpha = \alpha = \log(1+\sqrt{2})$$

である。

> **参考**
>
> $I$, $J$ に対する，$x = \frac{1}{2}(e^t - e^{-t})$ 以外の置換積分の例を示しておく。
>
> $\sqrt{x^2+a^2}$ ($a$ は正の定数) を含む定積分では，$x = a\tan\theta$ の置換が有効であることが多い。そこで，$I$, $J$ において $x = \tan\theta$ と置換すると，
>
> $$I = \int_0^{\frac{\pi}{4}} \frac{1}{\cos\theta} \cdot \frac{1}{\cos^2\theta} d\theta = \int_0^{\frac{\pi}{4}} \frac{\cos\theta}{\cos^4\theta} d\theta = \int_0^{\frac{\pi}{4}} \frac{(\sin\theta)'}{(1-\sin^2\theta)^2} d\theta$$
>
> $$J = \int_0^{\frac{\pi}{4}} \frac{1}{\sqrt{\tan^2\theta+1}} \cdot \frac{1}{\cos^2\theta} d\theta = \int_0^{\frac{\pi}{4}} \frac{1}{\cos\theta} d\theta = \int_0^{\frac{\pi}{4}} \frac{(\sin\theta)'}{1-\sin^2\theta} d\theta$$
>
> となるので，このあと，$u = \sin\theta$ と置換するとよい。
>
> 他にも，$\sqrt{x^2+a^2}$ を含む定積分においては，$u = \sqrt{x^2+a^2} + x$ の置換も知られている。そこで，$I$, $J$ において，$u = \sqrt{x^2+1} + x$ と置換すると，
>
> $(u-x)^2 = x^2+1$ より $x = \frac{1}{2}\left(u - \frac{1}{u}\right)$, $\sqrt{x^2+1} = u-x = \frac{1}{2}\left(u + \frac{1}{u}\right)$ となる。
>
> さらに，$dx = \frac{1}{2}\left(1 + \frac{1}{u^2}\right)du$, $\begin{array}{c|ccc} x & 0 & \longrightarrow & 1 \\ \hline u & 1 & \longrightarrow & \sqrt{2}+1 \end{array}$ であるから，
>
> $$I = \int_1^{\sqrt{2}+1} \frac{1}{2}\left(u + \frac{1}{u}\right) \cdot \frac{1}{2}\left(1 + \frac{1}{u^2}\right) du = \frac{1}{4}\int_1^{\sqrt{2}+1}\left(u + \frac{2}{u} + \frac{1}{u^3}\right)du$$
>
> $$= \frac{1}{4}\left[\frac{1}{2}u^2 + 2\log u - \frac{1}{2u^2}\right]_1^{\sqrt{2}+1} = \frac{1}{2}\{\sqrt{2} + \log(1+\sqrt{2})\}$$
>
> $$J = \int_1^{\sqrt{2}+1} \frac{\frac{1}{2}\left(1+\frac{1}{u^2}\right)}{\frac{1}{2}\left(u+\frac{1}{u}\right)} du = \int_1^{\sqrt{2}+1} \frac{1}{u} du$$
>
> $$= \Big[\log u\Big]_1^{\sqrt{2}+1} = \log(\sqrt{2}+1)$$
>
> となる。

## 508 漸化式を利用した定積分の値

定積分 $I_n = \int_0^{\frac{\pi}{4}} \dfrac{dx}{(\cos x)^n}$ ($n = 0, \pm 1, \pm 2, \cdots\cdots$) について次の問いに答えよ。

(1) $I_0$, $I_{-1}$, $I_2$ を求めよ。

(2) $I_1$ を求めよ。

(3) 整数 $n$ に対して, $nI_n - (n+1)I_{n+2} + (\sqrt{2})^n = 0$ が成り立つことを示せ。

(4) 定積分 $\int_0^1 \sqrt{x^2+1}\,dx$ および $\int_0^1 \dfrac{dx}{(x^2+1)^3}$ を求めよ。 (同志社大*)

**精講** (3) $I_{n+2}$ において,部分積分を行うことになります。

(4) $x = \tan\theta$ の置換によって,$I_n$ のいずれかに帰着します。

**解答** (1) $I_0 = \int_0^{\frac{\pi}{4}} dx = \dfrac{\pi}{4}$

$$I_{-1} = \int_0^{\frac{\pi}{4}} \cos x\,dx = \Big[\sin x\Big]_0^{\frac{\pi}{4}} = \dfrac{\sqrt{2}}{2}$$

$$I_2 = \int_0^{\frac{\pi}{4}} \dfrac{1}{\cos^2 x}\,dx = \Big[\tan x\Big]_0^{\frac{\pi}{4}} = 1$$

である。

(2) $I_1 = \int_0^{\frac{\pi}{4}} \dfrac{dx}{\cos x} = \int_0^{\frac{\pi}{4}} \dfrac{\cos x}{\cos^2 x}\,dx = \int_0^{\frac{\pi}{4}} \dfrac{\cos x}{1-\sin^2 x}\,dx$

であるから,$t = \sin x$ と置換すると

$$I_1 = \int_0^{\frac{1}{\sqrt{2}}} \dfrac{1}{1-t^2}\,dt = \int_0^{\frac{1}{\sqrt{2}}} \dfrac{1}{2}\left(\dfrac{1}{1+t} + \dfrac{1}{1-t}\right)dt$$

$$= \left[\dfrac{1}{2}\log\left|\dfrac{1+t}{1-t}\right|\right]_0^{\frac{1}{\sqrt{2}}} = \dfrac{1}{2}\log\dfrac{1+\dfrac{1}{\sqrt{2}}}{1-\dfrac{1}{\sqrt{2}}}$$

$$= \log(\sqrt{2}+1)$$

←$1 = \cos x \cdot \dfrac{dx}{dt}$ より
$\cos x\,dx = dt$

| $x$ | $0$ | $\longrightarrow$ | $\dfrac{\pi}{4}$ |
|---|---|---|---|
| $t$ | $0$ | $\longrightarrow$ | $\dfrac{1}{\sqrt{2}}$ |

である。

(3) $I_{n+2} = \int_0^{\frac{\pi}{4}} \dfrac{dx}{(\cos x)^{n+2}} = \int_0^{\frac{\pi}{4}} \dfrac{1}{(\cos x)^n} \cdot (\tan x)'\,dx$

$$= \left[\dfrac{\tan x}{(\cos x)^n}\right]_0^{\frac{\pi}{4}} - \int_0^{\frac{\pi}{4}} \dfrac{n\sin x}{(\cos x)^{n+1}} \cdot \tan x\,dx$$

←$\left\{\dfrac{1}{(\cos x)^n}\right\}'$
$= \dfrac{n\sin x}{(\cos x)^{n+1}}$

$$= (\sqrt{2})^n - n\int_0^{\frac{\pi}{4}} \frac{1-\cos^2 x}{(\cos x)^{n+2}} dx$$

← $\sin^2 x = 1 - \cos^2 x$

$$= (\sqrt{2})^n - n(I_{n+2} - I_n)$$

より,
$$nI_n - (n+1)I_{n+2} + (\sqrt{2})^n = 0 \quad \cdots\cdots ①$$
である。（証明おわり）

(4) $J = \int_0^1 \sqrt{x^2+1} \, dx$

← 507 ⌒ 参考 参照。

において, $x = \tan\theta$ と置換すると

← $\dfrac{dx}{d\theta} = \dfrac{1}{\cos^2\theta}$ より

$dx = \dfrac{1}{\cos^2\theta} d\theta$

| $x$ | $0$ | $\longrightarrow$ | $1$ |
|---|---|---|---|
| $\theta$ | $0$ | $\longrightarrow$ | $\dfrac{\pi}{4}$ |

$$J = \int_0^{\frac{\pi}{4}} \sqrt{\tan^2\theta + 1} \cdot \frac{1}{\cos^2\theta} d\theta$$

$$= \int_0^{\frac{\pi}{4}} \frac{1}{\cos^3\theta} d\theta = I_3$$

である。①で $n=1$ とおくと
$$I_1 - 2I_3 + \sqrt{2} = 0$$
となるから,
$$J = I_3 = \frac{1}{2}I_1 + \frac{\sqrt{2}}{2} = \frac{1}{2}\log(\sqrt{2}+1) + \frac{\sqrt{2}}{2}$$

← (2)より, $I_1 = \log(\sqrt{2}+1)$

である。次に
$$K = \int_0^1 \frac{1}{(x^2+1)^3} dx$$

において, 上と同じ置換を行うと
$$K = \int_0^{\frac{\pi}{4}} \frac{1}{(\tan^2\theta + 1)^3} \cdot \frac{1}{\cos^2\theta} d\theta$$

$$= \int_0^{\frac{\pi}{4}} \cos^4\theta \, d\theta = I_{-4}$$

← $\tan^2\theta + 1 = \dfrac{1}{\cos^2\theta}$ より

$\dfrac{1}{\tan^2\theta+1} = \cos^2\theta$

である。①で $n=-2$ とおくと
$$-2I_{-2} + I_0 + \frac{1}{2} = 0 \quad \therefore \quad I_{-2} = \frac{\pi}{8} + \frac{1}{4}$$

← $I_{-2} = \dfrac{1}{2} \cdot I_0 + \dfrac{1}{4}$
$= \dfrac{1}{2} \cdot \dfrac{\pi}{4} + \dfrac{1}{4}$

であり, さらに①で $n=-4$ とおくと
$$-4I_{-4} + 3I_{-2} + \frac{1}{4} = 0$$

となるから,
$$K = I_{-4} = \frac{3}{4}I_{-2} + \frac{1}{16} = \frac{3}{32}\pi + \frac{1}{4}$$

である。

## 509 パラメタを含む絶対値つきの定積分

実数 $a$ に対し，積分
$$f(a)=\int_0^{\frac{\pi}{4}}|\sin x-a\cos x|dx$$
を考える。$f(a)$ の最小値を求めよ。　　　　　　　　　　（東京工大）

**精講**　$f(a)$ が最小となるとき，$\sin x-a\cos x$ の符号は積分区間の途中で変化するはずです。そこで，$\sin x-a\cos x=0$ となる $x$ の値をパラメタ（媒介変数）にすると計算がわかりやすくなります。

**解答**　$g(x)=\sin x-a\cos x=\cos x(\tan x-a)$
$G(x)=\int g(x)dx=-\cos x-a\sin x$ ←積分定数 $C$ は省略する。

を用意し，$0\leqq x\leqq\dfrac{\pi}{4}$ ……① における $g(x)$ の符号　←①において
の変化を考えて，場合分けする。　　　　　　　　　　　　　　　$\cos x>0$，
　　　　　　　　　　　　　　　　　　　　　　　　　　　　　　　$0\leqq\tan x\leqq 1$

(i) $a\leqq 0$ のとき　　　　　　　　　　　　　　　　　　　←①において，$g(x)\geqq 0$
$$f(a)=\int_0^{\frac{\pi}{4}}g(x)dx=\Big[G(x)\Big]_0^{\frac{\pi}{4}}=-\frac{a}{\sqrt{2}}+1-\frac{1}{\sqrt{2}}$$

(ii) $a\geqq 1$ のとき　　　　　　　　　　　　　　　　　　　←①において，$g(x)\leqq 0$
$$f(a)=-\int_0^{\frac{\pi}{4}}g(x)dx=\frac{a}{\sqrt{2}}-1+\frac{1}{\sqrt{2}}$$

　(i)では $f(a)$ は減少し，(ii)では $f(a)$ は増加するから，$f(a)$ は $0\leqq a\leqq 1$ において最小値をとる。

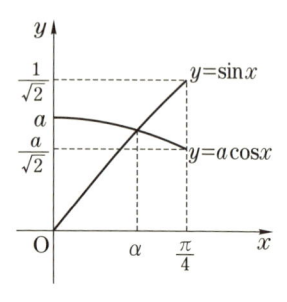

(iii) $0\leqq a\leqq 1$ のとき
$\sin\alpha-a\cos\alpha=0$，つまり，$\tan\alpha=a$ ……②
$\left(0\leqq\alpha\leqq\dfrac{\pi}{4}\ \text{……③}\right)$ となる $\alpha$ があり，右図より
$$f(a)=-\int_0^{\alpha}g(x)dx+\int_{\alpha}^{\frac{\pi}{4}}g(x)dx=-\Big[G(x)\Big]_0^{\alpha}+\Big[G(x)\Big]_{\alpha}^{\frac{\pi}{4}}$$
$$=2(\cos\alpha+a\sin\alpha)-1-\frac{\sqrt{2}}{2}-\frac{\sqrt{2}}{2}a$$
……④　　　　　←$a$ だけの式に直す計算も考えられる。
　　　　　　　　　　　　　　　　　参考 参照。

$$= 2(\cos\alpha + \tan\alpha\sin\alpha) - \frac{\sqrt{2}}{2}\tan\alpha - \frac{2+\sqrt{2}}{2}$$

$$= \frac{2}{\cos\alpha} - \frac{\sqrt{2}}{2}\tan\alpha - \frac{2+\sqrt{2}}{2}$$

← $\cos\alpha + \tan\alpha\sin\alpha$
$= \dfrac{\cos^2\alpha + \sin^2\alpha}{\cos\alpha}$
$= \dfrac{1}{\cos\alpha}$

となる。得られた式を $h(\alpha)$ とおく。

$a$ が $0$ から $1$ まで変わるとき,②,③で定まる $\alpha$ は $0$ から $\dfrac{\pi}{4}$ まで変わるから,③における $h(\alpha)$ の最小値を求めるとよい。

$$h'(\alpha) = \frac{2\sin\alpha}{\cos^2\alpha} - \frac{\sqrt{2}}{2\cos^2\alpha} = \frac{4\sin\alpha - \sqrt{2}}{2\cos^2\alpha}$$

より,$\sin c = \dfrac{\sqrt{2}}{4}$ $\left(0 < c < \dfrac{\pi}{4}\right)$ となる $c$ があり,$h(\alpha)$ の増減は右のようになるから,求める最小値は

| $\alpha$ | $0$ | $\cdots$ | $c$ | $\cdots$ | $\dfrac{\pi}{4}$ |
|---|---|---|---|---|---|
| $h'(\alpha)$ |  | $-$ | $0$ | $+$ |  |
| $h(\alpha)$ |  | ↘ |  | ↗ |  |

$$h(c) = \frac{2}{\cos c} - \frac{\sqrt{2}}{2}\tan c - \frac{2+\sqrt{2}}{2}$$

$$= \frac{\sqrt{14} - 2 - \sqrt{2}}{2}$$

← $\cos c = \dfrac{\sqrt{14}}{4}$,
$\tan c = \dfrac{1}{\sqrt{7}}$ である。

である。

### 参考

(iii) $0 \leq a \leq 1$ のとき,④を導いたあと,②より

$\cos\alpha = \dfrac{1}{\sqrt{1+a^2}}$, $\sin\alpha = \dfrac{a}{\sqrt{1+a^2}}$ であるから,

$$f(a) = 2\left(\frac{1}{\sqrt{1+a^2}} + \frac{a^2}{\sqrt{1+a^2}}\right) - 1 - \frac{\sqrt{2}}{2} - \frac{\sqrt{2}}{2}a$$

$$= 2\sqrt{1+a^2} - \frac{\sqrt{2}}{2}a - \frac{2+\sqrt{2}}{2}$$

となる。これより

$$f'(a) = \frac{2a}{\sqrt{1+a^2}} - \frac{\sqrt{2}}{2}$$

$$= \frac{4a - \sqrt{2(a^2+1)}}{2\sqrt{1+a^2}} = \frac{7a^2 - 1}{\sqrt{1+a^2}\{4a + \sqrt{2(a^2+1)}\}}$$

| $a$ | $0$ | $\cdots$ | $\dfrac{1}{\sqrt{7}}$ | $\cdots$ | $1$ |
|---|---|---|---|---|---|
| $f'(a)$ |  | $-$ | $0$ | $+$ |  |
| $f(a)$ |  | ↘ |  | ↗ |  |

となるので,増減表から,$f(a)$ の最小値は $f\left(\dfrac{1}{\sqrt{7}}\right) = \dfrac{\sqrt{14} - 2 - \sqrt{2}}{2}$ である。

## 510 定積分の極限 $\lim_{n \to \infty} \int_0^1 f(x)|\sin n\pi x|dx$

自然数 $n$ に対して
$$I_n = \int_0^1 x^2 |\sin n\pi x| dx$$
とおく。極限値 $\lim_{n \to \infty} I_n$ を求めよ。 （東京工大）

**精講** $n\pi x = t$ と置換したあとの積分区間 $0 \leq t \leq n\pi$ を $\sin t$ の符号が一定であるように $(k-1)\pi \leq t \leq k\pi$ $(k=1, 2, \cdots, n)$ に分割して計算することになります。

**解答** $I_n = \int_0^1 x^2 |\sin n\pi x| dx$
において，$n\pi x = t$ と置換すると

$$I_n = \int_0^{n\pi} \left(\frac{t}{n\pi}\right)^2 |\sin t| \frac{1}{n\pi} dt$$

$$= \frac{1}{(n\pi)^3} \int_0^{n\pi} t^2 |\sin t| dt$$

$$= \frac{1}{(n\pi)^3} \sum_{k=1}^n \int_{(k-1)\pi}^{k\pi} t^2 |\sin t| dt \quad \cdots\cdots ①$$

← $\dfrac{dx}{dt} = \dfrac{1}{n\pi}$,
　$dx = \dfrac{1}{n\pi} dt$

| $x$ | $0$ | $\longrightarrow$ | $1$ |
|---|---|---|---|
| $t$ | $0$ | $\longrightarrow$ | $n\pi$ |

となる。ここで，
$$J_k = \int_{(k-1)\pi}^{k\pi} t^2 |\sin t| dt$$
とおき，$t = s + (k-1)\pi$ と置換すると

$$J_k = \int_0^\pi \{s+(k-1)\pi\}^2 |\sin\{s+(k-1)\pi\}| ds$$

$$= \int_0^\pi \{s+(k-1)\pi\}^2 \sin s \, ds$$

$$= \Big[-\{s+(k-1)\pi\}^2 \cos s\Big]_0^\pi$$

$$\qquad + \int_0^\pi 2\{s+(k-1)\pi\} \cos s \, ds$$

$$= (k\pi)^2 + \{(k-1)\pi\}^2 + \Big[2\{s+(k-1)\pi\}\sin s\Big]_0^\pi$$

$$\qquad\qquad\qquad - \int_0^\pi 2\sin s \, ds$$

$$= (2k^2 - 2k + 1)\pi^2 - 4$$

← このような置換積分をしない計算については，
　⇨ 参考 参照。

← $0 \leq s \leq \pi$ において
　$|\sin\{s+(k-1)\pi\}|$
　$= |(-1)^{k-1} \sin s|$
　$= |\sin s| = \sin s$

となる。①に戻ると，
$$I_n = \frac{1}{(n\pi)^3}\sum_{k=1}^n J_k = \frac{1}{(n\pi)^3}\sum_{k=1}^n\{(2k^2-2k+1)\pi^2-4\}$$
$$= \frac{1}{n^3\pi}\left\{2\cdot\frac{1}{6}n(n+1)(2n+1)-2\cdot\frac{1}{2}n(n+1)+n\right\}-\frac{4}{n^2\pi^3}$$
$$= \frac{1}{\pi}\left\{\frac{1}{3}\left(1+\frac{1}{n}\right)\left(2+\frac{1}{n}\right)-\frac{1}{n}\cdot\left(1+\frac{1}{n}\right)+\frac{1}{n^2}\right\}-\frac{4}{n^2\pi^3}$$
となるので，
$$\lim_{n\to\infty}I_n = \frac{1}{\pi}\cdot\frac{1}{3}\cdot 1\cdot 2 = \frac{2}{3\pi}$$
である。

### 参考

$(k-1)\pi \le t \le k\pi$ において，$t^2\sin t$ の符号は変わらないので，
$$J_k = \int_{(k-1)\pi}^{k\pi} t^2|\sin t|dt = \left|\int_{(k-1)\pi}^{k\pi} t^2\sin t\,dt\right|$$
であり，さらに
$$\int t^2\sin t\,dt = -t^2\cos t + \int 2t\cos t\,dt$$
$$= -t^2\cos t + 2t\sin t + 2\cos t + C$$
であるから，
$$J_k = \left|\left[-t^2\cos t + 2t\sin t + 2\cos t\right]_{(k-1)\pi}^{k\pi}\right|$$
である。ここで
$$\sin k\pi = \sin(k-1)\pi = 0,\ \cos k\pi = (-1)^k,\ \cos(k-1)\pi = (-1)^{k-1}$$
に注意すると，
$$J_k = |-(k\pi)^2(-1)^k + 2(-1)^k + \{(k-1)\pi\}^2(-1)^{k-1} - 2(-1)^{k-1}|$$
$$= |(-1)^{k-1}\{k^2\pi^2 + (k-1)^2\pi^2 - 4\}|$$
$$= (2k^2-2k+1)\pi^2 - 4$$
が導かれる。

類題 17　→ 解答 p.362

極限値 $\displaystyle\lim_{n\to\infty}\int_0^{n\pi}e^{-x}|\sin x|dx$ を求めよ。　　　　（東京工大*）

## 511 定積分で定まる数列の漸化式と論証

自然数 $n$ に対して，関数 $f_n(x) = x^n e^{1-x}$ と，その定積分 $a_n = \int_0^1 f_n(x) dx$ を考える。ただし，$e$ は自然対数の底である。次の問いに答えよ。

(1) 区間 $0 \leqq x \leqq 1$ 上で $0 \leqq f_n(x) \leqq 1$ であることを示し，さらに $0 < a_n < 1$ が成り立つことを示せ。

(2) $a_1$ を求めよ。$n > 1$ に対して $a_n$ と $a_{n-1}$ の間の漸化式を求めよ。

(3) 自然数 $n$ に対して，等式 $\dfrac{a_n}{n!} = e - \left(1 + \dfrac{1}{1!} + \dfrac{1}{2!} + \cdots\cdots + \dfrac{1}{n!}\right)$ が成り立つことを証明せよ。

(4) いかなる自然数 $n$ に対しても，$n!e$ は整数とならないことを示せ。

(大阪大)

**精講**
(1) 関数の大小関係から定積分の大小関係が導かれます。
(2) 部分積分で済みます。 (3) 等式の左辺に着目して，(2)の漸化式を適切に変形して足し合わせることを考えます。

**解答**
(1) $0 \leqq x \leqq 1$ のとき
$$f_n'(x) = x^{n-1}(n-x)e^{1-x} \geqq 0$$
より，$f_n(x)$ は増加するので，
$$f_n(0) \leqq f_n(x) \leqq f_n(1)$$
∴ $0 \leqq f_n(x) \leqq 1$

である。また，$0 < x < 1$ のとき
$$0 < f_n(x) < 1$$
であるから，
$$0 < \int_0^1 f_n(x) dx < \int_0^1 1 dx = 1$$
∴ $0 < a_n < 1$
が成り立つ。　　　　　　　　　　（証明おわり）

← $a \leqq x \leqq b$ において，$f(x) \leqq g(x)$ のとき，$\int_a^b f(x) dx \leqq \int_a^b g(x) dx$ 等号成立は $a \leqq x \leqq b$ において，つねに $f(x) = g(x)$ のときに限る。（ただし，$a < b$ とする）

(2) $a_1 = \int_0^1 x e^{1-x} dx = \left[-x e^{1-x}\right]_0^1 + \int_0^1 e^{1-x} dx$

$= -1 + \left[-e^{1-x}\right]_0^1 = e - 2$

← $a_1 = \int_0^1 x(-e^{1-x})' dx$

である。また，$n > 1$ のとき，

$$a_n = \int_0^1 x^n e^{1-x} dx$$
$$= \left[-x^n e^{1-x}\right]_0^1 + n\int_0^1 x^{n-1} e^{1-x} dx$$
$$= -1 + na_{n-1}$$
$$\therefore \quad \boldsymbol{a_n = na_{n-1} - 1} \quad \cdots\cdots ①$$

である。

← $a_n = \int_0^1 x^n(-e^{1-x})' dx$

(3) ①の両辺を $n!$ で割ると,
$$\frac{a_n}{n!} = \frac{a_{n-1}}{(n-1)!} - \frac{1}{n!}$$
$$\therefore \quad \frac{a_n}{n!} - \frac{a_{n-1}}{(n-1)!} = -\frac{1}{n!} \quad \cdots\cdots ②$$

← $\dfrac{na_{n-1}}{n!} = \dfrac{na_{n-1}}{n \cdot (n-1)!}$
$= \dfrac{a_{n-1}}{(n-1)!}$

となる。ここで,
$$a_0 = \int_0^1 e^{1-x} dx = \left[-e^{1-x}\right]_0^1 = e-1$$

とすると, ①, ②は $n=1$ でも成り立つから,

← $n=0$ に対しても,
$a_n = \int_0^1 x^n e^{1-x} dx$ を定めた。
つまり, $a_0 = \int_0^1 e^{1-x} dx$

$$\sum_{k=1}^n \left\{\frac{a_k}{k!} - \frac{a_{k-1}}{(k-1)!}\right\} = -\sum_{k=1}^n \frac{1}{k!}$$
$$\therefore \quad \frac{a_n}{n!} - a_0 = -\sum_{k=1}^n \frac{1}{k!}$$
$$\therefore \quad \frac{a_n}{n!} = e - 1 - \sum_{k=1}^n \frac{1}{k!}$$
$$= e - \left\{1 + \frac{1}{1!} + \frac{1}{2!} + \cdots\cdots + \frac{1}{n!}\right\} \quad \cdots\cdots ③$$

← $0! = 1$ より $\dfrac{a_0}{0!} = a_0$

← $a_0 = e - 1$

である。　　　　　　　　　　　　　　　（証明おわり）

(4) ③の両辺に $n!$ をかけて,整理すると
$$n!e = n! + \frac{n!}{1!} + \frac{n!}{2!} + \cdots\cdots + \frac{n!}{n!} + a_n$$

となる。ここで, $n!$, $\dfrac{n!}{k!}$ ($k=1, 2, \cdots\cdots, n$) はすべて整数であり, $0 < a_n < 1$ であるから, $n!e$ は整数ではない。　　　　　　　　　　　　（証明おわり）

← $\dfrac{n!}{k!} = n(n-1)$
$\cdots\cdots(k+1)$
$(k=1, 2, \cdots\cdots, n-1)$

### 参考

(4)で示したことから, $e$ は無理数であることがわかる。実際, $e$ を有理数と仮定して, $e = \dfrac{p}{q}$ ($p$, $q$ は正の整数) とすると, $q!e = p \cdot (q-1)!$ が整数となり, (4)で示したことと矛盾するからである。

## 512 定積分で定まる数列の評価

$e$ を自然対数の底とし,数列 $\{a_n\}$ を次式で定義する。

$$a_n = \int_1^e (\log x)^n dx \quad (n=1, 2, \cdots\cdots)$$

(1) $n \geq 3$ のとき,次の漸化式を示せ。

$$a_n = (n-1)(a_{n-2} - a_{n-1})$$

(2) $n \geq 1$ に対し $a_n > a_{n+1} > 0$ となることを示せ。

(3) $n \geq 2$ のとき,以下の不等式が成立することを示せ。

$$a_{2n} < \frac{3 \cdot 5 \cdots\cdots (2n-1)}{4 \cdot 6 \cdots\cdots (2n)}(e-2)$$

(東京工大)

**精講**
(1) まずは,部分積分によって $a_n$ と $a_{n-1}$ の関係を求めて,その結果を利用することになります。

(2) 関数の大小関係は定積分の大小関係に反映されることを思い出しましょう。

**解答**
(1) $n \geq 2$ のとき,

$$a_n = \int_1^e (\log x)^n dx = \int_1^e x'(\log x)^n dx$$

$$= \left[ x(\log x)^n \right]_1^e - \int_1^e n(\log x)^{n-1} dx \quad \leftarrow \{(\log x)^n\}'$$
$$= n(\log x)^{n-1} \cdot \frac{1}{x}$$

$$= e - na_{n-1}$$

$$\therefore \quad a_n = e - na_{n-1} \quad \cdots\cdots ①$$

が成り立つ。$n \geq 3$ のとき,①の $n$ の代わりに,$n-1$ とおけるから,

$$a_{n-1} = e - (n-1)a_{n-2} \quad \cdots\cdots ②$$

が成り立つ。①−② を整理すると,

$$a_n = (n-1)(a_{n-2} - a_{n-1}) \quad \cdots\cdots ③ \quad \leftarrow ①−② より$$
$$a_n - a_{n-1} = -na_{n-1}$$
$$+ (n-1)a_{n-2}$$

である。 (証明おわり)

(2) $1 < x < e$ において,$0 < \log x < 1$ であるから,$n \geq 1$ のとき

$$(\log x)^n > (\log x)^{n+1} > 0$$

である。したがって,

$$\int_1^e (\log x)^n dx > \int_1^e (\log x)^{n+1} dx > 0$$

$$\therefore \quad a_n > a_{n+1} > 0 \qquad \cdots\cdots ④$$

である。　　　　　　　　　　　　　　（証明おわり）

(3) ③, ④を用いると, $n \geq 3$ のとき

$$(n-1)a_{n-2} = a_n + (n-1)a_{n-1}$$
$$> a_n + (n-1)a_n = na_n$$

$$\therefore \quad a_n < \frac{n-1}{n} a_{n-2}$$

← 不等式を示すために, $a_{2n}$ と $a_{2n-2}$ の関係を導くことを考える。
← $a_{n-1} > a_n$ より。

である。$n$ の代わりに $2n$ $(n \geq 2)$ とおくと

$$a_{2n} < \frac{2n-1}{2n} a_{2(n-1)} \qquad \cdots\cdots ⑤$$

が成り立つ。この不等式を繰り返し用いると

$$a_{2n} < \frac{2n-1}{2n} a_{2(n-1)} < \frac{2n-1}{2n} \cdot \frac{2n-3}{2(n-1)} a_{2(n-2)}$$
$$< \cdots\cdots$$
$$< \frac{2n-1}{2n} \cdot \frac{2n-3}{2(n-1)} \cdot\cdots\cdots\cdot \frac{5}{6} \cdot \frac{3}{4} a_2 \quad \cdots\cdots ⑥$$

← ⑤で $n$ の代わりに $n-1,\ \cdots\cdots,\ 3,\ 2$ とおいた不等式を順に考える。

となる。ここで,

$$a_1 = \int_1^e \log x\, dx = \Big[ x(\log x - 1) \Big]_1^e = 1$$

であり, ①を用いると

$$a_2 = e - 2a_1 = e - 2$$

← $\int \log x\, dx$
$= \int x' \log x\, dx$
$= x \log x - \int x \cdot \frac{1}{x} dx$
$= x(\log x - 1) + C$

であるから, ⑥に戻ると

$$a_{2n} < \frac{2n-1}{2n} \cdot \frac{2n-3}{2(n-1)} \cdot\cdots\cdots\cdot \frac{5}{6} \cdot \frac{3}{4} (e-2)$$
$$= \frac{3 \cdot 5 \cdots\cdots (2n-1)}{4 \cdot 6 \cdots\cdots (2n)} (e-2)$$

である。　　　　　　　　　　　　　　（証明おわり）

## 類題 18　→ 解答 p.363

数列 $\{a_n\}$ を $a_n = \displaystyle\int_0^{\frac{\pi}{2}} \cos^n x\, dx$ $(n = 0,\ 1,\ 2,\ \cdots\cdots)$ で定義する。

(1) $a_{n+2}$ を $a_n$ を用いて表せ。

(2) $a_n$ の一般項を求めよ。

(3) 不等式 $a_{n+1} \leq a_n$ $(n = 0,\ 1,\ 2,\ \cdots\cdots)$ が成り立つことを示せ。

(4) 極限値 $\displaystyle\lim_{n \to \infty} \frac{1}{n} \left\{ \frac{2 \cdot 4 \cdots\cdots (2n-2) \cdot (2n)}{1 \cdot 3 \cdots\cdots (2n-3) \cdot (2n-1)} \right\}^2$ を求めよ。　　　　（熊本大*）

## 513 数列の和の積分による評価

$n$ を自然数とする。

(1) 次の極限を求めよ。
$$\lim_{n \to \infty} \frac{1}{\log n}\left(1 + \frac{1}{2} + \frac{1}{3} + \cdots + \frac{1}{n}\right)$$

(2) 関数 $y = x(x-1)(x-2)\cdots(x-n)$ の極値を与える $x$ の最小値を $x_n$ とする。このとき
$$\frac{1}{x_n} = \frac{1}{1-x_n} + \frac{1}{2-x_n} + \cdots + \frac{1}{n-x_n}$$
および $0 < x_n \leq \dfrac{1}{2}$ を示せ。

(3) (2)の $x_n$ に対して,極限 $\displaystyle\lim_{n \to \infty} x_n \log n$ を求めよ。　　　（東京工大）

**精講**　(1) $1 + \dfrac{1}{2} + \dfrac{1}{3} + \cdots + \dfrac{1}{n}$, $\displaystyle\int_1^n \frac{1}{x}dx$ を座標平面上の図形の面積として視覚的に捉えましょう。

(2) 積の微分公式を繰り返し用いると考えると $y'$ が求まり, $\dfrac{y'}{y}$ は簡単な式になるはずです。また, $y'$ は $x$ の $n$ 次式です。これら2つを考え合わせて結論を導きます。

**解答**　(1) 右図において,面積の関係から,
$$\frac{1}{2} + \frac{1}{3} + \cdots + \frac{1}{n} < \int_1^n \frac{1}{x}dx < 1 + \frac{1}{2} + \cdots + \frac{1}{n-1}$$

である。これより,
$$S_n = 1 + \frac{1}{2} + \frac{1}{3} + \cdots + \frac{1}{n}$$

とおくと,
$$S_n - 1 < \log n < S_n - \frac{1}{n}$$

$$\therefore \quad 1 + \frac{1}{n \log n} < \frac{S_n}{\log n} < 1 + \frac{1}{\log n}$$

である。

⇐ $\displaystyle\int_1^n \frac{1}{x}dx = \log n$

⇐ $\log n + \dfrac{1}{n} < S_n$
　　$< \log n + 1$

$$\lim_{n\to\infty}\left(1+\frac{1}{n\log n}\right)=1,\ \lim_{n\to\infty}\left(1+\frac{1}{\log n}\right)=1$$

であるから，はさみ打ちの原理より

$$\lim_{n\to\infty}\frac{1}{\log n}\left(1+\frac{1}{2}+\frac{1}{3}+\cdots\cdots+\frac{1}{n}\right)$$
$$=\lim_{n\to\infty}\frac{S_n}{\log n}=1 \quad\cdots\cdots\text{①}$$

である。

(2) $\quad f(x)=x(x-1)(x-2)\cdots\cdots(x-n)$ ← $f(x)$ は $(n+1)$ 次式である。

とおくと，

$$f(0)=f(1)=f(2)=\cdots\cdots=f(n)=0$$

であるから，平均値の定理より，$f'(x)=0$ を満たす $x$ が $n$ 個の開区間 ← 平均値の定理を用いない説明については，参考参照。

$$0<x<1,\ 1<x<2,\ \cdots\cdots,\ n-1<x<n$$

にそれぞれ少なくとも1つずつある。$f'(x)$ は $n$ 次式であるから，このような $x$ は各区間に1個ずつしかなくて，これらの値が $n$ 次方程式 $f'(x)=0$ の解のすべてであり，これら $n$ 個の解はいずれも重解ではない。したがって，これらの前後において $f'(x)$ の符号は変化し，$f(x)$ は極値をもつ。

結果として，$f(x)$ の極値を与える $x$ は，これら $n$ 個の解であり，$x_n$ はこれらの最小のものであるから，$0<x_n<1$ である。 ← $f'(x)=0$ の最小の解は $0<x<1$ にある。

積の微分公式より

$$f'(x)=(x-1)(x-2)\cdots\cdots(x-n)$$
$$+x(x-2)\cdots\cdots(x-n)$$
$$+\cdots\cdots+x(x-1)\cdots\cdots\{x-(n-1)\}$$

← $f'(x)$
$=\{x(x-1)$
$\ \cdots\cdots(x-n+1)\cdot(x-n)\}'$
$=\{x(x-1)$
$\ \cdots\cdots(x-n+1)\}'(x-n)$
$+x(x-1)\cdots\cdots(x-n+1)$
さらに，積の微分公式を繰り返し用いて導く。

であるから，$x\neq 0,\ 1,\ 2,\ \cdots\cdots,\ n$ のとき，

$$\frac{f'(x)}{f(x)}=\frac{1}{x}+\frac{1}{x-1}+\frac{1}{x-2}+\cdots\cdots+\frac{1}{x-n}$$
$$\cdots\cdots\text{②}$$

である。

②で $x=x_n$ とおくと，$f'(x_n)=0$ より， ← $0<x_n<1$ であることに注意。

$$\frac{1}{x_n}=\frac{1}{1-x_n}+\frac{1}{2-x_n}+\cdots\cdots+\frac{1}{n-x_n}\ \cdots\cdots\text{③}$$

が成り立つ。

ここで，$\frac{1}{2} < x_n < 1$ とすると

$$\frac{1}{x_n} < 2 < \frac{1}{1-x_n} \leq (\text{③の右辺})$$

となり，矛盾である。したがって，

$$0 < x_n \leq \frac{1}{2} \qquad \cdots\cdots ④$$

である。　　　　　　　　　　　　　（証明おわり）

← 仮定より，$0 < 1-x_n < \frac{1}{2}$，よって $2 < \frac{1}{1-x_n}$ であり，さらに，$x_n < 1$ より，③の右辺の第2項以下は（あれば）正であるから。

(3) ④より

$$1 < \frac{1}{1-x_n} \leq 2 \qquad \cdots\cdots ⑤$$

であり，$k = 2, 3, \cdots\cdots, n$ のとき

$$\frac{1}{k} < \frac{1}{k-x_n} < \frac{1}{k-1} \qquad \cdots\cdots ⑥$$

← $k-1 < k-\frac{1}{2} \leq k-x_n < k$

である。⑤と，⑥で $k = 2, 3, \cdots\cdots, n$ とおいたものの辺々を加えると，$n \geq 2$ のとき

$$1 + \sum_{k=2}^{n} \frac{1}{k} < \sum_{k=1}^{n} \frac{1}{k-x_n} < 2 + \sum_{k=2}^{n} \frac{1}{k-1}$$

$$\therefore \quad S_n < \sum_{k=1}^{n} \frac{1}{k-x_n} < S_n - \frac{1}{n} + 2$$

← $\sum_{k=2}^{n} \frac{1}{k-1} = \sum_{j=1}^{n-1} \frac{1}{j} = S_n - \frac{1}{n}$

となる。したがって，③より

$$S_n < \frac{1}{x_n} < S_n - \frac{1}{n} + 2$$

である。辺々を $\log n$ で割ると

$$\frac{S_n}{\log n} < \frac{1}{x_n \log n} < \frac{S_n}{\log n} - \frac{1}{n \log n} + \frac{2}{\log n}$$

← $\sum_{k=1}^{n} \frac{1}{k-x_n}$
$= \frac{1}{1-x_n} + \frac{1}{2-x_n}$
$\quad + \cdots\cdots + \frac{1}{n-x_n}$
$= \frac{1}{x_n}$

となるので，①とはさみ打ちの原理より

$$\lim_{n \to \infty} \frac{1}{x_n \log n} = 1$$

であるから，

$$\lim_{n \to \infty} x_n \log n = 1$$

である。

← $\lim_{n \to \infty} \frac{1}{n \log n} = 0$,
$\lim_{n \to \infty} \frac{2}{\log n} = 0$

> **参考**
>
> (2)において，$x(x-1)(x-2)\cdots\cdots(x-n)$ から $(x-k)$ ($k=0, 1, 2, \cdots\cdots, n$) を除いて得られる $x$ の $n$ 次式を $f_k(x)$ とすると，解答 で示したように
> $$f'(x)=f_0(x)+f_1(x)+\cdots\cdots+f_n(x)$$
> である。ここで，$0\leqq j\leqq n$，$j\neq k$ のとき $f_j(k)=0$ であり，
> $$f'(k)=\sum_{j=0}^{n}f_j(k)=f_k(k)\neq 0$$
> であるから，$f(x)$ は $x=0, 1, 2, \cdots\cdots, n$ で極値をとらない。したがって，$f(x)$ が極値をとるのは，$x\neq 0, 1, 2, \cdots\cdots, n$ として，
> $$\frac{f'(x)}{f(x)}=\frac{1}{x}+\frac{1}{x-1}+\frac{1}{x-2}+\cdots\cdots+\frac{1}{x-n} \quad\cdots\cdots ②$$
> の符号が前後で変化するような $x$ においてである。
>
> 以下，②の右辺を $g(x)$ とおいて，$g(x)$ の符号の変化を調べる。
>
> $x<0$ のとき，$g(x)<0$ であって符号は変化しない。
>
> $0<x<1$ のとき，
> $$g'(x)=-\frac{1}{x^2}-\frac{1}{(x-1)^2}-\cdots\cdots-\frac{1}{(x-n)^2}<0$$
> より，$g(x)$ は単調減少である。さらに，$x\to +0$ のとき，$\frac{1}{x}\to +\infty$ より
> $$\lim_{x\to +0}g(x)=+\infty$$
> であり，$n\geqq 2$ のときは
> $$g\left(\frac{1}{2}\right)=\frac{1}{\frac{1}{2}}+\frac{1}{\frac{1}{2}-1}+\frac{1}{\frac{1}{2}-2}+\cdots\cdots+\frac{1}{\frac{1}{2}-n}$$
> $$=-\frac{1}{2-\frac{1}{2}}-\cdots\cdots-\frac{1}{n-\frac{1}{2}}<0$$
> であるから，$g(x)=0$ となる $x$ が $0<x<\frac{1}{2}$ にただ 1 つある。また，$n=1$ のときは，$g\left(\frac{1}{2}\right)=0$ である。
>
> 以上より，自然数 $n$ に対して，$g(x)=0$ となる $x$ が $0<x\leqq\frac{1}{2}$ に存在し，その値が $x_n$ となるから，$0<x_n\leqq\frac{1}{2}$ である。

## 514 区分求積法

次の極限値を求めよ。

(1) $L_1 = \lim_{n\to\infty} \dfrac{(n+1)^a + (n+2)^a + \cdots + (n+n)^a}{1^a + 2^a + \cdots + n^a}$ $(a > 0)$ （大阪府大）

(2) $L_2 = \lim_{n\to\infty} \dfrac{1}{n^2} \sqrt[n]{{}_{4n}\mathrm{P}_{2n}}$ （東京理科大）

**精講** いずれも，区分求積法を利用することになります。

---

**区分求積法**

$f(x)$ は区間 $[a, b]$ で連続であるとする。区間 $[a, b]$ を $n$ 等分し，その分点を

$$x_0 = a,\ x_1,\ x_2,\ \cdots,\ x_{n-1},\ x_n = b$$

とするとき，$\Delta x = \dfrac{b-a}{n}$ とおくと，

$x_k = a + k\Delta x$ $(k = 0, 1, 2, \cdots, n)$ であり，次が成り立つ。

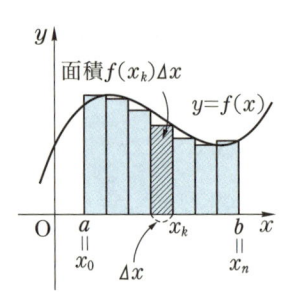

$$\lim_{n\to\infty} \sum_{k=1}^{n} f(x_k) \Delta x = \int_a^b f(x)\,dx$$

特に，区間 $[0, 1]$ のときには，次が成り立つ。

$$\lim_{n\to\infty} \dfrac{1}{n} \sum_{k=1}^{n} f\left(\dfrac{k}{n}\right) = \int_0^1 f(x)\,dx, \quad \lim_{n\to\infty} \dfrac{1}{n} \sum_{k=0}^{n-1} f\left(\dfrac{k}{n}\right) = \int_0^1 f(x)\,dx$$

---

ただし，(2)ではある区間を $2n$ 等分したと考えることになります。

**解答**

(1) 極限を考える式の分子，分母を $n^{1+a}$ で割ると，

$$L_1 = \lim_{n\to\infty} \dfrac{\dfrac{1}{n}\left\{\left(1+\dfrac{1}{n}\right)^a + \left(1+\dfrac{2}{n}\right)^a + \cdots + \left(1+\dfrac{n}{n}\right)^a\right\}}{\dfrac{1}{n}\left\{\left(\dfrac{1}{n}\right)^a + \left(\dfrac{2}{n}\right)^a + \cdots + \left(\dfrac{n}{n}\right)^a\right\}}$$

← $k = 1, 2, \cdots, n$ に対して，
$\dfrac{(n+k)^a}{n^{1+a}} = \dfrac{1}{n}\left(\dfrac{n+k}{n}\right)^a$
$= \dfrac{1}{n}\left(1+\dfrac{k}{n}\right)^a$,
$\dfrac{k^a}{n^{1+a}} = \dfrac{1}{n}\left(\dfrac{k}{n}\right)^a$

となる。$a > 0$ のとき，区分求積法より，分子，分母はともに収束するので，

$$L_1 = \frac{\int_0^1 (1+x)^a dx}{\int_0^1 x^a dx} = \frac{\frac{1}{a+1}(2^{a+1}-1)}{\frac{1}{a+1}}$$
$$= 2^{a+1}-1$$

である。

← (分母) $= \lim_{n\to\infty} \frac{1}{n}\sum_{k=1}^{n}\left(1+\frac{k}{n}\right)^a$
$= \int_0^1 (1+x)^a dx$
$= \left[\frac{1}{a+1}(1+x)^{a+1}\right]_0^1$
$= \frac{2^{a+1}-1}{a+1}$
(分子) も同様。

(2) $A_n = \frac{1}{n^2}\sqrt[n]{_{4n}P_{2n}}$

とおくと,

$$A_n = \sqrt[n]{\left(\frac{1}{n^2}\right)^n 4n(4n-1)\cdots\cdots(2n+1)}$$
$$= \sqrt[n]{\frac{2n+2n}{n}\cdot\frac{2n+(2n-1)}{n}\cdots\cdots\frac{2n+1}{n}}$$
$$= \left\{\left(2+\frac{2n}{n}\right)\left(2+\frac{2n-1}{n}\right)\cdots\cdots\left(2+\frac{1}{n}\right)\right\}^{\frac{1}{n}}$$

← $4n(4n-1)(4n-2)$
$\cdots\cdots(2n+1)$
は $2n+1$ から $4n$ までの
$2n$ 個の整数の積である。

であるから,

$$\log A_n = \frac{1}{n}\log\left\{\left(2+\frac{2n}{n}\right)\left(2+\frac{2n-1}{n}\right)\cdots\cdots\left(2+\frac{1}{n}\right)\right\}$$
$$= \frac{1}{n}\left\{\log\left(2+\frac{2n}{n}\right)+\log\left(2+\frac{2n-1}{n}\right)+\cdots\cdots+\log\left(2+\frac{1}{n}\right)\right\}$$
$$= \frac{1}{n}\sum_{k=1}^{2n}\log\left(2+\frac{k}{n}\right)$$

である。これより,

$$\lim_{n\to\infty}\log A_n = \lim_{n\to\infty}\frac{1}{n}\sum_{k=1}^{2n}\log\left(2+\frac{k}{n}\right)$$
$$= \int_0^2 \log(2+x)dx$$
$$= \left[(2+x)\log(2+x)\right]_0^2$$
$$\quad -\int_0^2 (2+x)\cdot\frac{1}{2+x}dx$$
$$= 4\log 4 - 2\log 2 - 2$$
$$= \log\frac{64}{e^2}$$

← $f(x) = \log(2+x)$ と考える。
区間 $[0, 2]$ を $2n$ 等分する
点を $x_k$ ($k=0, 1, \cdots\cdots, 2n$) とすると
$x_k = \frac{2}{2n}\cdot k = \frac{k}{n}$ であるから,
$\frac{1}{n}\log\left(2+\frac{k}{n}\right)$
$=$ (区間幅)$\cdot f(x_k)$
である。

であるから,

$$L_2 = \lim_{n\to\infty} A_n = \frac{64}{e^2}$$

である。

## 515 区分求積法とその誤差の評価

(1) $S_n = \dfrac{1}{n+1} + \dfrac{1}{n+2} + \cdots\cdots + \dfrac{1}{n+n}$ とおくとき，$\lim\limits_{n\to\infty} S_n$ を求めよ．

(2) $T_n = \dfrac{n}{(n+1)^2} + \dfrac{n}{(n+2)^2} + \cdots\cdots + \dfrac{n}{(n+n)^2}$ とおくとき，$\lim\limits_{n\to\infty} T_n$ を求めよ．

(3) $\lim\limits_{n\to\infty} n(\log 2 - S_n) = \dfrac{1}{4}$ を示せ．

(芝浦工大)

**＜精講＞** (1), (2)は区分求積法の練習問題です．

(3)では，$y = \dfrac{1}{x+1}$ のグラフが下に凸であることを利用して，区分求積法において区間 $\left[\dfrac{k-1}{n}, \dfrac{k}{n}\right]$ $(k=1, 2, \cdots\cdots, n)$ における積分の値との誤差を評価します．

**＜解答＞** (1) 区分求積法より
$$\lim_{n\to\infty} S_n = \lim_{n\to\infty} \dfrac{1}{n}\sum_{k=1}^{n} \dfrac{1}{1+\dfrac{k}{n}} = \int_0^1 \dfrac{1}{1+x}\,dx = \Big[\log(1+x)\Big]_0^1 = \boldsymbol{\log 2}$$

である．

(2) $\lim\limits_{n\to\infty} T_n = \lim\limits_{n\to\infty} \dfrac{1}{n}\sum_{k=1}^{n} \dfrac{1}{\left(1+\dfrac{k}{n}\right)^2} = \int_0^1 \dfrac{1}{(1+x)^2}\,dx = \left[-\dfrac{1}{1+x}\right]_0^1 = \boldsymbol{\dfrac{1}{2}}$

である．

(3) (1)で示したことから
$$\log 2 - S_n = \int_0^1 \dfrac{1}{1+x}\,dx - \dfrac{1}{n}\sum_{k=1}^{n} \dfrac{1}{1+\dfrac{k}{n}}$$

$$= \sum_{k=1}^{n} \left\{\int_{\frac{k-1}{n}}^{\frac{k}{n}} \dfrac{1}{1+x}\,dx - \dfrac{1}{n}\cdot\dfrac{1}{1+\dfrac{k}{n}}\right\} \quad\cdots\cdots\text{①}$$

← $\int_0^1 \dfrac{1}{1+x}\,dx$ において，積分区間 $0 \leqq x \leqq 1$ を $n$ 等分した．

である．ここで，$k=1, 2, \cdots\cdots, n$ に対して，
$$\varDelta_k = \int_{\frac{k-1}{n}}^{\frac{k}{n}} \dfrac{1}{1+x}\,dx - \dfrac{1}{n}\cdot\dfrac{1}{1+\dfrac{k}{n}}$$

とおくと，$\Delta_k$ は右図の青色部分の面積である。

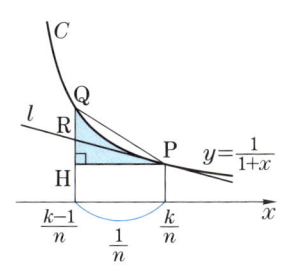

$C: y = f(x) = \dfrac{1}{1+x}$ とおく。$x > 0$ において，
$$f'(x) = -\dfrac{1}{(1+x)^2}, \quad f''(x) = \dfrac{2}{(1+x)^3} > 0$$
であり，曲線$C$は下に凸である。したがって，
$$\mathrm{P}\left(\dfrac{k}{n},\ f\left(\dfrac{k}{n}\right)\right),\ \mathrm{Q}\left(\dfrac{k-1}{n},\ f\left(\dfrac{k-1}{n}\right)\right)$$
とし，$\mathrm{P}$ における $C$ の接線 $l$ :
$$y = -\dfrac{1}{\left(1+\dfrac{k}{n}\right)^2}\left(x - \dfrac{k}{n}\right) + \dfrac{1}{1+\dfrac{k}{n}} \quad \cdots\cdots ②$$

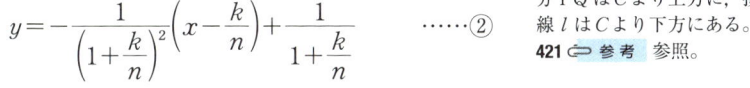

◀ $C$ が下に凸であるから，線分 $\mathrm{PQ}$ は $C$ より上方に，接線 $l$ は $C$ より下方にある。
421 ⊂ 参考 参照。

と直線 $x = \dfrac{k-1}{n}\ \cdots\cdots ③$ との交点を $\mathrm{R}$，$\mathrm{P}$ から ③ に下ろした垂線の足を $\mathrm{H}$ とすると，
$$\triangle \mathrm{PRH} < \Delta_k < \triangle \mathrm{PQH} \quad \cdots\cdots ④$$
である。ここで，
$$\triangle \mathrm{PRH} = \dfrac{1}{2} \cdot \dfrac{1}{n} \cdot \left\{ y_{\mathrm{R}} - f\left(\dfrac{k}{n}\right) \right\}$$
$$= \dfrac{1}{2} \cdot \dfrac{1}{n^2} \cdot \dfrac{1}{\left(1+\dfrac{k}{n}\right)^2} \quad \cdots\cdots ⑤$$

◀ $\mathrm{R}$ の $y$ 座標 $y_{\mathrm{R}}$ は，② で $x = \dfrac{k-1}{n}$ とおいた値である。

$$\triangle \mathrm{PQH} = \dfrac{1}{2} \cdot \dfrac{1}{n}\left\{ f\left(\dfrac{k-1}{n}\right) - f\left(\dfrac{k}{n}\right) \right\} \quad \cdots\cdots ⑥$$
である。① より
$$\log 2 - S_n = \sum_{k=1}^{n} \Delta_k$$
であるから，④，⑤，⑥ を用いると
$$\dfrac{1}{2} \cdot \dfrac{1}{n^2} \sum_{k=1}^{n} \dfrac{1}{\left(1+\dfrac{k}{n}\right)^2} < \log 2 - S_n < \dfrac{1}{2} \cdot \dfrac{1}{n} \cdot \sum_{k=1}^{n} \left\{ f\left(\dfrac{k-1}{n}\right) - f\left(\dfrac{k}{n}\right) \right\}$$
$$\therefore \quad \dfrac{T_n}{2} = \dfrac{1}{2} \cdot \dfrac{1}{n} \sum_{k=1}^{n} \dfrac{1}{\left(1+\dfrac{k}{n}\right)^2} < n(\log 2 - S_n) < \dfrac{1}{2}\{f(0) - f(1)\} = \dfrac{1}{4}$$
である。(2) の結果と，はさみ打ちの原理から，

◀ $\displaystyle\lim_{n \to \infty} \dfrac{T_n}{2} = \dfrac{1}{2} \cdot \dfrac{1}{2} = \dfrac{1}{4}$

$$\lim_{n \to \infty} n(\log 2 - S_n) = \dfrac{1}{4}$$
である。　　　　　　　　　　　　　　（証明おわり）

## 516 $\sin x$, $\cos x$ の凸性に帰着する定積分の評価

不等式
$$\pi(e-1) < \int_0^\pi e^{|\cos 4x|}dx < 2(e^{\frac{\pi}{2}}-1)$$
が成り立つことを示せ。　　　　　　　　　　　　　　　　　　（信州大）

**精講**　置換積分を行い，三角関数の性質などを利用すると，与えられた積分は $e^{\sin x}$ の積分で表すことができます。そこで，$\sin x$ の凸性に基づく次の関係を思い出すことができれば解決します。

$0 < x < \dfrac{\pi}{2}$ のとき　$\dfrac{2}{\pi}x < \sin x < x$

$y = \sin x$ は $0 < x < \dfrac{\pi}{2}$ において上に凸であり，原点 $O(0, 0)$ における接線が $y = x$ であり，O と $A\left(\dfrac{\pi}{2}, 1\right)$ を結ぶ直線が $y = \dfrac{2}{\pi}x$ である。

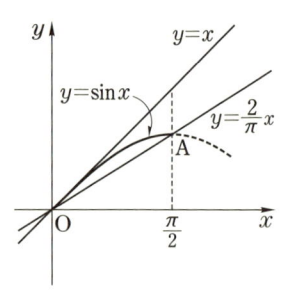

**解答**　$I = \int_0^\pi e^{|\cos 4x|}dx$

とする。$4x = t$ と置換すると，
$$I = \int_0^{4\pi} e^{|\cos t|} \cdot \dfrac{1}{4}dt = \dfrac{1}{4}\int_0^{4\pi} e^{|\cos t|}dt$$

←　$dx = \dfrac{1}{4}dt$, $\begin{array}{c|ccc} x & 0 & \longrightarrow & \pi \\ \hline t & 0 & \longrightarrow & 4\pi \end{array}$

である。

$|\cos t|$ は周期 $\pi$ の周期関数であるから，
$$I = \dfrac{1}{4} \cdot 4\int_0^\pi e^{|\cos t|}dt = \int_0^\pi e^{|\cos t|}dt$$

←　$|\cos(t+\pi)| = |-\cos t|$
　　　　　　　$= |\cos t|$

である。$|\cos t|$ は $t = \dfrac{\pi}{2}$ に関して対称であるから，

←　注　参照。

$$I = 2\int_0^{\frac{\pi}{2}} e^{|\cos t|}dt = 2\int_0^{\frac{\pi}{2}} e^{\cos t}dt \quad \cdots\cdots ①$$

←　参考　参照。

である。さらに，$t = \dfrac{\pi}{2} - x$ と置換すると，
$$I = 2\int_{\frac{\pi}{2}}^0 e^{\cos\left(\frac{\pi}{2}-x\right)}(-1)dx$$

←　$\dfrac{dt}{dx} = -1$, $\begin{array}{c|ccc} t & 0 & \longrightarrow & \dfrac{\pi}{2} \\ \hline x & \dfrac{\pi}{2} & \longrightarrow & 0 \end{array}$

$$=2\int_0^{\frac{\pi}{2}} e^{\sin x}dx \qquad \cdots\cdots ②$$

となる。

ここで,$0<x<\frac{\pi}{2}$ において,

$$(\sin x)''=-\sin x<0$$

より,$y=\sin x$ は上に凸であり,右図から

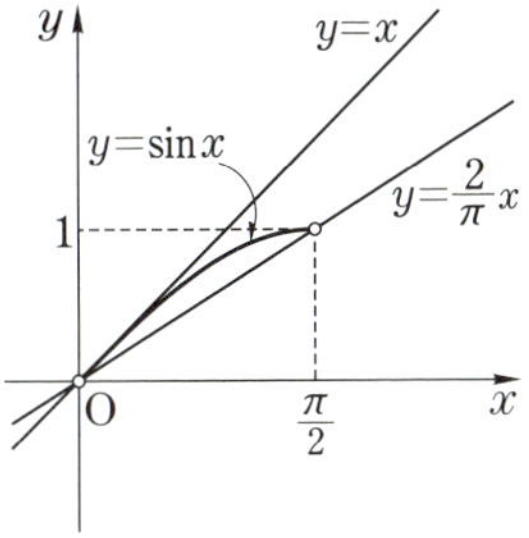

$$\frac{2}{\pi}x<\sin x<x$$

が成り立つ。

したがって,

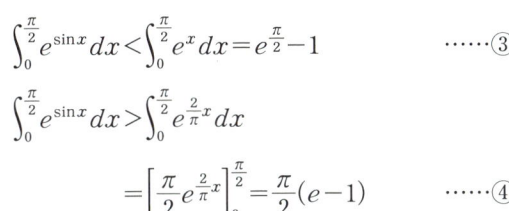

$$\int_0^{\frac{\pi}{2}} e^{\sin x}dx<\int_0^{\frac{\pi}{2}} e^x dx=e^{\frac{\pi}{2}}-1 \qquad \cdots\cdots ③$$

$$\int_0^{\frac{\pi}{2}} e^{\sin x}dx>\int_0^{\frac{\pi}{2}} e^{\frac{2}{\pi}x}dx$$

$$=\left[\frac{\pi}{2}e^{\frac{2}{\pi}x}\right]_0^{\frac{\pi}{2}}=\frac{\pi}{2}(e-1) \qquad \cdots\cdots ④$$

であるから,②,③,④ より

$$2\cdot\frac{\pi}{2}(e-1)<I<2(e^{\frac{\pi}{2}}-1)$$

$$\therefore\ \pi(e-1)<\int_0^{\pi} e^{|\cos 4x|}dx<2(e^{\frac{\pi}{2}}-1)$$

である。　　　　　　　　　　　　　　（証明おわり）

**注** $u=|\cos t|$ は $t=\frac{\pi}{2}$ に関して対称であるから,①が成り立つ。

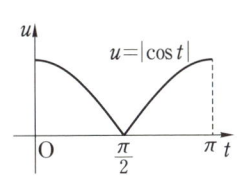

また,計算でも示すことができ,$t=\pi-s$ と置換すると,
$\int_{\frac{\pi}{2}}^{\pi} e^{|\cos t|}dt=\int_{\frac{\pi}{2}}^{0} e^{|\cos(\pi-s)|}(-1)ds=\int_0^{\frac{\pi}{2}} e^{\cos s}ds$ となる。

**参考**

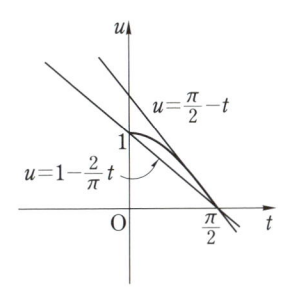

①において,$0<t<\frac{\pi}{2}$ のとき

$$1-\frac{2}{\pi}t<\cos t<\frac{\pi}{2}-t$$

を利用して,$\int_0^{\frac{\pi}{2}} e^{\cos t}dt$ を評価してもよい。

## 517 凸な関数の定積分と台形の面積の比較(1)

$f(x) = \dfrac{1}{1+x^2}$ とし，曲線 $y = f(x)$ $(x > 0)$ の変曲点を $(a, f(a))$ とする。

(1) $a$ の値を求めよ。

(2) $I = \displaystyle\int_a^1 f(x)\,dx$ の値と，4点 $(a, f(a))$，$(a, 0)$，$(1, 0)$，$(1, f(1))$ を頂点とする台形の面積 $S$ を求めよ。

(3) 円周率 $\pi$ は 3.17 より小さいことを証明せよ。必要ならば，
  $\sqrt{3} = 1.732\cdots\cdots$ を用いてよい。

(4) $b = \tan\dfrac{\pi}{8}$ の値を求めよ。

(5) $J = \displaystyle\int_0^b f(x)\,dx$ の値と，4点 $(0, f(0))$，$(0, 0)$，$(b, 0)$，$(b, f(b))$ を頂点とする台形の面積 $T$ を求めよ。

(6) 円周率 $\pi$ は 3.07 より大きいことを証明せよ。必要ならば，
  $\sqrt{2} = 1.414\cdots\cdots$ を用いてよい。

(埼玉大*)

**精講** (3) $a < x < 1$ における $f(x)$ の凸性から $I$ と $S$ の大小がわかります。 (6) (3)と同様のことから $J$ と $T$ の大小がわかります。

**解答** (1) 曲線 $C : y = f(x)$ $(x > 0)$ において，

$$f'(x) = \dfrac{-2x}{(1+x^2)^2}$$

$$f''(x) = \dfrac{-2(1+x^2)^2 + 2x \cdot 4x(1+x^2)}{(1+x^2)^4} = \dfrac{2(3x^2 - 1)}{(1+x^2)^3}$$

であるから，変曲点は $\left(\dfrac{1}{\sqrt{3}}, \dfrac{3}{4}\right)$ であり，$\boldsymbol{a = \dfrac{1}{\sqrt{3}}}$

である。

(2) $I = \displaystyle\int_{\frac{1}{\sqrt{3}}}^1 \dfrac{1}{1+x^2}\,dx$

において，$x = \tan\theta$ と置換すると

$$I = \int_{\frac{\pi}{6}}^{\frac{\pi}{4}} \dfrac{1}{1+\tan^2\theta} \cdot \dfrac{1}{\cos^2\theta}\,d\theta = \int_{\frac{\pi}{6}}^{\frac{\pi}{4}} d\theta = \boldsymbol{\dfrac{\pi}{12}}$$

である。また，台形の面積 $S$ は

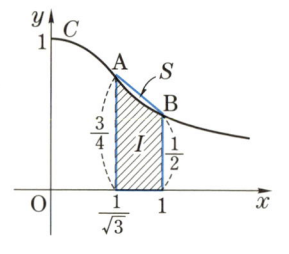

$$S = \frac{1}{2}\left(\frac{3}{4}+\frac{1}{2}\right)\left(1-\frac{1}{\sqrt{3}}\right) = \frac{5(3-\sqrt{3})}{24}$$

である。

(3) $C$ は $\frac{1}{\sqrt{3}} < x < 1$ では下に凸であるから，$C$ 上 ← $0 < x < \frac{1}{\sqrt{3}}$ では $f''(x) < 0$，

の 2 点 $A\left(\frac{1}{\sqrt{3}}, \frac{3}{4}\right)$，$B\left(1, \frac{1}{2}\right)$ を結ぶ線分 AB は $C$  $x > \frac{1}{\sqrt{3}}$ では $f''(x) > 0$ より。

より上方にある。したがって，

$$I < S \quad \therefore \quad \frac{\pi}{12} < \frac{5(3-\sqrt{3})}{24}$$

であり，$\sqrt{3} > 1.732$ に注意すると ← $\sqrt{3} = 1.732\cdots$ より，

$$\pi < \frac{5(3-\sqrt{3})}{2} < \frac{5(3-1.732)}{2} = 3.17$$

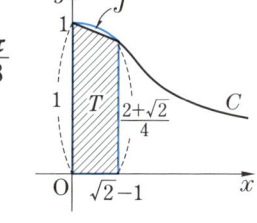

$\sqrt{3} > 1.732$
$\therefore \quad 3-\sqrt{3} < 3-1.732$

である。　　　　　　　　　　　　　　　（証明おわり）

(4) $$\tan\frac{\pi}{4} = \tan\left(2\cdot\frac{\pi}{8}\right) = \frac{2\tan\frac{\pi}{8}}{1-\tan^2\frac{\pi}{8}}$$

より $1 = \frac{2b}{1-b^2}$ $\therefore$ $b^2 + 2b - 1 = 0$

であり，$b = \tan\frac{\pi}{8} > 0$ より $b = \sqrt{2}-1$ である。

(5) $J$ において，$I$ と同様の置換を行うと

$$J = \int_0^{\sqrt{2}-1} f(x)\,dx = \int_0^{\frac{\pi}{8}} \frac{1}{1+\tan^2\theta}\cdot\frac{1}{\cos^2\theta}\,d\theta = \frac{\pi}{8}$$

である。また，$f(\sqrt{2}-1) = \frac{2+\sqrt{2}}{4}$ より

$$T = \frac{1}{2}\left(1+\frac{2+\sqrt{2}}{4}\right)(\sqrt{2}-1) = \frac{5\sqrt{2}-4}{8}$$

である。

(6) $C$ は $0 < x < \sqrt{2}-1$ において，上に凸である。 ← $\sqrt{2}-1 < \frac{1}{\sqrt{3}}$ より。
したがって，

$$J > T \quad \therefore \quad \frac{\pi}{8} > \frac{5\sqrt{2}-4}{8}$$

であり，$\sqrt{2} > 1.414$ に注意すると，

$$\pi > 5\sqrt{2}-4 > 5\cdot 1.414 - 4 = 3.07$$

である。　　　　　　　　　　　　　　　（証明おわり）

## 518 凸な関数の定積分と台形の面積の比較(2)

(1) $0<x<a$ を満たす実数 $x$, $a$ に対し，次を示せ。

$$\frac{2x}{a} < \int_{a-x}^{a+x} \frac{1}{t} dt < x\left(\frac{1}{a+x}+\frac{1}{a-x}\right)$$

(2) (1)を利用して，$0.68 < \log 2 < 0.71$ を示せ。ただし，$\log 2$ は 2 の自然対数を表す。

(東京大)

**精講** (1) 曲線 $C: y=\dfrac{1}{x}$ $(x>0)$ は下に凸ですから，$C$ 上の点における接線，および $C$ 上の 2 点を結ぶ線分と $C$ との上下関係（**421** 参考 参照）に着目します。また，辺々の差を $x$ の関数とみなして増減を調べる手もあります。そのときには，以下のことを思い出しましょう。

> $f(x)$ は連続で，$\alpha(x)$，$\beta(x)$ は微分可能であるとき
> $$\frac{d}{dx}\int_{\alpha(x)}^{\beta(x)} f(t)dt = f(\beta(x))\beta'(x) - f(\alpha(x))\alpha'(x) \quad \cdots\cdots(*)$$

$f(x)$ の原始関数を $F(x)$ とするとき，

$$\int_{\alpha(x)}^{\beta(x)} f(t)dt = \Big[F(t)\Big]_{\alpha(x)}^{\beta(x)} = F(\beta(x)) - F(\alpha(x))$$

ですから，両辺を $x$ で微分すると $(*)$ が得られます。

(2) $\log 2 = \int_1^2 \dfrac{1}{t} dt$ に気がついて，$a+x=2$, $a-x=1$ より，$a=\dfrac{3}{2}$, $x=\dfrac{1}{2}$ として，(1)の不等式を適用しても，残念ながら，示すべき不等式は得られません。よりよい評価を得るためには，積分区間についてもう一工夫が必要です。

**解答** (1) $t>0$ において，曲線 $y=\dfrac{1}{t}$ $\cdots$①

は $y''=\dfrac{2}{t^3}>0$ より下に凸である。したがって，右図より，

　　(斜線部分の面積) $<$ (台形 $T_1$ の面積)

$$\therefore \int_{a-x}^{a+x} \frac{1}{t} dt < x\left(\frac{1}{a+x}+\frac{1}{a-x}\right) \quad \cdots\cdots ②$$

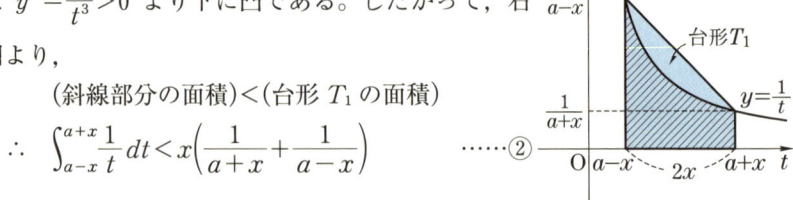

である。また，区間 $[a-x,\ a+x]$ の中点 $a$ に対応する曲線①上の点 $\mathrm{A}\left(a,\ \dfrac{1}{a}\right)$ における接線は①より下方にあるから，$\mathrm{B}(a,\ 0)$ とするとき

$$\int_{a-x}^{a+x}\frac{1}{t}dt>(台形\ T_2\ の面積)$$
$$=2x\times\mathrm{AB}=\frac{2x}{a} \quad\cdots\cdots③$$

である。②，③をまとめると，

$$\frac{2x}{a}<\int_{a-x}^{a+x}\frac{1}{t}dt<x\left(\frac{1}{a+x}+\frac{1}{a-x}\right) \quad\cdots\cdots④$$

である。 （証明おわり）

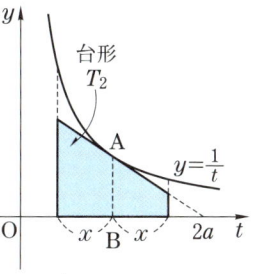

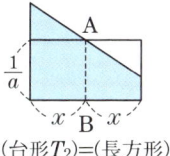

(台形 $T_2$)=(長方形)

(2) $\displaystyle\int_1^2\frac{1}{t}dt=\Big[\log t\Big]_1^2=\log 2$

である。左辺の積分区間を $\left[1,\ \dfrac{3}{2}\right]$，$\left[\dfrac{3}{2},\ 2\right]$ に分割 ← **注** 1°参照。
して，(1)の不等式を適用する。

$a-x=1,\ a+x=\dfrac{3}{2}$ のとき，$a=\dfrac{5}{4},\ x=\dfrac{1}{4}$ となるので，④より

$$\frac{2}{5}<\int_1^{\frac{3}{2}}\frac{1}{t}dt<\frac{5}{12} \quad\cdots\cdots⑤$$

← $\dfrac{2x}{a}=2\cdot\dfrac{1}{4}\cdot\dfrac{4}{5}=\dfrac{2}{5}$
$x\left(\dfrac{1}{a+x}+\dfrac{1}{a-x}\right)$
$=\dfrac{1}{4}\left(\dfrac{2}{3}+1\right)=\dfrac{5}{12}$

である。次に，$a-x=\dfrac{3}{2},\ a+x=2$ のとき，$a=\dfrac{7}{4}$，$x=\dfrac{1}{4}$ となるので，④より

$$\frac{2}{7}<\int_{\frac{3}{2}}^2\frac{1}{t}dt<\frac{7}{24} \quad\cdots\cdots⑥$$

← $\dfrac{2x}{a}=2\cdot\dfrac{1}{4}\cdot\dfrac{4}{7}=\dfrac{2}{7}$
$x\left(\dfrac{1}{a+x}+\dfrac{1}{a-x}\right)$
$=\dfrac{1}{4}\left(\dfrac{1}{2}+\dfrac{2}{3}\right)=\dfrac{7}{24}$

である。⑤，⑥の辺々を加えると，

$$\frac{2}{5}+\frac{2}{7}<\int_1^2\frac{1}{t}dt<\frac{5}{12}+\frac{7}{24}$$

$$\therefore\quad \frac{24}{35}<\log 2<\frac{17}{24} \quad\cdots\cdots⑦$$

である。ここで，

$$\frac{24}{35}=0.685\cdots\cdots>0.68,\ \frac{17}{24}=0.708\cdots\cdots<0.71$$

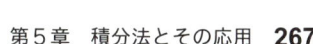

であるから，⑦より
$$0.68 < \log 2 < 0.71$$
である。　　　　　　　　　　　　　　（証明おわり）

**＜別解**

(1) $0 \leq x < a$ において，
$$f(x) = x\left(\frac{1}{a+x} + \frac{1}{a-x}\right) - \int_{a-x}^{a+x} \frac{1}{t} dt$$
$$g(x) = \int_{a-x}^{a+x} \frac{1}{t} dt - \frac{2x}{a}$$
を考える。
$$f'(x) = \left(\frac{1}{a+x} + \frac{1}{a-x}\right) + x\left\{-\frac{1}{(a+x)^2} + \frac{1}{(a-x)^2}\right\}$$
$$\quad - \left(\frac{1}{a+x} + \frac{1}{a-x}\right)$$
$$= \frac{4ax^2}{(a+x)^2(a-x)^2} > 0$$

← 精講 より
$$\frac{d}{dx}\int_{a-x}^{a+x} \frac{1}{t} dt$$
$$= \frac{(a+x)'}{a+x} - \frac{(a-x)'}{a-x}$$
$$= \frac{1}{a+x} + \frac{1}{a-x}$$

より，$f(x)$ は増加関数であり，
$$f(0) = 0 - \int_a^a \frac{1}{t} dt = 0$$
であるから，$0 < x < a$ ……⑧ において，
$$f(x) > 0 \qquad \qquad ……⑨$$
である。また，

← ⑨ $\iff x\left(\frac{1}{a+x} + \frac{1}{a-x}\right)$
$\qquad > \int_{a-x}^{a+x} \frac{1}{t} dt$

$$g'(x) = \frac{1}{a+x} + \frac{1}{a-x} - \frac{2}{a}$$
$$= \frac{2x^2}{a(a+x)(a-x)} > 0$$
より，$g(x)$ は増加関数であり，$g(0) = 0$ であるから，⑧において，
$$g(x) > 0 \qquad \qquad ……⑩$$
である。

← ⑩ $\iff \int_{a-x}^{a+x} \frac{1}{t} dt > \frac{2x}{a}$

⑨，⑩より，⑧において
$$\frac{2x}{a} < \int_{a-x}^{a+x} \frac{1}{t} dt < x\left(\frac{1}{a+x} + \frac{1}{a-x}\right) \quad ……⑪$$
が成り立つ。　　　　　　　　　　　　　（証明おわり）

(2) $\int_1^{\sqrt{2}} \frac{1}{t} dt = \left[\log t\right]_1^{\sqrt{2}} = \frac{1}{2}\log 2$  ← 注 2° 参照。

である。$a-x=1$, $a+x=\sqrt{2}$ とすると
$$a = \frac{\sqrt{2}+1}{2}, \quad x = \frac{\sqrt{2}-1}{2}$$

であるから，⑪を適用すると
$$2 \cdot \frac{\sqrt{2}-1}{2} \cdot \frac{2}{\sqrt{2}+1} < \int_1^{\sqrt{2}} \frac{1}{t} dt < \frac{\sqrt{2}-1}{2}\left(\frac{1}{\sqrt{2}}+1\right)$$

∴ $2(3-2\sqrt{2}) < \frac{1}{2}\log 2 < \frac{\sqrt{2}}{4}$

∴ $12 - 8\sqrt{2} < \log 2 < \frac{\sqrt{2}}{2}$   ……⑫

となる。ここで $1.414 < \sqrt{2} < 1.415$

$\frac{\sqrt{2}}{2} < \frac{1.415}{2} = 0.7075 < 0.71$

$12 - 8\sqrt{2} > 12 - 8 \cdot 1.415 = 0.68$

であるから，⑫より
$$0.68 < \log 2 < 0.71$$
である。　　　　　　　　　　（証明おわり）

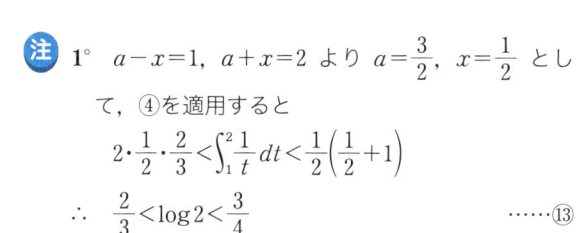

← $(1.414)^2 = 1.999396$
$(1.415)^2 = 2.002225$
ただし，以下の証明では，$1.414 < \sqrt{2}$ は用いていない。

**注** **1°** $a-x=1$, $a+x=2$ より $a=\frac{3}{2}$, $x=\frac{1}{2}$ として，④を適用すると
$$2 \cdot \frac{1}{2} \cdot \frac{2}{3} < \int_1^2 \frac{1}{t} dt < \frac{1}{2}\left(\frac{1}{2}+1\right)$$

∴ $\frac{2}{3} < \log 2 < \frac{3}{4}$   ……⑬

となるが，$\frac{2}{3} = 0.666\cdots\cdots$，$\frac{3}{4} = 0.75$ であるから望ましい評価が得られない。そこで，図形的にみて，積分区間を分割した方が，④における辺々の差が小さくなることに気がつけば，<解答> が得られる。

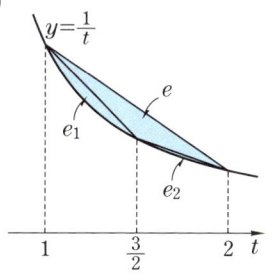

$e = $（⑬の右2辺の差）
$e_1 = $（⑤の右2辺の差）
$e_2 = $（⑥の右2辺の差）
$e_1 + e_2 < e$

**2°** <別解>(2)も，**1°** と同様に積分区間を狭くすることによって，⑪の辺々の差を小さくしようという発想である。ただし，区間の分割ではなく，

$\int_1^{2^p} \frac{1}{t} dt = \log 2^p = p \log 2$ より，$a-x=1$, $a+x=2^p$ とするとき，⑪の左辺，右辺が簡単に計算できて，かつ区間幅が $[1, 2]$ より狭くなるような巾 $p$ として，$p = \frac{1}{2}$ を選んだだけである。

## 519 $x$ の関数 $\int_0^x \frac{1}{t^2+1}dt$ の性質

実数 $x$ に対して,$f(x) = \int_0^x \frac{1}{t^2+1}dt$ とおく。

(1) $|x|<1$, $|y|<1$ のとき,$f\left(\dfrac{x+y}{1-xy}\right) = f(x)+f(y)$ が成り立つことを示せ。

(2) $x>0$ のとき,$f(x)+f\left(\dfrac{1}{x}\right)$ の値を求めよ。

(3) 極限 $\displaystyle\lim_{x\to\infty} f(x)$ を求めよ。

(4) (3)の極限値を $c$ とするとき,極限 $\displaystyle\lim_{x\to\infty} x\{c-f(x)\}$ を求めよ。

(鳥取大*,名古屋工大*,神戸大*)

**精講** (1) $y$ を定数とみなして,両辺の差を $x$ の関数とみなしたとき,つねに $0$ であることを示すとよいのです。そのとき,次の事実が役に立ちます。

> $F(x)$ が微分可能な関数とするとき,
> すべての $x$ に対して $F(x)=C$ ($C$ は定数) である
> $\iff$ すべての $x$ に対して $F'(x)=0$ であり,かつ,ある実数 $a$ に対して $F(a)=C$ である

(2) (1)と同様に考えることができます。

(3) (2)の結果を利用できます。

また,$x=\tan\theta$ とおくと,$f(x)$ は $\theta$ の式で表されます。その関係式と $\tan\theta$ の性質を組み合わせて,(1)〜(4)を処理する方法もあります。

**解答** (1) $|y|<1$, $|x|<1$ ……① のとき,$y$ を固定して,$x$ の関数

$$F(x) = f\left(\frac{x+y}{1-xy}\right) - \{f(x)+f(y)\}$$

を考える。

← ①のとき,$|xy|=|x||y|<1$ より $1-xy\neq 0$ に注意する。

$$f'(x) = \frac{d}{dx}\int_0^x \frac{1}{t^2+1}dt = \frac{1}{x^2+1} \quad \cdots\cdots ②$$

であるから,

← $g(x)$ が連続な関数のとき,定数 $a$ に対して,$\dfrac{d}{dx}\int_a^x g(t)dt = g(x)$

$$F'(x) = \left(\frac{x+y}{1-xy}\right)' f'\left(\frac{x+y}{1-xy}\right) - f'(x)$$

$$= \frac{1-xy-(x+y)(-y)}{(1-xy)^2} \cdot \frac{1}{\left(\frac{x+y}{1-xy}\right)^2+1} - \frac{1}{x^2+1}$$

$$= \frac{1+y^2}{(x+y)^2+(1-xy)^2} - \frac{1}{x^2+1}$$

$$= \frac{y^2+1}{(x^2+1)(y^2+1)} - \frac{1}{x^2+1}$$

$$= 0 \qquad \cdots\cdots ③$$

である。また，$f(0)=0$ であるから， ← $f(0)=\int_0^0 \frac{1}{t^2+1}dt=0$

$$F(0) = f(y) - \{f(0)+f(y)\} = 0 \qquad \cdots\cdots ④$$

である。

③，④より，①を満たす $x$, $y$ に対して ← **精講** 参照。

$$F(x)=0 \quad \therefore \quad f\left(\frac{x+y}{1-xy}\right) = f(x)+f(y)$$

← (2)では，この式で $y=\frac{1}{x}$ とおくことはできないことに注意する。

が成り立つ。 （証明おわり）

(2) $x>0$ のとき

$$G(x) = f(x) + f\left(\frac{1}{x}\right)$$

とおくと，②より

$$G'(x) = f'(x) + \left(\frac{1}{x}\right)' f'\left(\frac{1}{x}\right)$$

$$= \frac{1}{x^2+1} - \frac{1}{x^2} \cdot \frac{1}{\left(\frac{1}{x}\right)^2+1} = 0 \quad \cdots\cdots ⑤$$

である。また，

$$G(1) = 2f(1) = 2\int_0^1 \frac{1}{t^2+1}dt$$

$$= 2\int_0^{\frac{\pi}{4}} \frac{1}{\tan^2\theta+1} \cdot \frac{1}{\cos^2\theta} d\theta$$

← $t=\tan\theta$ と置換した。

$$= 2\Big[\theta\Big]_0^{\frac{\pi}{4}} = \frac{\pi}{2} \qquad \cdots\cdots ⑥$$

であるから，⑤，⑥より，$x>0$ のとき ← **精講** 参照。

$$G(x) = \frac{\pi}{2} \quad \therefore \quad \boldsymbol{f(x) + f\left(\frac{1}{x}\right) = \frac{\pi}{2}} \cdots\cdots ⑦$$

である。

(3) $f(x)$ は連続関数で，$f(0)=0$ であるから，⑦より
$$\lim_{x\to\infty}f(x)=\lim_{x\to\infty}\left\{\frac{\pi}{2}-f\left(\frac{1}{x}\right)\right\}$$
$$=\frac{\pi}{2}-f(0)=\frac{\pi}{2}$$

← $x\to\infty$ のとき $\frac{1}{x}\to +0$

である。

(4) $c=\frac{\pi}{2}$ であるから，⑦より
$$\lim_{x\to\infty}x\{c-f(x)\}=\lim_{x\to\infty}xf\left(\frac{1}{x}\right)$$
$$=\lim_{s\to +0}\frac{1}{s}f(s)=\lim_{s\to +0}\frac{f(s)-f(0)}{s}$$
$$=f'(0)=1$$

← $x=\frac{1}{s}\left(s=\frac{1}{x}\right)$ とおいた。

← ②より。

である。

<u>別解</u>

(1) $|x|<1$, $|y|<1$ のとき
$$x=\tan\theta,\ y=\tan\varphi\quad \left(|\theta|<\frac{\pi}{4},\ |\varphi|<\frac{\pi}{4}\right)$$
を満たす $\theta$, $\varphi$ をとれる。このとき，
$$f(x)=\int_0^x \frac{1}{t^2+1}dt$$
において，$t=\tan u$ と置換すると
$$f(x)=\int_0^\theta \frac{1}{\tan^2 u+1}\cdot\frac{1}{\cos^2 u}du=\int_0^\theta du=\theta$$
$$f(y)=\int_0^\varphi du=\varphi$$

← $x=\tan\theta$ のとき，$\theta=f(x)$ であるから，$f(x)$ は $\tan x$ の逆関数である。
<u>参考</u> 参照。

である。また，
$$\frac{x+y}{1-xy}=\frac{\tan\theta+\tan\varphi}{1-\tan\theta\tan\varphi}=\tan(\theta+\varphi)$$

← $|\theta|<\frac{\pi}{4}$, $|\varphi|<\frac{\pi}{4}$ より
$|\theta+\varphi|<\frac{\pi}{2}$

であるから，同様の置換によって
$$f\left(\frac{x+y}{1-xy}\right)=\int_0^{\theta+\varphi}du=\theta+\varphi$$
である。以上より
$$f\left(\frac{x+y}{1-xy}\right)=\theta+\varphi=f(x)+f(y)$$
が成り立つ。　　　　　　　　　　（証明おわり）

(2) $x>0$ のとき，
$$x=\tan\theta \quad \left(0<\theta<\frac{\pi}{2}\right) \quad \cdots\cdots ⑧$$
を満たす $\theta$ をとると，
$$\frac{1}{x}=\frac{1}{\tan\theta}=\tan\left(\frac{\pi}{2}-\theta\right)$$
であるから，(1)と同様に考えると
$$f(x)=\theta$$
$$f\left(\frac{1}{x}\right)=\frac{\pi}{2}-\theta=\frac{\pi}{2}-f(x)$$
$$\therefore \quad f(x)+f\left(\frac{1}{x}\right)=\frac{\pi}{2} \quad \cdots\cdots ⑦$$

← この場合は
$x>0,\ 0<\theta<\dfrac{\pi}{2}$

である。

(3) ⑧の対応において，
$$x\to +\infty \text{ のとき } \theta\to\frac{\pi}{2}-0$$
であるから
$$\lim_{x\to\infty}f(x)=\lim_{\theta\to\frac{\pi}{2}-0}\theta=\frac{\pi}{2}$$
である。

(4) (3)と同様に
$$\lim_{x\to\infty}x\{c-f(x)\}=\lim_{\theta\to\frac{\pi}{2}-0}(\tan\theta)\cdot\left(\frac{\pi}{2}-\theta\right)$$
$$=\lim_{h\to +0}\left\{\tan\left(\frac{\pi}{2}-h\right)\right\}h=\lim_{h\to +0}\frac{h}{\sin h}\cdot\cos h=1$$

← $\dfrac{\pi}{2}-\theta=h$ とおくと
$\theta\to\dfrac{\pi}{2}-0$ のとき $h\to +0$

である。

### 参考

実数 $x$ に対して，$\tan\theta=x$ ……⑧，$-\dfrac{\pi}{2}<\theta<\dfrac{\pi}{2}$ ……⑨ を満たす $\theta$ をとり，別解(1)と同様に，$f(x)=\displaystyle\int_0^x\frac{1}{t^2+1}dt$ において，$t=\tan u$ と置換すると，$f(x)=\theta$ ……⑩ となる。これは，⑨の範囲で⑧を $\theta$ について解くと⑩になることを意味するので，$f(x)\,(-\infty<x<\infty)$ は $\tan x\left(-\dfrac{\pi}{2}<x<\dfrac{\pi}{2}\right)$ の逆関数になっている。

## 520 逆関数の定積分

$x>0$ を定義域とする関数 $f(x)=\dfrac{12(e^{3x}-3e^x)}{e^{2x}-1}$ について，以下の問いに答えよ。

(1) 関数 $y=f(x)\ (x>0)$ は，実数全体を定義域とする逆関数を持つことを示せ。すなわち，任意の実数 $a$ に対して，$f(x)=a$ となる $x>0$ がただ1つ存在することを示せ。

(2) 前問(1)で定められた逆関数を $y=g(x)\ (-\infty<x<\infty)$ とする。このとき，定積分 $\displaystyle\int_8^{27} g(x)dx$ を求めよ。 (東京大)

**精講**

(1) $x$ が $+0\to\infty$ のとき，$f(x)$ は $-\infty\to\infty$ と単調に増加することを示すとよいのです。

(2) $f(x)$ の積分に直すことが必要です。そのためには，部分積分法を利用するか，$y=f(x)$ のグラフを考察して図形的に意味づけをすることになります。

**解答**

(1) $f(x)=\dfrac{12(e^{3x}-3e^x)}{e^{2x}-1}$ は $x>0$ において

$$f'(x)=\dfrac{12\{(3e^{3x}-3e^x)(e^{2x}-1)-(e^{3x}-3e^x)\cdot 2e^{2x}\}}{(e^{2x}-1)^2}$$

$$=\dfrac{12e^x(e^{4x}+3)}{(e^{2x}-1)^2}>0$$

であり，

$$\lim_{x\to +0}f(x)=\lim_{x\to +0}\dfrac{12(e^{3x}-3e^x)}{e^{2x}-1}=-\infty$$

$$\lim_{x\to\infty}f(x)=\lim_{x\to\infty}\dfrac{12(e^x-3e^{-x})}{1-e^{-2x}}=\infty$$

⇐ $x\to +0$ のとき
(分子)$=12(e^{3x}-3e^x)$
$\to -24$
(分母)$=e^{2x}-1\to +0$

であるから，$f(x)$ は $x>0$ において，$-\infty$ から $\infty$ まで単調に増加する。したがって，任意の実数 $a$ に対して $f(x)=a,\ x>0$ を満たす $x$ がただ1つ存在する。 (証明おわり)

(2) $I=\displaystyle\int_8^{27}g(x)dx$ ……① において，$y=g(x)$，すなわち，$x=f(y)$ と置換すると，

$$I=\int_\alpha^\beta yf'(y)dy \quad\quad\cdots\cdots ②$$

となる。ここで，$\alpha,\ \beta\ (\alpha>0,\ \beta>0)$ は
$$f(\alpha)=8\ \cdots\cdots ③,\quad f(\beta)=27\ \cdots\cdots ④$$
を満たす数である。③で $e^\alpha=t(>1)$ とおくと， ← $\alpha>0$ より $e^\alpha>1$
$$\frac{12(t^3-3t)}{t^2-1}=8 \quad \therefore\quad (t-2)(3t^2+4t-1)=0$$
← $t>1$ のとき $3t^2+4t-1>0$

$\therefore\quad t=2$，つまり，$\alpha=\log 2$

である。同様に，④で $e^\beta=t(>1)$ とおくと，
$$\frac{12(t^3-3t)}{t^2-1}=27 \quad \therefore\quad (t-3)(4t^2+3t-3)=0$$
← $t>1$ のとき $4t^2+3t-3>0$

$\therefore\quad t=3$，つまり，$\beta=\log 3$

である。したがって，②より
$$I=\Big[yf(y)\Big]_\alpha^\beta-\int_\alpha^\beta f(y)\,dy$$

← ③, ④ より
$\beta f(\beta)-\alpha f(\alpha)$
$=27\log 3-8\log 2$

$$=27\log 3-8\log 2-\int_\alpha^\beta f(y)\,dy \quad \cdots\cdots ⑤$$

となる。⑤の積分において，$e^y=t$ と置換すると

← $e^y\dfrac{dy}{dt}=1$ より
$e^y\,dy=dt$

| $y$ | $\alpha \longrightarrow \beta$ |
|---|---|
| $t$ | $2 \longrightarrow 3$ |

$$\int_\alpha^\beta f(y)\,dy=\int_\alpha^\beta \frac{12(e^{2y}-3)}{e^{2y}-1}e^y\,dy$$
$$=\int_2^3 \frac{12(t^2-3)}{t^2-1}\,dt=12\int_2^3\Big(1-\frac{1}{t-1}+\frac{1}{t+1}\Big)dt$$
$$=12\Big[t+\log\frac{t+1}{t-1}\Big]_2^3=12+12(\log 2-\log 3)$$

である。⑤に戻って
$$I=27\log 3-8\log 2-\{12+12(\log 2-\log 3)\}$$
$$=39\log 3-20\log 2-12$$

である。

### 参考

①において，積分変数 $x$ を単に $y$ と書き換えると，$I=\int_8^{27}g(y)\,dy$ となるので，$I$ は右図の斜線部分の面積と考えられる。したがって，
$J=\int_\alpha^\beta f(x)\,dx$ とおくと，$I+J+8\alpha=27\beta$ より，
$$I=27\beta-8\alpha-J=27\beta-8\alpha-\int_\alpha^\beta f(x)\,dx$$
となり，⑤と同じ式が得られる。

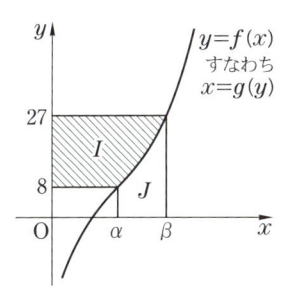

## 521 定積分で定まる関数（係数決定型）

閉区間 $\left[-\dfrac{\pi}{2},\ \dfrac{\pi}{2}\right]$ で定義された関数 $f(x)$ が

$$f(x)+\int_{-\frac{\pi}{2}}^{\frac{\pi}{2}}\sin(x-y)f(y)dy=x+1 \quad \left(-\dfrac{\pi}{2}\leq x\leq \dfrac{\pi}{2}\right)$$

を満たしている。$f(x)$ を求めよ。
（注意） $\sin(x-y)f(y)$ は $\sin(x-y)$ と $f(y)$ の積の意味である。 （京都大）

**精講** 定積分を含む関数方程式を満たす関数 $f(x)$ を求める問題には 2 つのタイプがあります。1 つは本問のように

「定積分の両端が定数であって，関数の形が（たとえば，③のように）定まり，あとはそこに現れる係数を決定する」

問題です。実際，本問でも，$\sin(x-y)$ を加法定理で展開し，$x$ を含む部分を積分の外に出すと $f(x)$ の関数形がわかりますから，あとはそこに現れる係数を定めるだけです。

あと 1 つは，**522** のように

「定積分の端点に $x$，または $x$ の関数が含まれていて，微分積分学の基本定理（**522** 参照）を利用して解く」

問題です。

**解答** 与えられた式から

$$f(x) = -\int_{-\frac{\pi}{2}}^{\frac{\pi}{2}} \sin(x-y)f(y)\,dy + x + 1$$

←$\sin(x-y)f(y)$
$=(\sin x)f(y)\cos y$
$-(\cos x)f(y)\sin y$

$$= -\sin x \int_{-\frac{\pi}{2}}^{\frac{\pi}{2}} f(y)\cos y\,dy$$

$$\quad +\cos x \int_{-\frac{\pi}{2}}^{\frac{\pi}{2}} f(y)\sin y\,dy + x + 1$$

である。これより，

$$A = \int_{-\frac{\pi}{2}}^{\frac{\pi}{2}} f(y)\cos y\,dy \qquad \cdots\cdots ①$$

$$B = \int_{-\frac{\pi}{2}}^{\frac{\pi}{2}} f(y)\sin y\,dy \qquad \cdots\cdots ②$$

とおくと，

$$f(x) = -A\sin x + B\cos x + x + 1 \quad \cdots\cdots ③$$

と表される。

　③を①，②に代入すると

$$A = \int_{-\frac{\pi}{2}}^{\frac{\pi}{2}} (-A\sin y + B\cos y + y + 1)\cos y\, dy$$

$$= 2\int_{0}^{\frac{\pi}{2}} (B\cos^2 y + \cos y)\, dy$$

$$= B\int_{0}^{\frac{\pi}{2}} (1 + \cos 2y)\, dy + 2\int_{0}^{\frac{\pi}{2}} \cos y\, dy$$

$$= B\left[y + \frac{1}{2}\sin 2y\right]_0^{\frac{\pi}{2}} + 2\left[\sin y\right]_0^{\frac{\pi}{2}}$$

$$= \frac{\pi}{2}B + 2 \quad \cdots\cdots ④$$

← $(-A\sin y + y)\cos y$ は奇関数であり，$(B\cos y + 1)\cos y$ は偶関数であるから。

$$B = \int_{-\frac{\pi}{2}}^{\frac{\pi}{2}} (-A\sin y + B\cos y + y + 1)\sin y\, dy$$

$$= 2\int_{0}^{\frac{\pi}{2}} (-A\sin^2 y + y\sin y)\, dy$$

$$= -A\int_{0}^{\frac{\pi}{2}} (1 - \cos 2y)\, dy$$

$$\qquad + 2\left\{\left[-y\cos y\right]_0^{\frac{\pi}{2}} + \int_{0}^{\frac{\pi}{2}} \cos y\, dy\right\}$$

$$= -A\left[y - \frac{1}{2}\sin 2y\right]_0^{\frac{\pi}{2}} + 2\left[\sin y\right]_0^{\frac{\pi}{2}}$$

$$= -\frac{\pi}{2}A + 2 \quad \cdots\cdots ⑤$$

← $(B\cos y + 1)\sin y$ は奇関数であり，$(-A\sin y + y)\sin y$ は偶関数であるから。

である。

　④，⑤から，$A$，$B$ を求めると

$$A = \frac{4(\pi+2)}{\pi^2+4}, \quad B = -\frac{4(\pi-2)}{\pi^2+4}$$

であるから，③に戻って，

$$f(x) = -\frac{4(\pi+2)}{\pi^2+4}\sin x - \frac{4(\pi-2)}{\pi^2+4}\cos x + x + 1$$

である。

← 連立方程式
$$\begin{cases} A - \frac{\pi}{2}B = 2 \\ \frac{\pi}{2}A + B = 2 \end{cases}$$
を解く。

## 522 定積分で定まる関数と微分積分学の基本定理

連続な関数 $y=y(x)$ が $y(x)=\sin x - 2\int_0^x y(t)\cos(x-t)dt$ $(-\infty < x < \infty)$ を満たすとする。
(1) $y''$ を $y$, $y'$ を用いて表せ。
(2) $z(x)=e^x y(x)$ とおくとき,$z''$ を求めよ。
(3) $y$ を求めよ。 (早稲田大)

**精講** (1) まず,$\cos(x-t)$ を加法定理で展開し,$x$ を含む部分を積分の外に出します。そのあとで,微分積分学の基本定理

$f(x)$ が連続な関数のとき $\dfrac{d}{dx}\int_a^x f(t)dt = f(x)$ ($a$ は定数)

を用いて,$y'$, $y''$ を計算し,$y$ と $y''$ を見比べてみましょう。
(2) $z''$ を $y'$, $y''$ で表してみると結果がわかります。
(3) $y$ を決定するためには,$y(0)$, $y'(0)$ の値が必要となりますが,これらの値は与えられた関係式から知ることができます。

**解答** (1) $y(x)$
$= \sin x - 2\int_0^x y(t)\cos(x-t)dt$
$= \sin x - 2\Big\{\cos x \int_0^x y(t)\cos t\, dt$
$\quad + \sin x \int_0^x y(t)\sin t\, dt\Big\}$ ……①

← $y(t)\cos(x-t)$
$=(\cos x)y(t)\cos t$
$+(\sin x)y(t)\sin t$

であるから,
$f(x)=\int_0^x y(t)\cos t\, dt,\ g(x)=\int_0^x y(t)\sin t\, dt$
……②

とおくと
$y(x)=\sin x - 2\{f(x)\cos x + g(x)\sin x\}$
……③

となる。②より
$f'(x)=y(x)\cos x,\ g'(x)=y(x)\sin x$

← **精講** 参照。

であるから，③ より
$$y'(x) = \cos x - 2\{f'(x)\cos x - f(x)\sin x \\ + g'(x)\sin x + g(x)\cos x\} \\ = \cos x - 2\{y(x) - f(x)\sin x + g(x)\cos x\}$$
……④

← $f'(x)\cos x + g'(x)\sin x$
$= y(x)(\cos^2 x + \sin^2 x)$
$= y(x)$

であり，
$$y''(x) = -\sin x - 2\{y'(x) - f'(x)\sin x \\ - f(x)\cos x + g'(x)\cos x - g(x)\sin x\} \\ = -\sin x - 2y'(x) \\ + 2\{f(x)\cos x + g(x)\sin x\}$$
……⑤

← $-f'(x)\sin x + g'(x)\cos x$
$= y(x)(-\cos x \sin x$
$\qquad + \sin x \cos x)$
$= 0$

である。
③+⑤ より
$$y(x) + y''(x) = -2y'(x)$$
∴ $\boldsymbol{y'' = -2y' - y}$ ……⑥

← $y''(x) = -2y'(x) - y(x)$

である。

(2) $z(x) = e^x y(x)$ より
$$z' = e^x(y' + y)$$
$$z'' = e^x(y'' + 2y' + y)$$

← $z'' = e^x(y' + y) + e^x(y' + y)'$

である。したがって，⑥ より，
$$\boldsymbol{z'' = 0}$$ ……⑦

である。

(3) ⑦ より
$$z' = C, \ z = Cx + D \ (C, D \text{ は積分定数})$$

← $z = \int z' dx = \int C dx$
$= Cx + D$

であるから，
$$y(x) = e^{-x} z = (Cx + D)e^{-x}$$ ……⑧

となる。①で $x = 0$ とおくと，$y(0) = 0$ ……⑨ である。
また，② より $f(0) = g(0) = 0$ であるから，④ より
$$y'(0) = 1 - 2\{f(0) + g(0)\} = 1$$ ……⑩

← $C, D$ を決定するためには，$y(0), y'(0)$ がわかるとよい。実は，これらの値は与えられた関係式から導くことができる。

である。⑧，⑨ より $D = 0$ であるから，
$$y(x) = Cxe^{-x}, \ y'(x) = C(1-x)e^{-x}$$
となる。ここで⑩ より $C = 1$ であるから，
$$\boldsymbol{y = xe^{-x}}$$
である。

## 523 曲線上を動く点の速度と位置の関係

$xy$ 平面において, 曲線 $y = \dfrac{x^3}{6} + \dfrac{1}{2x}$ 上の点 $\left(1, \dfrac{2}{3}\right)$ を出発し, この曲線上を進む点Pがある。出発してから $t$ 秒後のPの速度 $\vec{v}$ の大きさは $\dfrac{t}{2}$ に等しく, $\vec{v}$ の $x$ 成分はつねに正または0であるとする。

(1) 出発してから $t$ 秒後のPの位置を $(x, y)$ として, $x$ と $t$ の間の関係式を求めよ。

(2) $\vec{v}$ がベクトル $(8, 15)$ と平行になるのは出発してから何秒後か。　（東京大）

**精講**　出発してから $t$ 秒後のPの位置ベクトルを $\vec{p} = (x, y)$ とするとき, $x, y$ は時間 $t$ の関数です。そこで, 計算の途中においては,

$$f(x)\dfrac{dx}{dt} = g(t) \text{ のとき両辺を } t \text{ で積分すると } \int f(x)\,dx = \int g(t)\,dt$$

が成り立つことを用います。**525** ◁精講 参照。

**解答**　(1) 出発してから $t$ 秒後のPの位置を

$$P(x, y) = \left(x, \dfrac{x^3}{6} + \dfrac{1}{2x}\right)$$

とおくと, Pの速度 $\vec{v}$ は

$$\vec{v} = \left(\dfrac{dx}{dt}, \dfrac{dy}{dt}\right) = \left(\dfrac{dx}{dt}, \dfrac{1}{2}\left(x^2 - \dfrac{1}{x^2}\right)\dfrac{dx}{dt}\right) \quad \cdots\cdots ①$$

であり, 仮定より $\dfrac{dx}{dt} \geqq 0$ $\cdots\cdots ②$ である。このとき,

$$|\vec{v}| = \sqrt{\left(\dfrac{dx}{dt}\right)^2 + \left(\dfrac{dy}{dt}\right)^2}$$

$$= \sqrt{\left\{1 + \dfrac{1}{4}\left(x^2 - \dfrac{1}{x^2}\right)^2\right\}\left(\dfrac{dx}{dt}\right)^2}$$

$$= \dfrac{1}{2}\left(x^2 + \dfrac{1}{x^2}\right)\dfrac{dx}{dt}$$

となるから, $|\vec{v}| = \dfrac{1}{2}t$ より

◁ $x, y$ はいずれも $t$ の関数である。

◁ $\dfrac{dy}{dt} = \dfrac{d}{dt}\left(\dfrac{x^3}{6} + \dfrac{1}{2x}\right)$
  $= \dfrac{d}{dx}\left(\dfrac{x^3}{6} + \dfrac{1}{2x}\right) \cdot \dfrac{dx}{dt}$

◁ 根号内をまとめると
  $\dfrac{1}{4}\left(x^2 + \dfrac{1}{x^2}\right)^2\left(\dfrac{dx}{dt}\right)^2$
  となるので, ②より。

$$\left(x^2+\frac{1}{x^2}\right)\frac{dx}{dt}=t \qquad \cdots\cdots ③$$

である。③の両辺を $t$ で積分すると，

$$\int\left(x^2+\frac{1}{x^2}\right)\frac{dx}{dt}\cdot dt=\int t\,dt$$

$$\therefore \int\left(x^2+\frac{1}{x^2}\right)dx=\int t\,dt$$

$$\therefore \frac{1}{3}x^3-\frac{1}{x}=\frac{1}{2}t^2+C$$

← 精講 参照。
置換積分の公式
$\int f(x)\dfrac{dx}{dt}\cdot dt$
$=\int f(x)dx$
による。

となる。ここで，$t=0$ のとき，

$$(x,\ y)=\left(1,\ \frac{2}{3}\right) \qquad \cdots\cdots ④$$

であるから，

$$\frac{1}{3}-1=C \quad \therefore \quad C=-\frac{2}{3}$$

である。したがって，$x$ と $t$ の関係式は

$$\frac{1}{3}x^3-\frac{1}{x}=\frac{1}{2}t^2-\frac{2}{3} \qquad \cdots\cdots ⑤$$

である。

(2) ① より

$$\vec{v}=\frac{dx}{dt}\left(1,\ \frac{1}{2}\left(x^2-\frac{1}{x^2}\right)\right)$$

であるから，$\vec{v}$ がベクトル $(8,\ 15)$ と平行となるとき，

$$1:\frac{1}{2}\left(x^2-\frac{1}{x^2}\right)=8:15$$

$$\therefore \ 4\left(x^2-\frac{1}{x^2}\right)=15 \quad \therefore \quad (4x^2+1)(x^2-4)=0$$

である。②，④ より，$t\geqq 0$ において，$x\geqq 1$ であるから，$x=2$ である。

← $t=0$ のとき，$x=1$ であって，$\dfrac{dx}{dt}\geqq 0$ より。

$x=2$ となる時刻 $t$ は，⑤ より

$$\frac{8}{3}-\frac{1}{2}=\frac{1}{2}t^2-\frac{2}{3}$$

$$\therefore \ t^2=\frac{17}{3} \quad \therefore \quad t=\sqrt{\frac{17}{3}}$$

← $t\geqq 0$ より。

であるから，$\sqrt{\dfrac{17}{3}}$ 秒後である。

## 524 注水問題における微分積分

図のような容器を考える。空の状態から始めて，単位時間あたり一定の割合で水を注入し，底から測った水面の高さ $h$ が 10 になるまで続ける。水面の上昇する速さ $v$ は，水面の高さ $h$ の関数として

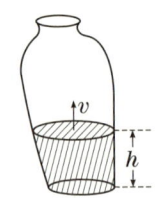

$$v = \frac{\sqrt{2+h}}{\log(2+h)} \quad (0 \leq h \leq 10)$$

で与えられるものとする。水面の上昇が始まってから水面の面積が最大となるまでの時間を求めよ。

（大阪大）

**精講** 入っている水の量 $V$，水面の高さ $h$ は時間 $t$ の関数と考えます。注水の仕方から $V$ は $t$ の簡単な式で表されますが，一方，水面の面積 $S$ を $h$ の関数 $S(h)$ と考えると，$V$ は $S(h)$ と $h$ を用いた式でも表されます。これら 2 つの $V$ の式を $t$ で微分してみると何が得られるでしょうか。

**解答** 時間 $t$ だけ注水したときの水量を $V$，水面の高さを $h$ とする。 ← $V, h$ は時間 $t$ の関数である。

単位時間あたりの注入量を $a$ とすると，

$$V = at \qquad \cdots\cdots ①$$

である。また，与えられた条件より

$$\frac{dh}{dt} = v = \frac{\sqrt{2+h}}{\log(2+h)} \qquad \cdots\cdots ②$$

← 水面の上昇する速さは $\frac{dh}{dt}$ である。

である。

次に，水面の高さが $h$ のときの水面の面積を $S(h)$ とすると，

$$V = \int_0^h S(z)\,dz \qquad \cdots\cdots ③$$

である。①，③を $t$ で微分すると，

$$\frac{dV}{dt} = a$$

$$\frac{dV}{dt} = \frac{dh}{dt} \cdot \frac{d}{dh}\int_0^h S(z)\,dz = \frac{\sqrt{2+h}}{\log(2+h)} \cdot S(h)$$

← $h$ は $t$ の関数であるから，合成関数の微分公式より。

となるので，

$$a = \frac{\sqrt{2+h}}{\log(2+h)} \cdot S(h)$$

∴ $S(h) = \frac{\log(2+h)}{\sqrt{2+h}} a$ ……④

← $a = S(h) \cdot \frac{dh}{dt}$ であるこの式は,
　(体積の変化率)
　＝(水面の面積)
　　　　・(高さの変化率)
と考えると当たり前の式である。

である。④より

$$S'(h) = \frac{\frac{1}{2+h}\sqrt{2+h} - \{\log(2+h)\} \cdot \frac{1}{2\sqrt{2+h}}}{2+h} a$$

$$= \frac{2-\log(2+h)}{2(2+h)\sqrt{2+h}} a$$

← $\log(2+h) = 2$ より
$h = e^2 - 2$

| $h$ | 0 | … | $e^2-2$ | … | 10 |
|---|---|---|---|---|---|
| $S'(h)$ | | + | 0 | − | |
| $S(h)$ | | ↗ | | ↘ | |

であるから，右表より，$S(h)$ は
$h = e^2 - 2$ ……⑤ のとき最大となる。

次に，⑤となるまでの時間 $T$ を求める。$h$ は時間 $t$ とともに増加するので，$t$ を $h$ の関数とみなすことができる。そのとき，②より

$$\frac{dt}{dh} = \frac{\log(2+h)}{\sqrt{2+h}}$$ ……⑥

← 逆関数の微分公式より
$$\frac{dt}{dh} = \frac{1}{\frac{dh}{dt}}$$

である。⑥の両辺を $h$ について $0 \leqq h \leqq e^2-2$ で積分すると

$$T = \int_0^{e^2-2} \frac{\log(2+h)}{\sqrt{2+h}} dh$$ ……⑦

← $t$ を $h$ の関数 $t = t(h)$ と考えると,
$t(0) = 0$, $t(e^2-2) = T$

となる。$\sqrt{2+h} = x$, $h = x^2 - 2$ と置換すると

$$T = \int_{\sqrt{2}}^e \frac{\log x^2}{x} \cdot 2x\, dx = 4\int_{\sqrt{2}}^e \log x\, dx$$

$$= 4\left[x(\log x - 1)\right]_{\sqrt{2}}^e = 2\sqrt{2}\,(2 - \log 2)$$

← ⌒参考 参照。

← $\frac{dh}{dx} = 2x$
∴　$dh = 2x\,dx$

| $h$ | 0 | ⟶ | $e^2-2$ |
|---|---|---|---|
| $x$ | $\sqrt{2}$ | ⟶ | $e$ |

である。

### ⌒ 参 考

⑦では，部分積分を用いると

$$T = \int_0^{e^2-2} (2\sqrt{2+h})' \log(2+h)\, dh$$

$$= \left[2\sqrt{2+h}\log(2+h)\right]_0^{e^2-2} - \int_0^{e^2-2} \frac{2}{\sqrt{2+h}} dh$$

$$= 4e - 2\sqrt{2}\log 2 - \left[4\sqrt{2+h}\right]_0^{e^2-2} = 2\sqrt{2}\,(2 - \log 2)$$

となる。

## 525 微分方程式(1)

$H>0$, $R>0$ とする。座標空間内において,原点Oと点P($R$, 0, $H$)を結ぶ線分を,$z$軸の周りに回転させてできる容器がある。この容器に水を満たし,原点から水面までの高さが$h$のとき単位時間あたりの排水量が,$\sqrt{h}$ となるように水を排出する。すなわち,時刻 $t$ までに排出された水の総量を $V(t)$ とおくとき,$\dfrac{dV}{dt}=\sqrt{h}$ が成り立つ。このとき,すべての水を排出するのに要する時間を求めよ。

(京都大)

**精講**　水面の高さ$h$は時刻 $t$ の関数です。まず,与えられた条件から,$h$, $t$, $\dfrac{dh}{dt}$ の関係式(微分方程式)を導きます。そこから,$\dfrac{dh}{dt}$ を含まない$h$と$t$だけの関係を導くことになりますので,その計算法についてまとめておきましょう。

---

$y$は$x$の関数であり,$x$, $y$, $\dfrac{dy}{dx}$ が関係式

$$f(y)\dfrac{dy}{dx}=g(x) \quad \cdots\cdots ㋐ \quad \text{または} \quad \dfrac{dy}{dx}=g(x)h(y) \quad \cdots\cdots ㋑$$

を満たしているとき,㋐,㋑を(変数分離形)微分方程式という。

㋑の両辺を $h(y)(\neq 0)$ で割って $\dfrac{1}{h(y)}=f(y)$ と考えると,㋐になるので,以下では㋐を満たす$y$,すなわち,微分方程式㋐の解$y$を求める。

㋐の両辺を$x$で積分すると,置換積分の公式より

$$\int f(y)\dfrac{dy}{dx}dx=\int g(x)dx$$

$$\therefore\quad \int f(y)dy=\int g(x)dx \quad \cdots\cdots ㋒$$

となり,$\dfrac{dy}{dx}$ を含まない$x$, $y$の関係式が得られる。

さらに,㋒の両辺の積分において積分定数が現れるが,その定数はある$x$に対する$y$の値を与えること(初期条件)によって定まる。

---

本問における初期条件は $t=0$ のとき $h=H$ であることです。

**解答** 時刻 $t$ における水面の高さを $h$，水面の半径を $r$ とすると，$xz$ 平面による断面図から，

$$r : h = R : H \quad \therefore \quad r = \frac{R}{H}h$$

である。このとき，排出された水量 $V(t)$ は

$$\begin{aligned}V(t) &= \frac{1}{3}\pi R^2 H - \frac{1}{3}\pi r^2 h \\ &= \frac{1}{3}\pi R^2 H - \frac{1}{3}\pi \left(\frac{R}{H}\right)^2 h^3\end{aligned} \quad \cdots\cdots ①$$

← $R$，$H$ は定数であり，$V(t)$，$h$ は時刻 $t$ の関数である。

である。
①の両辺を $t$ で微分すると，

$$\frac{dV}{dt} = -\pi\left(\frac{R}{H}\right)^2 h^2 \frac{dh}{dt}$$

であるから，仮定より

← $\frac{dV}{dt} = \sqrt{h}$

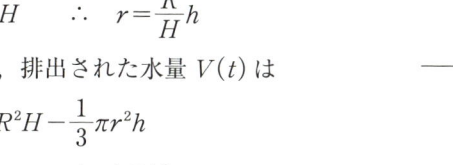

$$\sqrt{h} = -\pi\left(\frac{R}{H}\right)^2 h^2 \frac{dh}{dt}$$

$$\therefore \quad -\pi\left(\frac{R}{H}\right)^2 h^{\frac{3}{2}} \frac{dh}{dt} = 1 \quad \cdots\cdots ②$$

である。②の両辺を $t$ で積分すると，

$$-\pi\left(\frac{R}{H}\right)^2 \int h^{\frac{3}{2}} \frac{dh}{dt} dt = \int dt$$

$$\therefore \quad -\frac{2}{5}\pi\left(\frac{R}{H}\right)^2 h^{\frac{5}{2}} = t + C \quad (C \text{ は積分定数})$$

← $\int h^{\frac{3}{2}} \frac{dh}{dt} \cdot dt = \int h^{\frac{3}{2}} dh = \frac{2}{5}h^{\frac{5}{2}} + C'$

となる。ここで，$t=0$ のとき $h=H$ より

$$C = -\frac{2}{5}\pi\left(\frac{R}{H}\right)^2 H^{\frac{5}{2}}$$

であるから，

$$t = \frac{2}{5}\pi\left(\frac{R}{H}\right)^2 (H^{\frac{5}{2}} - h^{\frac{5}{2}}) \quad \cdots\cdots ③$$

である。
これより，$h=0$ となるまでの時間は，

← ③で $h=0$ とするだけ。

$$t = \frac{2}{5}\pi\left(\frac{R}{H}\right)^2 H^{\frac{5}{2}} = \boldsymbol{\frac{2}{5}\pi R^2 \sqrt{H}}$$

である。

## 526 微分方程式(2)

(1) $a$ を実数の定数，$f(x)$ をすべての点で微分可能な関数とする。このとき次の等式を示せ。
$$f'(x)+af(x)=e^{-ax}\{e^{ax}f(x)\}'$$

(2) (1)の等式を利用して，次の式を満たす関数 $f(x)$ で，$f(0)=0$ となるものを求めよ。
$$f'(x)+2f(x)=\cos x$$

(3) (2)で求めた関数 $f(x)$ に対して，数列 $\{|f(n\pi)|\}$ ($n=1, 2, 3, \cdots\cdots$) の極限値 $\lim_{n\to\infty}|f(n\pi)|$ を求めよ。　　　　　　　　　　　　　　　(滋賀医大)

**精講**　(2) (1)の等式から，$e^{ax}\{f'(x)+af(x)\}=\{e^{ax}f(x)\}'$ が成り立つことを利用します。ここで，この種の微分方程式の解法についてまとめておきましょう。

---

$a$ は実数の定数とする。$y$ は $x$ の関数であり，関係式
$$y'+ay=g(x) \quad \cdots\cdots ㋐$$
を満たしているとき，㋐を (線形) 微分方程式という。
㋐の両辺に $e^{ax}$ をかけると
$$e^{ax}(y'+ay)=e^{ax}g(x) \quad \therefore \quad (e^{ax}y)'=e^{ax}g(x)$$
となる。両辺を $x$ で積分すると
$$e^{ax}y=\int e^{ax}g(x)\,dx+C$$
$$y=e^{-ax}\left\{\int e^{ax}g(x)\,dx+C\right\}$$
となり，初期条件から積分定数 $C$ を決めると $y$ が求まる。

---

**解答**　(1)　　$e^{-ax}\{e^{ax}f(x)\}'$
$\qquad\qquad =e^{-ax}\{e^{ax}f'(x)+ae^{ax}f(x)\}$　　　←積の微分公式より。
$\qquad\qquad =f'(x)+af(x)$
である。　　　　　　　　　　　　　　(証明おわり)

(2) (1)で示したことより，
$$f'(x)+2f(x)=\cos x$$
は

$$e^{-2x}\{e^{2x}f(x)\}'=\cos x \qquad \cdots\cdots ①$$

← (1)において，$a=2$ とおいた。

となる。①の両辺に $e^{2x}$ をかけると，
$$\{e^{2x}f(x)\}'=e^{2x}\cos x$$
$$\therefore \quad e^{2x}f(x)=\int e^{2x}\cos x\,dx \qquad \cdots\cdots ②$$

となる。ここで，
$$I=\int e^{2x}\cos x\,dx$$

←**502** ⇨ 参考 **1°** 参照。

$$=\frac{1}{2}e^{2x}\cos x+\int \frac{1}{2}e^{2x}\sin x\,dx$$

$$=\frac{1}{2}e^{2x}\cos x+\frac{1}{4}e^{2x}\sin x-\frac{1}{4}I$$

← $\int \frac{1}{2}e^{2x}\sin x\,dx$
$=\int \left(\frac{1}{4}e^{2x}\right)'\sin x\,dx$
$=\frac{1}{4}e^{2x}\sin x$
$\qquad -\int \frac{1}{4}e^{2x}\cos x\,dx$
$=\frac{1}{4}e^{2x}\sin x-\frac{1}{4}I$

より
$$I=\frac{1}{5}e^{2x}(2\cos x+\sin x)+C$$

であるから，②より
$$e^{2x}f(x)=\frac{1}{5}e^{2x}(2\cos x+\sin x)+C$$
$$\therefore \quad f(x)=\frac{1}{5}(2\cos x+\sin x)+Ce^{-2x}$$

である。$f(0)=0$ より，$C=-\dfrac{2}{5}$ であり，

← $0=\dfrac{2}{5}+C$ より。

$$f(x)=\frac{1}{5}(2\cos x+\sin x-2e^{-2x})$$

である。

(3) $\quad f(n\pi)=\dfrac{2}{5}\{(-1)^n-e^{-2n\pi}\}$

← $\cos n\pi=(-1)^n$，$\sin n\pi=0$ より。

である。ここで，
$$|(-1)^n|-e^{-2n\pi} \leqq |(-1)^n-e^{-2n\pi}| \leqq |(-1)^n|+e^{-2n\pi}$$

← $|a|-|b|\leqq|a-b|\leqq|a|+|b|$

$$\therefore \quad 1-e^{-2n\pi} \leqq |(-1)^n-e^{-2n\pi}| \leqq 1+e^{-2n\pi}$$

であるから，はさみ打ちの原理より
$$\lim_{n\to\infty}|(-1)^n-e^{-2n\pi}|=1$$

← $\lim\limits_{n\to\infty}e^{-2n\pi}=0$

← $\lim\limits_{n\to\infty}e^{-2n\pi}=0$ より
$\lim\limits_{n\to\infty}|(-1)^n-e^{-2n\pi}|$
$=\lim\limits_{n\to\infty}|(-1)^n|=1$
としてもよい。

である。したがって，
$$\lim_{n\to\infty}|f(n\pi)|=\lim_{n\to\infty}\frac{2}{5}|(-1)^n-e^{-2n\pi}|=\frac{2}{5}$$

である。

## 527 定積分を利用した方程式の解の評価

$e$ は自然対数の底であり，$\lim_{x\to\infty}\dfrac{e^x}{x}=\infty$ は証明なしに使ってよい。

(1) $x$ の方程式 $e^x-cx=0$ が異なる2つの実数解をもつような $c$ の範囲を求めよ。

(2) $c$ が(1)で求めた範囲にあるとして，$e^x-cx=0$ の2つの実数解を $\alpha$，$\beta$ ($\alpha<\beta$) とするとき，不等式 $0<\alpha<1<\beta$，$\alpha\beta<1$ を示せ。 （滋賀医大*）

**精講**

(1)と(2)の $0<\alpha<1<\beta$ までは $e^x=cx$ と考えても解決します。（参考 参照）しかし，$\alpha\beta<1$ を示すには，方程式を ($x$ の式)=($c$ だけの式) と変形して考える必要があります。そこで，グラフ（曲線と直線）から何を読み取るかということになりますが，積分（面積）に着目する方法と微分（増減）を利用する方法があります。いずれにしても難問です。

**解答**

(1) $e^x-cx=0$  ……①

が実数解をもつとき，$c\neq 0$ であるから， ← ①で $c=0$ のとき $e^x=0$ となり，解はない。

$$xe^{-x}=\dfrac{1}{c} \quad ……①'$$

を考えることにする。これより，①の実数解は曲線 $y=xe^{-x}$ ……② と直線 $y=\dfrac{1}{c}$ ……③ の共有点の $x$ 座標に等しいから，"②，③が異なる2つの共有点をもつ"……(*) 条件を調べる。

②において，$y'=(1-x)e^{-x}$ より，$y$ の増減は右表の通りであり，

| $x$ | … | 1 | … |
|---|---|---|---|
| $y'$ | $+$ | 0 | $-$ |
| $y$ | ↗ | $\dfrac{1}{e}$ | ↘ |

$$\lim_{x\to\infty}xe^{-x}=\lim_{x\to\infty}\dfrac{x}{e^x}=0, \quad \lim_{x\to-\infty}xe^{-x}=-\infty$$

← $\lim_{x\to\infty}\dfrac{e^x}{x}=\infty$ より $\lim_{x\to\infty}\dfrac{x}{e^x}=0$

であるから，②の概形は右下図のようになる。したがって，

$$(*) \iff 0<\dfrac{1}{c}<\dfrac{1}{e} \quad \therefore\ c>e \quad ……④$$

である。

(2) ④のもとでは，②，③の交点は $0<x<1$，$1<x$ に1個ずつあるので，

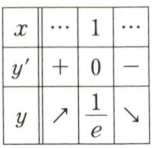

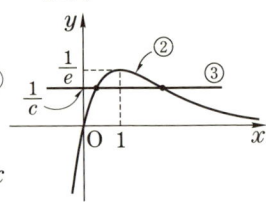

$$0 < \alpha < 1 < \beta \qquad \cdots\cdots ⑤$$

である。

このとき，②，③によって囲まれる部分の面積を $S$ とすると，

$$\begin{aligned}
S &= \int_{\alpha}^{\beta} \left( xe^{-x} - \frac{1}{c} \right) dx \\
&= \left[ -(x+1)e^{-x} - \frac{1}{c}x \right]_{\alpha}^{\beta} \\
&= -(\beta+1)e^{-\beta} + (\alpha+1)e^{-\alpha} - \frac{\beta-\alpha}{c} \quad \cdots\cdots ⑥
\end{aligned}$$

← $\int xe^{-x} dx$
$\phantom{=} = -xe^{-x} + \int e^{-x} dx$
$\phantom{=} = -(x+1)e^{-x} + C$

である。ここで，$\alpha$, $\beta$ は①′の解であるから，

$$e^{-\beta} = \frac{1}{c\beta}, \quad e^{-\alpha} = \frac{1}{c\alpha}$$

である。これらを⑥に代入して，

$$\begin{aligned}
S &= -\frac{\beta+1}{c\beta} + \frac{\alpha+1}{c\alpha} - \frac{\beta-\alpha}{c} \\
&= \frac{(\beta-\alpha)(1-\alpha\beta)}{c\alpha\beta} \qquad \cdots\cdots ⑦
\end{aligned}$$

である。$S > 0$ であり，$c\alpha\beta > 0$, $\beta - \alpha > 0$ であるから，⑦より

$$1 - \alpha\beta > 0 \quad \therefore \quad \alpha\beta < 1$$

である。　　　　　　　　　　　　　　（証明おわり）

(2) （⑤以下の <別解>

$x > 0$ において，$f(x) = xe^{-x}$ とおく。

$$f(\alpha) = f(\beta)$$

であるから，⑤のもとで

$$\alpha\beta < 1 \text{ すなわち } \alpha < \frac{1}{\beta}(<1)$$

を示すには，右図より

$$f\left(\frac{1}{\beta}\right) > f(\beta) \qquad \cdots\cdots ⑧$$

を示すとよい。そこで，$x > 0$ において，

$$\begin{aligned}
g(x) &= \log f(x) - \log f\left(\frac{1}{x}\right) \\
&= 2\log x - x + \frac{1}{x}
\end{aligned}$$

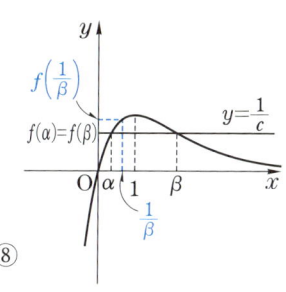

← 注 参照。

← $\log f(x) = \log xe^{-x}$
$\phantom{\log f(x)} = \log x - x$
$\log f\left(\frac{1}{x}\right) = \log\left(\frac{1}{x}e^{-\frac{1}{x}}\right)$
$\phantom{\log f\left(\frac{1}{x}\right)} = -\log x - \frac{1}{x}$

とおくと
$$g'(x) = \frac{2}{x} - 1 - \frac{1}{x^2} = -\frac{(x-1)^2}{x^2} \leq 0$$
であるから，$g(x)$ は $x>0$ において単調減少関数である。したがって，$\beta>1$ より
$$g(\beta) < g(1) = 0$$
$$\therefore \quad \log f(\beta) - \log f\left(\frac{1}{\beta}\right) < 0$$

← $g(1) = \log f(1) - \log f(1)$
　　$= 0$
← これより，
　　$\log f\left(\frac{1}{\beta}\right) > \log f(\beta)$

であるから
$$f\left(\frac{1}{\beta}\right) > f(\beta)$$
が成り立つ。⑧が示されたので，
$$\alpha\beta < 1$$
である。　　　　　　　　　　　　　　　　　（証明おわり）

**注** $f(\beta) < f\left(\frac{1}{\beta}\right)$ は $\beta e^{-\beta} < \frac{1}{\beta} e^{-\frac{1}{\beta}}$ ……⑨ であり，両辺の対数をとって整理すると，$2\log\beta - \beta + \frac{1}{\beta} < 0$ ……⑩ となる。⑨より⑩の方が調べやすいと考えられるので $\log f(x) - \log f\left(\frac{1}{x}\right) = g(x)$ とおいた。

### 参考

(1)で，$e^x - cx = 0$ ……① の実数解を $y = e^x$ ……⑪ と $y = cx$ ……⑫ の共有点の $x$ 座標として捉えることもできる。

⑪上の点 $(t, e^t)$ における接線：$y = e^t(x-t) + e^t$ が原点 $O(0, 0)$ を通るのは，$t = 1$ $(y = ex)$ のときである。したがって，⑪が下に凸であることと合わせると，⑪，⑫が異なる2点で交わるのは，$c > e$ ……④ のときである。さらに，グラフより，2交点は $A(1, e)$ の左右にあるから，$0 < \alpha < 1 < \beta$ もわかる。

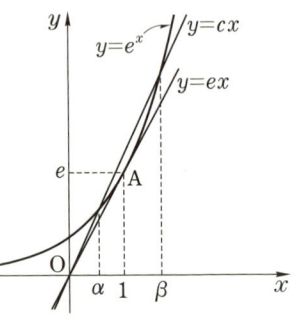

しかし，この続きとして，$\alpha\beta < 1$ を示すことは難しい。

## ☆ 528 $f(x)$ の定積分の性質と $f(x)=0$ の解の関係

実数を係数とする多項式 $f(x)$ に対して次の問いに答えよ。

(1) $f(x)$ が $\int_{-1}^{1} f(x)dx = 0$ を満たせば，$f(x)=0$ となる $x$ が区間 $(-1, 1)$ に存在することを示せ。

(2) $f(x)$ が $\int_{-1}^{1} f(x)dx = 0$, $\int_{-1}^{1} xf(x)dx = 0$ を満たせば，$f(x)=0$ となる $x$ が区間 $(-1, 1)$ に2個以上存在することを示せ。 　(横浜市大)

**精講**

(1) 区間 $(-1, 1)$ に $f(x)=0$ となる $x$ がないときの $y=f(x)$ のグラフを思い浮かべると背理法で示せるはずです。

(2) "$f(x)=0$ となる $x$ が1個である" ……(*) として矛盾を導くことになります。仮定より，定数 $a$ に対して $\int_{-1}^{1}(x+a)f(x)dx = 0$ が成り立ちますが，(*) のとき，$f(x)=0$ となる $x$ の値 $\alpha$ に対して，$x+a$ をどのように定めると矛盾が導かれるかを考えます。

また，$F(x) = \int_{-1}^{x} f(t)dt$ とおいて，平均値の定理をうまく適用する方法もありますが，このような $F(x)$ を思い付くのは簡単でないかもしれません。

**解答**

(1) $f(x)=0$ となる $x$ が区間 $I=(-1, 1)$ にないとする。このとき，$I$ において，　←背理法を用いるために，「結論の否定」を仮定した。
$f(x)$ の符号は変化しないので，$f(x)>0$ とすると，

$$\int_{-1}^{1} f(x)dx > 0$$

であり，$f(x)<0$ とすると，

$$\int_{-1}^{1} f(x)dx < 0$$

である。いずれにしても仮定と矛盾する。

したがって，$f(x)=0$ となる $x$ が区間 $I$ に存在する。　　　　　　　　(証明おわり)

(2) (1)より，$f(x)=0$ となる $x$ が $I$ に存在するので，

"$f(x)=0$ となる $x$ が $I$ に1個しかない" ……(*) 　←(*)が成り立たないとき，"$f(x)=0$ となる $x$ が2個以上存在する"ことになる。
として矛盾を示す。

$f(x)=0$ となる $x$ を $\alpha(-1<\alpha<1)$ とする。

(i) $\alpha$ の前後で $f(x)$ の符号が変化しないとき，$x \neq \alpha$ において $f(x)$ の符号は一定であり，
$$\int_{-1}^{1} f(x)dx \neq 0$$
となるので仮定に反する。

← $x \neq \alpha$ のとき，$f(x) \geqq 0$ ならば $\int_{-1}^{1} f(x)dx \geqq 0$ (不等号の向きは同順)。

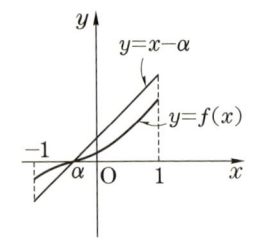

(ii) $\alpha$ の前後で $f(x)$ の符号が変化するとき，
$$\begin{cases} -1<x<\alpha \text{ において } f(x)<0 \\ \alpha<x<1 \quad \text{ において } f(x)>0 \end{cases} \quad \cdots\cdots ①$$
とすると，$-1<x<1$, $x \neq \alpha$ のとき
$$(x-\alpha)f(x)>0$$
であるから，
$$\int_{-1}^{1} (x-\alpha)f(x)dx > 0 \quad \cdots\cdots ②$$
となる。一方，仮定より
$$\int_{-1}^{1}(x-\alpha)f(x)dx$$
$$=\int_{-1}^{1}xf(x)dx - \alpha\int_{-1}^{1}f(x)dx = 0 \quad \cdots\cdots ③$$
となるので矛盾である。

また，①の $f(x)$ の符号が逆の場合には，②の左辺の値が負になるので，やはり③と矛盾する。
以上より，(*) は成り立たない，すなわち，$f(x)=0$ となる $x$ が区間 $I$ に 2 個以上存在する。

(証明おわり)

← $\begin{cases} -1<x<\alpha \text{ において} \\ \quad f(x)>0 \\ \alpha<x<1 \text{ において} \\ \quad f(x)<0 \end{cases}$
であり，$-1<x<1$, $x \neq \alpha$ のとき $(x-\alpha)f(x)<0$ である。

<別解>

(1) $$F(x)=\int_{-1}^{x}f(t)dt$$
とおくと，定積分の性質と仮定より，
$$\begin{cases} F(-1)=\int_{-1}^{-1}f(t)dt=0 \\ F(1)=\int_{-1}^{1}f(t)dt=0 \end{cases} \quad \cdots\cdots ④$$
である。したがって，平均値の定理より
$$\begin{cases} F'(c)=0, \text{ すなわち, } f(c)=0 \\ -1<c<1 \end{cases}$$

を満たす $c$ が存在する。　　　　　（証明おわり）

(2) (1)と同様に④が成り立つので，仮定と合わせると，

$$\int_{-1}^{1} F(x)\,dx = \int_{-1}^{1} x'F(x)\,dx$$
$$= \Big[xF(x)\Big]_{-1}^{1} - \int_{-1}^{1} xF'(x)\,dx$$
$$= -\int_{-1}^{1} xf(x)\,dx$$
$$= 0 \qquad \cdots\cdots ⑤$$

←④より，
$\Big[xF(x)\Big]_{-1}^{1} = F(1)+F(-1)$
　　　　　　$= 0+0 = 0$

←仮定より，$\int_{-1}^{1} xf(x)\,dx = 0$

が成り立つ。

⑤より，(1)で示したことを $F(x)$ に適用すると，$F(x)=0$ となる $x$ が $-1<x<1$ に存在する。その値を $d\,(-1<d<1)$ とすると，④と合わせて
$$F(-1)=F(d)=F(1)=0$$
である。したがって，平均値の定理より
$$\begin{cases} F'(c_1)=F'(c_2)=0, \text{ すなわち,} \\ f(c_1)=f(c_2)=0 \\ -1<c_1<d<c_2<1 \end{cases}$$
を満たす $c_1$, $c_2$ が存在する。

←(1)の $f(x)$ を $F(x)$ に置き換えて考える。

以上より，$f(x)=0$ となる $x$ が $-1<x<1$ に 2 個以上存在する。　　　　　（証明おわり）

類題 19　→ 解答 p.364

次の条件(C)を満たす関数 $f(x)$ を考える。

(C)　$f(x)$ は区間 $0 \leq x \leq 1$ において連続であり，
$\int_{0}^{1} f(x)\,dx=1$, $\int_{0}^{1} xf(x)\,dx=1$ を満たす。

(1) 定積分 $\int_{0}^{1} \{f(x)-(ax+b)\}^2 dx$ の値を最小にする実数 $a$, $b$ の値を求めよ。

(2) 条件(C)を満たす関数 $f(x)$ のうちで，定積分 $\int_{0}^{1} \{f(x)\}^2 dx$ の値を最小にするものとそのときの最小値を求めよ。

## 第6章 面積・体積と曲線の長さ

### 601 円周上で接する $n$ 個の放物線と面積

$n$ を3以上の自然数とする。点Oを中心とする半径1の円において，円周を $n$ 等分する点 $P_0$, $P_1$, ……, $P_{n-1}$ を時計回りにとる。各 $i=1, 2, ……, n$ に対して，直線 $OP_{i-1}$, $OP_i$ とそれぞれ点 $P_{i-1}$, $P_i$ で接するような放物線を $C_i$ とする。ただし，$P_n=P_0$ とする。放物線 $C_1, C_2, ……, C_n$ によって囲まれる部分の面積を $S_n$ とするとき，$\lim_{n\to\infty} S_n$ を求めよ。

(大阪大)

**精講** 直線 $OP_0$, $OP_1$ と放物線 $C_1$ の囲む部分の面積が求めやすい座標軸を取りましょう。

**解答** Oを原点とし，放物線 $C_1$ が下に凸で，軸が $y$ 軸となるような座標軸を設定する。

この円と $y$ 軸の正の部分との交点をAとし，

$$\angle P_0OA = \angle P_1OA = \frac{1}{2} \cdot \frac{2\pi}{n} = \frac{\pi}{n} = \theta$$

とすると，

$$P_1\left(\cos\left(\frac{\pi}{2}-\theta\right),\ \sin\left(\frac{\pi}{2}-\theta\right)\right) = (\sin\theta,\ \cos\theta)$$

であり，直線 $OP_1$ は

$$y = \frac{\cos\theta}{\sin\theta}x \qquad \cdots\cdots ①$$

である。また，座標軸の定め方から，

$$C_1 : y = ax^2 + b \ (a>0,\ b>0) \qquad \cdots\cdots ②$$

とおける。①，② が $P_1$ で接することより，

$$ax^2 + b = \frac{\cos\theta}{\sin\theta}x$$

$$\therefore \quad ax^2 - \frac{\cos\theta}{\sin\theta}x + b = 0 \qquad \cdots\cdots ③$$

は $x=\sin\theta$ を重解にもつから，③ は

$$a(x-\sin\theta)^2 = 0 \qquad \cdots\cdots ④$$

に等しい。そこで，③，④ の係数を比べると，

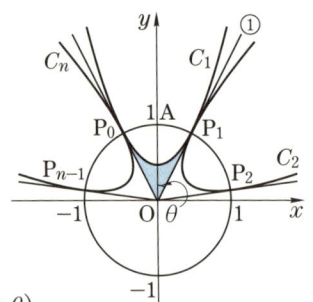

← ($P_1$ の $x$ 座標)$=\sin\theta$ より。

294

$$-2a\sin\theta = -\frac{\cos\theta}{\sin\theta}, \quad a\sin^2\theta = b$$

$$\therefore \quad a = \frac{\cos\theta}{2\sin^2\theta}, \quad b = \frac{1}{2}\cos\theta \qquad \cdots\cdots ⑤$$

←④の左辺は
$ax^2 - 2a(\sin\theta)x + a\sin^2\theta$
である。

である。$P_0$, $P_1$ は $y$ 軸に関して対称であるから，⑤のもとで，$C_1$，つまり，②は $OP_0$ にも $P_0$ で接する。

←$C_1$，つまり，②は $y$ 軸に関して対称である。また $OP_0$ と $OP_1$ は $y$ 軸に関して対称である。

線分 $OP_0$, $OP_1$ と $C_1$ によって囲まれた部分の面積を $T_n$ とおくと，$y$ 軸に関する対称性より，

$$T_n = 2\int_0^{\sin\theta}\left(ax^2 + b - \frac{\cos\theta}{\sin\theta}x\right)dx$$

$$= 2\int_0^{\sin\theta} a(x - \sin\theta)^2 dx$$

$$= 2a\left[\frac{1}{3}(x - \sin\theta)^3\right]_0^{\sin\theta}$$

$$= 2 \cdot \frac{\cos\theta}{2\sin^2\theta} \cdot \frac{1}{3}\sin^3\theta$$

$$= \frac{1}{3}\sin\theta\cos\theta$$

←（③の左辺）=（④の左辺）より。

←⑤より。

である。線分 $OP_{i-1}$, $OP_i$ と $C_i$ ($i = 2, 3, \cdots\cdots, n$) によって囲まれる部分の面積も $T_n$ に等しいから，

$$S_n = nT_n = \frac{1}{3}n\sin\theta\cos\theta$$

である。$n \to \infty$ のとき，$\theta = \dfrac{\pi}{n} \to 0$ であるから，

$$\lim_{n \to \infty} S_n = \lim_{\theta \to 0} \frac{1}{3} \cdot \frac{\pi}{\theta}\sin\theta\cos\theta$$

$$= \lim_{\theta \to 0} \frac{\pi}{3} \cdot \frac{\sin\theta}{\theta} \cdot \cos\theta$$

$$= \frac{\pi}{3} \cdot 1 \cdot 1 = \frac{\pi}{3}$$

←$n = \dfrac{\pi}{\theta}$

←$\displaystyle\lim_{\theta \to 0}\frac{\sin\theta}{\theta} = 1$

である。

**類題 20**　→ 解答 p.365

3 次関数 $y = x^3 - 3x^2 + 2x$ のグラフを $C$，直線 $y = ax$ を $l$ とする。

(1) $C$ と $l$ が原点以外の共有点をもつような実数 $a$ の範囲を求めよ。

(2) $a$ が(1)で求めた範囲内にあるとき，$C$ と $l$ によって囲まれる部分の面積を $S(a)$ とする。$S(a)$ が最小となる $a$ の値を求めよ。

(東京工大)

## 602 図形的な考察による定積分の計算

$0 \leq t \leq 2$ の範囲にある $t$ に対し，方程式 $x^4-2x^2-1+t=0$ の実数解のうち最大のものを $g_1(t)$，最小のものを $g_2(t)$ とおく。$\int_0^2 \{g_1(t)-g_2(t)\}dt$ を求めよ。

(東京大)

**精講**　方程式に含まれるパラメタ（ここでは $t$）を移項すると，実数解を2つのグラフの共有点として捉えることができます。そこから，与えられた定積分の図形的意味を読み取れば多項式の積分で済みます。

また，方程式の解を具体的に求めて計算しても難しくありません。

**解答**　方程式 $x^4-2x^2-1+t=0$ つまり，
$$-x^4+2x^2+1=t$$
の実数解は
$$y=-x^4+2x^2+1 \quad \cdots\cdots① \quad と \quad y=t \quad \cdots\cdots②$$
の共有点の $x$ 座標に等しい。……(*)

①の概形は
$$y'=-4x(x-1)(x+1)$$
より，(図1)のようになる。

| $t$ | $\cdots$ | $-1$ | $\cdots$ | $0$ | $\cdots$ | $1$ | $\cdots$ |
|---|---|---|---|---|---|---|---|
| $y'$ | $+$ | $0$ | $-$ | $0$ | $+$ | $0$ | $-$ |
| $y$ | ↗ | $2$ | ↘ | $1$ | ↗ | $2$ | ↘ |

$0 \leq t \leq 2$ のとき，(*) より $g_1(t)$, $g_2(t)$ は①，②の共有点のうちの右端 P，左端 Q の $x$ 座標であるから，$g_1(t)-g_2(t)$ は線分 PQ の長さを表す。したがって，
$$I=\int_0^2 \{g_1(t)-g_2(t)\}dt$$
は，(図2)の斜線部分の面積に等しい。

①と $x$ 軸の交点 A，B の $x$ 座標は
$$-x^4+2x^2+1=0 \quad \therefore \quad x^4-2x^2-1=0$$
の実数解であり，$x^2>0$ より
$$x^2=1+\sqrt{2}$$
$$\therefore \quad x=\pm\sqrt{1+\sqrt{2}}$$
である。曲線①は $y$ 軸に関して対称であるから，
$$\frac{1}{2}I=2\cdot1+\int_1^{\sqrt{1+\sqrt{2}}}(-x^4+2x^2+1)dx$$

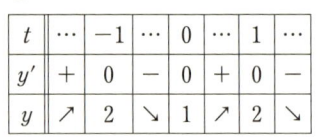

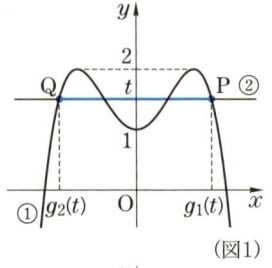

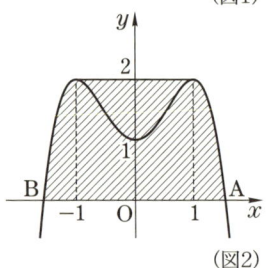

(図1)

(図2)

$$= 2 + \left[ -\frac{1}{5}x^5 + \frac{2}{3}x^3 + x \right]_1^{\sqrt{1+\sqrt{2}}}$$

$$= 2 + \sqrt{1+\sqrt{2}} \left\{ -\frac{(1+\sqrt{2})^2}{5} + \frac{2}{3}(1+\sqrt{2}) + 1 \right\} - \frac{22}{15}$$

$$= \frac{8}{15} + \frac{16+4\sqrt{2}}{15}\sqrt{1+\sqrt{2}}$$

$$\therefore \quad I = \frac{8}{15}\{2 + (4+\sqrt{2})\sqrt{1+\sqrt{2}}\}$$

である。

◁ 別解

$0 \leqq t \leqq 2$ のとき，方程式を解くと

$$x^4 - 2x^2 - 1 + t = 0 \quad \therefore \quad x^2 = 1 \pm \sqrt{2-t}$$

となる。これより，実数解は

$0 \leqq t < 1$ のとき $x = \pm\sqrt{1+\sqrt{2-t}}$

$1 \leqq t \leqq 2$ のとき $x = \pm\sqrt{1+\sqrt{2-t}},\ \pm\sqrt{1-\sqrt{2-t}}$

であり，いずれの場合にも

$$g_1(t) = \sqrt{1+\sqrt{2-t}},\ g_2(t) = -\sqrt{1+\sqrt{2-t}}$$

である。したがって，

$$I = \int_0^2 \{g_1(t) - g_2(t)\}dt$$

$$= 2\int_0^2 \sqrt{1+\sqrt{2-t}}\,dt$$

である。ここで，

$$1 + \sqrt{2-t} = u \quad \therefore \quad t = -u^2 + 2u + 1$$

と置換すると，

$$I = 2\int_{1+\sqrt{2}}^1 \sqrt{u}\,(-2u+2)du$$

$$= 8\left[ -\frac{1}{5}u^2\sqrt{u} + \frac{1}{3}u\sqrt{u} \right]_{1+\sqrt{2}}^1$$

$$= 8\left[ \frac{2}{15} + \left\{ \frac{(1+\sqrt{2})^2}{5} - \frac{1+\sqrt{2}}{3} \right\}\sqrt{1+\sqrt{2}} \right]$$

$$= \frac{8}{15}\{2 + (4+\sqrt{2})\sqrt{1+\sqrt{2}}\}$$

である。

⬅ $0 \leqq t < 1$ のとき，$1 - \sqrt{2-t} < 0$ である。

⬅ $dt = (-2u+2)du$

| $t$ | $0$ | $\longrightarrow$ | $2$ |
| $u$ | $1+\sqrt{2}$ | $\longrightarrow$ | $1$ |

（$0 \leqq t \leqq 2$ において，$u = 1+\sqrt{2-t}$ は減少する）

## 603 互いに接する2つの曲線と面積

$f(x)=\log\dfrac{x^2+1}{2}$ とおく。$xy$ 平面上の円 $C$ と曲線 $D: y=f(x)$ は $D$ のすべての変曲点で接しているとする。ただし，2つの曲線がある点で接するとはその点で共通の接線をもつことをいう。

(1) $C$ の方程式を求めよ。
(2) $C$ と $D$ の共有点は $D$ の変曲点のみであることを証明せよ。
(3) $C$ と $D$ で囲まれた部分の面積を求めよ。　　　　　　（京都府立医大*）

**精講**　(1) $C$ の中心は $D$ の変曲点における法線上にあります。
(2) $D$ は変曲点を除くと $C$ の外部にあるはずです。これをどのように示すとよいかを考えましょう。

**解答**　(1) $f'(x)=\dfrac{2x}{x^2+1}$

$f''(x)=\dfrac{2\{x^2+1-x\cdot 2x\}}{(x^2+1)^2}=\dfrac{2(1-x^2)}{(x^2+1)^2}$

← $f(x)=\log(x^2+1)-\log 2$ より
$f'(x)=\dfrac{(x^2+1)'}{x^2+1}=\dfrac{2x}{x^2+1}$

であるから，$D: y=f(x)$ の変曲点は
　　A$(-1, 0)$, B$(1, 0)$
である。

← $|x|<1$ のとき
　$y''>0$ より下に凸
$|x|>1$ のとき
　$y''<0$ より上に凸

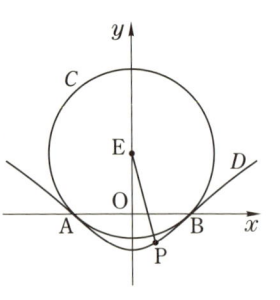

円 $C$ は $D$ と2点 A，B において接しているので，$C$ の中心 E は A，B それぞれにおける $D$ の法線
　　$y=x+1$, $y=-x+1$
の交点であるから，E$(0, 1)$ である。また，半径は AE$=\sqrt{2}$ であるから，
　　$C: x^2+(y-1)^2=2$
である。

(2) $D$ 上の A，B 以外の点 P$(t, f(t))$ はすべて $C$ の外部にあること，つまり，
　　EP$>\sqrt{2}$　　　　　　　　　……①
が成り立つことを示すとよい。$C, D$ はともに $y$ 軸に関して対称であるから，$t \geqq 0$ のもとで，B を除いて，すなわち，$t=1$ を除いて，①が成り立つことを

示す。
$$EP^2 = t^2 + (f(t)-1)^2$$
$$= t^2 + \left(\log\frac{t^2+1}{2} - 1\right)^2 = g(t)$$
とおくと，
$$g'(t) = 2t + \frac{4t}{t^2+1}\left(\log\frac{t^2+1}{2} - 1\right)$$
$$= \frac{2t}{t^2+1}\left(t^2 + 1 + 2\log\frac{t^2+1}{2} - 2\right) \quad \cdots\cdots ②$$

← 以下，$g(t)$ は $t=1$ において最小値 2 をとると予想して調べる。

となる。$t \geq 0$ において，② の（ ）内は単調増加であり，$t=1$ のとき 0 となるので，$g(t)$ の増減は右表の通りである。

| $t$ | 0 | $\cdots$ | 1 | $\cdots$ |
|---|---|---|---|---|
| $g'(t)$ | | $-$ | 0 | $+$ |
| $g(t)$ | | $\searrow$ | 2 | $\nearrow$ |

したがって，$t \geq 0$ かつ $t \neq 1$ のとき
$$g(t) > 2 \quad \text{つまり} \quad EP > \sqrt{2} \quad \cdots\cdots ①$$
が示された。（証明おわり）

(3) 求める面積を $S$ とおき，$C$ の弓形 A⌒B の面積を $T$ とおくと，
$$S = \int_{-1}^{1}\left(-\log\frac{x^2+1}{2}\right)dx - T \quad \cdots\cdots ③$$
である。ここで，
$$T = \frac{1}{4}(\sqrt{2})^2\pi - \frac{1}{2}(\sqrt{2})^2 = \frac{\pi}{2} - 1$$

← $\angle AEB = \dfrac{\pi}{2}$ より。

$$\int_{-1}^{1}\left(-\log\frac{x^2+1}{2}\right)dx$$
$$= -2\int_{0}^{1}\log\frac{x^2+1}{2}dx$$
$$= -2\left\{\left[x\log\frac{x^2+1}{2}\right]_{0}^{1} - \int_{0}^{1}x\cdot\frac{2x}{x^2+1}dx\right\}$$
$$= 4\int_{0}^{1}\left(1 - \frac{1}{x^2+1}\right)dx$$
$$= 4 - \pi$$

← $\log\dfrac{x^2+1}{2}$ は偶関数であるから。

← $\int_{0}^{1}x\cdot\dfrac{2x}{x^2+1}dx$
$= 2\int_{0}^{1}\left(1 - \dfrac{1}{x^2+1}\right)dx$

← $x = \tan\theta$ の置換により
$\int_{0}^{1}\dfrac{1}{x^2+1}dx = \int_{0}^{\frac{\pi}{4}}d\theta = \dfrac{\pi}{4}$

である。③ に戻って，
$$S = 4 - \pi - \left(\frac{\pi}{2} - 1\right) = 5 - \frac{3}{2}\pi$$
である。

## 604 媒介変数表示された曲線と面積(1)

$x$, $y$ は $t$ を媒介変数として，次のように表示されているものとする。

$$x=\frac{3t-t^2}{t+1}, \quad y=\frac{3t^2-t^3}{t+1}$$

変数 $t$ が $0 \leqq t \leqq 3$ を動くとき，$x$ と $y$ の動く範囲をそれぞれ求めよ。さらに，この $(x, y)$ が描くグラフが囲む図形と領域 $y \geqq x$ の共通部分の面積を求めよ。

(京都大)

**精講** $\dfrac{dx}{dt}$, $\dfrac{dy}{dt}$ からわかる $x$, $y$ の増減は単純ですから，まずグラフの概形を描いて，そのグラフと $y=x$ との原点以外の交点について調べます。

**解答** $x=x(t)=\dfrac{3t-t^2}{t+1}$, $y=y(t)=\dfrac{3t^2-t^3}{t+1}$

とおく。

$$x'(t)=\frac{(3-2t)(t+1)-(3t-t^2)}{(t+1)^2}=\frac{-(t-1)(t+3)}{(t+1)^2} \quad \cdots\cdots ①$$

であるから，$0 \leqq t \leqq 3$ ……② において $x$ が動く範囲は右表より

$$0 \leqq x \leqq 1$$

| $t$ | 0 | $\cdots$ | 1 | $\cdots$ | 3 |
|---|---|---|---|---|---|
| $x'(t)$ | | $+$ | 0 | $-$ | |
| $x(t)$ | 0 | ↗ | 1 | ↘ | 0 |

である。次に，

$$y'(t)=\frac{(6t-3t^2)(t+1)-(3t^2-t^3)}{(t+1)^2}=\frac{-2t(t^2-3)}{(t+1)^2}$$

であるから，②において $y$ の動く範囲は，右表より，

$$0 \leqq y \leqq 6\sqrt{3}-9$$

| $t$ | 0 | $\cdots$ | $\sqrt{3}$ | $\cdots$ | 3 |
|---|---|---|---|---|---|
| $y'(t)$ | | $+$ | 0 | $-$ | |
| $y(t)$ | 0 | ↗ | $6\sqrt{3}-9$ | ↘ | 0 |

である。

以上より，②の範囲で，$P_t(x, y)=(x(t), y(t))$ の描くグラフ $C$ の概形は右図の通りである。

$$y(t)-x(t)=tx(t)-x(t)=\frac{(t-1)t(3-t)}{t+1}$$

であるから，$P_t$ が領域 $y \geqq x$ にあるのは

$$t=0, \quad 1 \leqq t \leqq 3$$

のときであり，$P_t$ は $P_1 \to P_{\sqrt{3}} \to O$ の部分を動く。

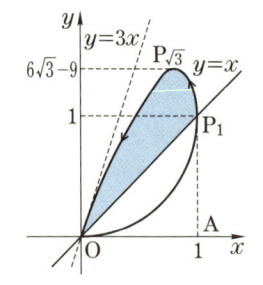

$P_t$ の $y$ 座標を $y_+$ と表すと，求める面積 $S$ は

$$S = \int_0^1 y_+ dx - \frac{1}{2} \quad \cdots\cdots ③$$

← ($\triangle$OAP$_1$ の面積)$=\dfrac{1}{2}$
ここで，A(1, 0) である。

である。③で，$x = \dfrac{3t-t^2}{t+1}$ と置換すると，$y_+$ において

は，$\begin{array}{|c|ccc|} \hline x & 0 & \longrightarrow & 1 \\ \hline t & 3 & \longrightarrow & 1 \\ \hline \end{array}$ と対応するから，

$$I = \int_0^1 y_+ dx = \int_3^1 y \cdot \frac{dx}{dt} \cdot dt$$

← $\dfrac{dx}{dt} = x'(t)$ は①で求めている。

$$= \int_3^1 \frac{3t^2 - t^3}{t+1} \cdot \frac{-(t-1)(t+3)}{(t+1)^2} dt$$

$$= \int_1^3 \frac{-t^2(t-3)(t-1)(t+3)}{(t+1)^3} dt$$

となる。ここで，$t+1 = u$ と置換すると，

$$I = \int_2^4 \frac{-(u-1)^2(u-4)(u-2)(u+2)}{u^3} du$$

$$= \int_2^4 \frac{-u^5 + 6u^4 - 5u^3 - 20u^2 + 36u - 16}{u^3} du$$

$$= \int_2^4 \left(-u^2 + 6u - 5 - \frac{20}{u} + \frac{36}{u^2} - \frac{16}{u^3}\right) du$$

$$= \left[-\frac{1}{3}u^3 + 3u^2 - 5u - 20\log u - \frac{36}{u} + \frac{8}{u^2}\right]_2^4$$

$$= \frac{89}{6} - 20\log 2$$

となるので，③に戻ると，

$$S = I - \frac{1}{2} = \frac{43}{3} - 20\log 2$$

である。

### 参考

グラフ $C$ の概形を描くことを求められたときは，$P_1$ において直線 $x=1$ に接すること，$P_{\sqrt{3}}(6-3\sqrt{3},\ 6\sqrt{3}-9)$ で $y$ は極大となることに加えて，

$$\lim_{t\to 0}\frac{y}{x} = \lim_{t\to 0}\frac{\dfrac{3t^2-t^3}{t+1}}{\dfrac{3t-t^2}{t+1}} = \lim_{t\to 0} t = 0,\ \lim_{t\to 3}\frac{y}{x} = \lim_{t\to 3} t = 3$$

より，$C$ は $t=0$ のとき原点 O で $x$ 軸に接し，$t=3$ のとき，O で直線 $y=3x$ に接することを示しておく必要がある。

## 605 媒介変数表示された曲線と面積(2)

> 座標平面において，媒介変数 $t$ を用いて $\begin{cases} x=\cos 2t \\ y=t\sin t \end{cases}$ $(0\leqq t\leqq 2\pi)$ と表される曲線が囲む領域の面積を求めよ。 (東京大)

**精講** $0\leqq t\leqq 2\pi$ における $x=\cos 2t$ の変化は単純で，さらに $t=0, \pi, 2\pi$ における点 $(x, y)$ はすべて $(1, 0)$ であることも明らかですが，面積を求めるためには，$0<t<\pi, \pi<t<2\pi$ においてこの曲線が交叉することがあるかどうかを知る必要があります。

**解答** $0\leqq t\leqq 2\pi$ ……① において
$$x=x(t)=\cos 2t, \quad y=y(t)=t\sin t$$
とおいて，$P_t(x, y)=(x(t), y(t))$ の描く曲線を $C$ とする。

①において，$x(t)$ は次のように変化する。

| $t$ | 0 | … | $\dfrac{\pi}{2}$ | … | $\pi$ | … | $\dfrac{3}{2}\pi$ | … | $2\pi$ |
|---|---|---|---|---|---|---|---|---|---|
| $x(t)$ | 1 | ↘ | $-1$ | ↗ | 1 | ↘ | $-1$ | ↗ | 1 |

また，$y(t)$ については
$0\leqq t\leqq \pi$ のとき $y(t)\geqq 0$
$\pi\leqq t\leqq 2\pi$ のとき $y(t)\leqq 0$
であり，
$$P_0=P_\pi=P_{2\pi}=A(1, 0)$$
である。これより，$P_t$ は，(i) $0\leqq t\leqq \pi$ ……② のとき，$y\geqq 0$ において，Aを出発してAに戻り，
(ii) $\pi\leqq t\leqq 2\pi$ ……③ のとき，$y\leqq 0$ において，Aを出発してAに戻る。

← $y'(t)=\sin t+t\cos t$ であり，$y(t)$ の増減はすぐにはわからないが，以下の説明からわかるように，左の事実を捉えておくと十分である。 注 参照。

(i)において，特に $0<t<\dfrac{\pi}{2}$ とすると，
$$0<t<\dfrac{\pi}{2}<\pi-t<\pi, \quad \sin t>0$$
であり，
$$x(\pi-t)=\cos 2(\pi-t)=\cos 2t=x(t)$$

← 注 参照。

$$y(\pi-t)=(\pi-t)\sin(\pi-t)=(\pi-t)\sin t$$
$$>t\sin t=y(t)$$

である。これより，$P_t$ と $P_{\pi-t}$ の $x$ 座標は等しくて，$P_{\pi-t}$ は $P_t$ より上方にあるから，②における $P_t$ の軌跡の概形は右図のようになる。

(ii)において，特に $\pi<t<\dfrac{3}{2}\pi$ とすると，

$$t<\dfrac{3}{2}\pi<3\pi-t<2\pi,\ \sin t<0$$

← 注 参照。

であり，

$$x(3\pi-t)=\cos 2(3\pi-t)=\cos 2t=x(t)$$
$$y(3\pi-t)=(3\pi-t)\sin(3\pi-t)=(3\pi-t)\sin t$$
$$<t\sin t=y(t)$$

← $t<3\pi-t$，$\sin t<0$ より。

である。これより，$P_t$ と $P_{3\pi-t}$ の $x$ 座標は等しくて，$P_{3\pi-t}$ は $P_t$ より下方にあるから，③における $P_t$ の軌跡の概形は右図のようになる。

以上のことから，曲線 $C$ の

$$0\leqq t\leqq\dfrac{\pi}{2},\ \dfrac{\pi}{2}\leqq t\leqq\pi,\ \pi\leqq t\leqq\dfrac{3}{2}\pi,\ \dfrac{3}{2}\pi\leqq t\leqq 2\pi$$

に対応する部分の $y$ 座標をそれぞれ，$y_1$，$y_2$，$y_3$，$y_4$ と表すことにすると，求める面積 $S$ は

$$\begin{aligned}S&=\int_{-1}^{1}y_2 dx-\int_{-1}^{1}y_1 dx\\&\quad +\int_{-1}^{1}(-y_4)dx-\int_{-1}^{1}(-y_3)dx\\&=\int_{\frac{\pi}{2}}^{\pi}y\dfrac{dx}{dt}dt-\int_{\frac{\pi}{2}}^{0}y\dfrac{dx}{dt}dt\\&\quad -\int_{\frac{3}{2}\pi}^{2\pi}y\dfrac{dx}{dt}dt+\int_{\frac{3}{2}\pi}^{\pi}y\dfrac{dx}{dt}dt\\&=\int_{\frac{\pi}{2}}^{\pi}y\dfrac{dx}{dt}dt+\int_{0}^{\frac{\pi}{2}}y\dfrac{dx}{dt}dt\\&\quad -\left(\int_{\frac{3}{2}\pi}^{2\pi}y\dfrac{dx}{dt}dt+\int_{\pi}^{\frac{3}{2}\pi}y\dfrac{dx}{dt}dt\right)\\&=\int_{0}^{\pi}y\dfrac{dx}{dt}dt-\int_{\pi}^{2\pi}y\dfrac{dx}{dt}dt\quad\cdots\cdots④\end{aligned}$$

となる。ここで，

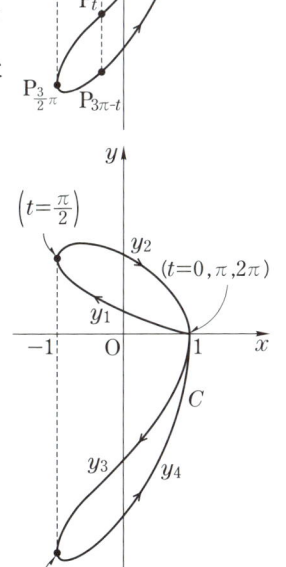

$$\int y \frac{dx}{dt} dt = \int y(t) x'(t) dt$$

$$= \int t \sin t (-2\sin 2t) dt = -4 \int t \sin^2 t \cos t \, dt$$

← $-4\int t \left(\frac{1}{3}\sin^3 t\right)' dt$

$$= -4\left\{t \cdot \frac{1}{3}\sin^3 t - \frac{1}{3}\int \sin^3 t \, dt\right\}$$

$$= -\frac{4}{3}\left\{t\sin^3 t + \int (1-\cos^2 t)(\cos t)' dt\right\}$$

← $\sin^3 t = (1-\cos^2 t)\sin t$
  $= -(1-\cos^2 t)(\cos t)'$

$$= -\frac{4}{3}\left(t\sin^3 t + \cos t - \frac{1}{3}\cos^3 t\right) + C$$

← $C$ は積分定数

であるから，

$$F(t) = -\frac{4}{3}\left(t\sin^3 t + \cos t - \frac{1}{3}\cos^3 t\right)$$

とおいて，④に戻ると，

$$S = \Big[F(t)\Big]_0^\pi - \Big[F(t)\Big]_\pi^{2\pi}$$

$$= 2F(\pi) - F(0) - F(2\pi)$$

$$= 2 \cdot \left(-\frac{4}{3}\right) \cdot \left(-\frac{2}{3}\right) + \frac{4}{3} \cdot \frac{2}{3} + \frac{4}{3} \cdot \frac{2}{3}$$

$$= \frac{32}{9}$$

である。

**注** 曲線 $C$ が囲む領域の面積を求めるためには，$C$ が $\mathrm{P}_0 = \mathrm{P}_\pi = \mathrm{P}_{2\pi} = \mathrm{A}(1, 0)$ 以外の点で交叉することがあるかないかを知る必要がある。

(i)において，$t$ が $0 \to \pi$ と変化する間に $x$ は $1 \to -1 \to 1$ と変わる。ここで，

$$y'(t) = \sin t + t \cos t = \cos t(\tan t + t)$$

より，$\tan \alpha = -\alpha \left(\frac{\pi}{2} < \alpha < \pi\right)$ を満たす $\alpha$ をとると，

$t$ が $0 \to \alpha \to \pi$ と変化する間に $y$ は $0 \to \alpha \sin \alpha$ と増加したあと，$\alpha \sin \alpha \to 0$ と減少することはわかる。

しかし，これだけでは，右図のような状況もありうるので，$C$ が交叉しないとはいえない。

そこで，$C$ 上において $x$ 座標が一致する $2$ 点について，$y$ 座標を比較してみようと考える。

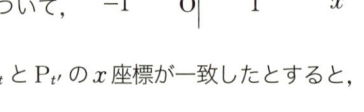

$0 < t < t' < \pi$ ……⑤ を満たす $t$, $t'$ に対して，$\mathrm{P}_t$ と $\mathrm{P}_{t'}$ の $x$ 座標が一致したとすると，

$$x(t) = x(t'), \quad \text{つまり}, \quad \cos 2t = \cos 2t'$$

であり，⑤より $0 < 2t < 2t' < 2\pi$ であることに注意すると，

$$\frac{1}{2}(2t + 2t') = \pi \quad \therefore \quad t' = \pi - t$$

となる。これが，◀解答(i)において，$P_t$ と $P_{\pi-t}$ を取り上げて，それらの $y$ 座標を比較している理由である。

(ii)において，$P_t$ と $P_{3\pi-t}$ の $y$ 座標を比較しているのも同様の理由である。

### 参考

次のような積分計算も考えられる。

$$\int y \frac{dx}{dt} dt = \int t \sin t (-2\sin 2t) dt = \int t(-2\sin 2t \sin t) dt$$

において，$\sin t \sin 2t = -\frac{1}{2}(\cos 3t - \cos t)$ であるから，

$$\int y \frac{dx}{dt} dt = \int t(\cos 3t - \cos t) dt = t\left(\frac{1}{3}\sin 3t - \sin t\right) - \int \left(\frac{1}{3}\sin 3t - \sin t\right) dt$$
$$= t\left(\frac{1}{3}\sin 3t - \sin t\right) + \frac{1}{9}\cos 3t - \cos t + C$$

である。したがって，

$$G(t) = t\left(\frac{1}{3}\sin 3t - \sin t\right) + \frac{1}{9}\cos 3t - \cos t$$

とおくと，④より

$$S = \Big[G(t)\Big]_0^\pi - \Big[G(t)\Big]_\pi^{2\pi} = 2G(\pi) - G(0) - G(2\pi)$$
$$= 2 \cdot \frac{8}{9} - \left(-\frac{8}{9}\right) - \left(-\frac{8}{9}\right) = \frac{32}{9}$$

である。

### 類題 21  → 解答 p.366

半径 1 の円盤 $C_1$ が半径 2 の円盤 $C_2$ に貼り付けられており，2 つの円盤の中心は一致する。$C_2$ の周上にある定点を A とする。右の図のように，時刻 $t=0$ において $C_1$ は $O(0, 0)$ で $x$ 軸に接し，A は座標 $(0, -1)$ の位置にある。2 つの円盤は一体となり，$C_1$ は $x$ 軸上をすべることなく転がっていく。時刻 $t$ で $C_1$ の中心が点 $(t, 1)$ にあるように転がるとき，$0 \leq t \leq 2\pi$ において A が描く曲線を $C$ とする。

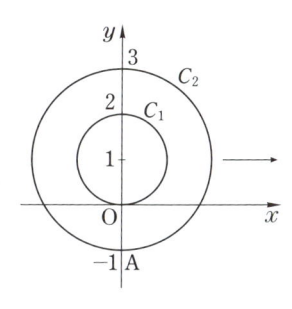

(1) 時刻 $t$ における A の座標を $(x(t), y(t))$ で表す。$(x(t), y(t))$ を求めよ。

(2) $x(t)$ と $y(t)$ の $t$ に関する増減を調べ，$x(t)$ あるいは $y(t)$ が最大値または最小値をとるときの A の座標をすべて求めよ。

(3) $C$ と $x$ 軸で囲まれた図形の面積を求めよ。

(名古屋大)

## 606　大円に内接する小円上の点の軌跡と面積

半径 10 の円 $C$ がある。半径 3 の円板 $D$ を，円 $C$ に内接させながら，円 $C$ の円周に沿って滑ることなく転がす。円板 $D$ の周上の一点を P とする。点 P が，円 $C$ の円周に接してから再び円 $C$ の円周に接するまでに描く曲線は，円 $C$ を 2 つの部分に分ける。それぞれの面積を求めよ。　　　　　　　　　　　　（東京大）

**精講**　座標平面において，P の座標をパラメタ表示することが必要です。
そのために，円 $D$ の中心を Q とすると，ベクトルの和 $\overrightarrow{OP} = \overrightarrow{OQ} + \overrightarrow{QP}$ を利用することになります。

**解答**　円 $C$ の中心を原点 O とし，円 $D$ 上の点 P は最初，点 A(10, 0) にあるとする。

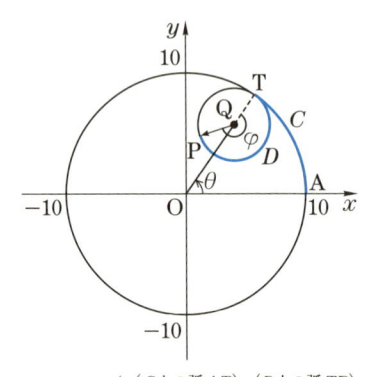

$D$ が $C$ に内接しながら，反時計回りに動くとして，$D$ の中心を Q，$C$ と $D$ の接点を T とする。$x$ 軸の正の向きから $\overrightarrow{OQ}$ までの角を $\theta$ とするとき，円 $D$ の弧 TP（右図の青線）の中心角を $\varphi$ とすると，

$$10\theta = 3\varphi \quad \therefore \quad \varphi = \frac{10}{3}\theta$$

であるから，$x$ 軸の正の向きから $\overrightarrow{QP}$ までの角は $\theta - \varphi = -\frac{7}{3}\theta$ である。したがって，

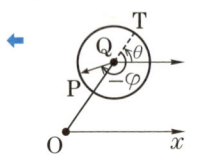

$$\overrightarrow{OP} = \overrightarrow{OQ} + \overrightarrow{QP}$$
$$= (7\cos\theta,\ 7\sin\theta) + \left(3\cos\left(-\frac{7}{3}\theta\right),\ 3\sin\left(-\frac{7}{3}\theta\right)\right)$$
$$= \left(7\cos\theta + 3\cos\frac{7}{3}\theta,\ 7\sin\theta - 3\sin\frac{7}{3}\theta\right)$$

となる。

←（$C$ 上の弧 AT）=（$D$ 上の弧 TP）

P が円 $C$ 上の点 B に達するとき，$\varphi = 2\pi$ であり $\theta = \frac{3}{5}\pi$ であるから，B$\left(10\cos\frac{3}{5}\pi,\ 10\sin\frac{3}{5}\pi\right)$ であ　　←$\theta = \frac{3}{10}\varphi$ より。
り，A から B までの P の軌跡は，$0 \leqq \theta \leqq \frac{3}{5}\pi$ として，

306

$$x = 7\cos\theta + 3\cos\frac{7}{3}\theta, \quad y = 7\sin\theta - 3\sin\frac{7}{3}\theta$$

と表される。このとき，

$$\frac{dx}{d\theta} = -7\left(\sin\theta + \sin\frac{7}{3}\theta\right) = -14\sin\frac{5}{3}\theta\cos\frac{2}{3}\theta \leqq 0 \quad \leftarrow 0 \leqq \frac{5}{3}\theta \leqq \pi,$$

$$\frac{dy}{d\theta} = 7\left(\cos\theta - \cos\frac{7}{3}\theta\right) = 14\sin\frac{5}{3}\theta\sin\frac{2}{3}\theta \geqq 0 \qquad 0 \leqq \frac{2}{3}\theta \leqq \frac{2}{5}\pi$$

であるから，$\theta$ とともに $x$ は減少し，$y$ は増加する。したがって，($B$ の $x$ 座標 $b$) $= 10\cos\frac{3}{5}\pi$ とおくと，右図の斜線部分の面積 $S_1$ は

$$S_1 = \int_b^{10} y\,dx = \int_{\frac{3}{5}\pi}^{0} y\frac{dx}{d\theta}d\theta$$

$$= \int_0^{\frac{3}{5}\pi} \left(7\sin\theta - 3\sin\frac{7}{3}\theta\right)$$
$$\qquad \times 7\left(\sin\theta + \sin\frac{7}{3}\theta\right)d\theta$$

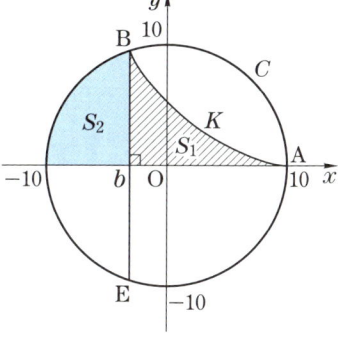

$$= 7\int_0^{\frac{3}{5}\pi}\left(7\sin^2\theta + 4\sin\theta\sin\frac{7}{3}\theta - 3\sin^2\frac{7}{3}\theta\right)d\theta$$

$$= 7\int_0^{\frac{3}{5}\pi}\left\{\frac{7}{2}(1-\cos 2\theta) - 2\left(\cos\frac{10}{3}\theta - \cos\frac{4}{3}\theta\right) - \frac{3}{2}\left(1-\cos\frac{14}{3}\theta\right)\right\}d\theta$$

$$= 7\left[2\theta - \frac{7}{4}\sin 2\theta - \frac{3}{5}\sin\frac{10}{3}\theta + \frac{3}{2}\sin\frac{4}{3}\theta + \frac{9}{28}\sin\frac{14}{3}\theta\right]_0^{\frac{3}{5}\pi}$$

$$= \frac{42}{5}\pi + 25\sin\frac{4}{5}\pi \qquad\qquad \leftarrow -\sin\frac{6}{5}\pi = \sin\frac{14}{5}\pi$$
$$\qquad\qquad\qquad\qquad\qquad\qquad = \sin\frac{4}{5}\pi$$

であり，青網部分の面積 $S_2$ は

$$S_2 = \frac{1}{2}\left(弓形 \begin{matrix}B\\E\end{matrix}\right) = \frac{1}{2}\left(\frac{1}{2}\cdot 10^2 \cdot \frac{4}{5}\pi - \frac{1}{2}\cdot 10^2 \cdot \sin\frac{4}{5}\pi\right) \leftarrow \angle AOB = \frac{3}{5}\pi \text{ より,}$$
$$= 20\pi - 25\sin\frac{4}{5}\pi \qquad\qquad\qquad\qquad\qquad \angle BOE = \frac{4}{5}\pi$$

である。したがって，

（大きい部分の面積）$=$（半円）$+ S_1 + S_2 = \dfrac{392}{5}\pi$

（小さい部分の面積）$= 10^2\pi - \dfrac{392}{5}\pi = \dfrac{\mathbf{108}}{\mathbf{5}}\boldsymbol{\pi}$

である。

## 607 極方程式を用いた面積公式 $\dfrac{1}{2}\displaystyle\int_\alpha^\beta \{f(\theta)\}^2 d\theta$

(1) 極方程式 $r=f(\theta)$ $(\alpha \leqq \theta \leqq \beta)$ で表される曲線を $C$ とし，極座標 $(f(\alpha), \alpha)$，$(f(\beta), \beta)$ で表される点を A，B とするとき，曲線 $C$ と2つの線分 OA，OB によって囲まれる部分の面積 $S$ は

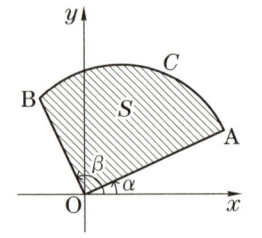

$$S=\dfrac{1}{2}\int_\alpha^\beta \{f(\theta)\}^2 d\theta$$

であることを示せ。

(2) $xy$ 平面の第1象限内の動点 P は次の条件 (C) を満たす。

 (C) 原点 O と P を結ぶ線分 OP の垂直二等分線と $x$ 軸，$y$ 軸によって囲まれる部分の面積が $2\sqrt{3}$ である。

このとき，P の描く曲線によって囲まれる図形の面積 $T$ を求めよ。

**＜精講＞** (1) この公式を初めて見た人は，以下の説明を読んで理解して下さい。

(2)では，(1)を利用するために，P の軌跡を表す極方程式を求めます。

**＜解答＞** (1) 曲線 $C$ 上に点 $\mathrm{P}_\theta(f(\theta), \theta)$

 $(\alpha \leqq \theta \leqq \beta)$ をとり，$C$ と線分 OA，$\mathrm{OP}_\theta$ によって囲まれる部分の面積を $S(\theta)$ とする。

 $\theta$ の増分 $\varDelta\theta$ に対する $S(\theta)$ の増分を $\varDelta S$ とすると，$\varDelta\theta$ が非常に小さい正の値のとき，$\varDelta S$ は半径が $\mathrm{OP}_\theta = f(\theta)$，中心角が $\varDelta\theta$ の扇形の面積にほぼ等しい。したがって，

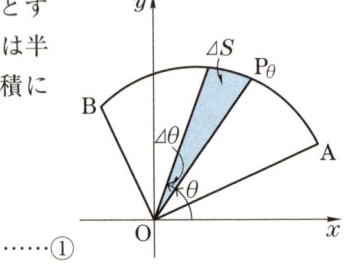

$$\varDelta S \fallingdotseq \dfrac{1}{2}\{f(\theta)\}^2 \varDelta\theta$$

$$\therefore\ \dfrac{\varDelta S}{\varDelta\theta} \fallingdotseq \dfrac{1}{2}\{f(\theta)\}^2 \quad \cdots\cdots\text{①}$$

←極座標 $(r, \theta)=(f(\theta), \theta)$

←$\varDelta\theta<0$ のとき，$\varDelta S<0$ であって，①の関係が成り立つ。

が成り立つ。$\varDelta\theta$ が負の値であっても①は成り立ち，$\varDelta\theta \to 0$ のとき，両辺の極限を考えると，

$$S'(\theta)=\lim_{\varDelta\theta \to 0}\dfrac{\varDelta S}{\varDelta\theta}=\dfrac{1}{2}\{f(\theta)\}^2$$

である。これより，$S(\theta)$ は $\dfrac{1}{2}\{f(\theta)\}^2$ の原始関数

の 1 つであるから，
$$\frac{1}{2}\int_\alpha^\beta \{f(\theta)\}^2 d\theta = S(\beta) - S(\alpha)$$
である。ここで，$S(\theta)$ の定義から
$$S(\alpha) = 0, \quad S(\beta) = S$$
であるから，
$$S = \frac{1}{2}\int_\alpha^\beta \{f(\theta)\}^2 d\theta$$
が成り立つ。　　　　　　　　　　（証明おわり）

⬅ $S(\beta) - S(\alpha)$
$= \int_\alpha^\beta S'(\theta) d\theta$
$= \int_\alpha^\beta \frac{1}{2}\{f(\theta)\}^2 d\theta$

(2)　$\mathrm{OP} = r$，$\angle x\mathrm{OP} = \theta$ $\left(r > 0,\ 0 < \theta < \dfrac{\pi}{2}\right)$
とおく。OP の中点を M とし，線分 OP の垂直二等分線 $l$ と $x$ 軸，$y$ 軸との交点を Q，R とすると 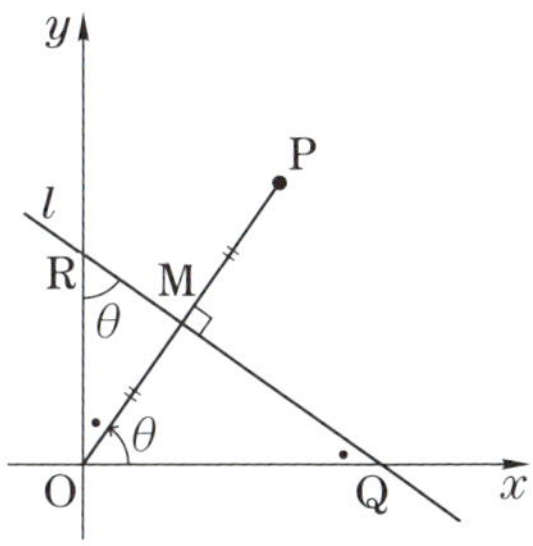
$$\mathrm{OQ} = \frac{\mathrm{OM}}{\cos\theta} = \frac{r}{2\cos\theta}, \quad \mathrm{OR} = \frac{\mathrm{OM}}{\sin\theta} = \frac{r}{2\sin\theta}$$
である。条件(C)より，$\triangle \mathrm{OQR} = 2\sqrt{3}$ であるから，
$$\frac{1}{2} \cdot \frac{r}{2\cos\theta} \cdot \frac{r}{2\sin\theta} = 2\sqrt{3}$$
$$\therefore\ r^2 = 16\sqrt{3}\sin\theta\cos\theta = 8\sqrt{3}\sin 2\theta \quad \cdots\cdots ②$$
である。

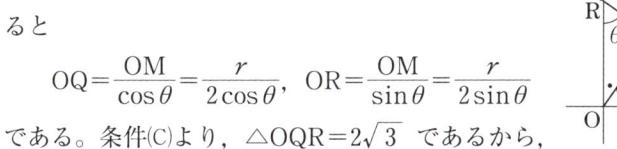

⬅ 参考 参照。

P の軌跡は $0 < \theta < \dfrac{\pi}{2}$ において，極方程式②で表される曲線であり，$\theta \to +0$，$\theta \to \dfrac{\pi}{2} - 0$ のとき，②より $r \to 0$，すなわち，P → O であるから，
$$T = \frac{1}{2}\int_0^{\frac{\pi}{2}} r^2 d\theta = \frac{1}{2}\int_0^{\frac{\pi}{2}} 8\sqrt{3}\sin 2\theta\, d\theta$$
$$= \Big[-2\sqrt{3}\cos 2\theta\Big]_0^{\frac{\pi}{2}} = \mathbf{4\sqrt{3}}$$
である。

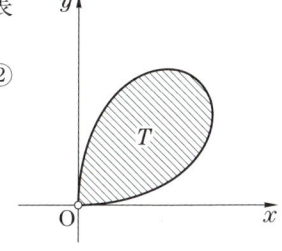

### 参考

(2)において，②を導いたあと，(1)の公式を用いずに面積を求めることもできるが，以下に示すように計算量は増えることになる。

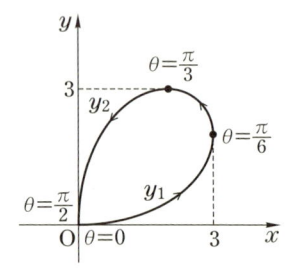

②より，$r=\sqrt{8\sqrt{3}\sin 2\theta}$ であるから，
$$P(x,\ y)=(\sqrt{8\sqrt{3}\sin 2\theta}\cos\theta,\ \sqrt{8\sqrt{3}\sin 2\theta}\sin\theta)$$
である。このとき，

$$\frac{dx}{d\theta}=\sqrt{8\sqrt{3}}\left(\frac{\cos 2\theta}{\sqrt{\sin 2\theta}}\cos\theta-\sqrt{\sin 2\theta}\sin\theta\right)$$

$$=\frac{\sqrt{8\sqrt{3}}\cos 3\theta}{\sqrt{\sin 2\theta}}$$

← （ ）内を通分すると，
（分子）
$=\cos 2\theta\cos\theta-\sin 2\theta\sin\theta$
$=\cos(2\theta+\theta)$

$$\frac{dy}{d\theta}=\sqrt{8\sqrt{3}}\left(\frac{\cos 2\theta}{\sqrt{\sin 2\theta}}\sin\theta+\sqrt{\sin 2\theta}\cos\theta\right)$$

$$=\frac{\sqrt{8\sqrt{3}}\sin 3\theta}{\sqrt{\sin 2\theta}}$$

← （ ）内を通分すると，
（分子）
$=\cos 2\theta\sin\theta+\sin 2\theta\cos\theta$
$=\sin(2\theta+\theta)$

であるから，$x$，$y$ の増減は右表の通りである。

これより，$0<\theta<\dfrac{\pi}{6}$，$\dfrac{\pi}{6}<\theta<\dfrac{\pi}{2}$ に対応する P の $y$ 座標をそれぞれ $y_1$，$y_2$ とすると，

$$T=\int_0^3 y_2\,dx-\int_0^3 y_1\,dx$$

$$=\int_{\frac{\pi}{2}}^{\frac{\pi}{6}} y\frac{dx}{d\theta}d\theta-\int_0^{\frac{\pi}{6}} y\frac{dx}{d\theta}d\theta$$

$$=-\int_0^{\frac{\pi}{2}} y\frac{dx}{d\theta}d\theta$$

| $\theta$ | $(0)$ | $\cdots$ | $\dfrac{\pi}{6}$ | $\cdots$ | $\left(\dfrac{\pi}{2}\right)$ |
|---|---|---|---|---|---|
| $\dfrac{dx}{d\theta}$ | | $+$ | $0$ | $-$ | |
| $x$ | $(0)$ | $\nearrow$ | $3$ | $\searrow$ | $(0)$ |

| $\theta$ | $(0)$ | $\cdots$ | $\dfrac{\pi}{3}$ | $\cdots$ | $\left(\dfrac{\pi}{2}\right)$ |
|---|---|---|---|---|---|
| $\dfrac{dy}{d\theta}$ | | $+$ | $0$ | $-$ | |
| $y$ | $(0)$ | $\nearrow$ | $3$ | $\searrow$ | $(0)$ |

となる。ここで，

$$y\frac{dx}{d\theta}=\sqrt{8\sqrt{3}\sin 2\theta}\sin\theta\cdot\frac{\sqrt{8\sqrt{3}}\cos 3\theta}{\sqrt{\sin 2\theta}}$$

$$=8\sqrt{3}\sin\theta\cos 3\theta$$

$$=4\sqrt{3}(\sin 4\theta-\sin 2\theta)$$

であるから，

$$T=-\int_0^{\frac{\pi}{2}} 4\sqrt{3}(\sin 4\theta-\sin 2\theta)\,d\theta$$

$$=\sqrt{3}\left[\cos 4\theta-2\cos 2\theta\right]_0^{\frac{\pi}{2}}=4\sqrt{3}$$

である。

## 608 円柱面上の図形の面積

$xyz$ 空間において，$z$ 軸までの距離が $2$ 以下である点の全体を $T$ とする．すなわち，$T$ は $z$ 軸を中心軸とし，半径が $2$ である(無限に長い)円柱の側面および内部である．また，原点 $(0, 0, 0)$ を中心とする半径 $1$ の球面を $S$ とし，点 $(1, 0, 0)$ を中心とする半径 $1$ の球面を $S'$ とする．

(1) 半径 $1$ の球面 $K$ が，$2$ 条件
- (A) $K$ と $S$ は共有点をもたない
- (B) $K$ は $T$ に含まれ，$T$ の側面に接する

を満たして動くとき，$T$ の側面の「$K$ が接することができない部分」の面積を求めよ．

(2) 半径 $1$ の球面 $K$ が，条件
- (A)' $K$ と $S'$ は共有点をもたない

および，(1)の条件(B)を満たして動くとする．
- (ア) $K$ の中心の座標を $(t\cos\theta, t\sin\theta, s)$ (ただし，$t \geq 0$，$-\pi < \theta \leq \pi$) とおくとき，$t, s, \theta$ が満たすべき条件を求めよ．
- (イ) (ア)において，$K$ が $T$ の側面に接する点の座標を $s, \theta$ を用いて表せ．
- (ウ) $T$ の側面の「$K$ が接することができない部分」の面積を求めよ．

(日本医大)

**精講** (1) 円柱 $T$，球 $S$ のいずれも $z$ 軸の周りに回転して得られる立体です．この種の図形の計量問題では，回転軸 (ここでは $z$ 軸) を含む平面，あるいはそれと垂直な平面による断面図を考えることになります．

(2) (ウ)で面積を求める段階では，$T$ の側面を $z$ 軸に平行な直線で切り開いて新しい座標軸を設定します．その際，横軸となる座標の大きさ (長さ) に注意が必要です．

**解答** (1) $K$ が $S$ と接していて，条件(B)を満たしている場合，$z$ 軸と $K$ の中心 P を含む断面は右図のようになる．ここで，
$$\mathrm{EM} = \mathrm{PN} = \sqrt{2^2 - 1^2} = \sqrt{3}$$
であるから，$K$ が条件(A)を満たして動くとき，$K$ は線分 $\mathrm{EE}'$ 部分 (E, E' を含む) と接することができ

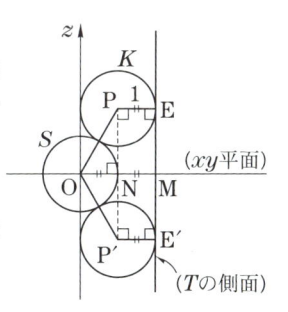

ない。つまり，線分 EE′ を $z$ 軸の周りに 1 回転してできる部分には $K$ は接することができない。その部分の面積は

$(z$ 軸に垂直な $T$ の断面の周$) \times$ EE′
$= 4\pi \cdot 2\sqrt{3} = 8\sqrt{3}\,\pi$

である。

◀底面の半径 2，高さ EE′$=2\sqrt{3}$ の直円柱の側面積である。
注 参照。

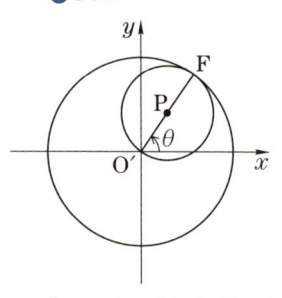

(2) (ア) $K$ が条件(B)を満たしているとき，$K$ の中心 P を通り，$z$ 軸に垂直な平面 $\alpha : z=s$ による断面を考える。$\alpha$ と $z$ 軸との交点を O′，$K$ と $T$ の側面との接点を F とすると，O′，P，F は一直線上にあり，O′P$=1$，O′F$=2$ であるから，P$(t\cos\theta,\ t\sin\theta,\ s)$ において，

$t = $ O′P $= 1$ ……①，$\theta = \angle x$O′P

であり，P$(\cos\theta,\ \sin\theta,\ s)$ となる。このとき，条件(A)′ より

$(K$ と $S'$ の中心間の距離$) > ($半径の和$)$

∴ $(\cos\theta-1)^2 + \sin^2\theta + s^2 > 2^2$

∴ $s^2 > 2 + 2\cos\theta$ ……②

である。よって，求める条件は①かつ②である。

[$\alpha$ による断面図]

(イ) 接点 F の座標は右上図より

F$(2\cos\theta,\ 2\sin\theta,\ s)$ ……③

である。

(ウ) $K$ が $S'$ に接していて，条件(B)を満たすとき，②の不等号が等号で成り立つから，

$$s^2 = 2(1+\cos\theta) = \left(2\cos\dfrac{\theta}{2}\right)^2$$

∴ $s = \pm 2\cos\dfrac{\theta}{2}$

◀$-\pi < \theta \leqq \pi$ より $\cos\dfrac{\theta}{2} \geqq 0$

である。したがって，この場合の $K$ と $T$ の側面との接点は，③より

$G_{\pm}\left(2\cos\theta,\ 2\sin\theta,\ \pm 2\cos\dfrac{\theta}{2}\right)$ （複号同順）

と表される。

$T$ の側面で「$K$ が接することができない部分」

を $D$ とする。$T$ の側面上の直線 $G_+G_-$ 上の点 $(2\cos\theta, 2\sin\theta, z)$ で，$D$ に含まれるのは，

$$z^2 \leq 2 + 2\cos\theta \quad \therefore \quad |z| \leq 2\cos\frac{\theta}{2}$$

となるもの，つまり，線分 $G_+G_-$ 上にある点である。

← 接点となり得るのは③において，$s$ が②，つまり，$|s| > 2\cos\dfrac{\theta}{2}$ を満たすものである。

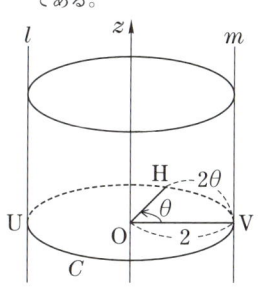

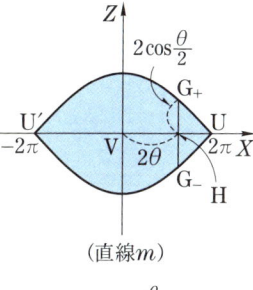

$T$ の側面と $xy$ 平面の交わりの円を $C$ とし，$U(-2, 0, 0)$, $V(2, 0, 0)$ を通り $z$ 軸に平行な直線をそれぞれ $l$, $m$ とする。$T$ の側面を直線 $l$ で切り開いた平面において，$V$ を原点，$m$ を $Z$ 軸とし，$C$ から得られる直線を $X$ 軸とする座標軸をとる。

円 $C$ 上において，半円周 $UV = \dfrac{1}{2} \cdot 4\pi = 2\pi$

であり，$G_+G_-$ の中点を $H$ とするとき，

(円弧 $VH$ の長さ) $= 2\theta$

であるから，$XZ$ 平面で $G_\pm$ は

$$G_\pm(X, Z) = \left(2\theta, \pm 2\cos\frac{\theta}{2}\right) \quad \text{(複号同順)}$$

と表される。したがって，$D$（右図の青網部分）の面積は，$Z$ 軸に関する対称性より

$$2\int_0^{2\pi} G_+G_- \, dX$$
$$= 2\int_0^\pi \left(4\cos\frac{\theta}{2}\right) \cdot 2\, d\theta = \left[32\sin\frac{\theta}{2}\right]_0^\pi$$
$$= 32$$

である。

← $G_+G_- = 4\cos\dfrac{\theta}{2}$

← $X = 2\theta$ と置換した。$dX = 2d\theta$

| $X$ | $0$ | $\longrightarrow$ | $2\pi$ |
|---|---|---|---|
| $\theta$ | $0$ | $\longrightarrow$ | $\pi$ |

**注** (1)においても，(2)と同様に $K$ が条件(B)を満たすとき，その中心は $P(\cos\theta, \sin\theta, s)$，$T$ の側面との接点は $F(2\cos\theta, 2\sin\theta, s)$ と表される。このとき，条件(A)から，

($K$ と $S$ の中心間の距離) > (半径の和)

$\therefore \cos^2\theta + \sin^2\theta + s^2 > 2^2 \quad \therefore \quad s^2 > 3$

となる。したがって，$T$ の側面上で「$K$ が接することができない部分」は，$(2\cos\theta, 2\sin\theta, z)$ において $z^2 \leq 3$，つまり，$-\sqrt{3} \leq z \leq \sqrt{3}$ を満たす点全体であることがわかる。

## 609 座標軸の周りの回転体の体積

$a$ を $0 \leq a < \dfrac{\pi}{2}$ の範囲にある実数とする。2つの直線 $x=0$, $x=\dfrac{\pi}{2}$ および 2つの曲線 $y=\cos(x-a)$, $y=-\cos x$ によって囲まれる図形を $G$ とする。

(1) 図形 $G$ の面積を $S$ とする。$S$ を最大にするような $a$ の値と，そのときの $S$ の値を求めよ。

(2) 図形 $G$ を $x$ 軸の周りに1回転させてできる立体の体積を $V$ とする。$V$ を最大とするような $a$ の値と，そのときの $V$ の値を求めよ。　　(神戸大*)

**精講**　(2)では，$G$ の $y \leq 0$ の部分を $x$ 軸に関して折り返した部分と $G$ の $y \geq 0$ の部分を合わせた図形を描いて，それを $x$ 軸の周りに1回転させると考えます。

**解答**　(1) $0 \leq a < \dfrac{\pi}{2}$ ……① より，

$0 \leq x \leq \dfrac{\pi}{2}$ ……② において

$-\cos x \leq 0 \leq \cos(x-a)$

であるから，$G$ は（図1）の斜線部分であり，

$$S = \int_0^{\frac{\pi}{2}} \{\cos(x-a) - (-\cos x)\}\,dx$$

$$= \Big[\sin(x-a) + \sin x\Big]_0^{\frac{\pi}{2}}$$

$$= \sin\left(\dfrac{\pi}{2} - a\right) + 1 - \sin(-a)$$

$$= \sin a + \cos a + 1$$

$$= \sqrt{2}\sin\left(a + \dfrac{\pi}{4}\right) + 1$$

である。①より $\dfrac{\pi}{4} \leq a + \dfrac{\pi}{4} < \dfrac{3}{4}\pi$ であるから，$S$ は

$$a + \dfrac{\pi}{4} = \dfrac{\pi}{2} \quad \therefore \quad a = \dfrac{\pi}{4}$$

のとき，最大値 $\sqrt{2}+1$ をとる。

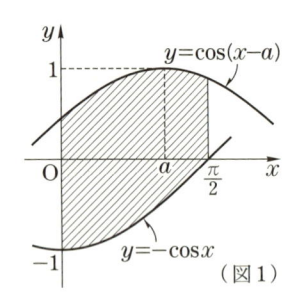

(2) $G$ の $y \leq 0$ の部分を $x$ 軸に関して折り返して得られる図形，つまり，(図2) の斜線部分を $x$ 軸の周りに1回転させてできる立体の体積が $V$ である。

$a \neq 0$ のとき，$y = \cos x$ と $y = \cos(x-a)$ の②における交点の $x$ 座標は

$$\cos x = \cos(x-a)$$
$$\therefore \quad \cos x - \cos(x-a) = 0$$
$$\therefore \quad -2\sin\left(x - \frac{a}{2}\right)\sin\frac{a}{2} = 0$$

かつ，$-\dfrac{a}{2} \leq x - \dfrac{a}{2} \leq \dfrac{\pi}{2} - \dfrac{a}{2}$ より

$$x - \frac{a}{2} = 0 \quad \therefore \quad x = \frac{a}{2}$$

である。したがって，

$$V = \pi \int_0^{\frac{a}{2}} \cos^2 x \, dx + \pi \int_{\frac{a}{2}}^{\frac{\pi}{2}} \cos^2(x-a) \, dx$$

←$a=0$ のときにも成り立つ。

$$= \frac{\pi}{2}\left\{\int_0^{\frac{a}{2}}(1+\cos 2x)dx + \int_{\frac{a}{2}}^{\frac{\pi}{2}}\{1+\cos 2(x-a)\}dx\right\}$$

$$= \frac{\pi}{2}\left\{\left[x + \frac{1}{2}\sin 2x\right]_0^{\frac{a}{2}} + \left[x + \frac{1}{2}\sin(2x-2a)\right]_{\frac{a}{2}}^{\frac{\pi}{2}}\right\}$$

$$= \frac{\pi}{2}\left\{\left(\frac{a}{2} + \frac{1}{2}\sin a\right) + \frac{\pi}{2} + \frac{1}{2}\sin(\pi - 2a) - \frac{a}{2} - \frac{1}{2}\sin(-a)\right\}$$

$$= \frac{\pi}{4}(\sin 2a + 2\sin a + \pi)$$

であるから，

$$\frac{dV}{da} = \frac{\pi}{4}(2\cos 2a + 2\cos a)$$

$$= \frac{\pi}{2}(2\cos^2 a - 1 + \cos a)$$

$$= \frac{\pi}{2}(\cos a + 1)(2\cos a - 1)$$

である。右の増減表より，

$a = \dfrac{\pi}{3}$ のとき，最大値 $\dfrac{\pi(3\sqrt{3} + 2\pi)}{8}$

をとる。

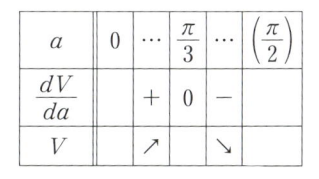

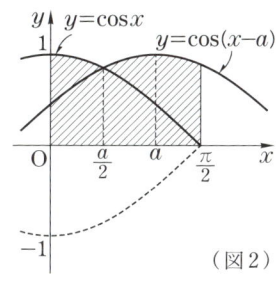

| $a$ | $0$ | $\cdots$ | $\dfrac{\pi}{3}$ | $\cdots$ | $\left(\dfrac{\pi}{2}\right)$ |
|---|---|---|---|---|---|
| $\dfrac{dV}{da}$ | | $+$ | $0$ | $-$ | |
| $V$ | | ↗ | | ↘ | |

## 610 直線 $y=x$ の周りの回転体の体積

$xy$ 平面において，放物線 $y=x^2$ と直線 $y=x$ によって囲まれた図形を直線 $y=x$ の周りに回転させてできる回転体の体積を求めよ．

（慶応大，横浜国大\*，信州大\*）

**精講** $y=x^2$ と $y=x$ の2交点 O(0, 0), A(1, 1) を結ぶ線分上に点P をとり，Pを通り OA と垂直な直線と $y=x^2$ ($0 \leq x \leq 1$) の交点をQとするとき，Pを通り OA に垂直な平面による回転体の断面積 $\pi PQ^2$ を OA 方向に積分するのが正攻法です．

また，全体を原点中心に $-\dfrac{\pi}{4}$ だけ回転すると $x$ 軸の周りの回転体となりますから，回転後の放物線のパラメタ表示を利用する計算も考えられます．

**解答** 放物線 $y=x^2$ ……① と直線 $y=x$ ……② の2交点を O(0, 0), A(1, 1) とする．線分 OA 上に，OP $=t$ ($0 \leq t \leq \sqrt{2}$) となる点 P$\left(\dfrac{t}{\sqrt{2}}, \dfrac{t}{\sqrt{2}}\right)$ をとり，Pを通り，②と垂直な直線 $x+y=\sqrt{2}\,t$ ……③ と①の $0 \leq x \leq 1$ の部分との交点をQとする．①，③より，$y$ を消去すると，

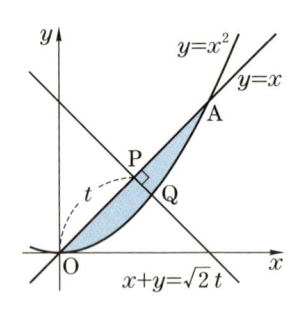

$$x+x^2=\sqrt{2}\,t \quad \therefore \quad x^2+x-\sqrt{2}\,t=0 \quad \cdots\cdots ④$$

となり，④の大きい方の解

$$x=\dfrac{-1+\sqrt{1+4\sqrt{2}\,t}}{2}$$

がQの $x$ 座標である．これより，

$$PQ=\sqrt{2}\,|x_Q-x_P|=\dfrac{|\sqrt{1+4\sqrt{2}\,t}-(1+\sqrt{2}\,t)|}{\sqrt{2}}$$

であり，Pを通り OA と垂直な平面による断面積は $\pi PQ^2$ である．

したがって，求める体積を $V$ とおくと，

$$V=\int_0^{\sqrt{2}} \pi PQ^2 dt$$

← グラフから，①，③のQ以外の交点は $x<0$ の部分にある．

← $x_P$, $x_Q$ は P, Q の $x$ 座標を表し，P, Q は③上にあるから，
PQ $=\sqrt{2}\,|x_Q-x_P|$

← OA $=\sqrt{2}$ より．

$$= \frac{\pi}{2}\int_0^{\sqrt{2}}\{\sqrt{1+4\sqrt{2}\,t}-(1+\sqrt{2}\,t)\}^2 dt$$

となる。ここで，

$$1+4\sqrt{2}\,t=u,\quad t=\frac{u-1}{4\sqrt{2}}$$

と置換すると

⬅ $\dfrac{dt}{du}=\dfrac{1}{4\sqrt{2}}$

∴ $dt=\dfrac{1}{4\sqrt{2}}du$

| $t$ | 0 | $\longrightarrow$ | $\sqrt{2}$ |
|---|---|---|---|
| $u$ | 1 | $\longrightarrow$ | 9 |

$$V=\frac{\pi}{2}\int_1^9\left\{\sqrt{u}-\left(\frac{u+3}{4}\right)\right\}^2\frac{1}{4\sqrt{2}}du$$

$$=\frac{\pi}{8\sqrt{2}}\int_1^9\left\{u-\frac{(u+3)\sqrt{u}}{2}+\left(\frac{u+3}{4}\right)^2\right\}du$$

$$=\frac{\pi}{8\sqrt{2}}\left[\frac{1}{2}u^2-\frac{1}{5}u^{\frac{5}{2}}-u^{\frac{3}{2}}+\frac{4}{3}\left(\frac{u+3}{4}\right)^3\right]_1^9$$

$$=\frac{\pi}{8\sqrt{2}}\left\{40-\frac{242}{5}-26+\left(36-\frac{4}{3}\right)\right\}$$

$$=\frac{\sqrt{2}}{60}\pi$$

である。

**◁ 別解**

$y=x^2$ ……① と $y=x$ ……② の交点を O(0, 0), A(1, 1) とし，①上のOからAまでの部分にある点 Q($s$, $s^2$) ($0\leq s\leq 1$ ……⑤) をとる。

原点Oを中心に $-\dfrac{\pi}{4}$ 回転したとき，A, Q が移る点を A′($\sqrt{2}$, 0), Q′($x$, $y$) とすると，複素数平面における回転の関係式から

$$x+yi=(s+s^2i)\left\{\cos\left(-\frac{\pi}{4}\right)+i\sin\left(-\frac{\pi}{4}\right)\right\}$$

$$=(s+s^2i)\frac{1-i}{\sqrt{2}}$$

$$=\frac{s+s^2}{\sqrt{2}}+\frac{s^2-s}{\sqrt{2}}i \qquad \cdots\cdots ⑥$$

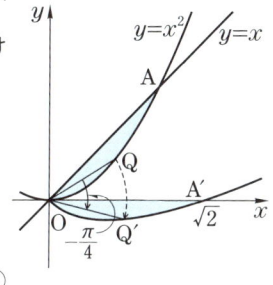

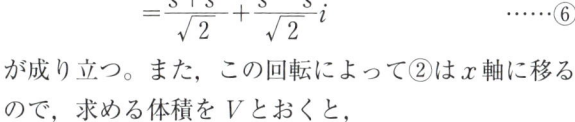

が成り立つ。また，この回転によって②は$x$軸に移るので，求める体積を $V$ とおくと，

$$V=\pi\int_0^{\sqrt{2}}y^2 dx$$

である。⑥より

$$x = \frac{s+s^2}{\sqrt{2}}, \quad y = \frac{s^2-s}{\sqrt{2}}$$

と置換すると、⑤より ← 参考 参照。

$$\begin{aligned}
V &= \pi \int_0^1 \left(\frac{s^2-s}{\sqrt{2}}\right)^2 \frac{1+2s}{\sqrt{2}} ds \quad \cdots\cdots ⑦ \\
&= \frac{\pi}{2\sqrt{2}} \int_0^1 (2s^5 - 3s^4 + s^2) ds \\
&= \frac{\pi}{2\sqrt{2}} \left(\frac{1}{3} - \frac{3}{5} + \frac{1}{3}\right) \\
&= \frac{\sqrt{2}}{60} \pi
\end{aligned}$$

← $dx = \dfrac{1+2s}{\sqrt{2}} ds$

$$\begin{array}{c|ccc} x & 0 & \longrightarrow & \sqrt{2} \\ \hline s & 0 & \longrightarrow & 1 \end{array}$$

← $(s^2-s)^2(1+2s)$
$= (s^4 - 2s^3 + s^2)(2s+1)$
$= 2s^5 - 3s^4 + s^2$

である。

○ 参考

解答 において，$Q(s, s^2)$ とおき，$PQ = h$ とすると，Q は $y \leq x$ にあるので

$$h = (Q から y=x までの距離) = \frac{s - s^2}{\sqrt{2}}$$

である。また，右図より

$$\frac{t}{\sqrt{2}} + \frac{h}{\sqrt{2}} = s$$

が成り立っているから

$$t = \sqrt{2}\, s - h = \frac{s + s^2}{\sqrt{2}} \quad \cdots\cdots ⑧$$

である。したがって，

$$V = \int_0^{\sqrt{2}} \pi PQ^2 dt = \pi \int_0^{\sqrt{2}} h^2 dt$$

となり，さらに⑧の置換積分を行うと，⑦に帰着することがわかる。

類題22 → 解答 p.367

$a$ を正の定数とする。$xy$ 座標平面において，曲線 $\sqrt{x} + \sqrt{y} = \sqrt{a}$ と，直線 $x+y=a$ とで囲まれた部分を $D$ とおく。

(1) $D$ の概形をかき，その面積を求めよ。
(2) 直線 $x+y=a$ を軸として，$D$ を1回転してできる図形の体積を求めよ。

(早稲田大)

## 611 回転体の体積公式 $2\pi\int_a^b xf(x)\,dx$

線分 $l: y=\dfrac{2}{\pi}x\ \left(0\leqq x\leqq\dfrac{\pi}{2}\right)$ と曲線 $C: y=\sin x\ \left(0\leqq x\leqq\dfrac{\pi}{2}\right)$ とで囲まれた図形を，$y$ 軸を中心に 1 回転してできる立体の体積 $V$ の値を求めよ。

(奈良県立医大*)

**精講** $y$ 軸の周りの回転体の体積を求めるときに次の公式が役に立つことがあります。求め方も合わせて覚えておきましょう。

---

$a\leqq x\leqq b\ (0<a<b)$ において，$f(x)\geqq 0$ とする。

曲線 $y=f(x)$ と $x$ 軸と 2 直線 $x=a$，$x=b$ によって囲まれた図形 $D$ を $y$ 軸の周りに 1 回転してできる立体の体積を $V$ とすると，

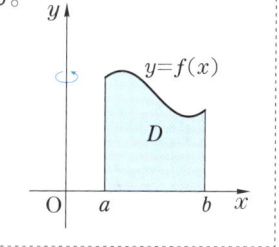

$$V=2\pi\int_a^b xf(x)\,dx$$

である。

---

$a\leqq x\leqq t$ (ただし，$a\leqq t\leqq b$) を満たす $D$ の部分の $y$ 軸の周りの回転体の体積を $V(t)$ とおく。

$t$ の増分 $\Delta t$ に対する $V(t)$ の増分を $\Delta V$ とすると，$\Delta t$ が非常に小さい正の値のとき，$\Delta V$ は底面の半径がそれぞれ，$t$, $t+\Delta t$ で，高さが $f(t)$ である 2 つの直円柱の体積の差にほぼ等しい。したがって

$$\Delta V\fallingdotseq \pi\{(t+\Delta t)^2-t^2\}f(t)=\pi\{2t\Delta t+(\Delta t)^2\}f(t)$$

より $\dfrac{\Delta V}{\Delta t}\fallingdotseq \pi(2t+\Delta t)f(t)$ が成り立つ。$\Delta t$ が負の値であってもこの式は成り立ち，$\Delta t\to 0$ のとき，両辺の極限を考えると

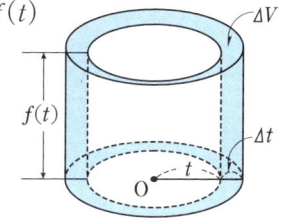

$$V'(t)=\lim_{\Delta t\to 0}\dfrac{\Delta V}{\Delta t}=2\pi tf(t)$$

すなわち，$V'(x)=2\pi xf(x)$ である。これより，$V(x)$ は $2\pi xf(x)$ の原始関数の 1 つであるから，$V(a)=0$, $V(b)=V$ に注意すると，

$$\int_a^b 2\pi xf(x)\,dx=V(b)-V(a)\ \text{より}\ V=2\pi\int_a^b xf(x)\,dx$$

が導かれる。

**解答** $x$ 軸と直線 $x=\dfrac{\pi}{2}$ と $C$ とで囲まれた部分, $x$ 軸と $x=\dfrac{\pi}{2}$ と $l:y=\dfrac{2}{\pi}x$ とで囲まれた部分をそれぞれ $y$ 軸を中心に 1 回転してできる立体の体積を $V_1$, $V_2$ とすると

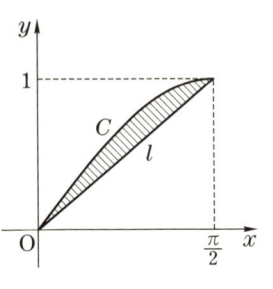

$$V=V_1-V_2$$
$$=2\pi\int_0^{\frac{\pi}{2}}x\sin x\,dx-2\pi\int_0^{\frac{\pi}{2}}x\cdot\dfrac{2}{\pi}x\,dx$$
$$=2\pi\Big[-x\cos x+\sin x\Big]_0^{\frac{\pi}{2}}-\dfrac{4}{3}\Big[x^3\Big]_0^{\frac{\pi}{2}}$$
$$=2\pi-\dfrac{\pi^3}{6}$$

← $\int x\sin x\,dx$
$=x(-\cos x)-\int(-\cos x)\,dx$
$=-x\cos x+\sin x+C$
← $V$ の別計算については, 参考 参照。

である。

**参考** $y$ 軸と直線 $y=1$ と $C$ とで囲まれた部分を $y$ 軸を中心に 1 回転してできる立体の体積 $W=\pi\int_0^1 x^2\,dy$ において, $y=\sin x$ と置換すると,

$$W=\pi\int_0^{\frac{\pi}{2}}x^2\cos x\,dx=\pi\left\{\Big[x^2\sin x\Big]_0^{\frac{\pi}{2}}-\int_0^{\frac{\pi}{2}}2x\sin x\,dx\right\}=\dfrac{\pi^3}{4}-2\pi$$

となる。また, $y$ 軸と直線 $y=1$ と $l$ とで囲まれた部分の回転体, つまり, 底面の半径 $\dfrac{\pi}{2}$, 高さ 1 の直円錐の体積 $U=\dfrac{\pi}{3}\cdot\left(\dfrac{\pi}{2}\right)^2\cdot 1=\dfrac{\pi^3}{12}$ であるから,

$V=U-W=2\pi-\dfrac{\pi^3}{6}$ である。

**類題 23** → 解答 p.369

(1) $f(x)$ は $a\leqq x\leqq b$ で連続な関数とする。このとき,
$\dfrac{1}{b-a}\int_a^b f(x)\,dx=f(c)$, $a\leqq c\leqq b$ となる $c$ が存在することを示せ。

(2) $y=\sin x$ の $0\leqq x\leqq\dfrac{\pi}{2}$ の部分と $y=1$ および $y$ 軸が囲む図形を, $y$ 軸の周りに回転して得られる立体を考える。この立体を $y$ 軸に垂直な $n-1$ 個の平面によって各部分の体積が等しくなるように $n$ 個に分割するとき, $y=1$ に最も近い平面の $y$ 座標を $y_n$ とする。このとき, $\lim_{n\to\infty}n(1-y_n)$ を求めよ。

(京都大)

# 612 座標空間内で動く三角形に関する体積

(Ⅰ) $xyz$ 空間に 3 点 P(1, 1, 0), Q(−1, 1, 0), R(−1, 1, 2) をとる。次の問いに答えよ。

(1) $t$ を $0<t<2$ を満たす実数とするとき，平面 $z=t$ と，△PQR の交わりに現れる線分の 2 つの端点の座標を求めよ。

(2) △PQR を $z$ 軸の周りに回転して得られる回転体の体積を求めよ。

(神戸大)

(Ⅱ) $a$ は与えられた実数で，$0<a\leqq1$ を満たすものとする。$xyz$ 空間内に 1 辺の長さ $2a$ の正三角形 △PQR を考える。辺 PQ は $xy$ 平面上にあり，△PQR を含む平面は $xy$ 平面と垂直で，さらに点Rの $z$ 座標は正であるとする。

(1) 辺 PQ が $xy$ 平面の単位円の内部 (周を含む) を自由に動くとき，△PQR (内部を含む) が動いてできる立体の体積 $V$ を求めよ。

(2) $a$ が $0<a\leqq1$ の範囲を動くとき，体積 $V$ の最大値を求めよ。 (京都大)

> **精 講**　(Ⅰ) (2) 回転体の平面 $z=t$ による切り口は，この平面と $z$ 軸との交点を中心として，(1)で求めた線分を回転したときできる図形，すなわち，2 つの円にはさまれた部分 (円環領域) となります。
>
> (Ⅱ) (1) できる立体の境界は，P, Q それぞれが $xy$ 平面の単位円周上を動くときに線分 PR (QR) が描く曲面であることを見抜くことが必要です。

> **解 答**　(Ⅰ) (1) 平面 $\alpha: z=t\ (0<t<2)$ と辺 PR, QR との交点をそれぞれ K, L とする。K, L は PR, QR を $t:(2-t)$ に内分する点であるから，
> $$\overrightarrow{OK}=\frac{(2-t)\overrightarrow{OP}+t\overrightarrow{OR}}{t+(2-t)}=(1-t,\ 1,\ t)$$
> $$\overrightarrow{OL}=\frac{(2-t)\overrightarrow{OQ}+t\overrightarrow{OR}}{t+(2-t)}=(-1,\ 1,\ t)$$
> である。これより，交わりの線分の端点は
> $$K(1-t,\ 1,\ t),\ L(-1,\ 1,\ t)$$
> である。

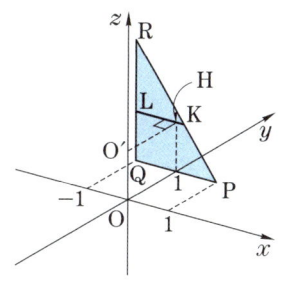

(2) 平面 $\alpha$ と $z$ 軸との交点を O′$(0, 0, t)$, O′ から平面 PQR に下ろした垂線の足を H$(0, 1, t)$ とし, 回転体の平面 $\alpha$ による断面積を $S(t)$ とする。まず, H が線分 KL 上に, (i) ある場合, (ii) ない場合, に分けて $S(t)$ を調べる。

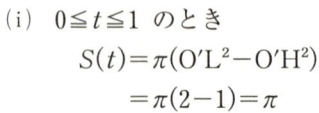

(i) $0 \leqq t \leqq 1$ のとき
$$S(t) = \pi(\mathrm{O'L}^2 - \mathrm{O'H}^2)$$
$$= \pi(2-1) = \pi$$

(ii) $1 \leqq t \leqq 2$ のとき
$$S(t) = \pi(\mathrm{O'L}^2 - \mathrm{O'K}^2)$$
$$= \pi\{2 - (1-t)^2 - 1\}$$
$$= \pi(2t - t^2)$$

したがって, 求める体積 $V$ は
$$V = \int_0^2 S(t)\,dt = \int_0^1 S(t)\,dt + \int_1^2 S(t)\,dt$$
$$= \pi\int_0^1 dt + \pi\int_1^2 (2t - t^2)\,dt$$
$$= \frac{5}{3}\pi$$

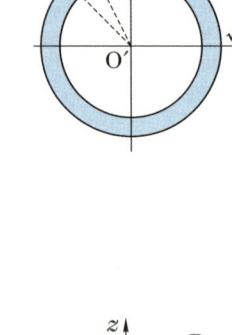

である。

(II) (1) P, Q が単位円 $x^2 + y^2 = 1$ $(z=0)$ の周上にあって
$$\mathrm{P}(\sqrt{1-a^2}, a, 0), \quad \mathrm{Q}(\sqrt{1-a^2}, -a, 0)$$
となる場合を考える。このとき, 正三角形 PQR の高さは $\sqrt{3}\,a$ であるから,
$$\mathrm{R}(\sqrt{1-a^2}, 0, \sqrt{3}\,a)$$
となる。平面
$$\alpha : z = t \quad (0 < t < \sqrt{3}\,a)$$
と辺 PR, QR の交点 K, L はこれらの辺を $t : (\sqrt{3}\,a - t)$ に内分するから,
$$\mathrm{K}\left(\sqrt{1-a^2},\ \frac{\sqrt{3}\,a - t}{\sqrt{3}},\ t\right)$$
$$\mathrm{L}\left(\sqrt{1-a^2},\ -\frac{\sqrt{3}\,a - t}{\sqrt{3}},\ t\right)$$

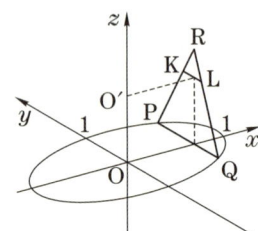

であり，△PQR の $\alpha$ による切り口は線分 KL である．

この状態から，△PQR を $x$ 軸の負の向きに平行移動すると，$\alpha$ による切り口の線分は右図の長方形 KLL′K′ 全体を動く．（ただし，K′，L′ は $\alpha$ 上で $y$ 軸に関してそれぞれ K，L と対称な点であり，O′$(0, 0, t)$ である．）

さらに，$z$ 軸の周りの回転も考えると，$\alpha$ によるこの立体の断面は右図の青色部分であり，その面積 $S(t)$ は，

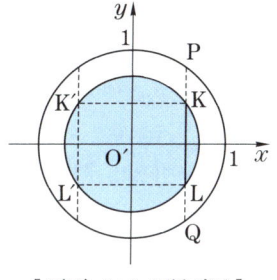

$$S(t) = \pi \text{O}'\text{K}^2 = \pi\left\{1 - a^2 + \frac{1}{3}(t - \sqrt{3}a)^2\right\}$$

[ 平面 $\alpha$ による断面図 ]

であるから，

$$V = \int_0^{\sqrt{3}a} S(t)dt$$
$$= \pi\left[(1-a^2)t + \frac{1}{9}(t-\sqrt{3}a)^3\right]_0^{\sqrt{3}a}$$
$$= \frac{\sqrt{3}}{3}\pi(3a - 2a^3)$$

である．

(2) $0 < a \leq 1$ において

$$\frac{dV}{da} = \sqrt{3}\pi(1 - 2a^2)$$

より，$V$ の増減は右表のようになる．よって，$V$ は $a = \dfrac{1}{\sqrt{2}}$ のとき，最大値 $\dfrac{\sqrt{6}}{3}\pi$ をとる．

| $a$ | $(0)$ | $\cdots$ | $\dfrac{1}{\sqrt{2}}$ | $\cdots$ | $1$ |
|---|---|---|---|---|---|
| $\dfrac{dV}{da}$ | | $+$ | $0$ | $-$ | |
| $V$ | | ↗ | | ↘ | |

**類題 24** → 解答 p.370

$xyz$ 空間内の 3 点 O$(0, 0, 0)$，A$(1, 0, 0)$，B$(1, 1, 0)$ を頂点とする三角形 OAB を $x$ 軸の周りに 1 回転させてできる円錐を $V$ とする．円錐 $V$ を $y$ 軸の周りに 1 回転させてできる立体の体積を求めよ．　　　　　　　　　（大阪大）

# 613 正八面体の正射影とその回転体の体積

(1) 正八面体の1つの面を下にして水平な台の上に置く。この八面体を真上から見た図（平面図）を描け。

(2) 正八面体の互いに平行な2つの面をとり，それぞれの面の重心を $G_1$，$G_2$ とする。$G_1$，$G_2$ を通る直線を軸としてこの八面体を1回転させてできる立体の体積を求めよ。ただし八面体は内部も含むものとし，各辺の長さは1とする。

(東京大)

**精講** 図形の計量問題において，適切な座標軸を設定すると見通しがよくなることがあります。

**解答** (1) 正八面体の大小によらず，得られる平面図の形は一定であるから，1辺の長さ1の正八面体 ABC-DEF について考える。

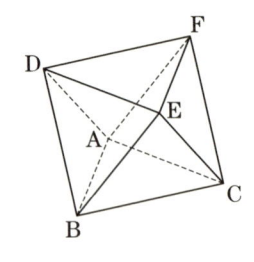

右図において，四角形 ACED は1辺の長さ1の正方形であるから，$CD=AE=\sqrt{2}$ である。

$A\left(0, \frac{1}{2}, 0\right)$, $B\left(0, -\frac{1}{2}, 0\right)$, $C\left(\frac{\sqrt{3}}{2}, 0, 0\right)$ となる座標軸をとり，$D(a, b, c)$ $(c>0)$ とおくと，

$AD=1$ より $a^2+\left(b-\frac{1}{2}\right)^2+c^2=1$ ……①

$BD=1$ より $a^2+\left(b+\frac{1}{2}\right)^2+c^2=1$ ……②

$CD=\sqrt{2}$ より $\left(a-\frac{\sqrt{3}}{2}\right)^2+b^2+c^2=2$ ……③

である。これらを解くと，$D\left(-\frac{\sqrt{3}}{6}, 0, \frac{\sqrt{6}}{3}\right)$ である。また，同様の計算から，$E\left(\frac{\sqrt{3}}{3}, -\frac{1}{2}, \frac{\sqrt{6}}{3}\right)$，$F\left(\frac{\sqrt{3}}{3}, \frac{1}{2}, \frac{\sqrt{6}}{3}\right)$ である。これより，真上から見た図（平面図）は1辺の長さ $\frac{\sqrt{3}}{3}$ の正六角形となる。

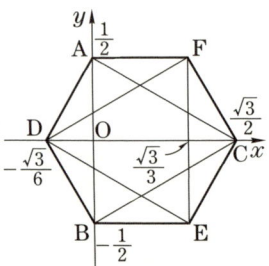

したがって，平面図は正六角形であり，その1

← 正三角形 ABC において，AB の中点を原点 O とし，$\overrightarrow{OC}$ が $x$ 軸の正の向き，$\overrightarrow{BA}$ が $y$ 軸の正の向きとなるようにする。

← ①−② より $b=0$
次に，①−③ より
$a=-\frac{\sqrt{3}}{6}$, $c^2=\frac{2}{3}$ $(c>0)$

辺の長さは正八面体の1辺の長さの $\dfrac{\sqrt{3}}{3}$ 倍である。

(2) △ABC, △DEF の重心はそれぞれ $G_1\left(\dfrac{\sqrt{3}}{6},\ 0,\ 0\right)$, $G_2\left(\dfrac{\sqrt{3}}{6},\ 0,\ \dfrac{\sqrt{6}}{3}\right)$ であるから, $\overrightarrow{G_1G_2}=\left(0,\ 0,\ \dfrac{\sqrt{6}}{3}\right)$ は △ABC, △DEF と垂直であり, 平面図においては正六角形の中心となっている。

← 正八面体の1辺の長さが1であるから, (1)の正八面体 ABC-DEF で考えている。

$G_1G_2$ 上の点 $H\left(\dfrac{\sqrt{3}}{6},\ 0,\ z\right)\left(0\leqq z\leqq \dfrac{\sqrt{6}}{3}\right)$ を通り, $z$ 軸に垂直な平面 $\alpha$ による回転体の断面積を $S(z)$ とおくとき, 求める体積 $V$ は

$$V=\int_0^{\frac{\sqrt{6}}{3}} S(z)\,dz \qquad \cdots\cdots ④$$

である。

そこで, $\alpha$ と AD, BD, BE, CE, CF, AF との交点を順に I, J, K, L, M, N とし,
　　AI：ID $=t:(1-t)$ $(0\leqq t\leqq 1)$
とおくと, J, K, L, M, N もそれぞれ BD, BE, CE, CF, AF を $t:(1-t)$ に内分するので, $\alpha$ による正八面体の断面は右上図の六角形 IJKLMN である。

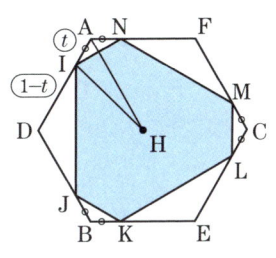

$\overrightarrow{OI}=(1-t)\overrightarrow{OA}+t\overrightarrow{OD}$
　　$=\left(-\dfrac{\sqrt{3}}{6}t,\ \dfrac{1}{2}(1-t),\ \dfrac{\sqrt{6}}{3}t\right)$
$\overrightarrow{OH}=(1-t)\overrightarrow{OG_1}+t\overrightarrow{OG_2}$
　　$=\left(\dfrac{\sqrt{3}}{6},\ 0,\ \dfrac{\sqrt{6}}{3}t\right)$

← $z$ 座標に着目すると, これらの比が一定であることがわかる。

より

$HI^2=\left\{\dfrac{\sqrt{3}}{6}(t+1)\right\}^2+\left\{\dfrac{1}{2}(1-t)\right\}^2$
　　$=\dfrac{1}{3}(t^2-t+1) \qquad \cdots\cdots ⑤$

であり, 同様に $HJ^2$, ……, $HN^2$ も ⑤ に等しいので,

$$S(z)=\pi HI^2=\dfrac{\pi}{3}(t^2-t+1)$$

← $\alpha$ による回転体の断面は, H を中心として六角形 IJKLMN を回転してできる円である。

第6章　面積・体積と曲線の長さ

である。ここで，H の $z$ 座標に着目すると，$z=\dfrac{\sqrt{6}}{3}t$ ← $dz=\dfrac{\sqrt{6}}{3}dt$

であるから，④より

| $z$ | 0 | $\longrightarrow$ | $\dfrac{\sqrt{6}}{3}$ |
|---|---|---|---|
| $t$ | 0 | $\longrightarrow$ | 1 |

$$V=\int_0^1 \dfrac{\pi}{3}(t^2-t+1)\cdot\dfrac{\sqrt{6}}{3}dt=\dfrac{5\sqrt{6}}{54}\pi$$

である。

### 参考

正八面体は正四面体の各辺の中点を結ぶことによって得られる立体であることを利用して次のように解くこともできる。

### 別解

(1) 水平な台に置かれた 1 辺の長さ 2 の正四面体 PQRS の各辺の中点を (図1) のように A，B，C，D，E，F と定めると，立体 ABC-DEF は 1 辺の長さ 1 の正八面体となる。

以下，一般に点 X を底面 PQR に正射影した点を X′ と表すことにすると，S′ は正三角形 PQR の重心 O と一致し，D′，E′，F′ はそれぞれ OP，OQ，OR の中点と一致する。

正三角形 PQR において，たとえば，△OAD′ は，$OA=\dfrac{1}{3}QA=\dfrac{\sqrt{3}}{3}$，$OD'=\dfrac{1}{2}\cdot\dfrac{2}{3}PC=\dfrac{\sqrt{3}}{3}$，∠AOD′=60° であるから，1 辺の長さ $\dfrac{\sqrt{3}}{3}$ の正三角形である。これより，正八面体 ABCDEF を真上から見た図は正六角形 AD′BE′CF′ である (図2)。

(2) 正四面体 PQRS の高さは

$$SO=\sqrt{PS^2-PO^2}=\sqrt{2^2-\left(\dfrac{2\sqrt{3}}{3}\right)^2}=\dfrac{2\sqrt{6}}{3}$$

であるから，SO と △DEF との交点を G とすると，$OG=\dfrac{1}{2}SO=\dfrac{\sqrt{6}}{3}$ である。

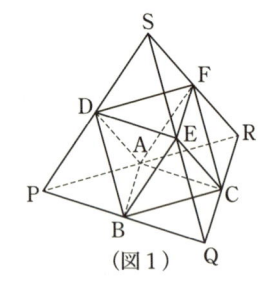

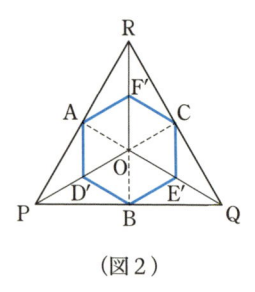

線分 OG 上に点 H をとり，$OH = z \left(0 \leq z \leq \dfrac{\sqrt{6}}{3}\right)$ とする。H を通り OG と垂直な平面 $\alpha$ と AD，BD，BE，CE，CF，AF との交点を順に I，J，K，L，M，N とおくと，これらの点は各線分を $z : \left(\dfrac{\sqrt{6}}{3} - z\right)$ の比に内分する。したがって，I′ は AD′ を同じ比に内分するので，

$$AI' = AD \cdot \dfrac{z}{\dfrac{\sqrt{6}}{3}} = \dfrac{\sqrt{3}}{3} \cdot \dfrac{3}{\sqrt{6}} z = \dfrac{z}{\sqrt{2}}$$

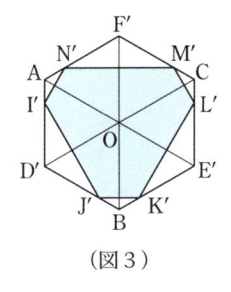

であり，△AOI′ において

$$OI'^2 = \left(\dfrac{\sqrt{3}}{3}\right)^2 + \left(\dfrac{z}{\sqrt{2}}\right)^2 - 2 \cdot \dfrac{\sqrt{3}}{3} \cdot \dfrac{z}{\sqrt{2}} \cos 60°$$

$$= \dfrac{1}{2} z^2 - \dfrac{\sqrt{6}}{6} z + \dfrac{1}{3}$$

←$OI'^2 = OA^2 + AI'^2 - 2 \cdot OA \cdot AI' \cos 60°$

である。OJ′，……，ON′ についても同様である（図 3）。

←同じ計算によって
$OJ'^2 = OK'^2 = OL'^2 = OM'^2 = ON'^2 = \dfrac{1}{2}z^2 - \dfrac{\sqrt{6}}{6}z + \dfrac{1}{3}$

以上より，回転体の $\alpha$ による断面の面積を $S(z)$ とおくと，

$$S(z) = \pi OI'^2 = \pi \left(\dfrac{1}{2} z^2 - \dfrac{\sqrt{6}}{6} z + \dfrac{1}{3}\right)$$

であるから，

$$V = \int_0^{\frac{\sqrt{6}}{3}} S(z)\, dz$$

$$= \pi \int_0^{\frac{\sqrt{6}}{3}} \left(\dfrac{1}{2} z^2 - \dfrac{\sqrt{6}}{6} z + \dfrac{1}{3}\right) dz = \pi \left[\dfrac{1}{6} z^3 - \dfrac{\sqrt{6}}{12} z^2 + \dfrac{1}{3} z\right]_0^{\frac{\sqrt{6}}{3}}$$

$$= \dfrac{5\sqrt{6}}{54} \pi$$

である。

**類題 25** → 解答 p.371

座標空間内で，$O(0, 0, 0)$，$A(1, 0, 0)$，$B(1, 1, 0)$，$C(0, 1, 0)$，$D(0, 0, 1)$，$E(1, 0, 1)$，$F(1, 1, 1)$，$G(0, 1, 1)$ を頂点にもつ立方体を考える。この立方体を対角線 OF を軸にして回転させて得られる回転体の体積を求めよ。　（京都大）

## 614 評価を用いる体積の極限値

☆

$a$ を正の実数とし，空間内の 2 つの円板
$$D_1=\{(x, y, z)|x^2+y^2\leqq 1, z=a\},$$
$$D_2=\{(x, y, z)|x^2+y^2\leqq 1, z=-a\}$$
を考える。$D_1$ を $y$ 軸の周りに 180° 回転して $D_2$ に重ねる。ただし回転は $z$ 軸の正の部分を $x$ 軸の正の方向に傾ける向きとする。この回転の間に $D_1$ が通る部分を $E$ とする。$E$ の体積を $V(a)$ とし，$E$ と $\{(x, y, z)|x\geqq 0\}$ との共通部分の体積を $W(a)$ とする。

(1) $W(a)$ を求めよ。
(2) $\lim_{a\to\infty} V(a)$ を求めよ。

(東京大)

**精講**　(1)は **612** と同様に処理できます。(2)では，断面積をまともに求めるのは無理です。$a$ が十分に大きいとき，断面図において $V(a)$ と $W(a)$ の差に関係する部分を図で確認して，それらの差が $a\to\infty$ のときに 0 に近づくことを見抜けるか，さらにその事実を不等式を用いて証明できるかが問われます。

**解答**　(1) $y$ 軸に垂直な平面
$\alpha: y=t$ $(-1\leqq t\leqq 1)$ による $D_1$, $D_2$ の切り口をそれぞれ線分 KL, MN, $\alpha$ と $y$ 軸との交点を O' とすると，$\alpha$ による立体 $E$ の切り口は O' を中心として，線分 KL が線分 MN に重なるまで 180° 回転したときに線分 KL が通過する部分であり，その中で $\{(x, y, z)|x\geqq 0\}$ との共通部分は右図の斜線部分である。

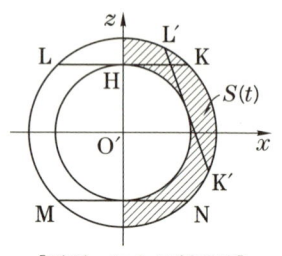

線分 KL は
$$y=t, z=a, x^2+y^2\leqq 1$$
$$\therefore\ y=t, z=a, -\sqrt{1-t^2}\leqq x\leqq\sqrt{1-t^2}$$
であるから，K$(\sqrt{1-t^2}, t, a)$ であり，KL の中点は H$(0, t, a)$ である。O'$(0, t, 0)$ であり，斜線部分の面積 $S(t)$ は

←L$(-\sqrt{1-t^2}, t, a)$ である。

［平面 $\alpha$ による断面図］

$$S(t) = \frac{1}{2}\pi(\mathrm{O'K}^2 - \mathrm{O'H}^2) = \frac{1}{2}\pi(1-t^2)$$

←  $\mathrm{O'K}^2 - \mathrm{O'H}^2$
$= (\sqrt{1-t^2})^2 + a^2 - a^2$
$= 1 - t^2$

であるから，

$$W(a) = \int_{-1}^{1} S(t)\,dt = 2\int_{0}^{1} \frac{1}{2}\pi(1-t^2)\,dt = \frac{2}{3}\pi$$

← $S(t)$ は $t$ の偶関数である。

である。

(2) 平面 $\alpha$ による $E$ の断面積を $T(t)$ とすると，$T(t)$ は $S(t)$ に右図の 2 つの斜線部分の面積を加えたものであるから，その一方の面積を $U(t)$ とおくと，

$$T(t) = S(t) + 2U(t)$$

である。$E$ は $xz$ 平面に関して対称であるから，

$$V(a) = 2\int_{0}^{1} T(t)\,dt = 2\int_{0}^{1} S(t)\,dt + 4\int_{0}^{1} U(t)\,dt$$

$$= \frac{2}{3}\pi + 4\int_{0}^{1} U(t)\,dt \qquad \cdots\cdots ①$$

← $2\int_{0}^{1} S(t)\,dt = W(a) = \frac{2}{3}\pi$

である。ここで，

$$\mathrm{O'I} = \mathrm{O'K} = \sqrt{1-t^2+a^2}, \quad \mathrm{O'H} = a, \quad \mathrm{HL} = \sqrt{1-t^2}$$

であるから，

$$U(t) \leqq (\text{長方形 HIJL})$$
$$= \mathrm{HL} \cdot \mathrm{HI} = \mathrm{HL}(\mathrm{O'I} - \mathrm{O'H})$$
$$= \sqrt{1-t^2}(\sqrt{1-t^2+a^2} - a) \qquad \cdots\cdots ②$$
$$= \frac{(1-t^2)^{\frac{3}{2}}}{\sqrt{1-t^2+a^2} + a} \leqq \frac{1}{\sqrt{a^2} + a} = \frac{1}{2a}$$

← $a \to \infty$ のとき，$U(t)$ は $0$ に近づき，その結果（①の第 2 項）$\to 0$ となることを示そうとしている。
**注** 参照。

← 分子では
$(1-t^2)^{\frac{3}{2}} \leqq 1^{\frac{3}{2}} = 1$
分母では
$\sqrt{1-t^2+a^2} + a \geqq \sqrt{a^2} + a$

である。したがって，

$$0 \leqq \lim_{a \to \infty} \int_{0}^{1} U(t)\,dt \leqq \lim_{a \to \infty} \frac{1}{2a} \int_{0}^{1} dt = 0 \qquad \cdots\cdots ③$$

← はさみ打ちの原理より，③ から $\lim_{a \to \infty} \int_{0}^{1} U(t)\,dt = 0$

であるから，① より

$$\lim_{a \to \infty} V(a) = \lim_{a \to \infty} \left\{ \frac{2}{3}\pi + 4\int_{0}^{1} U(t)\,dt \right\} = \frac{2}{3}\pi$$

である。

**注** ② においては，

$$\sqrt{1-t^2}(\sqrt{1-t^2+a^2} - a) \leqq 1 \cdot (\sqrt{1+a^2} - a) = \frac{1}{\sqrt{1+a^2} + a}$$

としてもよい。

## 615 円柱の一部の体積と側面積

次の式で与えられる底面の半径が2,高さが1の円柱$C$を考える。
$$C=\{(x, y, z) | x^2+y^2 \leq 4,\ 0 \leq z \leq 1\}$$
$xy$平面上の直線 $y=1$ を含み,$xy$平面と45°の角をなす平面のうち,点 $A(0, 2, 1)$ を通るものを$H$とする。円柱$C$を平面$H$で2つに分けるとき,点 $B(0, 2, 0)$ を含む方を$D$とする。
(1) $D$の体積$V$を求めよ。
(2) $D$の側面(円柱面の一部)の面積$S$を求めよ。

(京都大*)

**精講**
(1) どの座標軸に垂直な断面積を求めたらよいでしょうか?
(2) 円柱面を展開した図を考えることになります。

**解答**
(1) $y$軸に垂直な平面 $\alpha : y=t\ (1 \leq t \leq 2)$ による$D$の断面を$D_t$とし,その面積を$S(t)$とする。

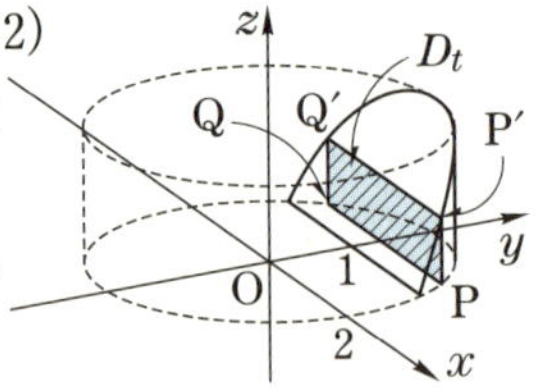

$D_t$は右図の長方形$PP'Q'Q$であり,$z$軸方向から見た図(図1),$x$軸方向から見た図(図2)から,
$$S(t) = PQ \cdot PP' = 2\sqrt{4-t^2} \cdot (t-1)$$
である。したがって,
$$V = \int_1^2 S(t) dt$$
$$= 2\int_1^2 \{t\sqrt{4-t^2} - \sqrt{4-t^2}\} dt$$
である。ここで,
$$I_1 = \int_1^2 t\sqrt{4-t^2} dt = \left[-\frac{1}{3}(4-t^2)^{\frac{3}{2}}\right]_1^2 = \sqrt{3}$$
$$I_2 = \int_1^2 \sqrt{4-t^2} dt = (右図の斜線部分の面積)$$
$$= \frac{1}{6} \cdot \pi \cdot 2^2 - \frac{1}{2} \cdot 1 \cdot \sqrt{3} = \frac{2}{3}\pi - \frac{\sqrt{3}}{2}$$
であるから,
$$V = 2(I_1 - I_2) = 3\sqrt{3} - \frac{4}{3}\pi$$
である。

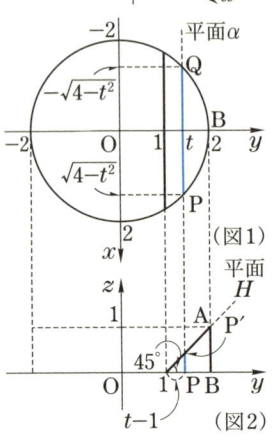

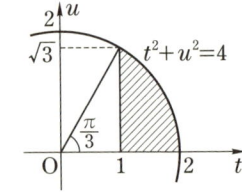

(2) 円柱面を，点 $(0, -2, 0)$ を通り $z$ 軸に平行な直線で切り開いて，B を原点とし，$\vec{BA}$ を $Z$ 軸の正方向とする $XZ$ 平面を考える。$D$ の底面の円弧の長さが $\dfrac{4}{3}\pi$ であり，展開図（図 3）において $D$ の側面は $Z$ 軸対称であるから，

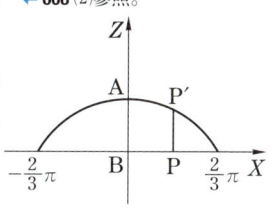

← 608 (2) 参照。

$$S = 2\int_0^{\frac{2}{3}\pi} PP' dX \qquad \cdots\cdots ①$$

（図3）

である。$z$ 軸方向から見た図（図 4）において，$\angle BOP = \theta$ とおくと
$$\widehat{BP} = 2\theta,$$
$$PP' = t - 1 = 2\cos\theta - 1$$

であるから，① において，$X = \widehat{BP} = 2\theta$ と置換すると，

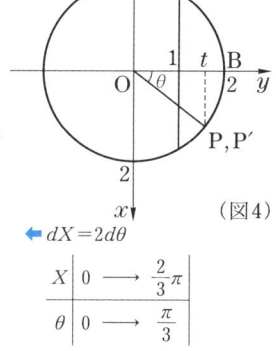

$$S = 2\int_0^{\frac{\pi}{3}} (2\cos\theta - 1)\cdot 2 d\theta$$
$$= 4\Big[2\sin\theta - \theta\Big]_0^{\frac{\pi}{3}} = 4\sqrt{3} - \dfrac{4}{3}\pi$$

である。

← $dX = 2d\theta$

| $X$ | $0$ | $\longrightarrow$ | $\dfrac{2}{3}\pi$ |
|---|---|---|---|
| $\theta$ | $0$ | $\longrightarrow$ | $\dfrac{\pi}{3}$ |

（図4）

## 参考

(1) においては，$x$ 軸に垂直な平面 $\beta : x = s$ $(-\sqrt{3} \leqq s \leqq \sqrt{3})$ による $D$ の断面積 $T(s)$ を考えてもよい。

断面は（図 5）の $UV = \sqrt{4 - s^2} - 1$ が直角をはさむ 1 辺である直角二等辺三角形であるから，

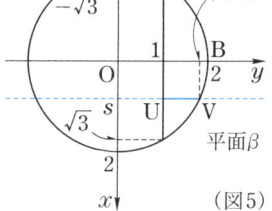

$$T(s) = \dfrac{1}{2}(\sqrt{4-s^2} - 1)^2 = \dfrac{1}{2}(5 - s^2) - \sqrt{4 - s^2}$$

である。したがって，

$$V = \int_{-\sqrt{3}}^{\sqrt{3}} T(s) ds = 2\int_0^{\sqrt{3}} \left\{\dfrac{1}{2}(5 - s^2) - \sqrt{4 - s^2}\right\} ds$$
$$= 4\sqrt{3} - 2\left(\dfrac{1}{6}\cdot 4\pi + \dfrac{1}{2}\cdot\sqrt{3}\cdot 1\right) = 3\sqrt{3} - \dfrac{4}{3}\pi$$

← $\int_0^{\sqrt{3}} \sqrt{4 - s^2}\, ds$ は $I_2$ の場合と同様に考える。

である。

（図5）

## 616 直円錐を平面で二分したときの体積

中心 O, 半径 $a$ の円を底面とし, 高さが $a$ の直円錐がある. 点 O を通り, 底面と $45°$ の角度で交わる平面を $P$ とする.
(1) この円錐を $P$ で切るとき, その切り口の面積を求めよ.
(2) $P$ はこの円錐を 2 つの部分に分けるが, そのうちの小さい方の体積を求めよ.

(早稲田大)

**精講** (1) まず空間座標を設定し, 直円錐面を表す方程式を求めます. 次に, 平面 $P$ 上に平面座標を設定して, 切り口の曲線が放物線になることを示すと解決します.
(2) $P$ と平行な平面による断面積を積分することになります. その際に注意すべきことは積分変数 (パラメタ) の微小変化量と 2 平面間の距離の関係です.

**解答** (1) この直円錐面を $C$, その頂点を A とするとき, O が原点で, A$(0, 0, a)$ であり, 底面と $P$ との交線が $x$ 軸である座標軸をとる.

T$(x, y, z)$ $(0 \leqq z \leqq a$ ……①) が $C$ 上にあるとき, AT と $xy$ 平面との交点を U とし, T を通り $z$ 軸に垂直な平面と $z$ 軸との交点を O′ とおくと

$\quad$ O′T : AO′ = OU : AO
$\quad \sqrt{x^2+y^2} : (a-z) = a : a = 1 : 1$

より
$\quad \sqrt{x^2+y^2} = a-z$
$\therefore \quad x^2+y^2 = (a-z)^2 \quad$ ……②

が成り立つ. したがって, ①のもとで, ②が直円錐面 $C$ の方程式である. ←⟵ 参考 参照.

$C$ と $P$ との交わりの曲線を $K$ とし, $K$ 上の点 B$\left(0, \dfrac{a}{2}, \dfrac{a}{2}\right)$ をとる. 次に, $P$ 上に O を原点とし, $x$ 軸を $X$ 軸, OB を $Y$ 軸とする座標系 $(X, Y)$ を考える.

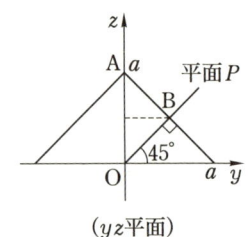

$K$ 上の点 Q($X$, $Y$) をとると，$xyz$ 座標では
Q($X$, $Y\cos 45°$, $Y\sin 45°$) $= \left(X, \dfrac{Y}{\sqrt{2}}, \dfrac{Y}{\sqrt{2}}\right)$ であり，Q が $C$ 上にあるので，②に代入すると

$$X^2 + \left(\dfrac{Y}{\sqrt{2}}\right)^2 = \left(a - \dfrac{Y}{\sqrt{2}}\right)^2$$

$\therefore \quad Y = \dfrac{1}{\sqrt{2}\,a}(a^2 - X^2) \qquad \cdots\cdots ③$

となる。③より，$K$ は $P$ 上の放物線であり，切り口の面積は $X$ 軸と③によって囲まれる部分に等しいから

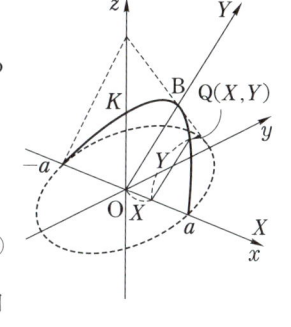

$$\int_{-a}^{a} \dfrac{1}{\sqrt{2}\,a}(a^2 - X^2)\,dX$$
$$= \dfrac{2}{\sqrt{2}\,a}\left[a^2 X - \dfrac{1}{3}X^3\right]_0^a$$
$$= \dfrac{2\sqrt{2}}{3}a^2$$

←$a^2 - X^2$ は $X$ の偶関数である。

である。

(2) $0 \leqq t \leqq a$ とし，点 $O_t(0, t, 0)$ を通り $P$ と平行な平面 $P_t$ と $C$ との交わりの曲線を $K_t$ とする。$P_t$ 上に $O_t$ を原点とし，$O_t$ を通り $x$ 軸に平行な直線を $X$ 軸，$O_t$ を通り OB と平行な直線を $Y$ 軸とする座標系 ($X$, $Y$) を考える。

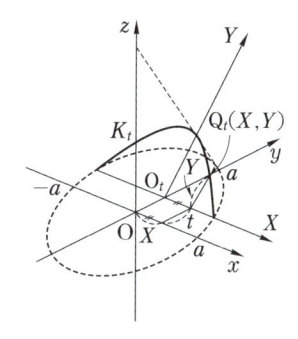

$K_t$ 上の点 $Q_t(X, Y)$ をとると，$xyz$ 座標では $Q_t\left(X, t + \dfrac{Y}{\sqrt{2}}, \dfrac{Y}{\sqrt{2}}\right)$ であり，$Q_t$ が $C$ 上にあるので，②に代入すると

$$X^2 + \left(t + \dfrac{Y}{\sqrt{2}}\right)^2 = \left(a - \dfrac{Y}{\sqrt{2}}\right)^2$$

$\therefore \quad Y = \dfrac{1}{\sqrt{2}\,(a+t)}(a^2 - t^2 - X^2) \qquad \cdots\cdots ④$

←移項すると
$\sqrt{2}\,(a+t)Y = a^2 - t^2 - X^2$

となる。(1)と同様に，$P_t$ による切り口の面積 $S(t)$ は $X$ 軸と④によって囲まれる部分の面積に等しいから，

$$S(t) = \int_{-\sqrt{a^2-t^2}}^{\sqrt{a^2-t^2}} \frac{1}{\sqrt{2}(a+t)}(a^2-t^2-X^2)dX$$

$$= \frac{2}{\sqrt{2}(a+t)}\left[(a^2-t^2)X - \frac{1}{3}X^3\right]_0^{\sqrt{a^2-t^2}}$$

$$= \frac{2\sqrt{2}}{3}(a-t)\sqrt{a^2-t^2}$$

← $a^2-t^2-X^2$ は $X$ の偶関数である。

である。

　2平面 $P_t$ と $P_{t+\Delta t}$ ($\Delta t > 0$) の間の距離は $\frac{1}{\sqrt{2}}\Delta t$ であるから，$\Delta t$ が非常に小さいとき，直円錐の内部でこれら2つの平面の間にある部分の体積は $S(t) \cdot \frac{1}{\sqrt{2}}\Delta t$ にほぼ等しい。したがって，求める体積を $V$ とすると，

$$V = \int_0^a S(t) \cdot \frac{1}{\sqrt{2}}dt$$

$$= \frac{2}{3}\int_0^a (a-t)\sqrt{a^2-t^2}\,dt$$

$$= \frac{2}{3}a\int_0^a \sqrt{a^2-t^2}\,dt - \frac{2}{3}\int_0^a t\sqrt{a^2-t^2}\,dt$$

$$= \frac{2}{3}a \cdot \frac{\pi}{4}a^2 - \frac{2}{3}\left[-\frac{1}{3}(a^2-t^2)^{\frac{3}{2}}\right]_0^a$$

$$= \left(\frac{\pi}{6} - \frac{2}{9}\right)a^3$$

← $\int_0^a \sqrt{a^2-t^2}\,dt =$（半径 $a$ の四分円の面積）

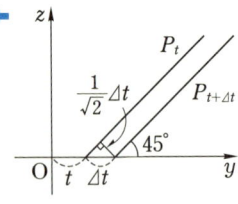

(x軸方向から見た図)

である。

## 参考

　直円錐面 $C$ において，母線と軸 AO のなす角が $45°$ であるから，T$(x, y, z)$ ($0 \leq z \leq a$) が $C$ 上にある条件は

$$\vec{AO} \cdot \vec{AT} = |\vec{AO}||\vec{AT}|\cos 45°$$

$$-a(z-a) = a\sqrt{x^2+y^2+(z-a)^2} \cdot \frac{1}{\sqrt{2}}$$

$$\therefore \quad \sqrt{2}(a-z) = \sqrt{x^2+y^2+(z-a)^2}$$

であり，さらに両辺を2乗して整理すると

$$x^2 + y^2 = (a-z)^2 \quad \cdots\cdots ②$$

となる。

## 617 円錐と円柱の共通部分の体積

$xyz$ 空間において,平面 $z=0$ 上の原点を中心とする半径 2 の円を底面とし,点 $(0, 0, 1)$ を頂点とする円錐を $A$ とする。

次に,平面 $z=0$ 上の点 $(1, 0, 0)$ を中心とする半径 1 の円を $H$,平面 $z=1$ 上の点 $(1, 0, 1)$ を中心とする半径 1 の円を $K$ とする。$H$ と $K$ を 2 つの底面とする円柱を $B$ とする。

円錐 $A$ と円柱 $B$ の共通部分を $C$ とする。

$0 \leqq t \leqq 1$ を満たす実数 $t$ に対し,平面 $z=t$ による $C$ の切り口の面積を $S(t)$ とおく。

(1) $0 \leqq \theta \leqq \dfrac{\pi}{2}$ とする。$t=1-\cos\theta$ のとき,$S(t)$ を $\theta$ で表せ。

(2) $C$ の体積 $\displaystyle\int_0^1 S(t)\,dt$ を求めよ。 (東京大)

> **精講**
> (1) 平面 $z=t$ による断面図を描いたとき,$\theta$ はどの角に対応するかがわかれば解決します。
>
> (2) (1)のヒントに従って置換積分を実行するだけです。

> **解答**
> (1) 平面 $\alpha : z=t\ (0 \leqq t \leqq 1)$ による円錐 $A$,円柱 $B$ の切り口を $D$,$E$ とする。
> $D$ は中心 $O'(0, 0, t)$,半径 $r=2(1-t)$ の円で,$E$ は中心 $G(1, 0, t)$,半径 1 の円であり,$\alpha$ による $C$ の切り口は 2 つの円 $D$,$E$ の共通部分である。
>
> 右図のように,点 L,M をとり,O'M の中点を N とおく。$t=1-\cos\theta \left(0 \leqq \theta \leqq \dfrac{\pi}{2}\right)$ のとき,
>
> $\quad$ O'M $=r=2(1-t)=2\cos\theta$ $\quad$ ……①
>
> $\therefore\ $ O'N $=\dfrac{1}{2}$O'M $=\cos\theta$ $\quad$ ……②
>
> であり,一方,
>
> $\quad$ O'N $=$O'G$\cos\angle$GO'M$=\cos\angle$GO'M $\quad$ ……③
>
> であるから,②,③より
>
> $\quad\angle$GO'M$=\theta$ $\quad$ ……④

← 円錐 $A$ の $z \geqq t$ の部分の高さは $1-t$ であるから,
$\quad r : 2 = (1-t) : 1$
$\therefore\ r = 2(1-t)$

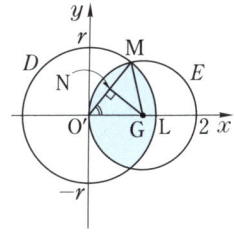

← $D : x^2+y^2=4\cos^2\theta$,
$E : (x-1)^2+y^2=1$ の交点であるから,M の $x$ 座標は
$\quad x=2\cos^2\theta=$O'M$\cos\theta$
である。これから④を導くこともできる。

である。また，GO′＝GM＝1 より
$$\angle O'GM = \pi - 2\angle GO'M = \pi - 2\theta$$
である。
　円 $D$, $E$ の共通部分は $x$ 軸に関して対称であるから，
$$\begin{aligned}
S(t) &= 2\{扇形\ O'\stackrel{\frown}{LM} + (扇形\ G\stackrel{\frown}{MO'} - \triangle GMO')\} \\
&= 2\left\{\frac{1}{2}r^2\theta + \frac{1}{2}\cdot 1^2\cdot(\pi-2\theta) - \frac{1}{2}\cdot 1^2\cdot\sin(\pi-2\theta)\right\} \\
&= 4\theta\cos^2\theta + \pi - 2\theta - \sin 2\theta \qquad \Leftarrow ①より。
\end{aligned}$$
である。

(2)　　　$V = \int_0^1 S(t)\,dt$

において，$t = 1 - \cos\theta$ と置換すると，　　　$\Leftarrow dt = \sin\theta\,d\theta$

$$V = \int_0^{\frac{\pi}{2}}(4\theta\cos^2\theta + \pi - 2\theta - \sin 2\theta)\sin\theta\,d\theta$$

| $t$ | 0 | $\longrightarrow$ | 1 |
|---|---|---|---|
| $\theta$ | 0 | $\longrightarrow$ | $\frac{\pi}{2}$ |

となる。ここで

$$\begin{aligned}
I_1 &= \int_0^{\frac{\pi}{2}} 4\theta\cos^2\theta\sin\theta\,d\theta \\
&= \left[-\frac{4}{3}\theta\cos^3\theta\right]_0^{\frac{\pi}{2}} + \frac{4}{3}\int_0^{\frac{\pi}{2}}\cos^3\theta\,d\theta \\
&= \frac{4}{3}\left[\sin\theta - \frac{1}{3}\sin^3\theta\right]_0^{\frac{\pi}{2}} = \frac{8}{9} \\
I_2 &= \int_0^{\frac{\pi}{2}}(\pi - 2\theta)\sin\theta\,d\theta \\
&= \left[-(\pi-2\theta)\cos\theta\right]_0^{\frac{\pi}{2}} - 2\int_0^{\frac{\pi}{2}}\cos\theta\,d\theta \\
&= \pi - 2\left[\sin\theta\right]_0^{\frac{\pi}{2}} = \pi - 2 \\
I_3 &= \int_0^{\frac{\pi}{2}}\sin 2\theta\sin\theta\,d\theta \\
&= \int_0^{\frac{\pi}{2}} 2\sin^2\theta\cos\theta\,d\theta = \left[\frac{2}{3}\sin^3\theta\right]_0^{\frac{\pi}{2}} = \frac{2}{3}
\end{aligned}$$

$\Leftarrow \cos^2\theta\sin\theta$
$= \cos^2\theta(-\cos\theta)'$
$= \left(-\frac{1}{3}\cos^3\theta\right)'$

$\Leftarrow \int_0^{\frac{\pi}{2}}\cos^3\theta\,d\theta$
$= \int_0^{\frac{\pi}{2}}(1-\sin^2\theta)(\sin\theta)'\,d\theta$

$\Leftarrow 2\sin^2\theta\cos\theta$
$= 2\sin^2\theta(\sin\theta)'$

であるから，
$$V = I_1 + I_2 - I_3 = \frac{8}{9} + (\pi - 2) - \frac{2}{3} = \boldsymbol{\pi - \frac{16}{9}}$$
である。

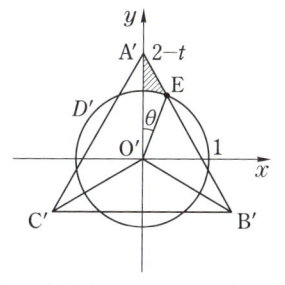

# 618 四面体の内部で円柱の外部である部分の体積

$xyz$ 空間に 4 点 P(0, 0, 2), A(0, 2, 0), B($\sqrt{3}$, $-1$, 0), C($-\sqrt{3}$, $-1$, 0) をとる。四面体 PABC の $x^2+y^2 \geqq 1$ を満たす部分の体積を求めよ。

(東京工大)

**精講**　いずれかの座標軸に垂直な断面積を求めて積分することになりますが，その選び方によって計算量が変わってきます。いずれの軸で考えても円の切り口が関係しますので，適切な角を用いて変数変換(置換積分)をすることも考えましょう。

**解答**　円柱面 $D$：$x^2+y^2=1$
　　　　直線 AP：$z=-y+2$，$x=0$

とする。線分 AP と $D$ は点 (0, 1, 1) で交わり，線分 BP，CP と $D$ の交点も平面 $z=1$ 上にある。これより，四面体 PABC の $z>1$ の部分は $D$ の内部に含まれるので，$0 \leqq z \leqq 1$ の部分について調べる。

平面 $\alpha$：$z=t$ ($0 \leqq t \leqq 1$) と $z$ 軸，AP，BP，CP との交点をそれぞれ O′(0, 0, $t$)，A′(0, 2$-t$, $t$)，B′，C′ とし，$\alpha$ と $D$ の交わりの円を $D'$ とおく。

$\alpha$ 上で右図のように E をとり，∠A′O′E $= \theta$ とおくと，E($\sin\theta$, $\cos\theta$, $t$) である。E が直線 A′B′

$$y=-\sqrt{3}\,x+2-t \quad (z=t)$$

上にあることから，$t$ と $\theta$ の関係は

$$\cos\theta = -\sqrt{3}\sin\theta + 2 - t$$

$$\therefore\quad t = 2 - \sqrt{3}\sin\theta - \cos\theta \quad \cdots\cdots ①$$

である。また，① より

$$t = 2 - 2\sin\left(\theta + \frac{\pi}{6}\right) \quad \therefore\quad \sin\left(\theta + \frac{\pi}{6}\right) = \frac{2-t}{2}$$

であるから，$t=0$, 1 にはそれぞれ $\theta = \frac{\pi}{3}$, 0 が対応する。したがって，$\theta$ の変域は

$$0 \leqq \theta \leqq \frac{\pi}{3} \quad \cdots\cdots ②$$

(平面 $\alpha$ による切り口)

⬅ A′B′ は
AB：$y=-\sqrt{3}\,x+2$
($z=0$) と平行で，傾き $-\sqrt{3}$ である。

である。

　$\triangle$A′B′C′ 内で $D'$ の外部にある部分の面積を $S(t)$ とおくと，

$$S(t) = 6 \cdot (\text{斜線部分の面積})$$
$$= 6\left\{\frac{1}{2}(2-t)\cdot\sin\theta - \frac{1}{2}\cdot 1^2 \cdot \theta\right\}$$
$$= 3\{(\sqrt{3}\sin\theta + \cos\theta)\sin\theta - \theta\}$$

　　　　← $\triangle$O′A′E
　　　　$= \dfrac{1}{2}\cdot$O′A′$\cdot$(E の $x$ 座標)
　　　　← ① より。

である。

求める体積を $V$ とおくと

$$V = \int_0^1 S(t)\,dt$$

である。① の置換を行うと，② より

$$\frac{dt}{d\theta} = -\sqrt{3}\cos\theta + \sin\theta, \quad \begin{array}{c|ccc} t & 0 & \longrightarrow & 1 \\ \hline \theta & \dfrac{\pi}{3} & \longrightarrow & 0 \end{array}$$

であるから，

$$V = \int_{\frac{\pi}{3}}^{0} 3\{(\sqrt{3}\sin\theta + \cos\theta)\sin\theta - \theta\}$$
$$\times(-\sqrt{3}\cos\theta + \sin\theta)\,d\theta$$
$$= 3\int_0^{\frac{\pi}{3}}(\sqrt{3}\sin\theta + \cos\theta)(\sqrt{3}\cos\theta - \sin\theta)\sin\theta\,d\theta$$
$$- 3\int_0^{\frac{\pi}{3}}\theta(\sqrt{3}\cos\theta - \sin\theta)\,d\theta$$
$$= 3I_1 - 3I_2 \qquad\cdots\cdots ③$$

　　← $I_1$, $I_2$ はそれぞれ上の式における第 1 項，第 2 項の定積分を表す。

である。

$$I_1 = \int_0^{\frac{\pi}{3}}(\sqrt{3}\sin\theta + \cos\theta)(\sqrt{3}\cos\theta - \sin\theta)\sin\theta\,d\theta$$
$$= \int_0^{\frac{\pi}{3}}\{\sqrt{3}(\cos^2\theta - \sin^2\theta) + 2\sin\theta\cos\theta\}\sin\theta\,d\theta$$
$$= \int_0^{\frac{\pi}{3}}\{\sqrt{3}(1-2\cos^2\theta)(\cos\theta)' + 2\sin^2\theta(\sin\theta)'\}\,d\theta$$
$$= \left[\sqrt{3}\left(\cos\theta - \frac{2}{3}\cos^3\theta\right) + \frac{2}{3}\sin^3\theta\right]_0^{\frac{\pi}{3}}$$
$$= \frac{5\sqrt{3}}{12} + \frac{\sqrt{3}}{4} - \frac{\sqrt{3}}{3} = \frac{\sqrt{3}}{3}$$

　　← $\int_0^{\frac{\pi}{3}}\sqrt{3}(\cos^2\theta - \sin^2\theta)\sin\theta\,d\theta$
　　$= \int_0^{\frac{\pi}{3}}\sqrt{3}(2\cos^2\theta - 1)$
　　　　$\times(-\cos\theta)'\,d\theta$
　　$\int_0^{\frac{\pi}{3}}2\sin^2\theta\cos\theta\,d\theta$
　　$= \int_0^{\frac{\pi}{3}}2\sin^2\theta(\sin\theta)'\,d\theta$

$$I_2 = \int_0^{\frac{\pi}{3}} \theta(\sqrt{3}\cos\theta - \sin\theta)\,d\theta$$

$$= \int_0^{\frac{\pi}{3}} \theta(\sqrt{3}\sin\theta + \cos\theta)'\,d\theta$$

$$= \Big[\theta(\sqrt{3}\sin\theta + \cos\theta)\Big]_0^{\frac{\pi}{3}} - \int_0^{\frac{\pi}{3}}(\sqrt{3}\sin\theta + \cos\theta)\,d\theta$$

$$= \frac{2}{3}\pi - \Big[-\sqrt{3}\cos\theta + \sin\theta\Big]_0^{\frac{\pi}{3}}$$

$$= \frac{2}{3}\pi - \sqrt{3}$$

であるから，③に戻ると，

$$V = 3 \cdot \frac{\sqrt{3}}{3} - 3\left(\frac{2}{3}\pi - \sqrt{3}\right)$$

$$= 4\sqrt{3} - 2\pi$$

である．

> 📎 **参考**
>
> $x$ 軸，$y$ 軸に垂直な平面による断面を考えても処理できる．ここでは，$x$ 軸の場合の計算を示しておく．

◁ **別解**

　　円柱面 $D : x^2 + y^2 = 1$
　　直線 AB : $y = -\sqrt{3}\,x + 2 \quad (z = 0)$
　　直線 AP : $z = -y + 2 \quad (x = 0)$

である．$z$ 軸方向から見たとき，斜線で示される立体 $K$ について調べる．

　平面 $\beta : x = s \ \left(0 \leqq s \leqq \dfrac{\sqrt{3}}{2}\right)$ と AB との交点を F$(s,\ 2 - \sqrt{3}\,s,\ 0)$ とすると，$\beta$ と平面 PAB との交わりの直線 $l$ は

$$z = -y + 2 - \sqrt{3}\,s$$

である．また，円 $x^2 + y^2 = 1 \ (z = 0)$ と $\beta$ との交点で $y \geqq 0$ にあるものを G$(s,\ \sqrt{1 - s^2},\ 0)$ とする．

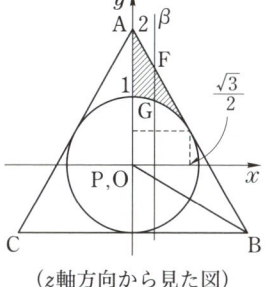

（$z$ 軸方向から見た図）

← $l$ は AP と平行であるから，$yz$ 平面と平行な平面 $\beta$ 上の直線として傾き $-1$ であり，F を通る．

このとき，$\beta$ による $K$ の切断面は右図の斜線部分であり，その面積を $T(s)$ とおくと

$$T(s) = \frac{1}{2}\mathrm{GF}^2$$
$$= \frac{1}{2}(2-\sqrt{3}\,s-\sqrt{1-s^2})^2$$

である。

求める体積 $V$ は $K$ の体積の 6 倍であるから，

$$V = 6\int_0^{\frac{\sqrt{3}}{2}} T(s)\,ds$$
$$= 3\int_0^{\frac{\sqrt{3}}{2}} (2-\sqrt{3}\,s-\sqrt{1-s^2})^2\,ds \quad \cdots\cdots ④$$

である。ここで

$$(2-\sqrt{3}\,s-\sqrt{1-s^2})^2$$
$$=(2-\sqrt{3}\,s)^2-2(2-\sqrt{3}\,s)\sqrt{1-s^2}+1-s^2$$
$$=2s^2-4\sqrt{3}\,s+5+2\sqrt{3}\,s\sqrt{1-s^2}-4\sqrt{1-s^2}$$

であるから，④より

$$\frac{V}{3} = \int_0^{\frac{\sqrt{3}}{2}} (2s^2-4\sqrt{3}\,s+5+2\sqrt{3}\,s\sqrt{1-s^2})\,ds$$
$$\quad -4\int_0^{\frac{\sqrt{3}}{2}} \sqrt{1-s^2}\,ds$$
$$= \left[\frac{2}{3}s^3-2\sqrt{3}\,s^2+5s-\frac{2\sqrt{3}}{3}(1-s^2)^{\frac{3}{2}}\right]_0^{\frac{\sqrt{3}}{2}}$$
$$\quad -4\left(\frac{\pi}{6}+\frac{\sqrt{3}}{8}\right)$$
$$= \frac{11\sqrt{3}}{6}-\left(\frac{2}{3}\pi+\frac{\sqrt{3}}{2}\right)$$
$$= \frac{4\sqrt{3}-2\pi}{3}$$

$\therefore \quad V = 4\sqrt{3}-2\pi$

である。

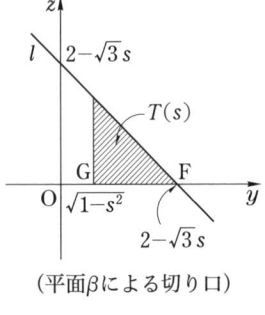

（平面 $\beta$ による切り口）

$\Leftarrow \int_0^{\frac{\sqrt{3}}{2}} \sqrt{1-s^2}\,ds$ は下図の斜線部分の面積である。

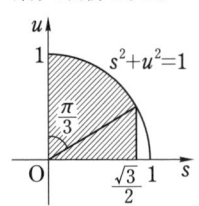

## 619 曲線の長さ

(I) (1) $x \geq 0$ で定義された関数 $f(x) = \log(x + \sqrt{1+x^2})$ について，導関数 $f'(x)$ を求めよ．

(2) 極方程式 $r = \theta$ ($\theta \geq 0$) で定義される曲線の，$0 \leq \theta \leq \pi$ の部分の長さを求めよ．

(京都大)

(II) 曲線 $C : y = \log(2\sin x)$ ($0 < x < \pi$) の $y \geq 0$ の部分の長さ $L$ を求めよ．

(岡山大*)

**＜精講＞** 曲線の長さの公式を使って，積分の計算練習をするだけです．

1° 曲線 $C : x = f(t)$, $y = g(t)$ ($a \leq t \leq b$) の長さを $L$ とするとき
$$L = \int_a^b \sqrt{\left(\frac{dx}{dt}\right)^2 + \left(\frac{dy}{dt}\right)^2} dt = \int_a^b \sqrt{\{f'(t)\}^2 + \{g'(t)\}^2} dt$$

2° 曲線 $C : y = f(x)$ ($a \leq x \leq b$) の長さを $L$ とするとき
$$L = \int_a^b \sqrt{1 + \left(\frac{dy}{dx}\right)^2} dx = \int_a^b \sqrt{1 + \{f'(x)\}^2} dx$$

**＜解答＞**

(I) (1) $f'(x)$
$$= \frac{1}{x + \sqrt{1+x^2}} \cdot \left(1 + \frac{x}{\sqrt{1+x^2}}\right)$$
$$= \frac{1}{\sqrt{1+x^2}}$$

← $\{\log(x + \sqrt{1+x^2})\}'$
$= \dfrac{(x + \sqrt{1+x^2})'}{x + \sqrt{1+x^2}}$

である．

(2) 極方程式 $r = \theta$ ($0 \leq \theta \leq \pi$) で表される曲線上の点 $(x, y)$ について，
$$\begin{cases} x = r\cos\theta = \theta\cos\theta \\ y = r\sin\theta = \theta\sin\theta \end{cases}$$
が成り立つから，
$$\frac{dx}{d\theta} = \cos\theta - \theta\sin\theta$$
$$\frac{dy}{d\theta} = \sin\theta + \theta\cos\theta$$

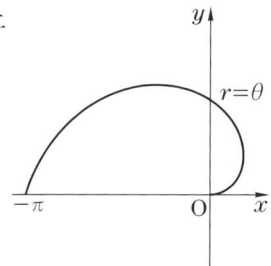

$$\therefore \left(\frac{dx}{d\theta}\right)^2 + \left(\frac{dy}{d\theta}\right)^2 = 1+\theta^2$$

← (左辺)
$= (\cos\theta - \theta\sin\theta)^2$
$\quad + (\sin\theta + \theta\cos\theta)^2$
$= (1+\theta^2)$
$\quad \times (\cos^2\theta + \sin^2\theta)$
$= 1+\theta^2$

である。求める曲線の長さを $L$ とすると，

$$L = \int_0^\pi \sqrt{\left(\frac{dx}{d\theta}\right)^2 + \left(\frac{dy}{d\theta}\right)^2}\, d\theta = \int_0^\pi \sqrt{1+\theta^2}\, d\theta$$

$$= \left[\theta\sqrt{1+\theta^2}\right]_0^\pi - \int_0^\pi \theta \cdot \frac{\theta}{\sqrt{1+\theta^2}}\, d\theta$$

$$= \pi\sqrt{1+\pi^2} - \int_0^\pi \frac{(1+\theta^2)-1}{\sqrt{1+\theta^2}}\, d\theta$$

$$= \pi\sqrt{1+\pi^2} - \int_0^\pi \sqrt{1+\theta^2}\, d\theta + \int_0^\pi \frac{1}{\sqrt{1+\theta^2}}\, d\theta$$

← 第2項は求める積分 $L$ に等しいので，移項して整理する。

より，

$$L = \frac{1}{2}\left(\pi\sqrt{1+\pi^2} + \int_0^\pi \frac{1}{\sqrt{1+\theta^2}}\, d\theta\right)$$

$$= \frac{1}{2}\left\{\pi\sqrt{1+\pi^2} + \left[\log(\theta + \sqrt{1+\theta^2})\right]_0^\pi\right\}$$

← (1)の結果を用いた。

$$= \frac{1}{2}\{\pi\sqrt{1+\pi^2} + \log(\pi + \sqrt{1+\pi^2})\}$$

である。

(Ⅱ)　$C : y = \log(2\sin x)$　$(0 < x < \pi)$　の $y \geq 0$ の範囲は ← $C$ の概形は以下の通り。

$$2\sin x \geq 1 \quad \therefore \quad \sin x \geq \frac{1}{2}$$

より，$\dfrac{\pi}{6} \leq x \leq \dfrac{5}{6}\pi$ である。

$$\frac{dy}{dx} = \{\log(2\sin x)\}' = \frac{\cos x}{\sin x}$$

であるから，

$$L = \int_{\frac{\pi}{6}}^{\frac{5}{6}\pi} \sqrt{1 + \left(\frac{\cos x}{\sin x}\right)^2}\, dx = \int_{\frac{\pi}{6}}^{\frac{5}{6}\pi} \frac{1}{\sin x}\, dx$$

← $\dfrac{1}{\sin x} = \dfrac{\sin x}{\sin^2 x} = \dfrac{\sin x}{1-\cos^2 x}$

$$= \int_{\frac{\pi}{6}}^{\frac{5}{6}\pi} \frac{\sin x}{1-\cos^2 x}\, dx = \int_{\frac{\sqrt{3}}{2}}^{-\frac{\sqrt{3}}{2}} \frac{-1}{1-t^2}\, dt$$

← $t = \cos x$ と置換すると $dt = -\sin x\, dx$

| $x$ | $\dfrac{\pi}{6}$ | $\longrightarrow$ | $\dfrac{5}{6}\pi$ |
|---|---|---|---|
| $t$ | $\dfrac{\sqrt{3}}{2}$ | $\longrightarrow$ | $-\dfrac{\sqrt{3}}{2}$ |

$$= \int_0^{\frac{\sqrt{3}}{2}} \left(\frac{1}{1+t} + \frac{1}{1-t}\right) dt = \left[\log\frac{1+t}{1-t}\right]_0^{\frac{\sqrt{3}}{2}}$$

$$= 2\log(2+\sqrt{3})$$

である。

## 620 曲線に接しながら滑らずに移動する図形

$f(x) = -\dfrac{e^x + e^{-x}}{2}$ とおき，曲線 $C: y = f(x)$ を考える。1辺の長さ $a$ の正三角形 PQR は最初，辺 QR の中点 M が曲線 $C$ 上の点 $(0, f(0))$ に一致し，QR が $C$ に接し，さらに P が $y > f(x)$ の範囲にあるようにおかれている。ついで，△PQR が曲線 $C$ に接しながら滑ることなく右に傾いてゆく。最初の状態から，点 R が初めて曲線 $C$ 上にくるまでの間，点 P の $y$ 座標が一定であるように，$a$ を定めよ。

（大阪大）

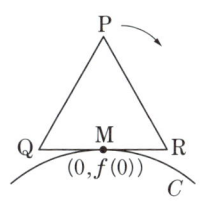

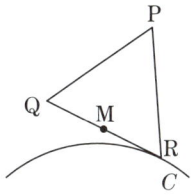

**精講**　"$C$ に接しながら滑ることなく右に傾いてゆく"ことから，接点 T の $x$ 座標を用いて，線分 MT の長さを表せます。そのあとで，P の座標を求めるためには，ベクトルの和を利用します。

**解答**　$A(0, f(0)) = (0, -1)$ とし，QR と $C$ の接点を $T(t, f(t))$ $(t \geq 0)$ とすると，△PQR が $C$ に接しながら滑ることなく傾くことから，

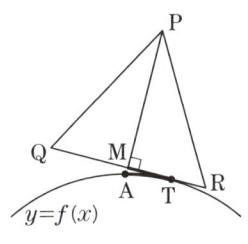

$MT = (C 上の A から T までの長さ)$
$= \displaystyle\int_0^t \sqrt{1 + \{f'(x)\}^2}\, dx$ ……①

である。ここで，

$f(x) = -\dfrac{e^x + e^{-x}}{2}, \quad f'(x) = -\dfrac{e^x - e^{-x}}{2}$

より，

$\sqrt{1 + \{f'(x)\}^2} = \dfrac{e^x + e^{-x}}{2}$ ……②

← $x \geq 0$ のとき，$f(x) < 0$, $f'(x) \leq 0$ に注意する。

← $1 + \{f'(x)\}^2$
$= 1 + \left(\dfrac{e^x - e^{-x}}{2}\right)^2$
$= \left(\dfrac{e^x + e^{-x}}{2}\right)^2$

であるから，①に戻ると，

$MT = \displaystyle\int_0^t \dfrac{e^x + e^{-x}}{2} dx = \left[\dfrac{e^x - e^{-x}}{2}\right]_0^t$
$= \dfrac{e^t - e^{-t}}{2} = -f'(t)$ ……③

である。

$\overrightarrow{\text{MT}}$ は $\vec{u}=(1,\ f'(t))$ と同じ向きで，$\overrightarrow{\text{MP}}$ は $\vec{u}$ を $\dfrac{\pi}{2}$ だけ回転したベクトル $\vec{v}=(-f'(t),\ 1)$ と同じ向きである。また，②より

$$|\vec{u}|=|\vec{v}|=\sqrt{1+\{f'(t)\}^2}=\dfrac{e^t+e^{-t}}{2}=-f(t)$$

← MT は接線であり，その傾きは $f'(t)$ であって，$\overrightarrow{\text{MT}}$ の $x$ 成分は正である。

← 一般に，ベクトル $(a,\ b)$ を $\dfrac{\pi}{2}$ だけ回転したベクトルは $(-b,\ a)$ である。

であるから，$\vec{u},\ \vec{v}$ と同じ向きの単位ベクトル $\vec{e},\ \vec{f}$ はそれぞれ

$$\vec{e}=\dfrac{\vec{u}}{|\vec{u}|}=-\dfrac{1}{f(t)}\vec{u},\ \vec{f}=\dfrac{\vec{v}}{|\vec{v}|}=-\dfrac{1}{f(t)}\vec{v}$$

である。以上のことから，

$$\overrightarrow{\text{OP}}=\overrightarrow{\text{OT}}+\overrightarrow{\text{TM}}+\overrightarrow{\text{MP}} \quad \cdots\cdots ④$$

において，③を用いると，

$$\overrightarrow{\text{TM}}=-\overrightarrow{\text{MT}}=-\text{MT}\vec{e}$$
$$=-(-f'(t))\left(-\dfrac{1}{f(t)}\vec{u}\right)=-\dfrac{f'(t)}{f(t)}\vec{u}$$
$$\overrightarrow{\text{MP}}=\text{MP}\vec{f}=\dfrac{\sqrt{3}}{2}a\left(-\dfrac{1}{f(t)}\vec{v}\right)=-\dfrac{\sqrt{3}\,a}{2f(t)}\vec{v}$$

← $\vec{e},\ \vec{f}$ は $\overrightarrow{\text{MT}},\ \overrightarrow{\text{MP}}$ と同じ向きの単位ベクトルである。

← $\text{MP}=\dfrac{\sqrt{3}}{2}a$

である。よって，④に戻ると，

$$\overrightarrow{\text{OP}}=(t,\ f(t))-\dfrac{f'(t)}{f(t)}(1,\ f'(t))-\dfrac{\sqrt{3}\,a}{2f(t)}(-f'(t),\ 1)$$

となるので，P の $y$ 座標 $y_\text{P}$ は

$$y_\text{P}=f(t)-\dfrac{\{f'(t)\}^2}{f(t)}-\dfrac{\sqrt{3}\,a}{2f(t)}$$
$$=\dfrac{1}{f(t)}\left[\{f(t)\}^2-\{f'(t)\}^2-\dfrac{\sqrt{3}}{2}a\right]$$
$$=\dfrac{1}{f(t)}\left\{\left(\dfrac{e^t+e^{-t}}{2}\right)^2-\left(\dfrac{e^t-e^{-t}}{2}\right)^2-\dfrac{\sqrt{3}}{2}a\right\}$$
$$=\dfrac{1}{f(t)}\left(1-\dfrac{\sqrt{3}}{2}a\right)$$

となる。

これより，P の $y$ 座標 $y_\text{P}$ が一定であるような $a$ の値は $a=\dfrac{2}{\sqrt{3}}$ である。

← $f(t)$ は変化するので，$1-\dfrac{\sqrt{3}}{2}a=0$ である。

# 621 曲線上で点が移動した道のりと速さの関係

$0 \leq x < \frac{\pi}{2}$ において定義された微分可能な関数 $f(x)$ は，$f'(x) \geq 0$ を満たし，$f(0)=0$ である。また，曲線 $C : y=f(x)$ 上で点 $O(0, 0)$ から点 $(x, f(x))$ までの長さは $\log \frac{1+\sin x}{\cos x}$ である。

(1) $f(x)$ を求めよ。

(2) $C$ 上を動く点 $P(x(t), y(t))$ の速度ベクトル $\vec{v}(t)=(x'(t), y'(t))$ は，$x'(t) \geq 0$，$|\vec{v}(t)|=\dfrac{t}{t^2+1}$ を満たすとする。$(x(0), y(0))=(0, 0)$ であるとき，$t=\sqrt{2}$ における速度ベクトル $\vec{v}(\sqrt{2})$ を求めよ。

**精講**　(1) 曲線の長さの公式から，$f'(x)$ を求めたあと，積分して $f(x)$ を求めるだけです。

(2) $t=\sqrt{2}$ における P の位置を知るには，$0 \leq t \leq \sqrt{2}$ において点 P が移動した道のりと，曲線 $C$ の $O(0, 0)$ から $t=\sqrt{2}$ における P の位置までの長さが等しいことを用います。

**解答**　(1) 曲線の長さの公式から
$$\int_0^x \sqrt{1+\{f'(t)\}^2}\, dt = \log \frac{1+\sin x}{\cos x} \quad \cdots\cdots ①$$

が成り立つ。①の両辺を $x$ で微分すると，
$$\left(\log \frac{1+\sin x}{\cos x}\right)' = \frac{\cos x}{1+\sin x} \cdot \left(\frac{1+\sin x}{\cos x}\right)'$$
$$= \frac{\cos x}{1+\sin x} \cdot \frac{\cos x \cdot \cos x - (1+\sin x)(-\sin x)}{\cos^2 x} \quad \Leftarrow \frac{\cos x}{1+\sin x} \cdot \frac{1+\sin x}{\cos^2 x}$$
$$= \frac{1}{\cos x}$$

より，
$$\sqrt{1+\{f'(x)\}^2} = \frac{1}{\cos x}$$

となり，両辺を 2 乗して整理すると，
$$\{f'(x)\}^2 = \frac{1}{\cos^2 x} - 1 = \frac{\sin^2 x}{\cos^2 x}$$

となる。$f'(x) \geqq 0$ であるから

$$f'(x) = \frac{\sin x}{\cos x} = \tan x \qquad \cdots\cdots ②$$

であり，

$$f(x) = \int \frac{\sin x}{\cos x} dx = -\log(\cos x) + C'$$

である。$f(0) = 0$ より $C' = 0$ であるから

$$\boldsymbol{f(x) = -\log(\cos x)}$$

である。

⇐ $\int \dfrac{\sin x}{\cos x} dx$
$= \int -\dfrac{(\cos x)'}{\cos x} dx$
$C'$ は積分定数である。

(2) P は曲線 $C$ 上にあるから

$$P(x(t), y(t)) = (x(t), -\log(\cos x(t)))$$

であり，

$$\begin{aligned}\vec{v}(t) &= (x'(t), y'(t)) \\ &= (x'(t), x'(t)\tan x(t))\end{aligned} \qquad \cdots\cdots ③$$

である。したがって，

$$|\vec{v}(t)| = \frac{t}{t^2+1} \qquad \cdots\cdots ④$$

より，

$$\{x'(t)\}^2 + \{x'(t)\tan x(t)\}^2 = \left(\frac{t}{t^2+1}\right)^2$$

$$\therefore \quad \frac{\{x'(t)\}^2}{\cos^2 x(t)} = \left(\frac{t}{t^2+1}\right)^2$$

である。$0 \leqq x(t) < \dfrac{\pi}{2}$ より $\cos x(t) > 0$ であり，$x'(t) \geqq 0$ であるから，

$$x'(t) = \frac{t}{t^2+1} \cos x(t) \qquad \cdots\cdots ⑤$$

である。

⇐ $y'(t) = \dfrac{d}{dt}\{-\log(\cos x(t))\}$
$= \dfrac{d}{dx}\{-\log(\cos x)\}x'(t)$
$= x'(t)\tan x(t)$
または，②を用いて
$y'(t) = f'(x(t))x'(t)$
$= x'(t)\tan x(t)$

$0 \leqq t \leqq \sqrt{2}$ において P が移動した道のりを $L$ とすると，④ より

$$\begin{aligned}L &= \int_0^{\sqrt{2}} |\vec{v}(t)| dt = \int_0^{\sqrt{2}} \frac{t}{t^2+1} dt \\ &= \left[\frac{1}{2}\log(t^2+1)\right]_0^{\sqrt{2}} \\ &= \frac{1}{2}\log 3\end{aligned}$$

⇐ ここから，$t = \sqrt{2}$ における P の $x$ 座標を求めようとしている。

⇐ $\int \dfrac{t}{t^2+1} dt$
$= \dfrac{1}{2}\int \dfrac{(t^2+1)'}{t^2+1} dt$
$= \dfrac{1}{2}\log(t^2+1) + C$

である。

　$x'(t) \geqq 0$ より P は $C$ 上を戻ることなく進むので，道のり $L$ は $C$ の点 $(x(0), y(0)) = (0, 0)$ から点 $(x(\sqrt{2}), y(\sqrt{2}))$ までの長さに等しい。したがって，

$$\log \frac{1+\sin x(\sqrt{2})}{\cos x(\sqrt{2})} = \frac{1}{2} \log 3$$

∴　$\dfrac{1+\sin x(\sqrt{2})}{\cos x(\sqrt{2})} = \sqrt{3}$　　　　←$\frac{1}{2}\log 3 = \log\sqrt{3}$

である。$x(\sqrt{2}) = \alpha$ とおくと，

$$\frac{1+\sin \alpha}{\cos \alpha} = \sqrt{3}$$

となるので，

$$(1+\sin\alpha)^2 = 3\cos^2\alpha$$
$$(1+\sin\alpha)^2 = 3(1-\sin^2\alpha)$$
$$(2\sin\alpha - 1)(\sin\alpha + 1) = 0$$

であり，$0 \leqq \alpha < \dfrac{\pi}{2}$ であるから　　　←$C$ は $0 \leqq x < \dfrac{\pi}{2}$ にあるので，$0 \leqq \alpha = x(\sqrt{2}) < \dfrac{\pi}{2}$

$$\sin\alpha = \frac{1}{2}, \quad \cos\alpha = \frac{\sqrt{3}}{2}$$

∴　$\sin x(\sqrt{2}) = \dfrac{1}{2}, \quad \cos x(\sqrt{2}) = \dfrac{\sqrt{3}}{2}$

である。したがって，⑤より

$$x'(\sqrt{2}) = \frac{\sqrt{2}}{3} \cdot \frac{\sqrt{3}}{2} = \frac{\sqrt{6}}{6}$$

であり，③より

$$y'(\sqrt{2}) = x'(\sqrt{2}) \tan x(\sqrt{2}) = \frac{\sqrt{6}}{6} \cdot \frac{1}{\sqrt{3}} = \frac{\sqrt{2}}{6}$$

であるから，

$$\vec{v}(\sqrt{2}) = \left(\frac{\sqrt{6}}{6}, \frac{\sqrt{2}}{6}\right)$$

である。

# 類題の解答

## 第1章

**1** $P(x, y)$ とおくと
$$BP - AP > 2$$
$$\therefore \quad BP > AP + 2$$
より
$$\sqrt{(x-3)^2 + y^2} > \sqrt{(x-1)^2 + (y-2)^2} + 2$$
両辺は 0 以上であるから，2 乗して
$$(x-3)^2 + y^2 > (x-1)^2 + (y-2)^2 + 4\sqrt{(x-1)^2 + (y-2)^2} + 4$$
整理すると
$$y - x > \sqrt{(x-1)^2 + (y-2)^2}$$
これより
$$y - x > 0 \quad \cdots\cdots ①$$
かつ
$$(y-x)^2 > (x-1)^2 + (y-2)^2$$
$$\therefore \quad (x-2)(y-1) < -\frac{1}{2} \quad \cdots\cdots ②$$

P の存在範囲は①かつ②を満たす部分であり，②は $xy < -\frac{1}{2}$ で表される領域を $x$ 軸方向に 2，$y$ 軸方向に 1 だけ平行移動した部分であることに注意すると，求める範囲は下図の斜線部分（境界を除く）である。

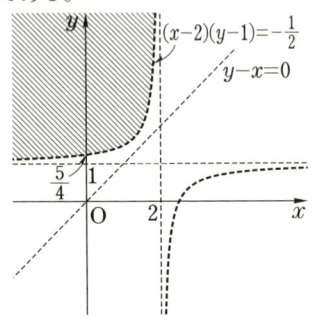

**2** $xy$ 平面上で $y$ 軸方向に $\dfrac{a}{b}$ 倍する変換を $f$ と表すことにする。

条件を満たす平行四辺形を $H$（頂点は P, Q, R, S）とし，$C_0$, $C_1$, $H$, P, Q, R, S の $f$ による像をそれぞれ $C_0'$, $C_1'$, $H'$, P$'$, Q$'$, R$'$, S$'$ とする。このとき，平行な 2 直線の $f$ による像はやはり平行な 2 直線であるから，$H'$ は平行四辺形である。また，$H'$ は
$$\text{円}\ C_1' : x^2 + y^2 = a^2 \quad \cdots\cdots ①$$
に内接し，
$$\text{楕円}\ C_0' : x^2 + \frac{b^2}{a^2} y^2 = 1 \quad \cdots\cdots ②$$
に外接している。$H'$ が平行四辺形であり，
$$\text{弧 P}'\text{Q}'\text{R}' = \text{弧 P}'\text{S}'\text{R}'$$
$$= \frac{1}{2}(C_1' \text{の円周})$$
であるから，$H'$ の頂角は半円周に対する円周角として 90° である。したがって，$H'$ は長方形である。

結局，"円 $C_1'$ 上の点 P$'$ を頂点とし，楕円 $C_0'$ に外接する長方形が存在する" ……(*) ための必要十分条件を求めるとよい。

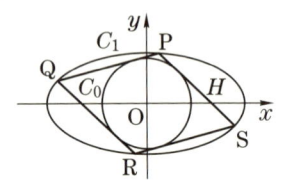

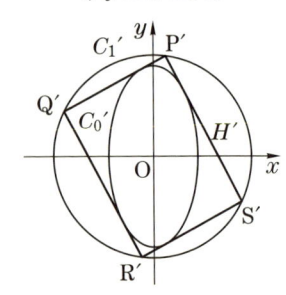

まず，楕円 $C_0'$ が円 $C_1'$ に含まれる，すなわち，円 $C_0$ が楕円 $C_1$ に含まれることから
$$a>1,\quad b>1 \quad\cdots\cdots ③$$
でなければならない。

このとき，$C_1'$，つまり，①上の点 $P'(1,\sqrt{a^2-1})$ から $C_0'$，つまり，②に引いた接線の1つは $x=1$ であるから，(*)が成り立つためには $P'$ を通り，$x$ 軸に平行な直線 $y=\sqrt{a^2-1}$ が②と接することが必要である。つまり，$(0,\sqrt{a^2-1})$ が②上にあることであるから，
$$0+\frac{b^2}{a^2}(a^2-1)=1$$
$$\therefore\quad a^2+b^2=a^2b^2 \quad\cdots\cdots ④$$
である。

ここで，④が成り立つとき
$$a^2=b^2(a^2-1)>0,$$
$$b^2=a^2(b^2-1)>0$$
より，③は満たされるので，④が(*)のための必要条件である。

④のもとで，①上の点 $(\pm1,\sqrt{a^2-1})$，$(\pm1,-\sqrt{a^2-1})$ それぞれから②に引いた2本の接線は $x$ 軸，$y$ 軸に平行であり，(*)を満たす。

これら4点を除いた①上の点 $P'(u,v)$ をとると，
$$u^2+v^2=a^2 \quad\cdots\cdots ⑤$$
$$u\neq\pm1 \quad\cdots\cdots ⑥$$
である。$P'(u,v)$ を通る②の接線を
$$y=m(x-u)+v$$
とおき，②に代入して分母を払うと
$$a^2x^2+b^2(mx-mu+v)^2=a^2$$
$$(a^2+b^2m^2)x^2-2b^2m(mu-v)x$$
$$+b^2(mu-v)^2-a^2=0$$
となる。この方程式が重解をもつことより，
$$\frac{1}{4}(判別式)=b^4m^2(mu-v)^2$$
$$-(a^2+b^2m^2)\{b^2(mu-v)^2-a^2\}=0$$
$$a^2\{b^2(mu-v)^2-a^2-b^2m^2\}=0$$
$$\therefore\quad b^2(u^2-1)m^2-2b^2uvm$$
$$+b^2v^2-a^2=0 \quad\cdots\cdots ⑦$$

④, ⑤, ⑥のもとで，$m$ の2次方程式⑦の2解を $m_1$, $m_2$ とおくと
$$m_1m_2=\frac{b^2v^2-a^2}{b^2(u^2-1)}$$
$$=\frac{b^2(a^2-u^2)-a^2}{b^2(u^2-1)}\quad(\Leftarrow⑤ より)$$
$$=\frac{a^2+b^2-b^2u^2-a^2}{b^2(u^2-1)}\quad(\Leftarrow④ より)$$
$$=-1$$

これより，$P'(u,v)$ から②に引いた2本の接線の傾き $m_1$, $m_2$ の積が $-1$ であり，2本の接線は直交する。また，これら2本の接線と①との $P'$ 以外の交点をそれぞれ $Q'$, $S'$ とすると，$\angle Q'P'S'=90°$ より $Q'S'$ は①の直径であり，$Q'$, $S'$ は原点に関して対称である。原点に関して $P'$ と対称な点 $R'$ を通る $C_0'$ の接線についても同様であり，$R'$ を通る②の2本の接線と①との $R'$ 以外の交点は $Q'$, $S'$ となるので，(*)が成り立つ。

したがって，④は(*)のための十分条件でもあるから，求める条件は
$$a^2+b^2=a^2b^2 \quad\cdots\cdots 答$$

**別解**

一般に，円に外接する平行四辺形はひし形である。実際，平行四辺形は2本の対角線によって面積が等しい4つの三角形に分割されるが，円に外接する場合，これらの三角形の面積はいずれも，$\frac{1}{2}(辺の長さ)\cdot(円の半径)$ であるから，4辺の長さが等しいことがわかる。

したがって，P を頂点にもち $C_1$ に内接する平行四辺形 PQRS が $C_0$ に外接するならば，対角線 PR，QS は直交する。したがって，$C_0$ の中心 $O(0,0)$ をとると
$$\angle POQ=\frac{\pi}{2} \quad\cdots\cdots ⑧ \quad である。$$

以上より，$C_1$ に内接するひし形が $C_0$ に外接する，すなわち，$C_1$ 上に①を満たす2点P，Qをとるとき，"OからPQまでの距離は1である" ……(☆) ための必要十分条件を求めるとよい。

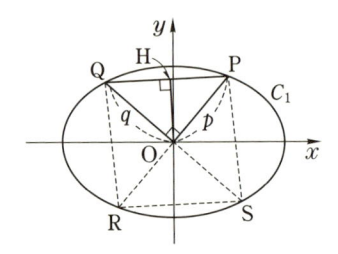

$OP=p$，$OQ=q$ とするとき，
$P(p\cos\theta,\ p\sin\theta)$,
$Q\left(q\cos\left(\theta+\dfrac{\pi}{2}\right),\ q\sin\left(\theta+\dfrac{\pi}{2}\right)\right)$
$=(-q\sin\theta,\ q\cos\theta)$

とおける。P，Qが，$C_1$ 上にあることより

$$\dfrac{p^2\cos^2\theta}{a^2}+\dfrac{p^2\sin^2\theta}{b^2}=1 \quad\cdots\cdots ⑨$$

$$\dfrac{q^2\sin^2\theta}{a^2}+\dfrac{q^2\cos^2\theta}{b^2}=1 \quad\cdots\cdots ⑩$$

△OPQ において，⑧より

$$\triangle OPQ=\dfrac{1}{2}OP\cdot OQ=\dfrac{1}{2}pq$$
$\qquad\qquad\qquad\qquad\cdots\cdots⑪$

また，O から PQ に垂線 OH を下ろすとき，

$$\triangle OPQ=\dfrac{1}{2}PQ\cdot OH$$
$$=\dfrac{1}{2}\sqrt{p^2+q^2}\cdot OH \quad\cdots\cdots⑫$$

したがって，(☆)，すなわち，OH=1 は⑪，⑫より

$$pq=\sqrt{p^2+q^2}$$
∴ $p^2q^2=p^2+q^2$
∴ $\dfrac{1}{p^2}+\dfrac{1}{q^2}=1 \quad\cdots\cdots⑬$

と同値であるから，"⑨，⑩を満たす $p$，$q$，$\theta$ に関して，⑬がつねに成り立つ" ……(☆☆) 条件を求めるとよい。そこで，⑨，⑩を

$$\dfrac{1}{p^2}=\dfrac{\cos^2\theta}{a^2}+\dfrac{\sin^2\theta}{b^2} \quad\cdots\cdots⑨'$$

$$\dfrac{1}{q^2}=\dfrac{\sin^2\theta}{a^2}+\dfrac{\cos^2\theta}{b^2} \quad\cdots\cdots⑩'$$

と書き直して，⑬に代入すると，

$$\dfrac{\cos^2\theta+\sin^2\theta}{a^2}+\dfrac{\sin^2\theta+\cos^2\theta}{b^2}$$
$=1$

∴ $\dfrac{1}{a^2}+\dfrac{1}{b^2}=1 \quad\cdots\cdots⑭$

逆に，⑭が成り立つとき，⑨'，⑩'の辺々を加えると⑬が成り立つ。

以上より，(☆☆) が成り立つ条件は⑭であり，⑭が求める必要十分条件である。

**3** (1) $x=r\cos\theta$，$y=r\sin\theta$ であるから，

$$r=\dfrac{\sqrt{6}}{2+\sqrt{6}\cos\theta} \quad\cdots\cdots①$$

の分母を払って移項すると
$2r=\sqrt{6}-\sqrt{6}\,r\cos\theta$
$\quad=\sqrt{6}(1-x)$

となる。両辺を2乗すると
$4r^2=6(1-x)^2$
$4(x^2+y^2)=6(x-1)^2 \quad\cdots\cdots②$

∴ $\dfrac{(x-3)^2}{6}-\dfrac{y^2}{3}=1 \quad\cdots\cdots②'$ **答**

双曲線②'の概形は下図の通りである。

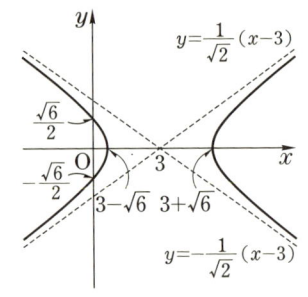

(注) ①において，$2+\sqrt{6}\cos\theta<0$ の範囲の $\theta$ に対しては $r<0$ となるが，

350

このとき，$(r, \theta)$ は極座標 $(|r|, \theta+\pi)$ の点を表すと考える。

(2) $P(x, y)$ は②′，すなわち，②を満たすとするとき，

$$k = \frac{OP}{PH} = \frac{\sqrt{x^2+y^2}}{|x-a|}$$

$$= \frac{\sqrt{\frac{3}{2}}|x-1|}{|x-a|}$$

$$= \sqrt{\frac{3}{2}}\left|1+\frac{a-1}{x-a}\right| \quad \cdots\cdots ③$$

③ が $x$ の値によらず一定であるのは，$a=1$ …… 答 のときであり，そのとき

$$k = \sqrt{\frac{3}{2}} = \frac{\sqrt{6}}{2} \quad \cdots\cdots 答$$

### 第2章

**4** (1) $z = \cos\dfrac{2\pi}{n} + i\sin\dfrac{2\pi}{n}$

とおく。$n \geq 2$ より，$z \neq 1$ ……①

であり，0以上の整数 $k$ に対して，ド・モアブルの定理より，

$$z^k = \left(\cos\frac{2\pi}{n} + i\sin\frac{2\pi}{n}\right)^k$$

$$= \cos\frac{2\pi k}{n} + i\sin\frac{2\pi k}{n}$$

特に，

$$z^n = \cos 2\pi + i\sin 2\pi = 1$$

したがって，①に注意すると

$$\sum_{k=0}^{n-1}\left(\cos\frac{2\pi k}{n} + i\sin\frac{2\pi k}{n}\right)$$

$$= \sum_{k=0}^{n-1} z^k = \frac{z^n - 1}{z - 1}$$

$$= \frac{1-1}{z-1} = 0$$

(証明おわり)

(2) 複素数平面で考えて，$A_0$ が1となるように原点中心に全体を回転しても，$l_k(P)$ の値は変わらない。

このとき，$A_k(k=0, 1, \cdots\cdots, n-1)$ は

$$z_k = \cos\frac{2\pi k}{n} + i\sin\frac{2\pi k}{n}$$

とおけて，$|z_k|=1$ である。また，$P(p)$ とすると，$|p|=\dfrac{1}{2}$ である。

したがって，

$$l_k(P)^2 = A_k P^2$$

$$= |z_k - p|^2 = (z_k - p)(\overline{z_k} - \overline{p})$$

$$= |z_k|^2 - p\overline{z_k} - \overline{p}z_k + |p|^2$$

$$= \frac{5}{4} - \overline{p}z_k - p\overline{z_k} \quad \cdots\cdots ②$$

ここで，(1)で示したことより

$$\sum_{k=0}^{n-1} z_k = 0$$

また，

$$\sum_{k=0}^{n-1} \overline{z_k} = \overline{\left(\sum_{k=0}^{n-1} z_k\right)} = \overline{0} = 0$$

であるから，②より

$$\sum_{k=0}^{n-1} l_k(\mathrm{P})^2$$
$$= \sum_{k=0}^{n-1} \left(\frac{5}{4} - \overline{p}z_k - p\overline{z_k}\right)$$
$$= \frac{5}{4}n - \overline{p}\sum_{k=0}^{n-1} z_k - p\sum_{k=0}^{n-1} \overline{z_k}$$
$$= \frac{5}{4}n \qquad \cdots\cdots \text{答}$$

この値はPの位置によらず，一定である。

（証明おわり）

**5** (1) 方程式 $z^n = \alpha$ ……①
において，
$$z = u\alpha_0 \qquad \cdots\cdots ②$$
とおくと
$$(u\alpha_0)^n = \alpha$$
$$u^n \alpha_0{}^n = \alpha \qquad \cdots\cdots ③$$
ここで，
$$\alpha_0{}^n = \left(\cos\frac{\theta}{n} + i\sin\frac{\theta}{n}\right)^n$$
$$= \cos\theta + i\sin\theta$$
$$= \alpha \, (\neq 0)$$

であるから，③より
$$u^n \alpha = \alpha \quad \therefore \quad u^n = 1 \quad \cdots\cdots ④$$
④を満たす $u$ は，
$$|u^n| = 1, \ |u|^n = 1 \quad \therefore \quad |u| = 1$$
より，
$$u = \cos\varphi + i\sin\varphi \qquad \cdots\cdots ⑤$$
$$0 \leqq \varphi < 2\pi \qquad \cdots\cdots ⑥$$
とおける。⑤を④に代入して，
$$\cos n\varphi + i\sin n\varphi = 1 \qquad \cdots\cdots ⑦$$
⑥，⑦より
$$n\varphi = k \cdot 2\pi$$
$$\therefore \quad \varphi = \frac{2k\pi}{n}$$
$$(k = 0, \ 1, \ 2, \ \cdots\cdots, \ n-1)$$
したがって，④の解は⑤に戻ると
$$\cos\frac{2k\pi}{n} + i\sin\frac{2k\pi}{n}$$
$$= \left(\cos\frac{2\pi}{n} + i\sin\frac{2\pi}{n}\right)^k = \omega^k$$

となるので，②より，①のすべての解は
$$\omega^k \alpha_0 \ (k = 0, \ 1, \ 2, \ \cdots\cdots, \ n-1)$$
すなわち，
$$\alpha_0, \ \omega\alpha_0, \ \omega^2\alpha_0, \ \cdots\cdots, \ \omega^{n-1}\alpha_0$$
である。

（証明おわり）

(2) $z^3 + 3iz^2 - 3z - 28i = 0$
$$z^3 + 3iz^2 + 3i^2 z + i^3 = 27i$$
$$(z+i)^3 = (-3i)^3$$
$$\therefore \quad \left(\frac{z+i}{-3i}\right)^3 = 1 \qquad \cdots\cdots ⑧$$

(1)で，$\theta = 0$，つまり $\alpha = 1$, $n = 3$ と考えると，$\alpha_0 = 1$ であり，
$$z^3 = 1$$
の解は，
$$\omega^k = \left(\cos\frac{2\pi}{3} + i\sin\frac{2\pi}{3}\right)^k$$
$$= \cos\frac{2k\pi}{3} + i\sin\frac{2k\pi}{3}$$
$$(k = 0, \ 1, \ 2)$$
である。したがって，⑧の解は
$$\frac{z+i}{-3i} = \omega^k$$
$$\therefore \quad z = -i - 3i\omega^k \quad (k = 0, \ 1, \ 2)$$
すなわち，
$$z = -4i, \ \frac{3\sqrt{3}+i}{2}, \ \frac{-3\sqrt{3}+i}{2}$$
$$\cdots\cdots \text{答}$$

**6** (1) $\alpha = r(\cos\theta + i\sin\theta) \ (r > 0)$
とおくとき
$$\frac{\overline{\alpha}}{|\alpha|} = \frac{r(\cos\theta - i\sin\theta)}{r}$$
$$= \cos(-\theta) + i\sin(-\theta)$$
これより，$\mathrm{P}(z)$, $\mathrm{P}'(z')$ を原点を中心に $-\theta$ だけ回転した点を R, R' とすると，R, R' を表す複素数はそれぞれ
$$z \cdot \frac{\overline{\alpha}}{|\alpha|}, \ z' \cdot \frac{\overline{\alpha}}{|\alpha|} \qquad \cdots\cdots ①$$

である。また，この回転によって，直線 $l$ は実軸に移る。

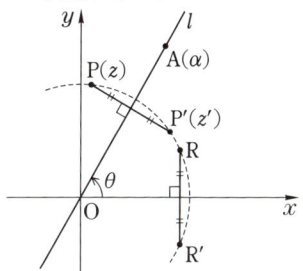

したがって，P，P′ が $l$ に関して対称であることは，R，R′ が実軸に関して対称であることと同値であるから，①より

$$z' \cdot \frac{\bar{\alpha}}{|\alpha|} = \overline{z \cdot \frac{\bar{\alpha}}{|\alpha|}}$$

$$\therefore \quad z' \cdot \frac{\bar{\alpha}}{|\alpha|} = \bar{z} \cdot \frac{\overline{(\bar{\alpha})}}{|\alpha|}$$

$$\therefore \quad z' = \frac{\alpha}{\bar{\alpha}} \bar{z}$$

が成り立つ。　　　　　（証明おわり）

[別解] P($z$)，P′($z'$) が $l$，つまり，OA に関して対称なとき，O(0)，A($\alpha$) と PP′ の中点 $\dfrac{z+z'}{2}$ は一直線上にあるから，

$$\frac{\frac{1}{2}(z+z')-0}{\alpha - 0} = \frac{1}{2} \cdot \frac{z+z'}{\alpha}$$

は実数である。したがって

$$\overline{\left(\frac{z+z'}{\alpha}\right)} = \frac{z+z'}{\alpha}$$

$$\therefore \quad \frac{\bar{z}+\bar{z'}}{\bar{\alpha}} = \frac{z+z'}{\alpha} \quad \cdots\cdots ②$$

また，OA と PP′ は垂直であるから，

$$\frac{z'-z}{\alpha - 0} = \frac{z'-z}{\alpha}$$

は純虚数である。したがって，

$$\overline{\left(\frac{z'-z}{\alpha}\right)} = -\frac{z'-z}{\alpha}$$

$$\frac{\bar{z'}-\bar{z}}{\bar{\alpha}} = -\frac{z'-z}{\alpha} \quad \cdots\cdots ③$$

②－③より

$$\frac{2\bar{z}}{\bar{\alpha}} = \frac{2z'}{\alpha}$$

$$\therefore \quad z' = \frac{\alpha}{\bar{\alpha}} \bar{z}$$

（証明おわり）

(2) (i) (1)より

$$\beta' = \frac{\alpha}{\bar{\alpha}} \bar{\beta}$$

$$= \frac{3+i}{3-i}(2-4i)$$

$$= \frac{(4+3i)(2-4i)}{5}$$

$$= 4-2i \quad \cdots\cdots \text{答}$$

(ii) 線分 OA 上の点 Q($w$) に対して，
$$\angle AQB = \angle CQO$$
が成り立つとき，
$$\angle AQB = \angle AQB'$$
と合わせると，
$$\angle AQB' = \angle CQO$$
が成り立つ。したがって，B′，Q，C は一直線上に並ぶ（下図参照）。

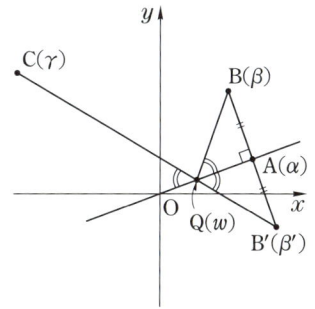

よって，実数 $t$ ($0 \leq t \leq 1$ ……④) を用いて

$$w = (1-t)\beta' + t\gamma$$
$$= (1-t)(4-2i) + t(-8+7i)$$
$$= (4-12t) + (9t-2)i \quad \cdots\cdots ⑤$$

と表される。また，Q は線分 OA 上にあるから，実数 $s$ ($0 \leq s \leq 1$ ……⑥) を用いて，

$$w = s\alpha = 3s + si \quad \cdots\cdots ⑦$$

と表される。⑤，⑦より

$4-12t=3s,\ 9t-2=s$

∴ $t=\dfrac{10}{39},\ s=\dfrac{4}{13}$

これらは，④，⑥を満たすので

$w=\dfrac{12}{13}+\dfrac{4}{13}i$ ……答

**7** (1) $|z|=1$ より

$z=\cos\theta+i\sin\theta$

$(0\leqq\theta<2\pi$ ……①$)$

とおくと，

$\dfrac{1}{z}=\dfrac{1}{\cos\theta+i\sin\theta}$
$=\cos\theta-i\sin\theta$

より

$w=\dfrac{1}{2}\left(z+\dfrac{1}{z}\right)=\cos\theta$

となるので，

∴ $u=\cos\theta,\ v=0$

したがって，①より

$-1\leqq u\leqq 1,\ v=0$ ……答

であるから，求める曲線は下図の線分（太線部分）である。

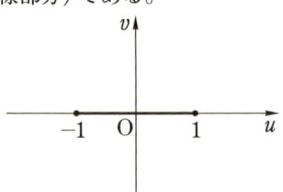

(2) $z=t(\cos\alpha+i\sin\alpha)$

$(t>0$ ……②$)$

とおくと，

$\dfrac{1}{z}=\dfrac{1}{t(\cos\alpha+i\sin\alpha)}$
$=\dfrac{1}{t}(\cos\alpha-i\sin\alpha)$

より

$w=\dfrac{1}{2}\left(z+\dfrac{1}{z}\right)$
$=\dfrac{1}{2}\left(t+\dfrac{1}{t}\right)\cos\alpha$
$+\dfrac{i}{2}\left(t-\dfrac{1}{t}\right)\sin\alpha$

となるので，

$u=\dfrac{1}{2}\left(t+\dfrac{1}{t}\right)\cos\alpha,$

$v=\dfrac{1}{2}\left(t-\dfrac{1}{t}\right)\sin\alpha$

∴ $\dfrac{u}{\cos\alpha}=\dfrac{1}{2}\left(t+\dfrac{1}{t}\right),$

$\dfrac{v}{\sin\alpha}=\dfrac{1}{2}\left(t-\dfrac{1}{t}\right)$

よって，2式の和，差をとると

$\dfrac{u}{\cos\alpha}+\dfrac{v}{\sin\alpha}=t$ ……③

$\dfrac{u}{\cos\alpha}-\dfrac{v}{\sin\alpha}=\dfrac{1}{t}$ ……④

③，④の辺々をかけ合わせて，

$\dfrac{u^2}{\cos^2\alpha}-\dfrac{v^2}{\sin^2\alpha}=1$ ……⑤

ここで，②より

$\dfrac{u}{\cos\alpha}+\dfrac{v}{\sin\alpha}>0,$

$\dfrac{u}{\cos\alpha}-\dfrac{v}{\sin\alpha}>0$

∴ $v>-(\tan\alpha)u,\ v<(\tan\alpha)u$

……⑥

である。

よって，求める曲線は双曲線⑤の⑥を満たす部分（太線部分）であり，その方程式は

⑤かつ $u\geqq\cos\alpha$ ……答

と表される。

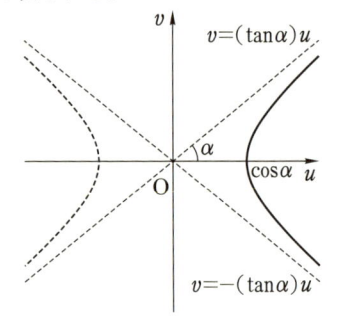

**8** (1)  $z_1$, $z_2$ は線分 $l$ 上にあるので
$$z_1 = 1-s+si$$
$$z_2 = 1-t+ti$$
$$0 \leq s \leq 1,\ 0 \leq t \leq 1 \quad \cdots\cdots ①$$
と表される。
　$z_1+z_2 = x+yi$ ($x$, $y$ は実数)
とおくと,
$$x+yi = 2-s-t+(s+t)i$$
より,
$$x = 2-s-t,\ y = s+t$$
$s$, $t$ を消去して,
$$x = 2-y \quad \therefore\ y = -x+2 \quad \cdots\cdots ②$$
①より
$$0 \leq s+t \leq 2$$
$$\therefore\ 0 \leq y \leq 2 \quad \cdots\cdots ③$$
であるから, $z_1+z_2$ の動く範囲は②かつ③を満たす線分 (太線部分) である。

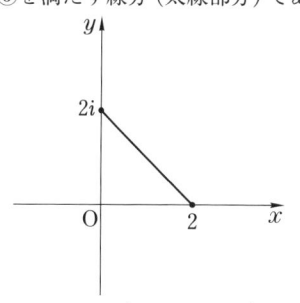

(2) $z_1 z_2 = x+yi$ ($x$, $y$ は実数)
とおくと
$$\begin{aligned}x+yi &= (1-s+si)(1-t+ti)\\ &= (1-s)(1-t)-st\\ &\quad +\{(1-s)t+(1-t)s\}i\\ &= 1-s-t+(s+t-2st)i\end{aligned}$$
より
$$x = 1-s-t,\ y = s+t-2st$$
$$\therefore\ \begin{cases} s+t = 1-x \\ st = \dfrac{1}{2}(1-x-y) \end{cases}$$
これより, $s$, $t$ は $X$ の 2 次方程式
$$X^2-(1-x)X+\frac{1}{2}(1-x-y) = 0$$
$\qquad\qquad\qquad\qquad\quad \cdots\cdots ④$

の 2 つの解と一致するので, $x$, $y$ の満たすべき条件は, ①より, ④ が $0 \leq X \leq 1$ の範囲に 2 つの解をもつことである。

　そこで, ④ の左辺を $f(X)$ とおき, $Y = f(X)$ のグラフを考えると,

判別式：$(1-x)^2-2(1-x-y) \geq 0$

軸　　：$0 \leq \dfrac{1-x}{2} \leq 1$

端点での値：
$$f(0) = \frac{1}{2}(1-x-y) \geq 0$$
$$f(1) = \frac{1}{2}(1+x-y) \geq 0$$
である。これらを整理して,
$$y \geq \frac{1}{2}(1-x^2),\ -1 \leq x \leq 1$$
$$y \leq -x+1,\ y \leq x+1$$
よって, $z_1 z_2$ の動く範囲は上の 4 つの不等式をすべて満たす部分 (境界を含む斜線部分) である。

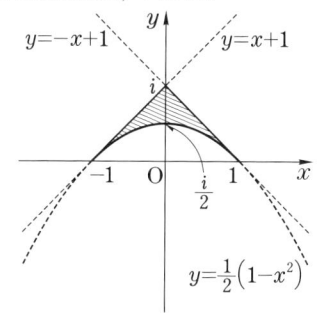

第3章

**9** (1) 多角形 $D_n$ の辺の数を $a_n$, 1辺の長さを $b_n$ とおくと

$$a_0 = 3, \quad b_0 = a \quad \cdots\cdots ①$$

(i), (ii), (iii) より

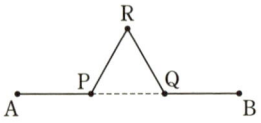

$D_{n-1}$ の1つの辺 AB から, $D_n$ の4つの辺ができるので,

$$a_n = 4a_{n-1} \quad \cdots\cdots ②$$

また, $AP = \dfrac{1}{3} AB$ より

$$b_n = \dfrac{1}{3} b_{n-1} \quad \cdots\cdots ③$$

①, ②, ③ より

$$a_n = 4^n \cdot a_0 = 3 \cdot 4^n$$

$$b_n = \left(\dfrac{1}{3}\right)^n b_0 = \left(\dfrac{1}{3}\right)^n a$$

したがって,

$$L_n = a_n b_n = 3 \cdot 4^n \cdot \left(\dfrac{1}{3}\right)^n a$$

$$= 3\left(\dfrac{4}{3}\right)^n a \quad \cdots\cdots 答$$

(2) $D_n$ は $D_{n-1}$ の各辺において $\triangle PQR$ を加えたものであるから

$$S_n - S_{n-1}$$
$$= \triangle PQR \cdot a_{n-1} = \dfrac{\sqrt{3}}{4} \cdot PQ^2 \cdot a_{n-1}$$
$$= \dfrac{\sqrt{3}}{4} \cdot b_n^2 \cdot a_{n-1}$$
$$= \dfrac{\sqrt{3}}{4} \cdot \left(\dfrac{1}{3}\right)^{2n} a^2 \cdot 3 \cdot 4^{n-1}$$
$$= \dfrac{\sqrt{3}}{12} \cdot \left(\dfrac{4}{9}\right)^{n-1} a^2$$

したがって

$$\sum_{k=1}^{n} (S_k - S_{k-1})$$
$$= \sum_{k=1}^{n} \dfrac{\sqrt{3}}{12} \cdot \left(\dfrac{4}{9}\right)^{k-1} a^2$$

$$\therefore \quad S_n - S_0 = \dfrac{\sqrt{3}}{12} \cdot \dfrac{1 - \left(\dfrac{4}{9}\right)^n}{1 - \dfrac{4}{9}} \cdot a^2$$

$$= \dfrac{3\sqrt{3}}{20} \left\{1 - \left(\dfrac{4}{9}\right)^n\right\} a^2$$

ここで,

$$S_0 = \dfrac{\sqrt{3}}{4} a^2$$

であるから,

$$S_n = \dfrac{\sqrt{3}}{4} a^2 + \dfrac{3\sqrt{3}}{20} \left\{1 - \left(\dfrac{4}{9}\right)^n\right\} a^2$$

$$= \dfrac{\sqrt{3}}{20} \left\{8 - 3\left(\dfrac{4}{9}\right)^n\right\} a^2 \quad \cdots\cdots 答$$

(3) $\displaystyle \lim_{n \to \infty} S_n$

$$= \lim_{n \to \infty} \dfrac{\sqrt{3}}{20} \left\{8 - 3\left(\dfrac{4}{9}\right)^n\right\} a^2$$

$$= \dfrac{2\sqrt{3}}{5} a^2 \quad \cdots\cdots 答$$

**10** (1), (2) $a_{n+1} = \dfrac{a_n + r^2}{a_n + 1} \quad \cdots\cdots ①$

$$a_1 = 1 \quad \cdots\cdots ②$$

$r > 1 \quad \cdots\cdots ③$ と ①, ② より

$$a_n > 0 \quad \cdots\cdots ④$$

① より

$$a_{n+2} = \dfrac{a_{n+1} + r^2}{a_{n+1} + 1}$$

$$= \dfrac{\dfrac{a_n + r^2}{a_n + 1} + r^2}{\dfrac{a_n + r^2}{a_n + 1} + 1}$$

$$= \dfrac{(1 + r^2) a_n + 2r^2}{2a_n + r^2 + 1}$$

であるから

$$a_{n+2} - r$$
$$= \dfrac{(r^2 + 1) a_n + 2r^2 - r(2a_n + r^2 + 1)}{2a_n + r^2 + 1}$$
$$= \dfrac{(r - 1)^2 (a_n - r)}{2a_n + r^2 + 1} \quad \cdots\cdots ⑤ \quad (2)の 答$$

③，④に注意すると，⑤から
"$a_{n+2}-r$ と $a_n-r$ は同符号である"
……(＊)

ことがわかる。また，
$$a_1=1<r$$
$$a_2-r=\frac{1+r^2}{2}-r$$
$$=\frac{(r-1)^2}{2}>0$$

∴ $a_2>r$

であるから，(＊)と合わせると，
$$\begin{cases} n \text{ が奇数のとき} & a_n<r \\ n \text{ が偶数のとき} & a_n>r \end{cases}$$
である。 ((1)の証明おわり)

(3) ⑤で $n$ の代わりに $2n$ とおくと，
$$a_{2n+2}-r=\frac{(r-1)^2}{2a_{2n}+r^2+1}(a_{2n}-r)$$

∴ $\dfrac{a_{2n+2}-r}{a_{2n}-r}=\dfrac{(r-1)^2}{2a_{2n}+r^2+1}$

①と $a_{2n}>r$ より
$$\frac{a_{2n+2}-r}{a_{2n}-r}=\frac{(r-1)^2}{2a_{2n}+r^2+1}$$
$$<\frac{(r-1)^2}{2r+r^2+1}$$
$$=\left(\frac{r-1}{r+1}\right)^2 \quad \cdots\cdots ⑥$$

(証明おわり)

(4) $s=\left(\dfrac{r-1}{r+1}\right)^2$ とおくと，③より
$$0<s<1$$
であり，⑥より
$$a_{2(n+1)}-r<s(a_{2n}-r)$$
よって，
$$a_{2n}-r<s\{a_{2(n-1)}-r\}$$
$$<s^2\{a_{2(n-2)}-r\}$$
$$\vdots$$
$$<s^{n-1}(a_2-r)$$

∴ $0<a_{2n}-r<s^{n-1}(a_2-r)$

したがって，はさみ打ちの原理より
$$0 \leqq \lim_{n\to\infty}(a_{2n}-r)$$
$$\leqq \lim_{n\to\infty}s^{n-1}(a_2-r)=0$$

∴ $\lim_{n\to\infty}a_{2n}=r$ ……答

これより，
$$\lim_{n\to\infty}a_{2n+1}=\lim_{n\to\infty}\frac{a_{2n}+r^2}{a_{2n}+1}$$
$$=\frac{r+r^2}{r+1}=r \quad \cdots\cdots \text{答}$$

**11** (1) $a_{n+1}=2a_n+6b_n$ ……①
$b_{n+1}=2a_n+3b_n$ ……②
$a_1=1, \ b_1=1$ ……③

①より
$$b_n=\frac{a_{n+1}-2a_n}{6} \quad \cdots\cdots ①'$$

②に代入すると，
$$\frac{a_{n+2}-2a_{n+1}}{6}=2a_n+3\cdot\frac{a_{n+1}-2a_n}{6}$$

整理して，
$$a_{n+2}-5a_{n+1}-6a_n=0 \quad \cdots\cdots ④$$

④が
$$a_{n+2}-\alpha a_{n+1}=\beta(a_{n+1}-\alpha a_n)$$
∴ $a_{n+2}-(\alpha+\beta)a_{n+1}+\alpha\beta a_n=0$

と一致するとき
$$\alpha+\beta=5, \ \alpha\beta=-6$$
より
$$(\alpha, \beta)=(6, -1), (-1, 6) \quad \cdots\cdots \text{答}$$

(2) (1)の結果，④は
$$\begin{cases} a_{n+2}-6a_{n+1}=-(a_{n+1}-6a_n) \\ a_{n+2}+a_{n+1}=6(a_{n+1}+a_n) \end{cases}$$
と表されるので，$\{a_{n+1}-6a_n\}$，
$\{a_{n+1}+a_n\}$ はそれぞれ公比 $-1, 6$
の等比数列である。よって，
$$\begin{cases} a_{n+1}-6a_n=(-1)^{n-1}(a_2-6a_1) \\ a_{n+1}+a_n=6^{n-1}(a_2+a_1) \end{cases}$$

①，③より
$$a_2=2\cdot1+6\cdot1=8$$
であるから，
$$\begin{cases} a_{n+1}-6a_n=2(-1)^{n-1} & \cdots\cdots ⑤ \\ a_{n+1}+a_n=9\cdot6^{n-1} & \cdots\cdots ⑥ \end{cases}$$

$\frac{1}{7}\{⑥-⑤\}$ より
$$a_n = \frac{9\cdot 6^{n-1}-2(-1)^{n-1}}{7}$$
……⑦ 答

(3) ①′より
$$\frac{a_n}{b_n} = \frac{6a_n}{a_{n+1}-2a_n} = \frac{6}{\frac{a_{n+1}}{a_n}-2}$$

ここで，⑦より
$$\frac{a_{n+1}}{a_n} = \frac{9\cdot 6^n - 2(-1)^n}{9\cdot 6^{n-1}-2(-1)^{n-1}}$$
$$= \frac{9\cdot 6 + 2\left(-\frac{1}{6}\right)^{n-1}}{9 - 2\left(-\frac{1}{6}\right)^{n-1}}$$

であるから，
$$\lim_{n\to\infty}\frac{a_{n+1}}{a_n} = \frac{9\cdot 6}{9} = 6$$

したがって，
$$\lim_{n\to\infty}\frac{a_n}{b_n} = \lim_{n\to\infty}\frac{6}{\frac{a_{n+1}}{a_n}-2}$$
$$= \frac{6}{6-2} = \frac{3}{2}$$ ……答

(注) ⑦，①′より
$$b_n = \frac{6^n-(-1)^n}{7}$$
を導いて，
$$\lim_{n\to\infty}\frac{a_n}{b_n}=\frac{3}{2}$$
を示してもよい。

**12** $b_n = \log(1+a^n)^{\frac{1}{n}} = \frac{1}{n}\log(1+a^n)$

とおくと，$a>0$ より
$$b_n > 0 \qquad \cdots\cdots ①$$

(i) $0<a\leq 1$ のとき $0<a^n\leq 1$ より
$$0 < b_n \leq \frac{1}{n}\log 2$$
はさみ打ちの原理より
$$\lim_{n\to\infty}b_n = 0$$

∴ $\lim_{n\to\infty}(1+a^n)^{\frac{1}{n}} = 1$ ……答

(ii) $a>1$ のとき
$$b_n = \frac{1}{n}\log\left\{a^n\left(1+\frac{1}{a^n}\right)\right\}$$
$$= \log a + \frac{1}{n}\log\left(1+\frac{1}{a^n}\right)$$

ここで，(i)と同様に
$$0 < \frac{1}{n}\log\left(1+\frac{1}{a^n}\right) < \frac{1}{n}\log 2$$
より，
$$\lim_{n\to\infty}b_n = \log a$$

∴ $\lim_{n\to\infty}(1+a^n)^{\frac{1}{n}} = a$ ……答

(注) $(1+a^n)^{\frac{1}{n}}$ のままで考えてもよい。
$$L = \lim_{n\to\infty}(1+a^n)^{\frac{1}{n}}$$
とおく。
$0<a<1$ のとき，$\lim_{n\to\infty}a^n = 0$ より
$$L = 1^0 = 1$$
$a=1$ のとき
$$L = \lim_{n\to\infty}2^{\frac{1}{n}} = 2^0 = 1$$
$a>1$ のとき
$$(1+a^n)^{\frac{1}{n}} = \left\{a^n\left(1+\frac{1}{a^n}\right)\right\}^{\frac{1}{n}}$$
$$= a\left(1+\frac{1}{a^n}\right)^{\frac{1}{n}}$$
において，$\lim_{n\to\infty}\frac{1}{a^n} = 0$ より
$$L = a\cdot 1^0 = a$$

#### 第4章

**13** (1) $f(x) = \dfrac{x^3 + 10x}{2(x^2+1)}$

$f'(x)$
$= \dfrac{(3x^2+10)(x^2+1) - (x^3+10x) \cdot 2x}{2(x^2+1)^2}$
$= \dfrac{(x^2-2)(x^2-5)}{2(x^2+1)^2}$

$f(x)$ の増減は次の通りである。

| $x$ | $\cdots$ | $-\sqrt{5}$ | $\cdots$ | $-\sqrt{2}$ | $\cdots$ | $\sqrt{2}$ | $\cdots$ | $\sqrt{5}$ | $\cdots$ |
|---|---|---|---|---|---|---|---|---|---|
| $f'(x)$ | $+$ | $0$ | $-$ | $0$ | $+$ | $0$ | $-$ | $0$ | $+$ |
| $f(x)$ | ↗ | | ↘ | | ↗ | | ↘ | | ↗ |

これより，

極大値 $f(-\sqrt{5}) = -\dfrac{5\sqrt{5}}{4}$

$f(\sqrt{2}) = 2\sqrt{2}$ ……**答**

極小値 $f(-\sqrt{2}) = -2\sqrt{2}$

$f(\sqrt{5}) = \dfrac{5\sqrt{5}}{4}$

(2) $f''(x) = \dfrac{1}{2(x^2+1)^4} \cdot$
$\{(4x^3-14x)(x^2+1)^2$
$-(x^4-7x^2+10) \cdot 4x \cdot (x^2+1)\}$
$= \dfrac{9x(x^2-3)}{(x^2+1)^3}$

$y = f(x)$ の凹凸は次の通りである。

| $x$ | $\cdots$ | $-\sqrt{3}$ | $\cdots$ | $0$ | $\cdots$ | $\sqrt{3}$ | $\cdots$ |
|---|---|---|---|---|---|---|---|
| $f''(x)$ | $-$ | $0$ | $+$ | $0$ | $-$ | $0$ | $+$ |
| $f(x)$ | ∩ | | ∪ | | ∩ | | ∪ |

変曲点は

$\left(\pm\sqrt{3},\ \pm\dfrac{13\sqrt{3}}{8}\right)$ (複号同順)，
$(0,\ 0)$ ……**答**

(3) $\lim\limits_{x \to \pm\infty} \dfrac{f(x)}{x} = \lim\limits_{x \to \pm\infty} \dfrac{x^2+10}{2(x^2+1)}$

$= \lim\limits_{x \to \pm\infty} \dfrac{1 + \dfrac{10}{x^2}}{2\left(1 + \dfrac{1}{x^2}\right)} = \dfrac{1}{2}$

$\lim\limits_{x \to \pm\infty} \left(f(x) - \dfrac{1}{2}x\right)$
$= \lim\limits_{x \to \pm\infty} \dfrac{x(x^2+10) - x(x^2+1)}{2(x^2+1)}$

$= \lim\limits_{x \to \pm\infty} \dfrac{9x}{2(x^2+1)} = \lim\limits_{x \to \pm\infty} \dfrac{\dfrac{9}{x}}{2\left(1 + \dfrac{1}{x^2}\right)}$

$= 0$

以上より，$y = f(x)$ の $x \to \pm\infty$ における漸近線は

$y = \dfrac{1}{2}x + 0$

∴ $y = \dfrac{1}{2}x$ ……**答**

(4) $f(x) = \dfrac{x(x^2+10)}{2(x^2+1)}$ は奇関数であるから $y = f(x)$ のグラフは原点対称である。

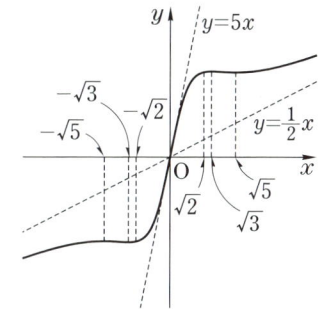

（注） $f'(0) = 5$ より，原点Oにおける接線は $y = 5x$ である。

**14** (1) $-1 < x < 1,\ x \neq 0$ ……① において

$f(x) = (1-x)^{1-\frac{1}{x}},\ g(x) = (1+x)^{\frac{1}{x}}$

とおくと，

$\log g(x) - \log f(x)$
$= \dfrac{1}{x}\log(1+x) - \left(1 - \dfrac{1}{x}\right)\log(1-x)$
$= \dfrac{1}{x}\{\log(1+x)$
$\qquad -(x-1)\log(1-x)\}$

ここで

$h(x) = \log(1+x)$
$\qquad -(x-1)\log(1-x)$

とおくと

$$h'(x) = \frac{1}{1+x} - \log(1-x)$$
$$\qquad\qquad - (x-1)\cdot\frac{-1}{1-x}$$
$$\quad = \frac{1}{1+x} - \log(1-x) - 1$$
$$h''(x) = \frac{-1}{(1+x)^2} + \frac{1}{1-x}$$
$$\quad = \frac{-(1-x)+(1+x)^2}{(1+x)^2(1-x)}$$
$$\quad = \frac{x(x+3)}{(1+x)^2(1-x)}$$

これより，$h'(x)$ の増減は次の通りである．

| $x$ | $(-1)$ | $\cdots$ | $0$ | $\cdots$ | $(1)$ |
|---|---|---|---|---|---|
| $h''(x)$ | | $-$ | $0$ | $+$ | |
| $h'(x)$ | | ↘ | $0$ | ↗ | |

$-1 < x < 1$ ……② において，
$$h'(x) \geqq 0$$
（等号は $x=0$ のとき）
であるから，$h(x)$ は単調増加であり，
$$h(0) = 0$$
と合わせると，②では $h(x)$ と $x$ の符号は一致する．
したがって，①において
$$\log g(x) - \log f(x) = \frac{1}{x}h(x) > 0$$
であるから，
$$f(x) < g(x)$$
すなわち，
$$(1-x)^{1-\frac{1}{x}} < (1+x)^{\frac{1}{x}} \quad\cdots\cdots③$$
が成り立つ． （証明おわり）

(2) ③の両辺に $(1-x)^{\frac{1}{x}}$ ($>0$) をかけて，
$$(1-x)^{1-\frac{1}{x}+\frac{1}{x}} < \{(1+x)(1-x)\}^{\frac{1}{x}}$$
$$\therefore \quad 1-x < (1-x^2)^{\frac{1}{x}} \quad\cdots\cdots④$$

④で $x = \frac{1}{100}$ とおくと
$$1 - \frac{1}{100} < \left(1 - \frac{1}{10000}\right)^{100}$$
$$\therefore \quad 0.99 < 0.9999^{100} \quad\cdots\cdots⑤$$

次に，③の両辺に $(1+x)^{1-\frac{1}{x}}$ をかけて

$$\{(1-x)(1+x)\}^{1-\frac{1}{x}}$$
$$< (1+x)^{\frac{1}{x}+\left(1-\frac{1}{x}\right)}$$
$$\therefore \quad (1-x^2)^{1-\frac{1}{x}} < 1+x \quad\cdots\cdots⑥$$

⑥で $x = -\frac{1}{100}$ とおくと
$$\left(1 - \frac{1}{10000}\right)^{1+100} < 1 - \frac{1}{100}$$
$$\therefore \quad 0.9999^{101} < 0.99 \quad\cdots\cdots⑦$$

⑤，⑦より
$$0.9999^{101} < 0.99 < 0.9999^{100}$$
（証明おわり）

(注) (2)では，$0.9999 = 1 - \left(\pm\frac{1}{100}\right)^2$
$$0.99 = 1 - \frac{1}{100}, \quad 1 + \left(-\frac{1}{100}\right)$$
より，③から $1-x^2$ と $1-x$, $1+x$ に関する不等式を導こうと考えるとよい．

**15** (1) $x \geqq 0$ において
$$f(x) = x - \frac{x^2}{2} + \frac{x^3}{3} - \log(1+x)$$
$$g(x) = \log(1+x) - \left(x - \frac{x^2}{2}\right)$$
とおく．$x > 0$ のとき，
$$f'(x) = 1 - x + x^2 - \frac{1}{1+x}$$
$$\quad = \frac{x^3}{1+x} > 0$$
$$g'(x) = \frac{1}{1+x} - (1-x)$$
$$\quad = \frac{x^2}{1+x} > 0$$

$f(x)$, $g(x)$ は $x > 0$ において単調増加であり，
$$f(0) = 0, \quad g(0) = 0$$
であるから，$x > 0$ において
$$f(x) > 0, \quad g(x) > 0$$
すなわち，

$$x - \frac{x^2}{2} < \log(1+x)$$
$$< x - \frac{x^2}{2} + \frac{x^3}{3} \quad \cdots\cdots ①$$

（証明おわり）

(2) ①において，$x = \frac{1}{n}$ とおくと
$$\frac{1}{n} - \frac{1}{2n^2} < \log\left(1 + \frac{1}{n}\right)$$
$$< \frac{1}{n} - \frac{1}{2n^2} + \frac{1}{3n^3}$$
$$-\frac{1}{2n^2} < \log\left(1 + \frac{1}{n}\right) - \frac{1}{n}$$
$$< -\frac{1}{2n^2} + \frac{1}{3n^3}$$

辺々に $n^2$ をかけて
$$-\frac{1}{2} < n\left\{n\log\left(1 + \frac{1}{n}\right) - 1\right\}$$
$$< -\frac{1}{2} + \frac{1}{3n}$$

したがって，はさみ打ちの原理より
$$\lim_{n\to\infty} n\left\{n\log\left(1 + \frac{1}{n}\right) - 1\right\}$$
$$= -\frac{1}{2} \quad \cdots\cdots ② \boxed{答}$$

(3) $a_n = n\left\{n\log\left(1 + \frac{1}{n}\right) - 1\right\}$

とおくと，
$$a_n = n\left\{\log\left(1 + \frac{1}{n}\right)^n - \log e\right\}$$
$$\cdots\cdots ③$$

ここで，$(\log x)' = \frac{1}{x}$ であるから，平均値の定理より
$$\log\left(1 + \frac{1}{n}\right)^n - \log e$$
$$= \frac{1}{c_n}\left\{\left(1 + \frac{1}{n}\right)^n - e\right\} \quad \cdots\cdots ④$$

を満たす $c_n$ が $\left(1 + \frac{1}{n}\right)^n$ と $e$ の間に存在する　$\cdots\cdots$(*)

③，④より
$$a_n = n \cdot \frac{1}{c_n} \cdot \left\{\left(1 + \frac{1}{n}\right)^n - e\right\}$$

$$\therefore\ n\left\{\left(1 + \frac{1}{n}\right)^n - e\right\} = a_n c_n \quad \cdots\cdots ⑤$$

ここで，②より
$$\lim_{n\to\infty} a_n = -\frac{1}{2}$$

また，
$$\lim_{n\to\infty}\left(1 + \frac{1}{n}\right)^n = e$$

であるから，(*)より
$$\lim_{n\to\infty} c_n = e$$

であるから，⑤より
$$\lim_{n\to\infty} n\left\{\left(1 + \frac{1}{n}\right)^n - e\right\}$$
$$= \lim_{n\to\infty} a_n c_n = -\frac{1}{2} \cdot e = -\frac{e}{2} \quad \cdots\cdots \boxed{答}$$

〔別解〕　①より
$$e^{x - \frac{x^2}{2}} < 1 + x < e^{x - \frac{x^2}{2} + \frac{x^3}{3}} \quad \cdots\cdots ⑥$$

⑥で $x = \frac{1}{n}$ とおいて，辺々を $n$ 乗すると
$$\left(e^{\frac{1}{n} - \frac{1}{2n^2}}\right)^n < \left(1 + \frac{1}{n}\right)^n < \left(e^{\frac{1}{n} - \frac{1}{2n^2} + \frac{1}{3n^3}}\right)^n$$

$$\therefore\ e^{1 - \frac{1}{2n}} < \left(1 + \frac{1}{n}\right)^n < e^{1 - \frac{1}{2n} + \frac{1}{3n^2}}$$

したがって，
$$n\left(e^{1 - \frac{1}{2n}} - e\right) < n\left\{\left(1 + \frac{1}{n}\right)^n - e\right\}$$
$$< n\left(e^{1 - \frac{1}{2n} + \frac{1}{3n^2}} - e\right) \quad \cdots\cdots ⑦$$

ここで，$(e^x)' = e^x$ であるから，平均値の定理より
$$e^{1 - \frac{1}{2n} + \frac{1}{3n^2}} - e$$
$$= e^{d_n}\left(1 - \frac{1}{2n} + \frac{1}{3n^2} - 1\right)$$
$$= \left(-\frac{1}{2n} + \frac{1}{3n^2}\right)e^{d_n} \quad \cdots\cdots ⑧$$

$$1 - \frac{1}{2n} + \frac{1}{3n^2} < d_n < 1 \quad \cdots\cdots ⑨$$

を満たす $d_n$ が存在する。

⑧より
$$n\left(e^{1 - \frac{1}{2n} + \frac{1}{3n^2}} - e\right)$$
$$= \left(-\frac{1}{2} + \frac{1}{3n}\right)e^{d_n} \quad \cdots\cdots ⑩$$

類題の解答　361

であり，⑨より
$$\lim_{n\to\infty} d_n = 1$$
であるから，⑩より
$$\lim_{n\to\infty} n(e^{1-\frac{1}{2n}+\frac{1}{3n^2}} - e)$$
$$= \lim_{n\to\infty}\left(-\frac{1}{2} + \frac{1}{3n}\right)e^{d_n}$$
$$= -\frac{1}{2}\cdot e^1 = -\frac{1}{2}e$$

同様に，平均値の定理を用いると
$$\lim_{n\to\infty} n(e^{1-\frac{1}{2n}} - e) = -\frac{1}{2}e$$

したがって，⑦において，はさみうちの原理より
$$\lim_{n\to\infty} n\left\{\left(1+\frac{1}{n}\right)^n - e\right\} = -\frac{e}{2}$$

## 第5章

**16** $I = \int_{\frac{\pi}{3}}^{\frac{\pi}{2}} f(\theta)d\theta = \int_{\frac{\pi}{3}}^{\frac{\pi}{2}} \dfrac{\sin\frac{\theta}{2}}{1+\sin\frac{\theta}{2}} d\theta$

$t = \dfrac{\theta}{2}$ と置換すると，

$d\theta = 2dt$, 

| $\theta$ | $\frac{\pi}{3}$ | $\to$ | $\frac{\pi}{2}$ |
|---|---|---|---|
| $t$ | $\frac{\pi}{6}$ | $\to$ | $\frac{\pi}{4}$ |

より

$$I = \int_{\frac{\pi}{6}}^{\frac{\pi}{4}} \frac{\sin t}{1+\sin t}\cdot 2\,dt$$
$$= 2\int_{\frac{\pi}{6}}^{\frac{\pi}{4}}\left(1 - \frac{1}{1+\sin t}\right)dt$$
$$= 2\Big[t\Big]_{\frac{\pi}{6}}^{\frac{\pi}{4}} - 2\int \frac{1-\sin t}{1-\sin^2 t}\,dt$$
$$= \frac{\pi}{6} - 2\int_{\frac{\pi}{6}}^{\frac{\pi}{4}}\left\{\frac{1}{\cos^2 t} + \frac{(\cos t)'}{\cos^2 t}\right\}dt$$
$$= \frac{\pi}{6} - 2\left[\tan t - \frac{1}{\cos t}\right]_{\frac{\pi}{6}}^{\frac{\pi}{4}}$$
$$= \frac{\pi}{6} - 2\left\{1 - \sqrt{2} - \left(\frac{1}{\sqrt{3}} - \frac{2}{\sqrt{3}}\right)\right\}$$
$$= \frac{\pi}{6} + 2\sqrt{2} - 2 - \frac{2\sqrt{3}}{3} \quad \cdots\cdots \text{答}$$

**17** $k = 1, 2, \cdots\cdots, n$ に対して
$$J_k = \int_{(k-1)\pi}^{k\pi} e^{-x}|\sin x|\,dx$$
とおくと，
$$I_n = \int_0^{n\pi} e^{-x}|\sin x|\,dx = \sum_{k=1}^{n} J_k$$
$$\cdots\cdots(*)$$

$J_k$ において，$x = t + (k-1)\pi$ と置換すると，
$$J_k = \int_0^{\pi} e^{-\{t+(k-1)\pi\}}|\sin\{t+(k-1)\pi\}|\,dt$$
$$= e^{-(k-1)\pi}\int_0^{\pi} e^{-t}\sin t\,dt$$

ここで
$$S = \int e^{-t}\sin t\,dt$$

$$= -e^{-t}\cos t - \int e^{-t}\cos t\, dt$$
$$= -e^{-t}\cos t - e^{-t}\sin t - S$$

より
$$S = -\frac{1}{2}e^{-t}(\sin t + \cos t)$$

であるから，
$$J_k = e^{-(k-1)\pi}\left[-\frac{1}{2}e^{-t}(\sin t + \cos t)\right]_0^{\pi}$$
$$= \frac{e^{-\pi}+1}{2} \cdot e^{-(k-1)\pi}$$

したがって，（＊）より
$$\lim_{n\to\infty} I_n = \lim_{n\to\infty} \sum_{k=1}^{n} J_k$$
$$= \lim_{n\to\infty} \sum_{k=1}^{n} \frac{e^{-\pi}+1}{2} \cdot e^{-(k-1)\pi}$$
$$= \left(初項\ \frac{e^{-\pi}+1}{2},\ 公比\ e^{-\pi}\right.$$
$$\left.の無限等比級数の和\right)$$
$$= \frac{e^{-\pi}+1}{2} \cdot \frac{1}{1-e^{-\pi}}$$
$$= \frac{e^{\pi}+1}{2(e^{\pi}-1)} \quad \cdots\cdots \boxed{答}$$

**18** (1) $a_{n+2} = \int_0^{\frac{\pi}{2}} \cos^{n+2} x\, dx$
$$= \int_0^{\frac{\pi}{2}} \cos^{n+1} x (\sin x)'\, dx$$
$$= \left[\cos^{n+1} x \sin x\right]_0^{\frac{\pi}{2}}$$
$$\quad - \int_0^{\frac{\pi}{2}} (n+1)\cos^n x$$
$$\qquad \cdot (-\sin x)\sin x\, dx$$
$$= (n+1) \cdot$$
$$\quad \int_0^{\frac{\pi}{2}} \cos^n x(1-\cos^2 x)\, dx$$
$$= (n+1)(a_n - a_{n+2})$$

これより
$$(n+2)a_{n+2} = (n+1)a_n$$
$$\therefore\ a_{n+2} = \frac{n+1}{n+2} a_n \quad \cdots\cdots ① \boxed{答}$$

(2) $a_0 = \int_0^{\frac{\pi}{2}} dx = \frac{\pi}{2}$ $\cdots\cdots \boxed{答}$

$a_1 = \int_0^{\frac{\pi}{2}} \cos x\, dx = \left[\sin x\right]_0^{\frac{\pi}{2}} = 1$
$\cdots\cdots \boxed{答}$

$n$ が 2 以上の偶数のとき，①より
$$a_n = \frac{n-1}{n} a_{n-2}$$
$$= \frac{n-1}{n} \cdot \frac{n-3}{n-2} \cdot a_{n-4}$$
$$= \cdots\cdots$$
$$= \frac{n-1}{n} \cdot \frac{n-3}{n-2} \cdots\cdots \frac{3}{4} \cdot \frac{1}{2} \cdot a_0$$
$$= \frac{n-1}{n} \cdot \frac{n-3}{n-2} \cdots\cdots \frac{3}{4} \cdot \frac{1}{2} \cdot \frac{\pi}{2}$$
$\cdots\cdots \boxed{答}$

$n$ が 3 以上の奇数のとき，同様に
$$a_n = \frac{n-1}{n} \cdot \frac{n-3}{n-2} \cdots\cdots \frac{4}{5} \cdot \frac{2}{3} \cdot a_1$$
$$= \frac{n-1}{n} \cdot \frac{n-3}{n-2} \cdots\cdots \frac{4}{5} \cdot \frac{2}{3} \cdot 1$$
$\cdots\cdots \boxed{答}$

(3) $0 \leq x \leq \frac{\pi}{2}$ のとき
$$0 \leq \cos x \leq 1$$
より，$n = 0,\ 1,\ 2,\ \cdots\cdots$ に対して
$$\cos^{n+1} x \leq \cos^n x$$
したがって
$$\int_0^{\frac{\pi}{2}} \cos^{n+1} x\, dx \leq \int_0^{\frac{\pi}{2}} \cos^n x\, dx$$
$\therefore\ a_{n+1} \leq a_n$ $\cdots\cdots ②$
（証明おわり）

(4) (2)の結果から，$n \geq 2$ のとき
$$a_{2n} = \frac{2n-1}{2n} \cdot \frac{2n-3}{2n-2} \cdots\cdots \frac{3}{4} \cdot \frac{1}{2} \cdot \frac{\pi}{2}$$
$$a_{2n-1} = \frac{2n-2}{2n-1} \cdot \frac{2n-4}{2n-3} \cdots\cdots \frac{4}{5} \cdot \frac{2}{3} \cdot 1$$

したがって
$$\frac{a_{2n-1}}{a_{2n}} = \frac{2n-2}{2n-1} \cdot \frac{2n-4}{2n-3} \cdots\cdots \frac{4}{5} \cdot \frac{2}{3} \cdot 1$$
$$\quad \times \frac{2n}{2n-1} \cdot \frac{2n-2}{2n-3} \cdots\cdots \frac{4}{3} \cdot \frac{2}{1} \cdot \frac{2}{\pi}$$
$$= \frac{1}{n}\left\{\frac{(2n)\cdot(2n-2)\cdots\cdots 4\cdot 2}{(2n-1)\cdot(2n-3)\cdots\cdots 3\cdot 1}\right\}^2 \cdot \frac{1}{\pi}$$

$\therefore \dfrac{1}{n}\left\{\dfrac{2\cdot 4\cdots\cdots(2n-2)\cdot(2n)}{1\cdot 3\cdots\cdots(2n-3)\cdot(2n-1)}\right\}^2$

$=\pi\cdot\dfrac{a_{2n-1}}{a_{2n}}$ ……③

以下，③の左辺を $P_n$ とおく。
ここで，②より
$$a_{2n}\leqq a_{2n-1}\leqq a_{2n-2}$$
辺々を $a_{2n}$ $(>0)$ で割って
$$1\leqq \dfrac{a_{2n-1}}{a_{2n}}\leqq \dfrac{a_{2n-2}}{a_{2n}} \quad \text{……④}$$
①より
$$a_{2n}=\dfrac{2n-1}{2n}a_{2n-2}$$
であるから
$$\lim_{n\to\infty}\dfrac{a_{2n-2}}{a_{2n}}=\lim_{n\to\infty}\dfrac{2n}{2n-1}$$
$$=\lim_{n\to\infty}\dfrac{1}{1-\dfrac{1}{2n}}=1$$

したがって，④においてはさみ打ちの原理より
$$\lim_{n\to\infty}\dfrac{a_{2n-1}}{a_{2n}}=1$$
③に戻ると，
$$\lim_{n\to\infty}P_n=\lim_{n\to\infty}\pi\cdot\dfrac{a_{2n-1}}{a_{2n}}=\pi$$
……**答**

**19** (1) $I=\displaystyle\int_0^1\{f(x)-(ax+b)\}^2dx$

$J=\displaystyle\int_0^1\{f(x)\}^2dx$

とおく。
条件(C)より
$I=\displaystyle\int_0^1\{f(x)-(ax+b)\}^2dx$

$=\displaystyle\int_0^1\{f(x)\}^2dx$

$\quad -2a\displaystyle\int_0^1 xf(x)dx$

$\quad -2b\displaystyle\int_0^1 f(x)dx$

$\quad +\displaystyle\int_0^1(a^2x^2+2abx+b^2)dx$

$=J-2a-2b$

$\quad +\left(\dfrac{1}{3}a^2+ab+b^2\right)$

$=\dfrac{1}{3}a^2+(b-2)a+b^2-2b+J$

$=\dfrac{1}{3}\left\{a+\dfrac{3}{2}(b-2)\right\}^2$

$\quad -\dfrac{3}{4}(b-2)^2+b^2-2b+J$

$=\dfrac{1}{3}\left\{a+\dfrac{3}{2}(b-2)\right\}^2$

$\quad +\dfrac{1}{4}(b+2)^2-4+J$

……(∗)

したがって，$I$ を最小にする実数 $a$, $b$ は
$$a+\dfrac{3}{2}(b-2)=0 \text{ かつ } b+2=0$$
より
$\quad a=6$, $b=-2$ ……**答**

(2) 条件(C)を満たすすべての $f(x)$ に対して，(∗)で $a=6$, $b=-2$ とおくと，
$\quad I=J-4$
すなわち
$\displaystyle\int_0^1\{f(x)-(6x-2)\}^2dx$

$=\displaystyle\int_0^1\{f(x)\}^2dx-4$

となるので，
$\displaystyle\int_0^1\{f(x)\}^2dx$

$=\displaystyle\int_0^1\{f(x)-(6x-2)\}^2dx+4$

$\geqq 4$

が成り立つ。ここで，不等号における等号は $f(x)=6x-2$ のとき成り立ち，この $f(x)$ は条件(C)を満たす。

したがって，$\displaystyle\int_0^1\{f(x)\}^2dx$ を最小にする $f(x)$ は
$\quad f(x)=6x-2$, 最小値は 4
……**答**

364

## 第6章

**20** (1) $C: y = x^3 - 3x^2 + 2x$ ……①
$l: y = ax$ ……②

①,②より,
$x^3 - 3x^2 + 2x = ax$
$x(x^2 - 3x + 2 - a) = 0$

$C$, $l$ が原点以外の共有点をもつのは
$x^2 - 3x + 2 - a = 0$ ……③

が $x = 0$ 以外の実数解をもつときであるが,③は $x = 0$ を重解にもつことはないので,③が実数解をもつときである。したがって

(判別式) $= 3^2 - 4(2 - a) \geq 0$

∴ $a \geq -\dfrac{1}{4}$ ……答

(2) ①において,$y' = 3x^2 - 6x + 2$ であり,$x = 0$ のとき
$y' = 3 \cdot 0 - 6 \cdot 0 + 2 = 2$

であるから,$l$ が $C$ と $O(0, 0)$ で接するとき,$a = 2$ である。

$a \geq 2$ のとき,$C$ と $l$ の関係を見ると $S(a)$ は単調に増加する。

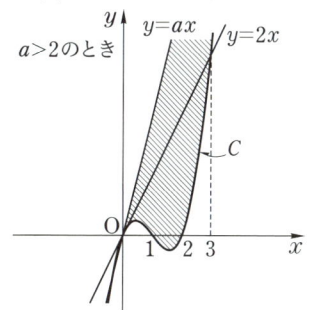

したがって,$S(a)$ は
$-\dfrac{1}{4} \leq a \leq 2$ ……④

において最小値をとるので,以下,④のもとで考える。

④のとき,③の2解を $\alpha$, $\beta$ ($0 \leq \alpha \leq \beta$) とし,
$f(x) = x^3 - 3x^2 + 2x - ax$
$F(x) = \int f(x) dx$
$= \dfrac{1}{4} x^4 - x^3 + \dfrac{1}{2} (2 - a) x^2$

(積分定数は 0 とする) とおく。

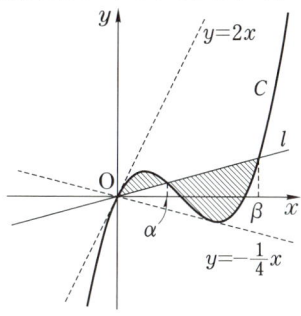

グラフより
$S(a) = \int_0^\alpha f(x) dx + \int_\alpha^\beta \{-f(x)\} dx$
$= \Big[ F(x) \Big]_0^\alpha + \Big[ -F(x) \Big]_\alpha^\beta$
$= 2F(\alpha) - F(\beta)$ ……⑤

ここで,
$F(x)$
$= \dfrac{1}{4} \{ x^4 - 4x^3 + 2(2 - a)x^2 \}$
$= \dfrac{1}{4} \Big[ (x^2 - 3x + 2 - a)\{x^2 - x - (a + 1)\}$
  $- (4a + 1)x - (a + 1)(a - 2) \Big]$

であり,$\alpha$, $\beta$ は③の解であるから,
$F(\alpha) = -\dfrac{1}{4} \{ (4a + 1)\alpha + (a + 1)(a - 2) \}$
$F(\beta) = -\dfrac{1}{4} \{ (4a + 1)\beta + (a + 1)(a - 2) \}$

したがって,⑤より
$S(a) = -\dfrac{1}{4} \{ (4a + 1)(2\alpha - \beta) + (a + 1)(a - 2) \}$

③を解くと
$\alpha = \dfrac{3 - \sqrt{4a + 1}}{2}$,

類題の解答 365

$$\beta = \frac{3+\sqrt{4a+1}}{2}$$

であるから，
$$S(a) = -\frac{1}{4}\left\{(4a+1)\frac{3(1-\sqrt{4a+1})}{2} + (a+1)(a-2)\right\}$$

$$= \frac{1}{8}\{3(4a+1)^{\frac{3}{2}} - 2a^2 - 10a + 1\}$$

$$S'(a) = \frac{1}{4}\{9\sqrt{4a+1} - (2a+5)\}$$

$$= \frac{81(4a+1) - (2a+5)^2}{4(9\sqrt{4a+1} + 2a+5)}$$

$$= \frac{-(a^2 - 76a - 14)}{9\sqrt{4a+1} + 2a + 5}$$

$$= \frac{-(a - 38 + 27\sqrt{2})(a - 38 - 27\sqrt{2})}{9\sqrt{4a+1} + 2a + 5}$$

ここで
$$38 - 27\sqrt{2} = \sqrt{1444} - \sqrt{1458} < 0$$
$$38 - 27\sqrt{2} - \left(-\frac{1}{4}\right)$$
$$= \frac{9}{4}(17 - 12\sqrt{2})$$
$$= \frac{9}{4}(\sqrt{289} - \sqrt{288}) > 0$$

より
$$-\frac{1}{4} < 38 - 27\sqrt{2} < 0$$

であるから，

| $a$ | $-\frac{1}{4}$ | $\cdots$ | $38-27\sqrt{2}$ | $\cdots$ | $2$ |
|---|---|---|---|---|---|
| $S'(a)$ |  | $-$ | $0$ | $+$ |  |
| $S(a)$ |  | ↘ |  | ↗ |  |

よって，$S(a)$ は
$$a = 38 - 27\sqrt{2}$$   ……**答**

のとき最小となる。

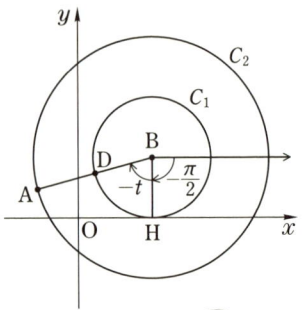

**21** (1) 時刻 $t$ における $C_1$ の中心を $B(t, 1)$，$C_1$ と $x$ 軸との接点を H，$C_2$ の半径 BA と $C_1$ との交点を D とおく。

$C_1$ の半径は 1 で，$\overset{\frown}{\mathrm{DH}} = \mathrm{OH} = t$ より $\angle \mathrm{HBD} = t$ であるから，$x$ 軸の正の向きから $\overrightarrow{\mathrm{BA}}$ までの角は $-\frac{\pi}{2} - t$ である。したがって，

$$\overrightarrow{\mathrm{OA}} = \overrightarrow{\mathrm{OB}} + \overrightarrow{\mathrm{BA}}$$
$$= (t, 1) + \left(2\cos\left(-\frac{\pi}{2} - t\right), 2\sin\left(-\frac{\pi}{2} - t\right)\right)$$
$$= (t - 2\sin t, 1 - 2\cos t)$$

であるから，
$$(x(t), y(t)) = (t - 2\sin t, 1 - 2\cos t)$$   ……①**答**

(2) ①より
$$x'(t) = 1 - 2\cos t$$

| $t$ | $0$ | $\cdots$ | $\frac{\pi}{3}$ | $\cdots$ | $\frac{5}{3}\pi$ | $\cdots$ | $2\pi$ |
|---|---|---|---|---|---|---|---|
| $x'(t)$ |  | $-$ | $0$ | $+$ | $0$ | $-$ |  |
| $x(t)$ | $0$ | ↘ |  | ↗ |  | ↘ | $2\pi$ |

これより，$x(t)$ が最大となる点は
$$\left(x\left(\frac{5}{3}\pi\right), y\left(\frac{5}{3}\pi\right)\right)$$
$$= \left(\frac{5}{3}\pi + \sqrt{3}, 0\right)$$   ……②**答**

$x(t)$ が最小となる点は
$$\left(x\left(\frac{\pi}{3}\right), y\left(\frac{\pi}{3}\right)\right)$$
$$= \left(\frac{\pi}{3} - \sqrt{3}, 0\right)$$   ……③**答**

$y'(t) = 2\sin t$

| $t$ | $0$ | $\cdots$ | $\pi$ | $\cdots$ | $2\pi$ |
|---|---|---|---|---|---|
| $y'(t)$ | $0$ | $+$ | $0$ | $-$ | $0$ |
| $y(t)$ | $-1$ | ↗ | $3$ | ↘ | $-1$ |

これより，$y(t)$ が最大となる点は
$$(x(\pi),\ y(\pi)) = (\pi,\ 3)$$
……④ 答

$y(t)$ が最小となる点は
$$(x(0),\ y(0)) = (0,\ -1) \ \text{と}$$
$$(x(2\pi),\ y(2\pi)) = (2\pi,\ -1)$$
……⑤ 答

求める座標は②，③，④，⑤で示した 5 つである。

(3) (2)で調べたことより，$C$ の概形は下図のようになる。

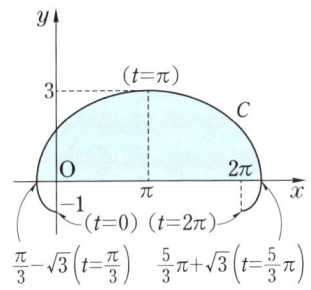

$\dfrac{\pi}{3} - \sqrt{3}\ \left(t = \dfrac{\pi}{3}\right) \quad \dfrac{5}{3}\pi + \sqrt{3}\ \left(t = \dfrac{5}{3}\pi\right)$

求めるのは青色部分の面積であり，$x = x(t)$ と置換すると
$$\int_{\frac{\pi}{3} - \sqrt{3}}^{\frac{5}{3}\pi + \sqrt{3}} y\, dx$$
$$= \int_{\frac{\pi}{3}}^{\frac{5}{3}\pi} y(t)x'(t)\, dt$$
$$= \int_{\frac{\pi}{3}}^{\frac{5}{3}\pi} (1 - 2\cos t)^2\, dt$$
$$= \int_{\frac{\pi}{3}}^{\frac{5}{3}\pi} (1 - 4\cos t + 4\cos^2 t)\, dt$$
$$= \int_{\frac{\pi}{3}}^{\frac{5}{3}\pi} \left(1 - 4\cos t + 4\cdot\dfrac{1 + \cos 2t}{2}\right) dt$$
$$= \left[3t - 4\sin t + \sin 2t\right]_{\frac{\pi}{3}}^{\frac{5}{3}\pi}$$
$$= 4\pi + 3\sqrt{3}$$
……答

**22** (1) $\sqrt{x} + \sqrt{y} = \sqrt{a}$ ……①

において
$$\sqrt{y} = \sqrt{a} - \sqrt{x} \geq 0 \quad \text{……①}'$$
より
$$0 \leq x \leq a \quad \text{……②}$$
②のもとで，①′より
$$y = (\sqrt{a} - \sqrt{x})^2$$
$$\therefore\ y = x - 2\sqrt{ax} + a \quad \text{……③}$$
$0 < x < a$ において
$$y' = 1 - \sqrt{\dfrac{a}{x}} < 0$$
$$y'' = \dfrac{1}{2}\sqrt{\dfrac{a}{x^3}} > 0$$

これより，$y$ は $x$ の減少関数であり，下に凸である。また，
$$\lim_{x \to +0} y' = -\infty,\quad \lim_{x \to a-0} y' = 0$$
より A$(0,\ a)$ で $y$ 軸に接し，B$(a,\ 0)$ で $x$ 軸に接する。

したがって，$D$ の概形は下図の斜線部分 (境界を含む) である。

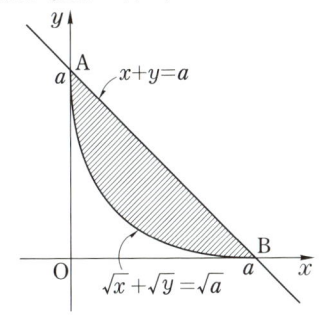

$D$ の面積は，③より
$$\int_0^a \{a - x - (x - 2\sqrt{ax} + a)\}\, dx$$
$$= \int_0^a (2\sqrt{ax} - 2x)\, dx$$
$$= \left[\dfrac{4}{3}\sqrt{a}\sqrt{x^3} - x^2\right]_0^a$$
$$= \dfrac{1}{3}a^2$$
……答

(2) 線分 AB 上に AP $= t\ (0 \leq t \leq \sqrt{2}\,a)$ となる点 P$\left(\dfrac{t}{\sqrt{2}},\ a - \dfrac{t}{\sqrt{2}}\right)$ をとり，P

を通り，直線 $x+y=a$ ……④ に垂直な直線
$$y=x+a-\sqrt{2}\,t \quad ……⑤$$
と①，すなわち，③との交点をQとする。

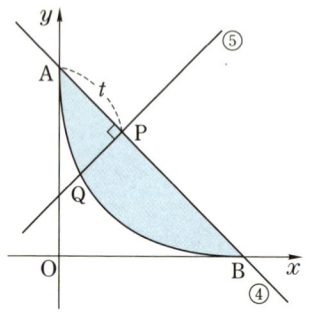

③，⑤より
$$x-2\sqrt{ax}+a=x+a-\sqrt{2}\,t$$
$$x=\frac{t^2}{2a}$$
したがって，
$$Q\left(\frac{t^2}{2a},\ \frac{t^2}{2a}+a-\sqrt{2}\,t\right)$$

回転体をPを通り，回転軸④に垂直な平面で切ったときの断面積 $S(t)$ は，
$$S(t)=\pi PQ^2$$
$$=\pi\{\sqrt{2}\,(x_P-x_Q)\}^2$$
$$=2\pi\left(\frac{t^2}{2a}-\frac{t}{\sqrt{2}}\right)^2$$

($x_P$, $x_Q$ は P, Q の $x$ 座標を表す)
したがって，求める体積は
$$\int_0^{\sqrt{2}a}S(t)dt$$
$$=\int_0^{\sqrt{2}a}2\pi\left(\frac{t^2}{2a}-\frac{t}{\sqrt{2}}\right)^2dt$$
$$=\pi\int_0^{\sqrt{2}a}2\left(\frac{t^4}{4a^2}-\frac{t^3}{\sqrt{2}\,a}+\frac{t^2}{2}\right)dt$$
$$=\pi\left[\frac{t^5}{10a^2}-\frac{\sqrt{2}\,t^4}{4a}+\frac{t^3}{3}\right]_0^{\sqrt{2}a}$$
$$=\frac{\sqrt{2}}{15}\pi a^3 \quad ……\text{答}$$

**別解** ①，すなわち，③と
$x+y=a$ ……④ を $y$ 軸方向に $-a$
だけ平行移動するとそれぞれ
$$y=x-2\sqrt{ax} \quad ……⑥$$
$$x+y=0 \quad ……⑦$$
となる。

⑥上の点 $R(t,\ t-2\sqrt{at})$ ($0\leqq t\leqq a$) を原点中心に $\dfrac{\pi}{4}$ 回転したときに移る点を $R'(x,\ y)$ とすると，複素数平面における回転の関係式から，
$$x+yi$$
$$=\{t+(t-2\sqrt{at})i\}\left(\cos\frac{\pi}{4}+i\sin\frac{\pi}{4}\right)$$
$$=\{t+(t-2\sqrt{at})i\}\cdot\frac{1+i}{\sqrt{2}}$$
$$=\sqrt{2at}+(\sqrt{2}\,t-\sqrt{2at})i \quad ……⑧$$
となる。また，この回転によって，直線⑦は $x$ 軸に移る。

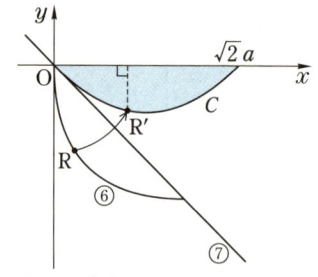

求める体積 $V$ は，$R'$ の描く曲線 $C$ において，
$$V=\pi\int_0^{\sqrt{2}a}y^2dx$$
ここで，⑧より
$$x=\sqrt{2at},\ y=\sqrt{2}\,t-\sqrt{2at}$$
であるから，$x=\sqrt{2at}$ と置換すると，
$$dx=\frac{\sqrt{a}}{\sqrt{2t}}dt,\ \begin{array}{|c|ccc|}\hline x & 0 & \to & \sqrt{2}\,a \\\hline t & 0 & \to & a \\\hline\end{array}$$
したがって，
$$V=\pi\int_0^a(\sqrt{2}\,t-\sqrt{2at})^2\cdot\frac{\sqrt{a}}{\sqrt{2t}}dt$$
$$=\sqrt{2a}\,\pi\int_0^a(t^{\frac{3}{2}}-2\sqrt{a}\,t+a\sqrt{t}\,)dt$$
$$=\sqrt{2a}\,\pi\left[\frac{2}{5}t^{\frac{5}{2}}-\sqrt{a}\,t^2+\frac{2}{3}at^{\frac{3}{2}}\right]_0^a$$

$$= \sqrt{2a}\,\pi \cdot \frac{1}{15}a^{\frac{5}{2}}$$
$$= \frac{\sqrt{2}}{15}\pi a^3$$

(注) ⑧より
$$\begin{cases} x = \sqrt{2a}\sqrt{t} \\ y = \sqrt{2}\,t - \sqrt{2a}\sqrt{t} \end{cases}$$
であるから，$t$ を消去すると
$$y = \sqrt{2} \cdot \left(\frac{x}{\sqrt{2a}}\right)^2 - x$$
$$\therefore\ y = \frac{x^2}{\sqrt{2a}} - x \quad \cdots\cdots ⑨$$
また，$0 \leqq t \leqq a$ より
$$0 \leqq x \leqq \sqrt{2}\,a \quad \cdots\cdots ⑩$$
したがって，$C$ は放物線⑨の⑩を満たす部分である。これを利用して体積 $V$ を求めることもできる。

**23** (1) $a \leqq x \leqq b$ $\cdots\cdots①$ で連続な関数 $f(x)$ の最大値を $M$，最小値を $m$ とおくと
$$m \leqq f(x) \leqq M$$
であるから，
$$\int_a^b m\,dx \leqq \int_a^b f(x)\,dx \leqq \int_a^b M\,dx$$
$$m(b-a) \leqq \int_a^b f(x)\,dx$$
$$\leqq M(b-a)$$
$$\therefore\ m \leqq \frac{1}{b-a}\int_a^b f(x)\,dx \leqq M$$
$$\cdots\cdots ②$$
$f(x)$ は①において $m$ 以上，$M$ 以下のすべての値をとるので，②より，
$$\frac{1}{b-a}\int_a^b f(x)\,dx = f(c),$$
$$a \leqq c \leqq b$$
となる $c$ が存在する。
（証明おわり）

**別解** $k = \dfrac{1}{b-a}\displaystyle\int_a^b f(x)\,dx$
とおき，$a \leqq t \leqq b$ において

$$F(t) = \int_a^t f(x)\,dx - k(t-a)$$
と定めると
$$F(a) = 0,\ F(b) = 0$$
である。したがって，平均値の定理より，
$$F'(c) = 0 \quad \cdots\cdots ③,\ a < c < b$$
を満たす $c$ が存在する。
$$F'(t) = f(t) - k$$
であるから，③は，
$$f(c) = k = \frac{1}{b-a}\int_a^b f(x)\,dx$$
を示す。 （証明おわり）

(2) $y = \sin x$ $\left(0 \leqq x \leqq \dfrac{\pi}{2}\right)$ $\cdots\cdots④$ と
$y = 1$ および $y$ 軸が囲む図形を $y$ 軸の周りに回転して得られる立体の体積を $V$ とすると
$$V = \pi\int_0^1 x^2\,dy$$
④の置換をすると
$$V = \pi\int_0^{\frac{\pi}{2}} x^2\cos x\,dx$$
ここで，
$$\int x^2\cos x\,dx$$
$$= x^2\sin x - 2\int x\sin x\,dx$$
$$= x^2\sin x + 2x\cos x - 2\int\cos x\,dx$$
$$= (x^2-2)\sin x + 2x\cos x + C$$
（$C$ は積分定数）であるから，
$$V = \pi\left[(x^2-2)\sin x + 2x\cos x\right]_0^{\frac{\pi}{2}}$$
$$= \pi\left(\frac{\pi^2}{4} - 2\right)$$
$y_n$ の決め方から
$$\pi\int_{y_n}^1 x^2\,dy = \frac{1}{n}V$$
であり，④の $x$，$y$ の関係を
$$x = g(y)$$
と表したと考えると，
$$\pi\int_{y_n}^1 \{g(y)\}^2\,dy = \frac{1}{n}V \quad \cdots\cdots⑤$$

が成り立つ。

(1)で示したことから，
$$\frac{1}{1-y_n}\int_{y_n}^1 \{g(y)\}^2 dy = \{g(c_n)\}^2 \quad \cdots\cdots ⑥$$

$$y_n \leqq c_n \leqq 1$$

を満たす $c_n$ が存在する。

⑤，⑥より
$$\pi(1-y_n)\{g(c_n)\}^2 = \frac{1}{n}V$$

$$\therefore\quad n(1-y_n) = \frac{V}{\pi\{g(c_n)\}^2}$$

が成り立つ。

$n \to \infty$ のとき，$y_n \to 1$ であるから，右図より

$$g(c_n) \to \frac{\pi}{2}$$

となるので，

$$\lim_{n\to\infty} n(1-y_n) = \lim_{n\to\infty} \frac{V}{\pi\{g(c_n)\}^2}$$
$$= \frac{V}{\pi\left(\frac{\pi}{2}\right)^2} = \frac{4}{\pi^3}\cdot\pi\left(\frac{\pi^2}{4}-2\right)$$
$$= 1 - \frac{8}{\pi^2} \quad \cdots\cdots \text{答}$$

(注) $V$ を次のように求めてもよい。

$V = \left(\text{半径}\ \dfrac{\pi}{2},\ \text{高さ}\ 1\ \text{の直円柱の体積}\right)$

$\quad - \left(④と\ x=\dfrac{\pi}{2}\ \text{および}\ x\ \text{軸が囲む図形を}\ y\ \text{軸の周りに回転して得られる立体の体積}\right)$

$= \pi\cdot\left(\dfrac{\pi}{2}\right)^2\cdot 1 - 2\pi\int_0^{\frac{\pi}{2}} x\sin x\, dx$

$= \dfrac{\pi^3}{4} - 2\pi\Big[-x\cos x + \sin x\Big]_0^{\frac{\pi}{2}}$

$= \dfrac{\pi^3}{4} - 2\pi$

**24** 円錐 $V$ の側面上の点 $\mathrm{P}(x, y, z)$ をとると
$$0 \leqq x \leqq 1 \quad \cdots\cdots ①$$
であり，母線 OP と軸 OA のなす角は $\angle \mathrm{AOB} = \dfrac{\pi}{4}$ に等しいから，
$$\overrightarrow{\mathrm{OP}}\cdot\overrightarrow{\mathrm{OA}} = |\overrightarrow{\mathrm{OP}}||\overrightarrow{\mathrm{OA}}|\cos\dfrac{\pi}{4}$$
$$x = \frac{1}{\sqrt{2}}\sqrt{x^2+y^2+z^2}$$

両辺を2乗して整理すると
$$y^2 + z^2 = x^2 \quad \cdots\cdots ②$$

以上より，$V$ の側面は曲面②上で①を満たす部分である。

$V$ を $y$ 軸の周りに1回転させてできる立体を $W$ とすると，①，②より
$$y^2 \leqq y^2 + z^2 = x^2 \leqq 1$$
$$\therefore\quad -1 \leqq y \leqq 1 \quad \cdots\cdots ③$$

であるから，$W$ は③を満たす部分にある。

$y$ 軸に垂直な平面 $\alpha : y = t$ …④
$(-1 \leqq t \leqq 1)$ による $V$ の断面は，①，②，④より
$$x^2 - z^2 = t^2,\ x = 1$$
によって囲まれた下図の斜線部分 $D$ である。

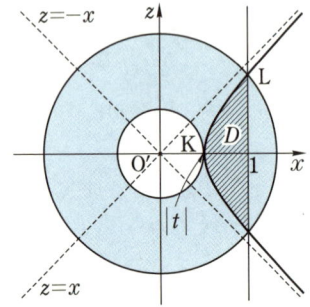

したがって，$W$ の $\alpha$ による断面は $D$ を $\mathrm{O}'(0, t, 0)$ を中心に1回転して得られる上図の円環領域（青色部分）であり，その断面積 $S(t)$ は
$$\mathrm{K}(|t|, t, 0),\ \mathrm{L}(1, t, \sqrt{1-t^2})$$
をとると

$$S(t) = \pi(O'L^2 - O'K^2)$$
$$= \pi\{1 + (\sqrt{1-t^2})^2 - |t|^2\}$$
$$= 2\pi(1-t^2)$$

したがって，求める体積は

$$\int_{-1}^{1} S(t)dt$$
$$= \int_{-1}^{1} 2\pi(1-t^2)dt$$
$$= 4\pi \int_{0}^{1} (1-t^2)dt$$
$$= \frac{8}{3}\pi \quad \cdots\cdots \boxed{答}$$

## 25

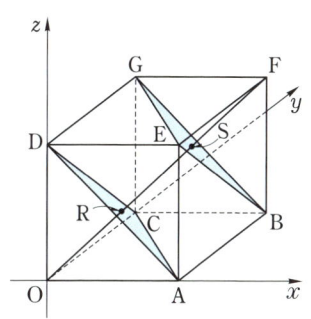

$\overrightarrow{OF} = (1, 1, 1)$ は $\overrightarrow{AD} = (-1, 0, 1)$，$\overrightarrow{AC} = (-1, 1, 0)$ と垂直であるから，

$$OF \perp \triangle ACD$$

同様に

$$OF \perp \triangle BGE$$

正三角形 ACD, BGE の重心はそれぞれ

$$R\left(\frac{1}{3}, \frac{1}{3}, \frac{1}{3}\right), S\left(\frac{2}{3}, \frac{2}{3}, \frac{2}{3}\right)$$

であり，これらは OF 上にある。したがって，四面体 OACD, FBGE を OF の周りに1回転させてできる立体は互いに合同な直円錐であり，それぞれの体積は

$$V_0 = \frac{1}{3}\pi \cdot AR^2 \cdot OR$$
$$= \frac{1}{3}\pi \left\{\left(\frac{2}{3}\right)^2 + \left(\frac{1}{3}\right)^2 + \left(\frac{1}{3}\right)^2\right\} \cdot \frac{\sqrt{3}}{3}$$
$$= \frac{2\sqrt{3}}{27}\pi$$

次に2つの平面 ACD, BGE の間の部分の回転体の体積 $V_1$ を求める。
線分 RS 上に

$$OP = t$$
$$\left(\frac{\sqrt{3}}{3} \leq t \leq \frac{2\sqrt{3}}{3} \quad \cdots\cdots ①\right)$$

となる点 P をとると

$$P\left(\frac{t}{\sqrt{3}}, \frac{t}{\sqrt{3}}, \frac{t}{\sqrt{3}}\right)$$

であり，P を通り OF と垂直な平面の方程式は

$$\alpha : x + y + z = \sqrt{3}\,t \quad \cdots\cdots ②$$

である。

$\alpha$ と線分 AB, BC, CG, GD, DE, EA との交点を順に I, J, K, L, M, N とおく。

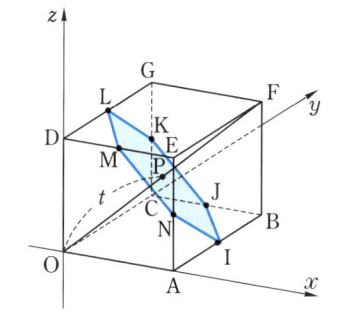

I は AB 上にあるから，I(1, $s$, 0) とおけて，②に代入すると

$$1 + s = \sqrt{3}\,t \quad \therefore \quad s = \sqrt{3}\,t - 1$$

より，

$$I(1, \sqrt{3}\,t - 1, 0)$$

J は BC 上にあるから，J($u$, 1, 0) とおけて，②に代入すると，同様に

$$u = \sqrt{3}\,t - 1$$

より，

$$J(\sqrt{3}\,t - 1, 1, 0)$$

よって，

$$PI^2 = PJ^2$$
$$= \left(1 - \frac{t}{\sqrt{3}}\right)^2 + \left(\sqrt{3}\,t - 1 - \frac{t}{\sqrt{3}}\right)^2$$
$$\quad + \left(\frac{t}{\sqrt{3}}\right)^2$$

$$= 2t^2 - 2\sqrt{3}\,t + 2 \quad\cdots\cdots ③$$

また，△ACD，△BGE はそれぞれ R，S を重心とする正三角形であるから，OF を軸として $120°$ ずつ回転することによって，
$$A \to C \to D,\ B \to G \to E$$
と移り合い，同様に
$$I \to K \to M,\ J \to L \to N$$
と移り合うので，$PK^2,\ PL^2,\ PM^2,\ PN^2$ も③と一致する。

したがって，回転体の平面 $\alpha$ による断面は中心 P，半径 PI の円であり，その面積 $S(t)$ は
$$S(t) = \pi PI^2$$
$$= \pi(2t^2 - 2\sqrt{3}\,t + 2)$$
$$= 2\pi\left\{\left(t - \frac{\sqrt{3}}{2}\right)^2 + \frac{1}{4}\right\}$$

よって，①より
$$V_1 = \int_{\frac{\sqrt{3}}{3}}^{\frac{2\sqrt{3}}{3}} S(t)\,dt$$
$$= \int_{\frac{\sqrt{3}}{3}}^{\frac{2\sqrt{3}}{3}} 2\pi\left\{\left(t - \frac{\sqrt{3}}{2}\right)^2 + \frac{1}{4}\right\}dt$$
$$= 2\pi\left[\frac{1}{3}\left(t - \frac{\sqrt{3}}{2}\right)^3 + \frac{1}{4}t\right]_{\frac{\sqrt{3}}{3}}^{\frac{2\sqrt{3}}{3}}$$
$$= 2\pi\left\{2\cdot\frac{1}{3}\left(\frac{\sqrt{3}}{6}\right)^3 + \frac{1}{4}\cdot\frac{\sqrt{3}}{3}\right\}$$
$$= \frac{5\sqrt{3}}{27}\pi$$

以上より，求める体積は
$$2V_0 + V_1$$
$$= 2\cdot\frac{2\sqrt{3}}{27}\pi + \frac{5\sqrt{3}}{27}\pi = \frac{\sqrt{3}}{3}\pi$$
……答

(注) $\alpha$ の方程式②を用いないで，I，J などの座標を求めることもできる。たとえば，$I(1,\ s,\ 0)$ とおくと，
$$\vec{IP} = \left(\frac{t}{\sqrt{3}} - 1,\ \frac{t}{\sqrt{3}} - s,\ \frac{t}{\sqrt{3}}\right)$$
が $\vec{OF} = (1,\ 1,\ 1)$ と垂直であるから
$$\vec{IP}\cdot\vec{OF} = 0$$
より
$$\frac{t}{\sqrt{3}} - 1 + \frac{t}{\sqrt{3}} - s + \frac{t}{\sqrt{3}} = 0$$
$$\therefore\quad s = \sqrt{3}\,t - 1$$
となるので，
$$I(1,\ \sqrt{3}\,t - 1,\ 0)$$
が得られる。